Umweltschutz durch Privatrecht

Saarbrücker Studien
zum Privat- und Wirtschaftsrecht

Herausgegeben von Johann Paul Bauer,
Michael Martinek (geschäftsführender Herausgeber)
und Helmut Rüßmann

Band 58

PETER LANG
Frankfurt am Main · Berlin · Bern · Bruxelles · New York · Oxford · Wien

Matthias Kühn

Umweltschutz durch Privatrecht

Eine Studie zur ökologischen Analyse der privatrechtlichen Schutzrechte und des Vertragsrechts in Deutschland und England

PETER LANG
Europäischer Verlag der Wissenschaften

Bibliografische Information der Deutschen Nationalbibliothek
Die Deutsche Nationalbibliothek verzeichnet diese Publikation in der Deutschen Nationalbibliografie; detaillierte bibliografische Daten sind im Internet über <http://www.d-nb.de> abrufbar.

Zugl.: Saarbrücken, Univ., Diss., 2006

D 291
ISSN 1433-8866
ISBN-10: 3-631-56316-7
ISBN-13: 978-3-631-56316-8

www.peterlang.de

Saarbrücker Studien zum Privat- und Wirtschaftsrecht

herausgegeben von
Prof. Dr. Johann Paul Bauer
Prof. Dr. Dr. Dr. h.c. Michael Martinek
Prof. Dr. Helmut Rüßmann

Die Schriftenreihe "Saarbrücker Studien zum Privat- und Wirtschaftsrecht" bildet in erster Linie ein Forum für rechtswissenschaftliche Doktorarbeiten der Universität des Saarlandes auf zwei juristischen Schwerpunktgebieten. Zum einen sollen Dissertationen im klassischen Privatrecht, vor allem im bürgerlichen Vermögensrecht der ersten drei Bücher des BGB und ihrer Nebengesetze vorgestellt werden. Zum anderen findet das Wirtschaftsrecht im Sinne des Wirtschaftsprivatrechts besondere Berücksichtigung, womit namentlich die Gebiete des Handelsrechts einschließlich des Bilanzrechts, des Personen- und Kapitalgesellschaftsrechts einschließlich des Konzernrechts, des Gewerblichen Rechtsschutzes sowie des Wettbewerbs- und Kartellrechts bezeichnet sind. Es versteht sich, daß nicht nur rechtsdogmatische Studien, sondern auch rechtstatsächlich, rechtspolitisch oder interdisziplinär angelegte Arbeiten in die Schriftenreihe Aufnahme finden. Denn die Rechts- und Wirtschaftswissenschaftliche Fakultät der Universität des Saarlandes vereinigt unter *einem* Dach die Fachbereiche Rechtswissenschaft und Wirtschaftswissenschaft und regt damit Studenten und Hochschullehrer in besonderer Weise zu fachübergreifender Lehre und Forschung an. Die Schriftenreihe steht aber nicht nur sehr guten und ausgezeichneten Dissertationen, sondern auch anderen "Studien" zu privat- und wirtschaftsrechtlichen Themen offen, bis hin zu Materialien und Skripten des akademischen Unterrichts. Die drei Herausgeber, die zugleich stellvertretend für ihre anderen Saarbrücker Fakultätskollegen des Privat- und Wirtschaftsrechts handeln, verbinden mit den "Saarbrücker Studien zum Privat- und Wirtschaftsrecht" den Wunsch, daß die hier veröffentlichten Arbeiten die verdiente Resonanz in der breiteren juristischen Fachöffentlichkeit finden.

Meinen Eltern

Inhaltsverzeichnis

§ 1: Grundlagen

Spätestens mit den 1970er Jahren wurde der Umweltschutz zu einem vorrangigen Thema staatlichen Handelns in den entwickelten Industriestaaten des Westens. In der Bundesrepublik Deutschland wurden in den letzten Jahrzehnten knapp hundert Bundesgesetze und Verordnungen oder deren Novellierungen auf dem Gebiet des Umweltrechts erlassen. Die Normierung des Umweltschutzes reicht von der Einführung von Auflagen, Standards, Steuern oder Abgaben über die Schaffung von Emissionsrechten bis zur Steuerung durch privatrechtliche Lösungen. In historischer Perspektive lässt sich dabei beobachten, dass nach der umfassenden Einführung ordnungsrechtlich orientierter Lösungen (der sogenannten regulatorischen Umweltpolitik) im 20. Jahrhundert seit dessen Ende ein mehr an Markt und Selbstverantwortung orientierter Ansatz in den Mittelpunkt umweltpolitischer Überlegungen rückt.

Dazu hat auch die Unzufriedenheit mit den überkommenen administrativen Regelungsmechanismen geführt. Denn nach den üblichen Ge- und Verbotstatbeständen dürfen Emittenten solange mit ihren Aktivitäten fortfahren, solange sie einmal gesetzte Grenzwerte einhalten; Anreize für eine weitere Verringerung der Belastung bestehen nicht. Der administrative Ansatz beschränkt sich somit in seiner Wirksamkeit selbst. Hinzu tritt, dass die Einhaltung überwiegend durch additive Technologien wie Filter, Katalysatoren oder Kläranlagen zu erreichen gesucht wird, womit durch eine Konzentration der Schadstoffe das Problem lediglich verlagert wird.[1] Der hiesige Gegenstand des Interesses, das Privatrecht, berührt seinerseits in unserer heutigen Gesellschaft nahezu alle Lebensbereiche. Gleichzeitig lehrt die ganzheitliche Sicht auf die Zusammenhänge der Ökosysteme, die sich gegen Ende des 20. Jahrhunderts entwickelte, dass jedes menschliche Handeln Einfluss auf die Natur hat. Die Reichweite des Privatrechts lässt es daher vor einer ernsthaften Forderung nach nachhaltigem Schutz der Lebensgrundlagen notwendig erscheinen, neben den verschiedenen Instrumenten staatlicher Prägung einer- und jenen der autarken Selbstregulation der Industrie andererseits auch die Leistungsfähigkeit des Rechts, welches zwischen allen Bürgern gilt, auf dem Gebiet des Umweltschutzes regelmäßig zu analysieren.

Umweltprivatrecht geht wie das ganze Zivilrecht grundsätzlich von bipolaren Strukturen aus. Umweltschutz als Beseitigung und Prävention von Umweltverschmutzung und abschließendem Ressourcenverbrauch reicht aber über diese Personenverhältnisse hinaus: Wir treffen auf multipolare oder ubiquitäre Beeinflussungen, Beeinträchtigungen und schließlich Schäden. Der Regulierung der Beziehungen unter Individuen ist es zueigen, dass ausschließlich individuelle Interessen einander gegenüberstehen und miteinander ausbalanciert werden müssen. Umweltschutz als außenstehender Zweck kommt dabei zunächst nicht

---

[1] Vgl. FEESS-DÖRR/PRÄTORIUS/STEGER, Umwelthaftungsrecht, S. 20 f.

zum Tragen. Ausschlaggebend für die Balance von Partikularinteressen sind aber rechtliche Wertungen. Diese orientieren sich an gesellschaftlich-politischen Zielen, womit die Prinzipien des Umweltschutzes unter dem Dach des Nachhaltigkeitsgrundsatzes Einzug in die Diskussion halten und Einfluss auf die Entscheidungen des Rechtsanwenders nehmen. Die vorliegende Arbeit beschränkt sich auf die Einbruchstellen dieser Prinzipien und strebt nicht etwa eine Neuerfindung oder -ausrichtung des Privatrechts an. Wenn also im Folgenden von einer „ökologischen Analyse des Rechts" die Rede sein wird, so ist nach hier vertretener Auffassung darunter die Bestimmung dieser Wertungen, also die des normativen Gewichts der Ökologie im Privatrecht gemeint. Im Unterschied zu der Definition von KLASS[2] soll aufgrund der teilweise weitreichenden sozialen, wirtschaftlichen, ordnungspolitischen und ökologischen[3] Implikationen damit noch keine Handlungsanleitung für eine Entscheidungsrichtung im Einzelfall vorgegeben werden.

A. Gegenstand der Arbeit und Gang der Untersuchung

In den 1980er Jahren kam es im Umfeld der Einführung des Umwelthaftungsgesetzes[4] bereits zu intensiven Diskussionen über die Leistungsfähigkeit des Privatrechts auf dem Gebiet des Umweltschutzes. Mit der Einführung des UmweltHG ist in Deutschland die rechtspolitische Diskussion über die Leistungsfähigkeit des Privatrechts für den Umweltschutz verebbt – lediglich der Ersatzfähigkeit so genannter „ökologischer Schäden" wurde erhöhte Aufmerksamkeit zuteil. Heute wird Umweltrecht als ganz überwiegend öffentlich-rechtlich geprägte Rechtsmaterie verstanden; der Anteil des Privatrechts am Umweltrecht wird in der Regel auf das Umwelthaftungsrecht beschränkt. Dies erscheint angesichts der Ubiquität des Privatrechts einer- und den bestehenden ökologischen Herausforderungen einer Industrie- und Konsumgesellschaft andererseits zu kurz gegriffen. Doch die Rufe nach weitergehenden Reformen, insbesondere im Bereich von Gruppenklagen oder für neue Fondslösungen im Haftungsrecht, haben in ihrer Intensität nachgelassen. Eingedenk der aktuellen politischen Fokussierung auf wirtschafts- und arbeitsmarktpolitische Themen und dem mit einer Verschärfung von Haftungsvorschriften einhergehenden industriepolitischen Risiko besteht für durchgreifende gesetzliche Änderungen im Umweltprivatrecht realistischerweise kaum eine Chance. Diese Arbeit

---

[2] KLASS, Ökologische Analyse des zivilen Schadensrechts, S. 27: „Im Falle des Vorhandenseins von Interpretationsspielräumen sollte grundsätzlich diejenige Entscheidungsalternative gewählt werden, die Erkenntnisse des Natur- und Umweltschutzes am stärksten berücksichtigt."

[3] Vgl. SCHÄFERS/ZAPF/HUBER, Handwörterbuch, S. 666: „Beim heutigen Stand der Ökosystemforschung ist es häufig nicht einmal möglich, Umweltschaden und Umweltnutzen einer Umwelteinwirkung eindeutig zu erfassen."

[4] G. v. 10. Dez. 1990, BGBl. I 2634, zul. geä. d. G. v. 19.7.2002, BGBl. I 2674 (UmweltHG).

möchte daher einen Beitrag dazu leisten, Funktion und Reichweite des bestehenden Privatrechts auf dem Gebiet des Umweltschutzes zu analysieren. So sollen Möglichkeiten und Grenzen privatrechtlicher Instrumente für diesen Bereich aufgezeigt und mögliche weitere Steigerungspotenziale herausgearbeitet werden, um damit einen Beitrag zu einer „ökologischen Analyse des Rechts" zu leisten.

Die Ziele sind, mit anderen Worten,

(a) aufzuzeigen, worin der Beitrag des heutigen Privatrechts für den Umweltschutz besteht;

(b) inwiefern dieser Beitrag *de lege lata* sinnvoll erhöht werden kann. Dazu muss herausgefunden werden, wo die Schaltstellen des Privatrechts liegen, an denen am effektivsten dem Umweltschutz mehr Gewicht verliehen werden kann;

(c) im Zuge dessen zur besseren Erreichung dieses Ziels eine rechtsvergleichende Darstellung des Umwelthaftungsrecht als des Teils des Umweltprivatrechts zu bieten, der finaler eingesetzt und als zielgerichteter wirkend wahrgenommen wird.

Von vornherein sind für die Studie verschiedene Funktionen des Privatrechts zu unterscheiden: Erstens kann eine Rechtsordnung dem einzelnen Bürger „Schutzrechte"[5] gegen andere Private zuweisen, deren Inanspruchnahme – zumindest auch – umweltschützende Effekte hat. Zweitens ermöglicht das Instrument der Privatautonomie Rechtsgestaltung unter Bürgern, die gleichfalls umweltschützend eingesetzt werden kann. Kehrseite der Vertragsfreiheit sind drittens die durch den Gesetzgeber vorgenommenen Beschneidungen derselben; auch diese können ökologisch motiviert sein, oder doch zumindest erhöhten Umweltschutz zur Folge haben.

Ausgangspunkt der Untersuchung muss die Klärung des Umweltschutzbegriffs und die Ausleuchtung des grundsätzlichen Zusammenhangs von öffentlichen Interessen und privaten Rechten sein. Die Erläuterung umweltpolitischer Prinzipien, die den Maßstab der ökonomischen Analyse bilden sowie die Erörterung der grundlegenden ökonomischen Wirkungen der Normtypen des Umweltprivatrechts formen die Grundlage für den weiteren Gang der Arbeit. Diese setzt sich fort mit einem Vergleich der privatrechtlichen Schutzrechte auf dem Gebiet des Umweltschutzes in Deutschland sowie im Recht von England und Wales. Die rechtsvergleichende Methode soll helfen, Erkenntnisgewinne über die ökologisch relevanten rechtlichen Schaltstellen zu erhalten und einen „Problemlösungsvergleich"[6] zu ermöglichen. Dabei ist die Sicht auf das Recht

---

[5] Zum Begriff s. HELM, Individuum und Umweltproblem, S. 94.

[6] ZWEIGERT, Zur Methode der Rechtsvergleichung, in: Studium Generale 13 (1960) 4, S. 193.

von England und Wales besonders reizvoll, weil es mit dem Tort Law als Teil des Common Law ein haftungsrechtliches Regime besitzt, welches auf vom Kontinentalrecht völlig unterschiedlichen historischen Rechtsentwicklungen fußt.[7] Gleichzeitig bietet die Rechtsentwicklung durch das *case law* englischen Richtern die Macht, ganz offen „aktivistisch“[8] tätig zu werden und so neuen sozialen Wertungen außerhalb eines Gesetzgebungsprozesses zur Geltung zu verhelfen. Auch ist die Debatte, inwiefern privatrechtliche Instrumente den Umweltschutz voranbringen können, unter englischen Juristen aufgrund neuer höchstrichterlicher Entscheidungen zurzeit äußerst aktuell.[9] Obwohl sich vorliegende Untersuchung auf das bestehende materielle Haftungsrecht konzentriert, wären Schlussfolgerungen bezüglich seiner praktischen Auswirkungen ohne Berücksichtigung prozessualer Aspekte nicht möglich. Daher wird auch der Durchsetzung der Schutzrechte ein Abschnitt gewidmet, in dem die grundsätzlichen Schwierigkeiten und Lösungsmöglichkeiten des Individual- und Kollektivrechtsschutzes rechtsvergleichend aufgezeigt werden. Folgend kann die angestrebte Sammlung und Bewertung der umweltrelevanten Schaltstellen der Schutzrechte erfolgen. Die anschließende Untersuchung privatautonomer Rechtsinstitute und ihrer Beschränkungen soll sich hingegen auf das deutsche Recht beschränken. Hier sind der Inhalt einzelner Beschränkungen der Abschlussfreiheit sowie die Möglichkeiten der privatautonomen Verpflichtung zu untersuchen, um deren ökologischen Auswirkungen zu bestimmen.

B. Negative Bereichsabgrenzung

Aufgrund der Fülle privatrechtlicher Regelungen, die einen Umweltbezug aufweisen, muss eine Arbeit wie die vorliegende sich auf Darstellung und Analyse ausgewählter Gebiete beschränken. Wegen seiner historischen Signifikanz und seiner Anstoßfunktion liegt der Schwerpunkt beim Umwelthaftungsrecht. Der mögliche Beitrag des Vertragsrechts wird grundsätzlich sowie anhand aktueller Beispiele untersucht. Nach der üblichen Diktion sind im Vertragsrechtsbegriff dingliche Verträge nicht enthalten.[10] Nicht erfasst werden darüber hinaus die umweltrelevanten Regelungen der Sondergebiete des Privatrechts, wie des Versicherungsrechts, des Wettbewerbs-, Produkthaftungs-,[11] Arbeits- oder Gesellschaftsrechts. Auch die allgemeinen Regeln der Haftung für Dritte und in Unternehmen werden nicht behandelt, weil sie zwar haftungs-

---

[7] Zur Rolle der Common Law-orientierten Rechtsvergleichung s. MARTINEK, Wissenschaftsgeschichte der Rechtsvergleichung und des Internationalen Privatrechts in der Bundesrepublik Deutschland, in: Simon, Rechtswissenschaft in der Bonner Republik, S. 550, 560 ff.

[8] So WILKINSON, Environment and Law, S. 36.

[9] S. HOWARTH, Washburn Law Journal, Spring 2002, 469; WIGHTMAN, (1998) 61 Modern Law Review 870; KIMBLIN, [2000] JPL 359; WOLF/STANLEY, Environmental Law, Chapter 11; MARKESINIS/DEAKIN, Tort Law, S. 458 ff.; BRAZIER/MURPHY, Street on Torts, S. 359.

[10] S. dazu bspw. FRITZ, Umweltschutz als Inhalts- und Schrankenbestimmung, S. 155 ff.

[11] S. dazu KLOEPFER, UmweltR, § 6 D II; EHRHARDT-RAUCHER, JA 2005, 466 m.w.N.

rechtlich relevant sind, im Umwelthaftungsrecht aber keine Besonderheiten aufweisen.[12] Nicht berührt werden von dieser Arbeit ferner grenzüberschreitende Probleme.[13] Weiter ist der Bereich des Staatshaftungsrechts ausgeklammert, weil die Beziehung zwischen Staat und Bürger im Deliktsrecht eine Sonderstellung einnimmt.[14]

C. Umwelt und Umweltschutz

Umwelt kann einerseits in einem möglichst umfassenden Sinne verstanden werden. Typisch für diese Auffassung sind Umschreibungen als „Gesamtheit der materiellen äußeren Lebensbedingungen der betreffenden Population"[15] oder als „Biosphäre als Gesamtsystem der Ökosysteme".[16] Dieses Begriffsverständnis ist aufgrund seiner Konturlosigkeit aber nicht zur Grenzziehung von anderen Aufgaben- und Rechtsgebieten geeignet.[17] Um dies zu gewährleisten, müssen vielmehr der Mensch und sein Werk in den Mittelpunkt der Betrachtung rücken. Aus dem anthropozentrischen Blickwinkel sollten daher unter „Umwelt" die elementaren Lebensgrundlagen des Menschen in Form der „menschlich gestalteten und bebauten Umwelt"[18] verstanden werden.[19] Bei dieser zugrunde gelegten Fokussierung auf die menschliche Umwelt muss der Mensch gleichzeitig Subjekt und Objekt des Schutzes der Umwelt sein. „Umweltschutz" steht deshalb als Sammelbegriff für eine unzählige Vielzahl von Maßnahmen und Gegenmaßnahmen für und gegen bestimmtes menschliches Handeln oder bestimmte Naturphänomene.[20] Der Begriff bezeichnet dabei nicht nur einen Lebenssachverhalt, sondern ist bereits Ausdruck einer Wertung, denn nach heutigem Begriffsverständnis wird darin vorrangig ein nachhaltiger Umgang mit der Umwelt gefordert.[21]

Den unter dem Sammelbegriff der „Nachhaltigkeit"[22] zusammengefassten Bestrebungen ist eines gemein: Sie richten sich gegen die Gefährdung der natür-

---

[12] S. ERL, Umwelthaftungsrecht, S. 45 ff. m.w.N.

[13] S. dazu bspw. BERGKAMP, Liability and Environment; BORNHEIM, Haftung für grenzüberschreitende Umweltbeeinträchtigungen.

[14] S. nur MünchKomm/PAPIER, § 839 Rn. 1.

[15] Schäfers/Zapf/HUBER, Handwörterbuch, S. 666; KLOEPFER, UmweltR, § 1 Rn. 15.

[16] SPARWASSER/ BENDER/ENGEL, UmweltR, § 1/I, Rn. 7.

[17] Vgl. SENDLER, JuS 1983, 255, der vor einem Verständnis des Umweltrechts als „Allerweltsrecht" warnt.

[18] KLOEPFER, a.a.O., § 1 Rn. 16, 18. Diese historische Realitäten berücksichtigende Einschränkung schließt nicht aus, dass vom Menschen geschaffene Zustände unumkehrbar sind oder als unveränderlich behandelt werden sollten.

[19] Ähnlich J. WOLF, UmweltR, Rn. 37; SPARWASSER/BENDER/ENGEL, UmweltR, Rn. 10; KLOEPFER, a.a.O.

[20] Gegen den ökozentrischen Umweltschutzbegriff auch KLOEPFER, § 1 Rn. 19.

[21] Vgl. STRASSER/JABORNEGG, Privatrecht und Umweltschutz, S. 26.

[22] Dazu sogleich.

lichen Ressourcen des Menschen. Dazu bedarf es der naturwissenschaftlichen Erkenntnis, welche Entwicklungen „schädlich“ und welche „nützlich“ sind. Oft wird das Ergebnis dieser Prüfung allein davon abhängen, welche Antwort auf die Frage „Schädlich oder nützlich wofür?“ gegeben wird. Im Lichte der Komplexität der Ökosysteme kann eine eindeutige Antwort auf diese Frage aber oft gerade nicht gegeben werden. Dennoch besteht heute ein breiter internationaler Konsens, dass gewisse Tendenzen wie die Vermüllung von Land und Meer, der ungehemmte Ausstoß von Treibhausgasen oder die Kontaminierung von Wasser und Boden mit Giftstoffen geeignet sind, das Leben zukünftiger Generationen in negativer Weise zu beeinträchtigen. Diese beispielhafte Aufzählung zeigt weiter, dass bei üblicherweise mit „Umweltschutz“ verbundenen Problemstellungen stets die Veränderung der Eigenschaft eines Umweltmediums in Rede steht. „Schutz“ der Umwelt bedeutet demnach in dem hier gewählten privatrechtlichen Kontext die Einflussnahme eines Individuums mithilfe privatrechtlicher Instrumente auf das Verhalten anderer in Bezug auf ein Umweltmedium. Eine derart verstandene Definition von Umweltschutz findet Widerhall in einem erweiterten Begriff und Verständnis von „Umweltprivatrecht“.

D. Private und öffentliche Umweltinteressen und -rechte

I. Öffentliches Umweltrecht, Umweltprivatrecht und Selbstregulierung - Grenzen und Überschneidungen

Um ein politisches Ziel wie gesteigerte Umweltfürsorge und Umweltschutz umzusetzen, bietet der Rechtsstaat unterschiedliche Werkzeuge an. Diese bewegen sich in ihrer Wirkung zwischen Eingriffen in bürgerliche Freiheiten in unterschiedlicher Intensität einer- und der Schaffung von Partizipationsmöglichkeiten der Zivilgesellschaft andererseits. So kann staatliche Lenkung erfolgen durch Ge- und Verbote und deren Durchsetzung mittels staatlicher Stellen, also durch direkte Intervention qua öffentlichen Rechts. Auf dem Gebiete des Polizei- und Ordnungsrechts erfolgt staatliches Einschreiten indes oft erst auf Veranlassung von Bürgern, dann aber der Offizialmaxime folgend. Vertraut der Staat auf die Selbstregulierungskräfte der Gesellschaft, so können zivilrechtliche und zivilprozessuale Normen bestimmte Vorgänge erleichtern oder erschweren. Auch hier besteht also eine Einflussnahmemöglichkeit für den Gesetzgeber, bei deren Ausübung durch Setzung privatrechtlicher Normen er Belange des Umweltschutzes berücksichtigen kann oder muss.

Eine Besonderheit im herkömmlichen System stellen die gesetzlichen Klagebefugnisse der öffentlichen Hand für Schäden an Umweltgütern dar, wie sie die Richtlinie 2004/35/EG des Europäischen Parlaments und des Rates über Umwelthaftung zur Vermeidung und Sanierung von Umweltschäden[23] und

---

[23] S. dazu Teil 2, A.

davor bereits Art. 18 des italienischen Umweltgesetzes von 1986[24] vorsehen. Hier nimmt der Staat eine treuhänderische Position für Umweltgüter ein, die mit einer exklusiven[25], zivilrechtlich ausgestalteten Prozessführungsbefugnis[26] vor den ordentlichen Gerichten ausgestattet wird. Ein derartiges Haftungsmodell stellt sich somit im Ergebnis als Verwirklichung öffentlich-rechtlicher Aufgaben mit zivilprozessualen Mitteln dar. Der Emissionshandel schließlich bildet ein Beispiel für das Zusammenspiel von öffentlichem und Privatrecht bei einem modernen Lösungsansatz zur Treibhausgasreduktion: Das deutsche TEHG[27] sieht eine Verteilung von Energiezertifikaten mittels Verwaltungsakts vor, die dann auf einem freien Markt gehandelt werden können.

1. Öffentliches und privates Recht

Nach den herkömmlichen Unterscheidungen sind unter Öffentlichem Umweltrecht all diejenigen Normen zu fassen, die durch Ge- und Verbote hoheitlichregelnd dem Einzelnen ein Verhalten vorschreiben oder staatliche Behörden zu Eingriffen ermächtigen. Deshalb fallen auch administrative Kontrollinstrumente wie Anzeige- und Informationspflichten, Erlaubnisvorbehalte und Kontrollbefugnisse sowie Planungsinstrumente darunter. Um eine solche hoheitliche Aufgabe handelt es sich auch bei den Haftungsmodellen, in denen der Staat eine treuhänderische Stellung für die Umwelt einnimmt. Ob die prozessuale Durchsetzung dann öffentlich-rechtlichen oder zivilrechtlichen Regeln folgt, kann auf die Qualifikation der Aufgabe keinen Einfluss haben.[28] Nach herkömmlicher Auffassung setzt sich der Kern des Umweltrechts aus Naturschutz- und Landschaftspflegerecht, Gewässerschutzrecht, Immissionsschutzrecht, Strahlenschutzrecht, Abfallrecht, Bodenschutz- und Gefahrstoffrecht zusammen[29] und ist somit ganz überwiegend öffentlich-rechtlich geprägt.

Die Gesamtheit der privatrechtlichen Normen[30], die bei Umweltproblemen zur Anwendung kommen, bilden den Gegenstand des Umweltprivatrechts.[31]

---

[24] No. 349/1986; ausführlich KADNER, Ersatz ökologischer Schäden, S. 115 ff.; LEONHARD, Der ökologische Schaden, S. 160 ff; SEIBT, Ausgleich ökologischer Schäden, S. 84 ff.

[25] Zur Kritik daran s. KADNER, a.a.O., S. 118 f.; LEONHARD, a.a.O., S. 168, beide m.w.N.

[26] Näher dazu LEONHARD, a.a.O., S. 166 ff; SEIBT, a.a.O., S. 97 ff.

[27] S. dazu Teil 3, B. IV.

[28] Vgl. v. BAR, Gutachten A 62. DJT (1998), S. A 103; a. A. KADNER, Ersatz ökologischer Schäden, S. 117.

[29] SPARWASSER/BENDER/ENGEL, UmweltR, § 1 Rn. 28; J. WOLF, UmweltR, Rn. 75 ff.; KLOEPFER, UmweltR, § 1 Rn. 61.

[30] Verstanden im Sinne des BVerfG als „die für den Rechtsverkehr und die Rechtsbeziehungen der Bürger untereinander maßgeblichen Vorschriften", s. BVerfGE 58, S. 300, 335.

[31] Breuer/KLOEPFER/Marburger/Schröder, UTR 11 (1990), S. 35 ff; DERS., Umweltpolitik und Umweltrecht: Privatrecht und insbesondere „Öffentliches Recht", in: Rengeling (Hrsg.), EUDUR I, S. 101.

Innerhalb dieser Kategorie werden Rechtsregeln, die ausschließlich auf Probleme des Umweltschutzes Anwendung finden (Umweltprivatrecht im engeren Sinne) von solchen unterschieden, die neben anderen auch Umweltprobleme regeln.[32] Diese Unterscheidung ist insoweit irreführend, als dass keine privatrechtliche Norm den Umweltschutz unmittelbar bezweckt, sondern nur mittelbar über die Wahrung subjektiver Interessen wirken kann. So regelt zum Beispiel das Umwelthaftungsgesetz die Folgen einer Verletzung von Eigentum oder Gesundheit nach Störfällen; dies ist zunächst ein soziales Problem. Will man dennoch weiterhin Umweltprivatrecht im engeren von dem im weiteren Sinne unterscheiden, so bietet sich als Abgrenzungskriterium der Gesetzgebungs*zweck* an: Dort, wo der Gesetzgeber privatrechtliche Normen allein oder überwiegend aus Gründen der (indirekten) Verhaltenssteuerung erlassen hat, kann richtigerweise von Umweltprivatrecht im engeren Sinne gesprochen werden. Umwelthaftungsrecht, definiert als Gesamtheit aller Rechtsnormen, welche den privatrechtlichen Ausgleich für die durch Umweltbeeinträchtigungen verursachten Schäden regeln,[33] ist teils dem engeren, teils dem weiteren Begriffsverständnis zuzuordnen. Privatrechtliche Normen, welche Umweltprobleme regeln, finden sich auch im Vertragsrecht. Ein Teil des Umweltvertragsrechts ist indes nicht normativ geprägt. Während im Schuldrecht der Vertragszweck und sein Abschluss selbstverständlich im Zentrum der Rechtsregeln stehen, wurde beides in der Betrachtung des Umweltprivatrechts bislang kaum untersucht, gehört aber zum Umweltprivatrecht im weiteren Sinne.

Somit muss die vielbehandelte, überwiegend unproblematische und in Zweifelsfällen oft nur historisch zu erklärende Abgrenzung von öffentlichem Recht und Privatrecht[34] an dieser Stelle nicht weiter vorgenommen werden. Gegenstand dieser Untersuchung sind ausschließlich Rechtsbeziehungen zwischen Rechtssubjekten, die nicht aufgrund hoheitlicher Rechte oder Pflichten handeln und Normenkomplexe, die traditionell dem Privatrecht zugeschlagen werden.[35] Allerdings ist zu berücksichtigen, dass eindeutig öffentlich-rechtliche Regelungen im Umwelthaftungsrecht auf die Rechtsverhältnisse Privater wirken, so dass dort das Verhältnis beider Rechtsgebiete zueinander zu beleuchten ist. Überdies wird zu zeigen sein, dass Beschneidungen der Privatautonomie zwar privatrechtlich wirken, letztlich aber hoheitlich-steuernden Charakter haben.

---

[32] KLOEPFER, UmweltR, § 6 Rn. 1.

[33] FEESS-DÖRR/PRÄTORIUS/STEGER, Umwelthaftungsrecht, S. 27; VON BAR, Gutachten A 62. DJT (1998), S. A 32; Staudinger/KOHLER (2002), Vor UmweltHG, Rn. 1.

[34] S. dazu LARENZ/WOLF, BR AT, 9. Auflage 2004, § 1 Rn. 18 ff.; MAURER, Allg VwR, § 3 Rn. 14 ff.; U. STELKENS, Verwaltungsprivatrecht, S. 330 ff.

[35] Nicht behandelt werden daher sog. „covenants“ auf EU-Ebene, wie z.B. die Übereinkunft der EU mit der European Automobile Manufacturers Association, Autos mit erheblich reduzierten CO2-Emissionen zu bauen; s. dazu BONGAERTS, J., Carbon Dioxide Emissions and Cars: An Environmental Agreement at EU Level, European Environmental Law Review, April 1999, S. 101-104; WILKINSON, Environment and Law, S. 147.

2. Außerrechtliche Selbstregulierung

Umweltprivatrecht kann Teil gesellschaftlicher Selbstregulierung sein.[36] Neben diesen, hier näher untersuchten Effekten rechtlicher Instrumente bestehen weitere, auf freiwilliger Selbstbestimmung beruhende Werkzeuge der Verhaltenssteuerung. In Abgrenzung zum Umweltprivatrecht sind zuerst zu nennen die freiwilligen Vereinbarungen zwischen Wirtschaft und Politik oder zwischen beziehungsweise innerhalb von Wirtschaftsunternehmen und -verbänden.[37] Sie treten sowohl als „normvertretende" als auch als „normvollziehende" Absprachen in Erscheinung.[38] Solche Selbstverpflichtungen[39] funktionieren am effektivsten, wenn sie präzise Zielvorgaben für eindeutig bestimmte Parteien beinhalten und mit einem Überwachungs- und Durchsetzungsmechanismus gekoppelt sind.[40] Ihr Vorteil liegt in einer wohlgesonnenen Art der Regulierung bei gleichzeitigem Ausdruck von Vertrauen. Der weiterhin positiv zu bewertenden Reduzierung des bürokratischen Aufwands und der Kosten stehen aber wesentliche Nachteile gegenüber: Dazu zählen oftmals der Ausschluss der Öffentlichkeit und, daraus resultierend, eine fehlende Transparenz. Auch ist die Förderung von Ungleichheiten durch den punktuellen Charakter der Verpflichtung sowie eine faktische Bindung der Verwaltung[41] zum Zwecke der Vertrauensbildung zu beklagen. Nicht zuletzt muss eine einseitige Bewertung wirtschaftlicher Interessen befürchtet werden.

Wie bereits angeklungen sollte Selbstüberwachung integrierter Bestandteil von Instrumenten der Selbstregulierung sein. Neben dieser gegenseitigen Überwachung der Einhaltung von Selbstverpflichtungen kann Selbstüberwachung auch unilateral auf Betriebsebene stattfinden. Mittel ist hier die Schaffung von Umweltschutzstellen mit verschiedenartig ausgeprägten Informations- und Mitspracherechten. Allerdings ist die Einrichtung von Umweltschutzbeauftragten mittlerweile überwiegend verbindlich in Form betriebsinterner Organisationspflichten angeordnet[42] und beruht so nicht auf dem Konzept der Freiwilligkeit.[43]

---

[36] SPARWASSER/ENGEL/VOßKUHLE, UmweltR, § 1/I, Rn. 23; KLOEPFER, UmweltR, § 6 Rn. 6.

[37] Bspw. die Erklärung der deutschen Wirtschaft zur CO2-Reduktion; die Zusage des Verbands der Automobilindustrie zur Verminderung des Treibstoffverbrauchs von Neuwagen (s. BMU (Hrsg.), Umwelt 6/1995, S. 221); weitere Nachweise bei KLOEPFER, UmweltR, § 5 Rn. 513; weitergehende Ansätze bei ENDRES/MARBURGER, Umweltschutz durch gesellschaftliche Selbststeuerung, S. 2 ff.

[38] KLOEPFER, a.a.O., § 5 Rn. 509, m.w.N.

[39] Auch „gentlemen's agreement" oder ungenau „Umweltabsprachen"; vgl. KLOEPFER, UmweltR, § 5 Rn. 206 f.

[40] WILKINSON, Environment and Law, S. 147.

[41] Vgl. KLOEPFER, a.a.O., § 5 Rn. 189.

[42] S. §§ 21 a-g WHG; §§ 53-58 BImSchG; §§ 54-55 KrW-/AbfG; §§ 29 Abs. 2-31 StrSchV.

[43] WEHRSTEDT, Die haftungsrechtliche Stellung der Umweltschutzbeauftragten, S. 3 ff.; KLOEPFER, a.a.O., § 4 Rn. 61.

Einen Anreiz zu autonom gesteuertem Umweltverhalten im Betrieb soll schließlich das sogenannte „Umweltaudit" bilden. Dabei handelt es sich um ein Zertifizierungsverfahren, welches durch seine politische und rechtliche Absicherung[44] besonderes Gewicht erhalten hat. Ziel des Umweltaudit ist, durch Einrichtung eines innerbetrieblichen Gemeinschaftssystems des Umweltmanagements und der Umweltbetriebsprüfung den betrieblichen Umweltschutz durch freiwillige Anstrengungen der Unternehmen zu fördern.[45] Mangels flächendeckender Partizipation konnte das angestrebte Ziel der Deregulierung staatlichen Umweltschutzes aber bislang nicht erreicht werden.[46]

II. Der öffentliche Zweck des Umweltschutzes und Privatrecht

Dass ein wirkungsvoller Schutz der Umwelt im Sinne der Allgemeinheit ist und damit dem öffentlichen Interesse dient, kann nach dem heutigen Stand der Wissenschaft, der rechtlich unter anderem in der umfassenden Anerkennung internationaler Umweltschutzabkommen und -verträge Ausdruck gefunden hat, vorausgesetzt werden.[47] Die Schwierigkeiten, denen die Begriffsbildung und anschließende Feststellung eines „öffentlichen Interesses" in anderen Fällen unterliegt, stellen sich daher für diese Diskussion nicht. Allerdings wirft die Anerkennung des Umweltschutzgedankens als „öffentliches Interesse" für das Umweltprivatrecht Fragen auf: Inwiefern können privatrechtliche Normen einem öffentlichen Zweck wie dem des Umweltschutzes dienen? Und blickt nicht das Privatrecht *per definitionem* auf die Wahrung privater Interessen? Anders ausgedrückt: Wieso kann Privatrecht umweltpolitische Auswirkungen haben? Zu ihrer Beantwortung existieren verschiedene Erklärungsmodelle:

a) Der Zweck des Privatrechts erschöpft sich nicht allein in der Regelung und Wahrung privater Interessen und Güter. Die Interessentheorie liefert anerkanntermaßen keine zuverlässigen Ergebnisse zur Abgrenzung von öffentlichem und privatem Recht.[48] Anschaulich wird dies, wenn BELL und MCGILLIVRAY Ähnlichkeiten zwischen Privat- und öffentlichem Recht als „oberflächlich" bezeichnen, weil Charakteristikum des Privatrechts die Abwägung von Indivi-

---

[44] Verordnung (EWG) Nr. 1836/93 des Rates über die freiwillige Beteiligung gewerblicher Unternehmen an einem Gemeinschaftssystem für das Umweltmanagement und die Umweltbetriebsprüfung. Diese wurde konkretisiert durch das Umweltauditgesetz, BGBl. I 1995, S. 1591. Zur Umsetzung im United Kingdom s. WICKENS, A British View on the Implementation of EMAS and ISO 14001, in: Bohne (Hrsg.), Erfahrungen mit dem Umweltauditgesetz, S. 160 ff.

[45] KLOEPFER, UmweltR, § 5 Rn. 445 ff.

[46] Vgl. J. WOLF, UmweltR, Rn. 1482; differenzierend Ewer/LECHELT/Theuer, Handbuch Umweltaudit, A 117, 121.

[47] BÜDENBENDER, EnWG, § 1 Rn. 34; KLOEPFER, in: Rengeling (Hrsg.), EUDUR I, S. 95.

[48] S. LARENZ/WOLF, BR AT, 9. Auflage 2004, § 1 Rn. 23 f; PFEIFFER, Privatrechlicher Immissionsschutz, S. 12 ff.

dualinteressen zum Beispiel bei widerstreitenden Landnutzungen sei und nicht Umweltschutz;[49] denn dem kann entgegengehalten werden, dass sich für das anthropologische Umweltverständnis jedes Umweltproblem als widerstreitende Nutzung von Ressourcen durch den Menschen beschreiben lässt. Konsequenterweise wird nach den Subjekts- und Zuordnungstheorien heute überwiegend auf die Beteiligten eines Rechtsverhältnisses geblickt.[50]

b) Nach der ordo-liberalen Doktrin sorgt der Markt für die Verknüpfung von Privatrecht und öffentlichem Interesse.[51] Vereinfacht ausgedrückt bilden sich danach in einer durchlässigen „Privatrechtsgesellschaft" für alle Güter (und Rechte) Marktpreise, deren Höhe das Ergebnis eines sozialen Nivellierungsvorgangs ist.[52] Bei auftretenden Schwierigkeiten soll nicht der Markt abgeschafft, sondern der Lenkungsmechanismus verbessert werden.[53]

c) Der Ordoliberalismus hat seinen Blick nur selten auf außerwirtschaftliche Problemstellungen gerichtet.[54] Daran knüpft eine weitreichende Kritik der liberalen Position an. So befindet RAISER im Jahr 1971, dass eine Gleichsetzung von Wirtschafts- und Privatrechtsordnung angesichts akuter, politisch zu entscheidender Zielkonflikte nicht aufrechtzuerhalten sei.[55] Stattdessen sollten die das Privatrecht tragenden Rechtsinstitute nicht auf eine einzige gesellschaftliche Funktion oder Rolle festgelegt, sondern die Mehrheit und Veränderlichkeit der Funktionen ins Auge gefasst werden.[56]

d) Andere Autoren sehen Privatrecht als ein Mittel von mehreren zur Erfüllung der Zwecke einer Genossenschaft aller Rechtssubjekte.[57] Danach dient die Privatrechtsordnung in erster Linie gesellschaftlichen – in diesem Sinne „öffentlichen" – Zwecken. Die Lehre von den Sozialpflichten wiederum versteht den Vertrag unter Privaten als sozial erheblichen Akt, in dessen Entstehung, Interpretation und Abwicklung auch gesellschaftliche Pflichten zu integrieren

---

[49] BELL/MCGILLIVRAY, Environmental Law, S. 257.

[50] Vgl. HUFEN, Verwaltungsprozessrecht, § 11 Rn. 21.

[51] Grundlegend BÖHM, Privatechtsgesellschaft und Marktwirtschaft, in: Mestmäcker (Hrsg.), Freiheit und Ordnung in der Marktwirtschaft, S. 108 ff, insbes. S. 124 ff; dazu ferner EUCKEN, Grundsätze der Wirtschaftspolitik, S. 26 ff.; MESTMÄCKER, Macht - Recht – Wirtschaftsverfassung, in: Recht und ökonomisches Gesetz, S. 15 ff.; RITTNER, AcP 180 (1980), 392, 398 ff; ZACHER, Aufgaben einer Theorie der Wirtschaftsverfassung, in: FS Böhm 1965, S. 63, 107 ff; SCHMIDT-RIMPLER, AcP 147 (1941), 130 ff.

[52] Wie von der Grenznutzenlehre beschrieben, s. BÖHM, a.a.O., S. 125.

[53] BÖHM, Wirtschaftsordnung und Geschichtsgesetz, S. 177 ff.; PFEIFFER, a.a.O., S. 12 ff.

[54] Übersicht bei REHBINDER, Wirtschaftsordnung und Instrumente des Umweltschutzes, in: FS Böhm z. 80. Geb., S. 499 f.

[55] RAISER, Die Zukunft des Privatrechts, in: Die Aufgabe des Privatrechts, S. 221 f.

[56] a.a.O., S. 222.

[57] WIEACKER, Sozialmodell, S. 18 ff.; s.a. ZÖLLNER, JuS 1988, 333.

sind.[58] Bereiche des Privatrechts, in denen soziale Bindungen eine besondere Rolle spielen, wurden daher vereinzelt als „Sozialrecht" aus dem allgemeinen Privatrecht ausgeklammert.[59]

e) Schließlich zieht eine einheitliche Sicht des Rechts die althergebrachte Unterscheidung von Privatrecht und öffentlichem Recht in Zweifel. In einem immer dichteren System von Kooperationsbeziehungen zwischen Staat und Gesellschaft spielten die Grenzen zwischen privatem und öffentlichem Recht eine zunehmend geringere Rolle oder sind schon nicht mehr auszumachen.[60] So kann MEDICUS in utilitaristischer Weise Gesetzgebungskompetenzen, die Einsparung von Behörden, das Fehlen der Vollzugsdefizite des öffentlichen Rechts, die grenzüberschreitende Wirksamkeit und die Ergänzungs- und Vorbildfunktion der Zivilrechtsnormen als Gründe dafür anführen, warum Umweltschutz zumindest auch zivilrechtlich ausgestaltet werden sollte.[61]

Die skizzierten Modelle beschreiben verschiedene, teils widerstreitende Auffassungen und Philosophien. Doch zeigen sie allesamt, dass Privatrecht ein Interesse zu fördern vermag, welches über das Interesse des durch ein privates Recht berechtigten oder verpflichteten Individuums hinausgeht. Subjektive Rechte und korrespondierende Pflichten eines Bürgers, welche auch ein öffentliches Interesse transportieren können, treten als gesetzliche Schutzrechte und kraft rechtlich anerkannter Privatverpflichtung (sowie in deren Grenzen) auf. Darstellung und Bewertung von deren verhaltenssteuernder und ökologischer Wirkung sind nur im Lichte der ökonomischen und ökologischen Grundlagen des Umweltprivatrechts möglich, welche folgend in der gebotenen Kürze aufgezeigt seien.

E. Umweltpolitische und ökonomische Grundlagen des Umweltprivatrechts

I. Umweltpolitische Prinzipien

Spätestens seit der Stockholmer Konferenz über die menschliche Umwelt der Vereinten Nationen von 1972 ist das Prinzip nachhaltiger Entwicklung (*sustainable development*) als umweltpolitische Zielvorgabe international allgemein anerkannt. Die – unverbindliche – „Agenda 21" des „Klimagipfels von Rio de Janeiro" aus dem Jahre 1992 fordert seine Einhaltung ebenso wie auf europäischer Ebene der – rechtsverbindliche – Art. 6 des Vertrags von Amsterdam. Dieser weltweite Konsens ist unter anderem darauf zurückzuführen, dass sein Inhalt kaum in einer allgemeingültigen Definition auszudrücken ist. Die übli-

---

[58] DERLEDER, KJ 1986, 263, 264.
[59] PAWLOWSKI, BGB AT, § 1 I 2 b), Rn. 19 ff.
[60] KLOEPFER, in: Rengeling (Hrsg.), EUDUR I, S. 111 Rn. 52.
[61] MEDICUS, UTR 11, S. 6 ff.; s.a. REHBINDER/BURGBACHER/KNIEPER, Bürgerklage im Umweltrecht, S. 15 ff.

cherweise verwendete Umschreibung des Ziels als „Entwicklung, welche gegenwärtige Bedürfnisse befriedigt ohne die Fähigkeit zukünftiger Generationen zu beeinträchtigen, ihre eigenen Bedürfnisse zu stillen“[62] bleibt äußerst vage. Unter dem Dach des Prinzips nachhaltiger Entwicklung haben sich aber für das Umweltrecht aller europäischen Staaten[63] weitere, konkretere Leitlinien entwickelt.

a) Im **Kooperationsprinzip** ist der Gedanke verankert, dass Umweltschutz nicht alleinige Aufgabe des Staates ist, sondern die Zusammenarbeit von Staat, Wirtschaft und Gesellschaft erfordert.[64] Damit kommt einerseits zum Ausdruck, dass der Staat nicht einseitig Umweltschutz gegen Wirtschaft und Gesellschaft durchsetzen kann oder soll;[65] andererseits können Staat und Gesellschaft sich nicht gegenseitig von der Umweltverantwortung freistellen.[66] Für die Funktion und Aufgabe des Privatrechts bedeutet die Kooperationsforderung, dass der Staat auch im Privatrecht Wertungen verankern und Instrumente zur Verfügung stellen muss, die den Umweltschutzprinzipien nicht zuwiderlaufen und diese stattdessen fördern.

b) Das **Vermeidungsprinzip** beinhaltet den Gedanken, dass Staaten, Betriebe oder Privatpersonen unter bestimmten Umständen die Pflicht haben, eine bestimmte Schädigung der Umwelt zu vermeiden, auch wenn diese außerhalb ihres eigenen Territoriums oder Eigentums liegen würden.[67] Diesen Gedanken dehnt das **Vorsorgeprinzip** (precautionary principle) dahingehend aus, dass selbst dort, wo Mangel an wissenschaftlicher Erkenntnis hinsichtlich der möglichen Ursachen und Konsequenzen einer Umweltgefahr herrscht, der Schutz der Umwelt nicht verhindert oder verzögert werden sollen.[68] Im Zweifel sollen also Umweltbelastungen oder Umweltgefährdungen eher vermieden werden, als nachträglich negative Auswirkungen hinnehmen zu müssen.[69] Der Umweltbericht der Bundesregierung von 1990 nennt vorrangig die Risikovorsorge und die Zukunftsvorsorge als Konkretisierungen des Vorsorgeprinzips.[70] Auf privatrechtlicher Ebene kommt zur Umsetzung in erster Linie die Setzung von Verhaltenspflichten und Vorsorgestandards (mit der Haftungskonsequenz bei Verstoß im Schadensfall) in Betracht.

---

[62] Report der Brundtland Kommission „Our Common Future“, 1987 (Übersetzung d. Autors).
[63] Vgl. Art. 174 Abs. 2 EG.
[64] Vgl. RENGELING, Das Kooperationsprinzip im Umweltrecht, S. 12 ff.; KLOEPFER, UmweltR, § 4 Rn. 56 ff.
[65] MÜGGENBORG, NVwZ 1990, 909.
[66] KLOEPFER, a.a.O., Rn. 58; BREUER, in; Schmidt-Aßmann (Hrsg.), Besonderes Verwaltungsrecht, 5. Abschn. Rn. 18.
[67] WILKINSON, Environment and Law, S. 104.
[68] WILKINSON, a.a.O., S. 111; zur Kritik s. nur ibid. S. 119 m.w.N.
[69] GÜNTHER, Umweltvorsorge und Umwelthaftung, S. 27; JARASS, BImSchG, § 5 Rn. 46.
[70] BT-Drucks. 11/7168, S. 26.

c) Dem **Verursacherprinzip** (Polluter-Pays-Principle, PPP) zufolge soll der Verursacher die sachliche und finanzielle Verantwortung seiner Umweltverschmutzung tragen. Obwohl sich das PPP damit von einem reinen Kostenverteilungsgrundsatz entfernt hat, ist der Kern des Prinzips weiterhin in der Aussage zu sehen, dass durch eine Umweltbelastung entstehende Kosten der Verursacher tragen soll und nicht die Allgemeinheit oder der zufällig betroffene Einzelne.[71] Damit stellt das PPP ein Zurechnungsprinzip dar, welches auf normativen Wertungen beruht. Ausnahmen vom Verursacherprinzip bedürfen einer Begründung (sog. Gemeinlastprinzip).[72] Inwiefern eine Umsetzung des Verursacherprinzips durch erfolgreiche Verhaltenssteuerung auch Forderungen des Vorsorgeprinzips verwirklicht, wird im weiteren auch unter ökonomischen Gesichtspunkten näher untersucht.

II. Die ökonomische Analyse des Rechts im Umweltprivatrecht

Ökonomische und ökologische Zielvorgaben scheinen zunächst ohne Berührungspunkte nebeneinander zu stehen. Wo die wirtschaftliche Effizienz gesteigert werden soll, sei es für einen einzelnen Betrieb oder für eine ganze Volkswirtschaft, wird eine Gewinnmaximierung angestrebt. Anknüpfungspunkt für jedes Kosten-Nutzenkalkül sind also Geldmittel. Beim Streben nach dauerhaft gesunden Lebensverhältnissen werden die Ziele in den dargestellten Vermeidungs- und Vorsorgeprinzipien ausgedrückt. Diese ignorieren zunächst wirtschaftliche Auswirkungen unter dem vorrangigen Ziel nachhaltiger Entwicklung. Das Problem besteht also darin, dass die „Befugnis, die Umwelt zu belasten“ zwar als ein „Produktionsfaktor“ angesehen werden kann, sich für ihre Inanspruchnahme aber keine „Knappheitspreise“[73] entwickelt haben, die in die Kostenrechnung der Unternehmen eingegangen wären.

Im Bereich des öffentlichen Ordnungs- und Umweltrechts sind diese Zusammenhänge von geringerer Bedeutung. Hier gibt die Politik ein Ziel vor, der Gesetzgeber setzt dieses in Recht um, und der Staatsapparat sorgt für dessen Durchsetzung. Daher sind hoheitliche Regelungen denkbar, die unter Missachtung ökonomischer Grundsätze ökologischen Wertungen höchste Priorität einräumen. Selbstverständlich zeitigt dies auf einem liberalisierten Weltmarkt mikro- und makroökonomische Effekte, zum Beispiel durch erhöhte Produktionskosten für einen Betrieb bei geringerer Beeinträchtigung der Lebensräume auch der Arbeitnehmer. Mögliche Folge ist die Ab- beziehungsweise Zuwanderung von Unternehmen – je nach unternehmerischer Präferenz.

---

[71] REHBINDER, in: Salzwedel, Grundzüge des Umweltrechts, S. 95.
[72] KLOEPFER, UmweltR, § 4 Rn. 53, m.w.N.
[73] Dazu GEISENDÖRFER, VersR 1989, 433.

Diese Auswirkungen sind jedoch Folge eines äußeren Handlungszwangs. Erzwungenes umweltfreundliches Verhalten bewirkt internalisierte externe Kosten einer- und gesünderen Lebensraum andererseits. Bei privatrechtlich veranlassten Handlungen steht der Ursache-Wirkung-Zusammenhang in einem genau umgekehrten Verhältnis. In diesem Bereich nämlich liegt sowohl die Entscheidung, ob ein subjektives Recht durchgesetzt oder gegen Geldleistung abgetreten werden soll, beim einzelnen Bürger, als es auch in der Freiheit der Unternehmer liegt, ob sie eine Geldleistung oder eine Veränderung der Produktionsbedingungen vorziehen. Unmittelbar berühren aber nur solche Veränderungen einen potentiellen Emittenten, die seine wirtschaftliche Lage beeinflussen. Erst die Ursache „Internalisierung von Kosten" beziehungsweise „Vermeidung der Externalisierung" kann daher die Wirkung „umweltfreundlicheres Verhalten" haben. Daher muss die Untersuchung von Existenz und Reichweite von Umweltprivatrecht mit der Analyse der Interferenzwirkung mit den ökonomischen Folgen rechtlicher Entscheidungen ansetzen.[74] Der Schwerpunkt der Betrachtung liegt an dieser Stelle aber nicht auf optimalen Produktionsniveaus, ökonomischen Effizienzzielen[75] und der allgemeinen Wohlfahrtsoptimierung, obwohl diese Ziele nicht ohne die Berücksichtigung der ökologischen Lebensgrundlage bestimmt werden können. Vielmehr steht die Anreizwirkung privatrechtlicher Instrumente zur Verhaltensänderung im Fokus.

1. Ökonomische Grundwirkungen des Umwelthaftungsrechts

Die ökonomische Analyse des Rechts (ÖAR) geht von der Grundannahme aus, dass der Mensch als *homo oeconomicus* sich rational verhält, er also die aus seiner Sicht vorteilhafteste Handlungsalternative wählt.[76] Im Rahmen ihrer Präferenzautonomie bestimmen die Individuen selbst, wie hoch der Nutzen und wie hoch die Kosten für sie sind.[77] Daher kann eine umweltschützende Handlung für das persönliche Wohlbefinden einen höheren oder einen niedrigeren Nutzen haben, je nach persönlicher Wertung. Dies gilt auch, wenn die (Geld-) Kosten für diese Handlung höher sind als die für eine weniger umweltschützende Alternativhandlung; dann mögen bei positiver Entscheidung zumindest tendenziell altruistische Handlungsmotive vorliegen. Auch dies ist dem *homo oeconomicus* unter der Zielsetzung der Nutzenmaximierung für das persönliche Wohl möglich. Auf diese Wahlalternativen kann das Privatrecht

[74] Zur Berücksichtigung ökonomischer Argumente im Wege teleologischer Auslegung bei der Norminterpretation s. OTT, Relevanz der Rechtsökonomie für das Zivilrecht, in: FS Kübler, S. 21, 26; allgemeiner KOCH/RÜßMANN, Juristische Begründungslehre, S. 257 f.

[75] Zu Verhältnis von Aktivitätsniveau und Vorsorgeaufwand FREIHERR V. DÖRNBERG, Kausalitätsvermutung, S. 138 ff.

[76] Sog. REM-Hypothese. S. SCHMIDTCHEN, in: Schmidtchen/Weth, Der Effizienz auf der Spur (1999), S. 10 m.w.N. Zur Kritik s. OTT, a.a.O., S. 27.

[77] SCHMIDTCHEN, a.a.O., S. 15.

Einfluss nehmen, indem die Durchsetzung eines bestehenden subjektiven Rechts für den Inanspruchgenommenen die Wirkung einer Sanktion hat: Sie ist ein Preis für ein bestimmtes, gegen ein subjektives Recht verstoßendes Handeln, der die relativen Kosten bestimmter Wahlhandlungen verteuert.

Die ÖAR geht ferner davon aus, dass Recht effizient ist, wenn es die Wohlfahrt der Gesellschaft maximiert. Am Wohlstand der Gesellschaft sollen alle Institutionen des Rechtssystems ihre Entscheidungen orientieren.[78] Der Inhalt der „Wohlfahrt", gleichsam das „Ziel einer Gesellschaft", ist in politischen Prozessen zu bestimmen. Das Recht muss sich einerseits diesen politischen und gesellschaftlichen Entwicklungen anpassen, steht ihnen andererseits gleichzeitig abmildernd entgegen. Diese gegenseitige Beeinflussung wird auch und gerade an den Schaltstellen des Umweltprivatrechts offensichtlich.

a) Haftung und Kosteninternalisierung

Der spieltheoretische und der ökonomische Ansatz besagen im Prinzip das gleiche: Unter der Voraussetzung einer utilitaristischen Wertorientierung, einer individuellen Aufwands-Minimierung und Nutzen-Maximierung, besteht eine Verhaltenstendenz, sich Umweltnutzen möglichst billig anzueignen.[79] Umweltlasten dagegen werden weitestgehend externalisiert, das heißt, Umweltbelastungen und Kosten für Umweltschutz möglichst auf andere abgeschoben.[80] Dies bedeutet für rational kalkulierende Unternehmen, dass Ressourcen entnommen werden und umweltschützende Maßnahmen (Verringerung der Emissionen, nähere Untersuchung der Produktwirkungen u.ä.) solange unterbleiben, bis die Folgekosten dieses Verhaltens den Nutzen übersteigen. Ohne rechtliche Verteilungsinstrumente trüge diese Kosten die Allgemeinheit, zum Beispiel in Form von Gesundheitsschäden sowie Sachschäden, verteilt auf viele einzelne Betroffene. Hinzu kommen Veränderungen an Fauna und Flora, die sich nicht in den herkömmlichen Schadenskategorien ausdrücken lassen, aber dennoch Einfluss auf die gesellschaftliche Wohlfahrt haben. Die Umwälzung durch eine Nicht-Marktpartei – den Staat – auf den Verursacher erst veranlasst diesen, präventiv die Entstehung der Kosten zu vermeiden. Umwelthaftungsrecht, definiert als Gesamtheit aller Rechtsnormen, welche den privatrechtlichen Ausgleich für die durch Umweltbeeinträchtigungen verursachten Schäden regeln,[81] setzt begriffsnotwendig eine Schädigung eines anderen über den Umweltpfad voraus. Soweit der Geschädigte seine Schadenersatz- oder Abwehrrechte erfolgreich geltend macht und notfalls mit staatlicher Hilfe durchsetzt, kommt es mittelbar zu einer

---

[78] SCHMIDTCHEN, a.a.O., S. 10.

[79] Schäfers/Zapf/HUBER, Handwörterbuch, S. 668.

[80] Schäfers/Zapf/HUBER, a.a.O.

[81] FEESS-DÖRR/PRÄTORIUS/STEGER, Umwelthaftungsrecht, S. 27; VON BAR, Gutachten A 62. DJT (1998), S. A 32; Staudinger/KOHLER (2002), Vor UmweltHG, Rn. 1; KLASS, Ökologische Analyse, S. 38.

– zumindest teilweisen[82]– Internalisierung der Kosten. Aus ökonomischer Warte ist das Haftungsrecht deshalb eine Internalisierungsstrategie[83] mit Anreizpotential zur Schadensvermeidung.

B) Kosteninternalisierung und Verhaltensänderung

Im Rahmen ihres Risiko-Managements stehen den Firmen zum Umgang mit der Kostenbelastung nach STEGER[84] die Optionen Vermeiden, Vermindern, Versichern, Überwälzen und Selbertragen zur Verfügung. Die ersten beiden Optionen werden nur gewählt werden, wenn die Kosten für neue Umwelttechnologien niedriger liegen als der Nutzen. Dieser setzt sich aus den eingesparten Kosten für Versicherung, Gewinn von Marktanteilen durch höhere Preise und möglichen Imagegewinnen zusammen. Erst eine signifikante Veränderung dieses Kostengefüges ist demnach in der Lage, effektiv und auf breiter Ebene ein verändertes Verhalten zu induzieren. Damit kommt einem Haftungsrecht, welches gegebenenfalls wirkungsvoll um- und durchgesetzt werden kann, auch eine generalpräventive Wirkung zu. Über die Präventionsbeiträge einzelner Haftungsnormen besteht aufgrund der unterschiedlichen Anforderungen an das Verhalten (Verschuldens-/ Gefährdungshaftung) und die Beweisbeibringung aber Unklarheit.[85] So war die präventive Wirkung der Gefährdungshaftung lange umstritten, weil die Schadenersatzpflicht gerade unabhängig vom Verhalten eintreten soll. Die mit der Haftungsandrohung versehenen Gefahren seien sozial gewollt und Schädigungen in der Folge unvermeidbar.[86] Dem muss entgegengehalten werden, dass verschiedene Stufen der Gefahrenwahrscheinlichkeit existieren; auf diese kann mit der Haftungsandrohung durchaus Einfluss genommen werden. Damit stellt sich auch das mit einem Prohibitiveffekt versehene Gefährdungshaftungsrecht als Mittel zum Hinwirken auf eine bessere Schadensvermeidung dar.[87]

C) Kritik der ökonomischen Analyse und Würdigung

Der ÖAR wird in erster Linie vorgehalten, ihr Modell vom *homo oeconomicus* sei wirklichkeitsfremd. Nur unter der Voraussetzung optimaler Kenntnis der rechtlichen und wirtschaftlichen Bedingungen und Folgen einer Handlung könne

---

[82] Vgl. ENDRES, Ökonomische Aspekte des Haftungsrechts, S. 16.

[83] ADAMS, Ökonomische Analyse, S. 44, 48 ff.; RÖCKRATH, Kausalität, Wahrscheinlichkeit und Haftung S. 83; ENDRES/REHBINDER/SCHWARZE, Haftung und Versicherung, S. 2.

[84] Ökonomische Analyse der Umwelthaftung, in: Wiebecke, Umwelthaftung und Umwelthaftungsrecht, S. 56 ff.

[85] S. FREIHERR V. DÖRNBERG, Kausalitätsvermutung, S. 135 ff.

[86] ESSER, Gefährdungshaftung, S. 74; ENDRES in ENDRES/REHBINDER/SCHWARZE, Haftung und Versicherung für Umweltschäden, S. 2 f. Ausführlich zum Streitstand WAGNER, Kollektives Haftungsrecht, S. 38.

[87] DÖRING, Haftung und Haftpflichtversicherung, S. 33, 40, 46 m.w.N.

ein annähernd modellgerechtes Verhalten erwartet werden.[88] Allerdings ist gerade für den Bereich des Umwelthaftungsrechts, welches als Regelsubjekt mit Industrie- und Gewerbeanlagen langfristige und annähernd irreversible Planungsentscheidungen hat, mit einer entsprechenden Informationsbeschaffung der betroffenen Kreise zu rechnen.[89] Überdies ist eindeutig, dass ein – auch gradueller – Verzicht auf Schadensabwälzung vom Opfer auf den Verursacher sich negativ auf die Anstrengungen zur Schadensverhütung auswirken.[90]

Neben den verteilenden und ausgleichenden Funktionen wirkt das (Umwelt-) Haftungsrecht somit sowohl in Form einer negativen Generalprävention als auch über spezialpräventive Effekte.[91] Das „fundamentale Haftungsprinzip" der ökonomischen Prävention[92] hat faktische Auswirkungen auf den Schutz individueller Rechtsgüter ebenso wie auf den Schutz öffentlicher Interessen.[93] Dem Gesetzgeber eröffnen sich dadurch Möglichkeiten der Instrumentalisierung, der Gesetzesanwender muss sich dieser Folgen bei seinen Entscheidungen bewusst sein. Alternative Kosteninternalisierungsmodelle bestehen in Umweltabgaben verschiedener Prägung, Steuern oder Zertifikatslösungen.[94] Diese verfolgen eine andere ökonomische Zielrichtung, denn sie können nur bereits bekannte externe Kosten einer umweltrelevanten Aktivität in Rechnung stellen.[95] Das Haftungsrecht hingegen vermag über diese bekannten auch bislang ungewisse externe Effekte nachträglich zu internalisieren. Allerdings muss für derartige Entwicklungen der haftungsrechtliche *Präventions*mechanismus zumindest teilweise versagen.

2. Übriges Umweltprivatrecht

Das übrige Umweltprivatrecht besteht aus den Verträgen mit Umweltbezug und den diese regelnden Normen. Das Vertragsrecht wird vom Prinzip der Vertragsfreiheit beherrscht, welches auf das Recht auf freie Entfaltung der Persönlichkeit aus Art. 2 Abs. 1 GG fußt und sich in die Grundsätze der Abschluss- und der Inhaltsfreiheit aufgliedert.[96] Vertragsfreiheit steuert in einem funktionierenden Wettbewerbssystem die Ressourcen an den Ort ihrer wertvollsten Verwen-

---

[88] OGUS/RICHARDSON, RabelsZ 40 (1976) , 467 f.; SCHÄFER/OTT, Lehrbuch der ökonomischen Analyse, S. 65 ff.

[89] Vgl. WAGNER, Kollektives Haftungsrecht, S. 40.

[90] S. ADAMS, Ökonomische Analyse, S. 174 ff.; WAGNER, Kollektives Haftungsrecht, S. 39.

[91] MünchKomm/WAGNER, Vor § 823 Rn. 34; SCHLOBACH, Präventionsprinzip, S. 307 ff.; KÖTZ/WAGNER, Rn. 40, 119 ff.; RÖCKRATH, Kausalität, Wahrscheinlichkeit und Haftung, S. 190 ff.

[92] So RÖCKRATH, a.a.O., S. 192.

[93] SCHLOBACH, Präventionsprinzip, S. 273.

[94] KÖRNER/ VIERHAUS, TEHG, Einl. Rn. 27.

[95] STEGER, in: Wiebecke (Hrsg.), S. 58.

[96] Vgl. FLUME, Rechtsgeschäft und Privatautonomie, S. 136 ff.

dung.[97] Neben einer Preisbildung, die das Verhältnis von Angebot und Nachfrage weitestgehend unverfälscht abbildet, erhöht der freie Vertragsschluss bei rationalem Verhalten beider Vertragspartner den Nutzen beider Parteien. Eine allgemeine Wohlfahrtssteigerung durch Pareto-Verbesserung[98] wird durch Verträge aber nur erreicht, wenn Dritte dadurch nicht negativ beeinträchtigt werden. Solche Auswirkungen sind auch bei fairen Verträgen häufig und stellen sich in zwei Formen dar: als technischer externer Effekt oder als pekuniärer Effekt.[99]

Technische externe Effekte zeichnen sich dadurch aus, dass die Aktivität einer Wirtschaftseinheit Einflüsse auf andere Wirtschaftseinheiten ausübt, ohne dass diese Einflüsse durch das Preissystem erfasst und reguliert werden.[100] Da technische externe Effekte generell wohlstandsmindernd sind, stellen sie einen Fall von Marktversagen dar.[101] Pekuniäre oder Drittparteieffekte hingegen ergeben sich gerade über und durch den Markt. Sie liegen beispielsweise bei einem Anbieter vor, dessen Abnehmer aufgrund besserer Konditionen und dank der Vertragsfreiheit den Anbieter wechselt. Folge pekuniärer Effekte ist eine verbesserte Ressourcennutzung; sie sind also erwünscht.

Das Vertragsrecht ist nur begrenzt in der Lage, technische externe Effekte zu unterbinden, weil sie sich gerade außerhalb der vertraglichen Beziehung auswirken. Hier sind zur Lösung Internalisierungsstrategien wie die Anordnung einer privat- oder öffentlichrechtlichen „Verantwortung" des Verursachers, aber auch die hoheitlichen Instrumente der Abgaben, Auflagen sowie Ge- und Verbote gefragt. Lediglich privatrechtliche Kontrahierungsverbote mögen eindämmend wirken, sind aber nicht *per se* vollziehbar.[102] Kontrahierungszwänge ihrerseits können selbst technische externe Effekte auslösen. So kann sich die Abnahmepflicht eines Energieversorgungsunternehmens gegenüber dem Betreiber von Solar- oder Windenergieanlagen im verringerten Einkauf von herkömmlich gewonnener Energie auswirken.

---

[97] COASE, Das Problem der sozialen Kosten, in: Assmann/Kirchner/Schanze, S. 137 ff.; POSNER, Vertragliche Rechtspositionen und Rechtsbehelfe, in: Assmann/Kirchner/Schanze, S. 185 ff.

[98] D.h. eine Sozialwahlentscheidung für einen gesellschaftlichen Zustand, welchen alle Mitglieder einem anderen Zustand vorziehen oder aber der Veränderung gegenüber indifferent sind mit Ausnahme eines Mitglieds, welches den neuen Zustand vorzieht. Vgl. SCHÄFER/OTT, Lehrbuch der ökonomischen Analyse, S. 25.

[99] SCHÄFER/OTT, Lehrbuch der ökonomischen Analyse, S. 394.

[100] SCHÄFER/OTT, a.a.O. Als Beispiel nennen sie den wegen guter Auftragslage erhöhten Rauchausstoß eines Stahlproduzenten (z.B. mit der Folge verminderter Ertragslage in der Landwirtschaft).

[101] WAGNER, Kollektives Haftungsrecht, S. 47; Infolgedessen rechtfertigen sie u. U. Eingriffe in die Vertragsfreiheit, s. SCHÄFER/OTT, a.a.O.

[102] S. § 4, A II.

Die aus ökonomischen Wohlfahrtsaspekten gewünschten pekuniären Effekte können durch zwingende Normen, die den Vertragsinhalt vorgeben, in ihrer Wirkung gemindert werden: Wenn jeder gewerbliche Anbieter von Gesetzes wegen die gleiche Verjährungsfrist offerieren muss, werden Hersteller haltbarer Waren gegenüber denen mangelanfälliger Produkte wirtschaftlich benachteiligt. Offensichtlich ist, dass der Verhandlungsweg im Sinne von COASE, auf dem sich die effizienteste Inanspruchnahme der Ressourcen selbst durchsetzt, mit derartigen Eingriffen in die Privatautonomie stets verwehrt ist. Ob allerdings Effizienz und – die nach sozialethischen und moralischen Kriterien zu bestimmende – Richtigkeit des Vertragsinhalts gleichermaßen von der Vertragsfreiheit abhängen, wie dies stellenweise dargestellt wird,[103] kann an dieser Stelle nicht beantwortet werden. Jedenfalls dürfen die ökonomischen Wirkungen von Gesetzgeber und -anwender bei der Entscheidung über die Zuteilung von Rechten und Pflichten unter ökologischen Gesichtspunkten nicht außer Acht gelassen werden, auch und gerade weil wirtschaftliche und umweltrelevante Interessen nicht notwendigerweise konträr laufen.

F. Zusammenfassung

Der Blick auf die Umwelt und ihren Schutz muss zur Abgrenzung von anderen Aufgaben aus einer anthropologischen Sicht erfolgen. Das im Vertrag von Amsterdam verrechtlichte Postulat der nachhaltigen Nutzung von Natur und Landschaft in der durch den Menschen gestalteten Umwelt wird dabei durch die umweltpolitischen Maximen der Kooperation, der Vermeidung und Vorsorge sowie durch das Verursacherprinzip konkretisiert. Das private Haftungs- wie auch das Vertragsrecht können aufgrund einer mittelbaren Verhaltenssteuerung durch ökonomisch wirkende Anreizfunktionen zur verschiedentlichen Umsetzung dieser Prinzipien beitragen. Haftungsrecht stellt sich unter diesen Vorzeichen vorrangig als Internalisierungsstrategie dar, die unter gewissen Einschränkungen zu einer Verhaltensänderung der Rechtssubjekte führt. Das Vertragsrecht hingegen steht vor der Herausforderung, eine Balance zwischen der Bestimmung und Bekämpfung unerwünschter technischer externer Effekte und Eingriffen in die Verhandlungs- und Vertragsfreiheit zu finden. Die derart gezielt angewandten oder indirekt wirkenden Vorschriften, die unter den Bürgern gelten, bilden das Umweltprivatrecht; zusammen mit außerrechtlichen Instrumenten bildet es ein System gesellschaftlicher Selbstregulierung. Verschiedene Modelle sind in der Lage zu erklären, warum das ausschließlich intersubjektiv eingreifende Privatrecht öffentliche Interessen fördern kann. Damit besteht mit

---

[103] „In einer Privatrechsordnung, die auf dem Prinzip der Vertragsfreiheit beruht, ist das wichtigste Kriterium sowohl für die Richtigkeit des Vertragsinhalts (Richtigkeitsgewähr) wie für die Effizienz, dass die von den Parteien eingegangene Bindung freiwillig erfolgt.", SCHMIDTCHEN/KIRSTEIN, Störung der Vertragsparität, in: Ott/Schäfer, Sozialschutzprinzip, S. 40.

dem Umweltprivatrecht dem Grundsatze nach ein Instrument der Umweltpolitik. Seine konkrete Geeignetheit und Wirkmächtigkeit für den Umweltschutz ist Gegenstand der folgenden Untersuchung.

§ 2: Die Schutzrechte Privater in rechtsvergleichender Darstellung

Ein Schutzrecht eines Privatrechtssubjekts ist ein rechtlich durchsetzbares (Eigen-)Interesse. Dies impliziert, dass ein gegenläufiges Interesse und ein Haftungsgegner existieren müssen. Damit das Terrain des Privatrechts nicht verlassen wird, muss letzterer ebenfalls ein Privatrechtssubjekt, sein widerstreitendes Interesse ein individuell zuzuordnendes sein. Primäre Funktion des Haftungsrechts ist nach der ganz herrschenden Meinung in Europa die Gewährleistung der Gerechtigkeit des Schadensausgleichs.[104] Erst danach werden als sekundäre Funktionen die Prävention von Schäden, die „soziale Steuerung" oder die Abgrenzung individueller Rechtskreise genannt.[105] Abgesehen vom „ökologischen Schaden", dessen Problematik daher ein eigener Abschnitt gewidmet ist, sind Schäden[106] im Sinne einer unfreiwilligen Einbuße an Gesundheit, Eigentum oder Vermögen stets personenbezogen. Dies ist gemeint, wenn in der Diskussion um „Umweltschutz" im Umwelthaftungsrecht von nur „mittelbaren Effekten" gesprochen wird. Erst durch Verwirklichung seiner sekundären Funktionen kann Haftungsrecht auch auf gesellschaftliche Aufgabenstellungen einwirken.

Der Auslöser für diese Wirkungen liegt im Rechtsverhältnis von Schutzrechtsberechtigtem und potentiellem Schädiger. Daher ist für die vorliegende Untersuchung von besonderer Signifikanz, inwieweit bereits auf tatbestandlicher Ebene zwischen Rechtskontrahenten umweltrelevante Wertungen vorgenommen werden können oder müssen. Die ökonomische Betrachtung steht bei der Darstellung dogmatisch auf einer zweiten Stufe; die Berücksichtigung der Folgen kann im Rahmen teleologischer Auslegung aber nicht strikt vom Inhalt einzelner Tatbestandsmerkmale getrennt werden. Der haftungsrechtliche Teil steht dabei in seiner verhaltenssteuernden Wirkung nicht isoliert, sondern im Zusammenhang mit der Verfügbarkeit und den Kosten von Umwelthaftpflichtversicherungen.[107] Denn erst diese bestimmen über die Kosten, die sich tatsächlich im unternehmerischen Risiko-Management niederschlagen. Allerdings sind sowohl Verfügbarkeit als auch Kosten von Versicherungspolicen vom Haftungsrisiko bestimmt – und dieses hängt zunächst von einer rechtlichen Haftpflicht des Versicherungsnehmers ab. Daher wird auf umweltprivatrechtlicher Seite das Haftungsrecht als Steuerungsinstrument in seiner Bedeutung nicht durch die Existenz von Versicherungsmodellen geschmälert, solange sich Ausmaß und Qualität des Risikos einer- und der Sorgfaltsmaßnahmen andererseits in der Versicherungsprämie niederschlagen.

---

[104] MünchKomm/WAGNER, vor §§ 823-853, Rn. 32 ff.; JANSEN, Die Struktur des Haftungsrechts, S. 37; WAGNER, Koll. Haftungsrecht, S.36; SCHLOBACH, Präventionsprinzip, S. 28, 44.
[105] S. JANSEN, a.a.O., mit vielen, auch internationalen Nachweisen.
[106] Zur Problematik des Schadensbegriffs allg. AK-BGB/RÜßMANN, vor §§ 249-253, Rn. 13.
[107] NICKLISCH, Umweltrisiken und Umweltprivatrecht, S. 16 ff.

A. Kein europäisches privatrechtliches Umwelthaftungsrecht

Die Versuche, auf europäischer Ebene einheitliche Regeln zur Umwelthaftung zu schaffen, waren vielfältig. Der Europarat schlug 1991 mit seiner „Richtlinie über die zivilrechtliche Haftung für die durch Abfall verursachten Schäden" und der 1993 daraus entwickelten „Konvention des Europarates über die zivilrechtliche Haftung für Schäden durch umweltgefährdende Tätigkeiten"[108] multilaterale Rechtsgrundlagen zur teilweisen Vereinheitlichung des Umweltprivatrechts vor. Die Umwelthaftungskonvention ist mangels ausreichender Ratifikation bis heute nicht in Kraft getreten. 1989 und 1991 schuf die Europäische Kommission Entwürfe einer „Richtlinie des Rates über die zivilrechtliche Haftung für die durch Abfälle verursachten Schäden".[109] Der Vorschlag wurde am 11.12.2001 zurückgezogen.[110] Auf die Erarbeitung eines Grünbuchs 1993[111] und eines Weißbuchs im Jahre 2000[112] erfolgte dann 2004 der Erlass der Richtlinie 2004/35/EG des Europäischen Parlaments und des Rates über Umwelthaftung zur Vermeidung und Sanierung von Umweltschäden[113] (Umwelthaftungsrichtlinie). Entgegen ihres Titels[114] ordnet die Umwelthaftungsrichtlinie keine Haftung nach dem privatrechtlichen Verständnis an. Dies kommt in ihrem Art. 3 Abs. 3 klar zum Ausdruck:

> Unbeschadet der einschlägigen nationalen Rechtsvorschriften haben Privatparteien gemäß dieser Richtlinie keinen Anspruch auf Schadenersatz infolge eines Umweltschadens oder der unmittelbaren Gefahr eines solchen Schadens.

Auch andere Vorschriften verweisen auf das parallel bestehende privatrechtliche Haftungsregime.[115] Mit der Umwelthaftungsrichtlinie sollte vielmehr eine europaweite öffentlich-rechtliche *Verantwortlichkeit* geschaffen werden, zu deren Durchsetzung Umweltverbänden und betroffenen Bürgern „Informations- und Aufforderungsrechte" gegenüber den zuständigen Behörden eingeräumt wurde. Daher weist sie zwar Grundstrukturen zivilrechtlicher Haftungstat-

---

[108] Europarats-Dok. DIR/JUR (91) 1 und DIR/JUR (91) 2. Nichtamtliche Übersetzung in PHI 1993, S. 196 ff., 211 ff. Näher GNAUB, Umwelthaftungsrecht, S. 143 ff.; GRIGO, Haftung für Emissionen, S. 169 ff.; LEIFER, NuR 2003, 602.

[109] KOM (1989)282; KOM (1991) 0219.

[110] KOM (2001)763 final/2; ABl. 2004/C 5/02.

[111] Grünbuch über die Sanierung von Umweltschäden, KOM (93) 447 v. 14.3.1993, abgedr. in BR-Drs. 436/93.

[112] Weißbuch Umwelthaftung, KOM (2000) 66 v. 9.2.2000.

[113] Richtlinie 2004/35/EG des Europäischen Parlaments und des Rates vom 21. April 2004 über Umwelthaftung zur Vermeidung und Sanierung von Umweltschäden, ABl. L 143 vom 30.04.2004, S. 56 ff.

[114] In der englischen Fassung wird der Terminus „environmental liability", in der französischen „responsabilité environnementale" verwendet.

[115] Vgl. Art. 16 Abs. 2; s.a. LEE, [2003] JBL 180.

bestände auf; die Haftung ist gleichzeitig aber an eine öffentlich-rechtlich ausgelöste Sanierung geknüpft, die entweder aufgrund hoheitlicher Anordnung oder im Wege der Ersatzvornahme erfolgt.[116] Inwieweit die Richtlinie dennoch Auswirkungen auf das zivilrechtliche Begriffsverständnis vom „ökologischen Schaden" hat, ist an gesonderter Stelle zu untersuchen.[117] Zusammenfassend lässt sich feststellen, dass die umweltrechtlichen Entwicklungen in den großen Mitgliedsstaaten der EU sicherlich „Beschleunigungsimpulse für europäische Rechtsvereinheitlichungstendenzen"[118] gegeben haben. Ob dies angesichts der öffentlich-rechtlichen Ausprägung der einzigen geltenden europäischen Vorschriften gerade auf das deutsche UmweltHG zurückzuführen ist, wie SCHMIDT-SALZER[119] meint, darf aber angesichts dessen rein privatrechtlicher Ausrichtung bezweifelt werden.

B. Das Privatrecht der Umweltschäden in Deutschland sowie in England und Wales

I. Der Regelungsgegenstand und die Entwicklung des Umwelthaftungsrechts

Das Umwelthaftungsrecht ist zunächst ein Teilgebiet des zivilen Haftungsrechts. Als solches, so könnte man meinen, ist es geprägt durch eine gewisse Kongruenz der Schadensbilder oder Schadensursachen. Ein einheitliches Verständnis des Begriffs der Umweltschäden besteht indes nicht. Während manche neben den über den Umweltpfad verursachten Personen-, Sach- und Vermögensschäden auch die ökologischen Schäden dort verorten,[120] grenzen andere die ökologischen Schäden scharf von übrigen Umweltschäden ab.[121] Letzteres Begriffsverständnis ist angesichts der noch aufzuzeigenden begrifflichen und rechtlichen Schwierigkeiten, die mit dem „ökologischen Schaden" verknüpft sind, im Sinne einer klaren definitorischen Grenzziehung vorzuziehen.

Unter Umwelthaftungsrecht werden für hiesige Zwecke diejenigen Rechtsnormen verstanden, welche den privatrechtlichen Ausgleich für die durch Umweltbeeinträchtigungen verursachten Schäden regeln.[122] In Deutschland sind die umweltprivatrechtlichen Haftungstatbestände verstreut über allgemeine und spezielle Haftungsnormen, von denen jede eine eigene historische Entwicklung

---

116 SPINDLER/HÄRTEL, UPR 2002, 241; ENDRES, NVwZ 2005, 387; LEIFER, NuR 2003, 602, 605; LEE, [2003] JBL 180.

117 S. § 3, B II.

118 SCHMIDT-SALZER, Kommentar zum Umwelthaftungsrecht, Einf. Rn. 25.

119 A.a.O.

120 DÖRING, Haftung und Haftpflichtversicherung, S. 21; ENGELHARDT, Haftung für Umweltschäden, S. 8 f.

121 FEESS-DÖRR/PRÄTORIUS/STEGER, Umwelthaftungsrecht, S. 27.

122 VON BAR, Gutachten A 62. DJT (1998), S. A 32; Staudinger/KOHLER (2002), Vor UmweltHG, Rn. 1.

und einen eigenen Anwendungsbereich aufweist. So rühren die das Delikts- und Nachbarrecht prägenden Normen in weiten Teilen noch aus den ersten Tagen des BGB, obwohl Interpretation und Fortbildung durch die Gerichte ihre rechtliche Gestalt merklich umgeformt haben.[123] Zwischen der Einführung des Gefährdungshaftungstatbestands im Reichshaftpflichtgesetz von 1871 bis zu dem der §§ 1, 3 UmweltHG vergingen 120 Jahre. Zur Lösung der Konflikte im Umweltbereich mussten zwischenzeitlich das allgemeine Nachbar- und Deliktsrecht herhalten. Als Resultat fehlt heute eine regelungstechnische Systematik. SALJE unterscheidet für Deutschland zwischen den drei Ebenen der Umweltgefährdungshaftung und des umweltbezogenen Deliktsrechts, dem Nachbarentschädigungsrecht sowie dem Recht der Störungsabwehr,[124] andere bevorzugen eine Unterteilung nach Regelungsgegenstand (Umweltmedien, gefährliche Stoffe, Schutz von Pflanzen und Tieren). Derartige Systematisierungsversuche taugen für die Rechtsvergleichung indes wenig, weil in anderen Rechtssystemen die Entwicklung andere Wege gegangen ist.

Als Vergleichsobjekt wurde an dieser Stelle das Recht von England und Wales als klassischer Repräsentant einer Common-Law-Jurisdiktion gewählt. Das Vereinigte Königreich allgemein und England im Besonderen blickt aufgrund seiner Geschichte als „Wiege der Industrialisierung“ auf eine lange Tradition von Rechtsstreitigkeiten, Gerichtsentscheidungen und Gesetzen auf dem Rechtsgebiet zurück, welches heute als *environmental law* bezeichnet wird.[125] In diesem dicht bevölkerten Land wurden die auftretenden Probleme jedoch lange dem Land- beziehungsweise Gesundheitsrecht zugeordnet, bevor man sie allgemeiner den „Umweltfragen“ zuschlug. Der traditionelle Hauptbestandteil des Umwelthaftungsrechts, ein kohärentes „privatrechtliches Immissionsschutzrecht“, wie es in Deutschland mit den §§ 906, 907, 1004 BGB vorzufinden ist, konnte sich in dieser Form in England niemals entwickeln, weil es ein privates Eigentum an Grundstücken gar nicht gibt. An seiner Stelle stehen nur mehr oder weniger starke „interests in land“, die von der starken Position des „freehold owners“ bis zur schwächsten des „licensee“ reichen.[126] Der Schutz dieser Interessen wurde nach und nach durch ein weitverzweigtes Delikts- und Vertragsrecht entwickelt. Die einzelnen Tatbestände des Deliktsrechts sind dabei bis heute von der bis ins 19. Jahrhundert reichenden Praxis der „writs“ geprägt, wonach nur bestimmte, gewohnheitsrechtlich anerkannte Klagetypen vor Gericht Aussicht auf Erfolg hatten.[127] Daher stoßen wir im Umwelthaftungsrecht von England und Wales auf ein System, welches mindestens ebenso uneinheitlich ist wie das in Deutschland. Parallel verläuft in beiden Ländern auch eine

---

[123] S.u. zur Novellierung des § 906 BGB, die Tendenzen in der Recthsprechung normierte.
[124] SALJE/Peter, UmweltHG, Einl. Rn. 8 ff.
[125] S. dazu WILKINSON, Environment and Law, S. 2 ff.
[126] PILL, Immissionen im englischen Recht, S. 29.
[127] ZWEIGERT/KÖTZ, Rechtsvergleichung, § 14 II, S. 181.

Entwicklung von traditionell dezentraler Steuerung hin zu mehr Zentralismus in der Umsetzung von Umweltpolitik.[128] In England bedeutet dies auch, dass das von den Gerichten fortentwickelte *Common Law* und *Equity Law* zunehmend durch vom Parlament geschaffene Rechtsregeln zur Lösung neuer sozialer Probleme ergänzt und überlagert wird.[129]

Im Rechtskreis des Civil Law werden zivilrechtliche Haftungsinstrumente traditionell nach dem Haftungsgrund, also dem Auslöser der Vorwerfbarkeit, unterschieden. Das Common Law hingegen hat eher das verletze Objekt im Blick. Hier stößt die Vergleichung rechtssystematisch bereits auf Schwierigkeiten. Eine Zuordnung der Haftungstatbestände des Common Law nach Haftungsgründen erscheint derweil praktikabler als die Zersplitterung einheitlicher deutscher Tatbestände auf verschiedene Rechtsgüter. Daher soll es im Folgenden mit der Unterscheidung nach schuldhaft und unverschuldet herbeigeführten Schadensereignissen gehalten werden, zumal auch im Common Law die Unterscheidung in *fault liability* und *strict liability* bekannt ist.[130] Angesichts der Vielzahl der Tatbestände beschränkt sich diese Arbeit dabei darauf, die Normen in ihrem umweltrechtlichen Zusammenhang darzustellen und ihre Bedeutung für das jeweilige Umweltprivatrecht herauszuarbeiten. Zuvor können und müssen allerdings Begriffe und Zusammenhänge erklärt werden, die in der weiteren Diskussion eine wesentliche Rolle spielen. Dabei handelt es sich um die Problematik der Verursachungszurechnung und des -nachweises, um Inhalt und Signifikanz des sogenannten „ökologischen Schadens", die Rolle des Schadenersatzrechts für den Umweltschutz allgemein sowie Inhalt und Funktion von Duldungspflichten. Diese Fragen werden im Folgenden gleichsam „vor die Klammer gezogen".

II. Das Phänomen der Multikausalität und die rechtliche Haftung mehrerer

1. Der Kausalitätsnachweis als Hürde in der Umwelthaftung

Grundvoraussetzung für die Wirksamkeit eines Schutzrechts ist, dass der Inanspruchgenommene den betreffenden Schaden hervorgerufen haben muss.[131] Andersherum muss der Beeinträchtigte den Schädiger oder Störer einwandfrei identifizieren können. Gerade diese einfach nachzuvollziehende Haftungsgrundlage und Haftungsbegrenzung wirft im Recht der Umweltschäden durch die typischerweise komplizierten Verursachungsfragen große Probleme auf. Ange-

[128] BELL/MCGILLIVRAY, Environmental Law, S. 14, sowie Kapitel 7.
[129] COCKS, Victorian Foundations?, in: Lowry/Edmunds, S. 2.
[130] Vgl. ROGERS, Tort, S. ix ff. einer- und Rn. 1.34 (S. 35) andererseits.
[131] Zu den Grundlagen der Kausalitätsbestimmung s. SALJE/Peter, UmwelthaftHG, § 1,3 Rn. 106 ff.; LANDSBERG/LÜLLING, § 1 UmweltHG Rn. 155 ff.; ERL, Umwelthaftungsrecht, S. 78; ROGERS, Tort, Rn. 6.6 (S. 213); zur Systemausnahme des § 22 WHG s. dort.

sichts dieser sehr ausführlich und differenziert geführten Diskussion[132] kann Ziel folgend nur sein, die zugrundeliegende Problematik aufzuzeigen und die vorhandenen rechtlichen Lösungsansätze zu umreißen.

Betrachtet man zunächst die Stadien einer schädigenden Handlung,[133] so ist zunächst auf naturwissenschaftlicher Ebene zu klären, ob ein bestimmter Stoff überhaupt geeignet ist, den fraglichen Schaden herbeizuführen (Kausalitätseignung). Danach muss festgestellt werden, ob dieser Stoff vom Inanspruchgenommenen überhaupt verwendet bzw. emittiert wurde (Initialkausalität). Drittens erfordert die Grundkausalität, dass die ursächliche Verknüpfung der Stoffemission mit der eingetretenen Rechtsgutsverletzung feststeht. Zuguterletzt hängt die Handlungskausalität davon ab, ob bei der Verschuldenshaftung die fragliche Handlung als haftungsrechtlich relevantes Verhalten überhaupt *zugerechnet* werden kann; bei der Gefährdungs- und Aufopferungshaftung erfolgt die Zurechnung aufgrund anderer, dort vorzustellender Kriterien, so regelmäßig über die Beherrschbarkeit einer Gefahrenquelle.[134] Auf der naturwissenschaftlichen Ebene der Grundkausalität tritt erschwerend das in Umweltfragen vergleichsweise häufige Auftreten von „atypischen" Kausalverläufen hinzu, weil die Natur ein sehr komplexes System mit weitestgehend unvorhersehbaren Entwicklungen ist.[135] Die Bestimmung der Zurechnung hingegen wird anhand von Wertungen vorgenommen, die – anders als der naturwissenschaftliche Kausalzusammenhang – Änderungen in der Rechtsauffassung zugänglich sind. Englische Juristen fassen daher die ersten drei Kriterien unter dem Stichwort *causation in fact* und die Zurechnungsfragen unter dem Begriff der *legal causation* zusammen.[136]

2. Typische Fälle der Multikausalität

Neben den bis hier üblicherweise bereits auftretenden Beweisschwierigkeiten stellen insbesondere die Fälle der Multikausalität, in denen möglicherweise mehrere die Verursachung zu verantworten haben, den Geschädigten vor teilweise unüberwindbare Hürden des Verursachungsnachweises.[137] Nachdem

---

[132] S. Staudinger/KOHLER (2002), Einl. Rn. 139 ff.; MEDICUS JZ 1986, 781; ders. NuR 1990, 145, 147; ASSMANN in Nicklisch, S. 155 ff.; HAGER, JZ 1990, 397 ff.; KLOEPFER, UTR 11, 46; MARBURGER, Gutachten 56. DJT C 119 f.; GOTTWALD, FS Lange 1992, S. 449; KÖNDGEN, UPR 1983, 345; SALJE/Peter, UmweltHG, §§ 1,3 Rn. 127 ff..

[133] Nach DIEDERICHSEN, Ref. 56. DJT (1986), L 80.

[134] Vgl. Staudinger/KOHLER (2002), Einl. Rn. 138; LYTRAS, 247 ff.; HAGER NJW 1991, 137.

[135] So kann eine Wasserverschmutzung in Kombination mit ungewöhnlich hohen Niederschlagsmengen das Vielfache des Schädigungspotenzials erreichen, das bei durchschnittlichem Niederschlag zu erwarten gewesen wäre; s. dazu KÖNDGEN, UPR 1983, 346.

[136] Vgl. statt vieler BRAZIER/MURPHY, Street on Torts, S. 264; MARKESINIS/DEAKIN, Tort Law S. 174.

[137] Staudinger/KOHLER (2002), Einl. Rn. 136 ff; ARNDT, Haftung für Umweltschäden, S. 21 f.

folgend die unterschiedlichen Konstellationen problematischer Kausalität dargestellt[138] und die Einzelheiten der Kausalitätsbestimmung zusammengefasst werden, können die rechtlichen Fragen der Haftung mehrerer und der Beweiserleichterungen untersucht werden.

(1) Im Falle **komplementärer (oder kumulativer) Kausalität** kann der Beitrag eines jeden von mehreren Verursachern im Sinne der im Common Law ebenso wie im deutschen Recht angewandten Äquivalenztheorie[139] nicht hinweggedacht werden, ohne dass der Gesamtschaden entfiele, obwohl jede einzelne Ursache für sich betrachtet nicht schadenstiftend gewesen wäre.[140]

(2) Eine besondere Ausprägung eben genannter Fallgruppe liegt in dem unter dem Stichwort „summierte bzw. synergetische Emissionen" zusammengefassten Phänomen, dass ein einzelner Verschmutzungsvorgang sich durchaus im Rahmen des Zulässigen und Erträglichen halten kann, durch das qualitative, gegenseitige Beeinflussen mit anderen Emissionen (dann **synergetische Kausalität**) oder die allmähliche Steigerung von Immissionen (**additive Kausalität**) aber ein schädlicher Effekt von möglicherweise erheblichem Ausmaß entstehen kann.[141] Zu nennen ist hier beispielsweise der Schadstoffausstoß von Millionen von KFZ. Für die dadurch zumindest mitverursachten Waldschäden[142] ist der Beitrag jedes Autofahrers weder notwendig noch hinreichend.

(3) **Konkurrierende oder Doppelkausalität** liegt vor, wenn von mehreren Urhebern eines Schadens der Beitrag eines jeden einzelnen für den Schadenseintritt ausreichend gewesen wäre.[143] Als Beispiel mag die Einleitung von schadstoffhaltigem Abwasser durch mehrere Betriebe in ein Gewässer dienen, von denen jede Verschmutzung hinreichend für den verursachten Schaden ist.

(4) Sind mehrere Beteiligte an der Verursachung eines Schadens derart beteiligt, dass jeder ihn hervorgerufen haben könnte und einer auch gewiss der Verursacher ist, der wahre Schädiger aber nicht ermittelbar ist, so wird von **alternativer Kausalität** gesprochen.[144] Dabei kann es sich alternativ um komplementäre oder um konkurrierende Verursachung handeln, so dass der Zweifel an der Verursachung zwei Richtungen einnehmen kann: Erstens kann nicht zu

---

[138] Die Terminologie der Fallgruppen ist in der Literatur uneinheitlich, vgl. ERL, Umwelthaftungsrecht, S. 80 m.w.N.
[139] ROGERS, Tort, Rn. 6.7 (S. 214).
[140] LANDSBERG/LÜLLING, § 1 UmweltHG Rn. 176; SALJE/Peter, UmwelthaftHG, § 1,3 Rn. 133; PASCHKE, § 1 UmweltHG Rn. 56; ARNDT, Haftung für Umweltschäden, S. 23.
[141] LANDSBERG/LÜLLING, § 1 UmweltHG Rn. 176; SCHMIDT-SALZER, IntUmwHR II, S. 127.
[142] Eine Einstandspflicht des Staates für diese Schadensart verneinend BGHZ 102, 350.
[143] PASCHKE, § 1 UmweltHG, Rn. 62; ARNDT, Haftung für Umweltschäden, S. 24.
[144] SALJE/Peter, UmweltHG, § 1,3 Rn. 134; BRÜGGEMEIER, UTR 12 (1990), 270.

ermitteln sein, wer von mehreren Verdächtigen tatsächlich Schädiger ist, und zweitens kann sich die Frage stellen, wie schwer der Beiträge der Beteiligten am Schaden im Einzelnen wiegen (Anteilszweifel).[145] Damit ist die „alternative Kausalität" in Wirklichkeit ein reines Beweisproblem[146]; dennoch wird sie üblicherweise als Kausalitätsproblem behandelt und gelöst.

3. Einzelheiten der Kausalitätsbestimmung

a) Korrektive der conditio-sine-qua-non-Formel im deutschen und im englischen Recht

Da die Äquivalenztheorie zwar eine brauchbare „rule of thumb"[147] bietet, mit ihrer Uferlosigkeit aber zur genauen rechtlichen Bestimmung von Verursachungszusammenhängen allein nicht geeignet ist, wurden verschiedene ergänzende und korrigierende Konzepte entwickelt: Die Adäquanztheorie klammert all diejenigen Ursachen aus der Kausalbetrachtung als unadäquat aus, die nur unter besonders eigenartigen, unwahrscheinlichen und nach dem gewöhnlichen Lauf der Dinge außer Betracht zu lassenden Umständen geeignet waren, den Erfolg herbeizuführen.[148] Strittig für diese wertenden Überlegungen sind Betrachtungswinkel und -zeitpunkt: Die Rechtsprechung stellt für die Beurteilung probabilistischer Erfahrungssätze auf die Kenntnis eines optimalen Beobachters während des fraglichen Ereignisses ab.[149] Daran wird kritisiert, dass einer Adäquanztheorie dieser Prägung in ihrer Einschränkung der Äquivalenztheorie ein Großteil der Wirkung genommen werde, so dass insbesondere LARENZ statt des „optimalen" einen „erfahrenen" Beobachter fordert.[150] Die strengeren Anforderungen der Rechtsprechung verlangen möglichen Schädigern die höheren Verhaltensstandards ab. Insbesondere bei (Umwelt-)Schäden durch Industriebetriebe hat das Maß des „optimalen Beobachters" den Vorteil, dass der aktuelle Stand von Wissenschaft und Technik als Maßstab dienen muss, und nicht nur der dem „erfahrenen Beobachter" allenfalls zumutbare Industriestandard. Überdies bringt dieser Maßstab die Bewertungskriterien mit denen zur Ortsüblichkeit in Einklang.[151] Trotz weiterer Kritikpunkte[152] hat die Adäquanztheorie einen festen Platz in der Kausalitätsbestimmung der Gerichte, weil sie in flexibler Art und Weise verschiedene Zufallsgrade handhabbar macht und bei

---

[145] ERL, Umwelthaftungsrecht, S. 80.
[146] DEUTSCH, Unerlaubte Handlungen, S. 34; SCHMIDT-SALZER, IntUmwHR II, S.126.
[147] ROGERS, Tort, Rn. 6.7 (S. 214); LARENZ, SchuldR I, S. 433, und DEUTSCH, JZ 1966, 557 sprechen von einer „Faustregel".
[148] BGHZ 3, 267; 7, 204; RGZ 133, 127; 158, 38; LANGE/Schiemann, Schadensersatz, § 3 VI 1 (S. 82 ff.).
[149] BGHZ 3, 267.
[150] LARENZ, SchuldR I, S. 439; s.a. MEDICUS, SchuldR, § 54 II 2.
[151] Vgl. BGH NJW 1983, 751 (Tennisplatz).
[152] S. beispielweise RÜßMANN, jurisPK-BGB (2004), § 249 Rn. 28.

überwiegend zufälliger Verursachung eine Haftung zu vermeiden hilft.[153] Die Doktrin des Common Law, der Schaden müsse vorhersehbar gewesen oder „im Rahmen des geschaffenen Risikos" (*risk theory*) verblieben sein, beruht auf denselben Überlegungen.[154] Eine weitere Begrenzung bietet die Lehre vom Schutzzweck der Norm.[155] Danach dient jede gesetzliche Norm, aber auch jede Vertragspflicht bestimmten Interessen, und eine Verantwortlichkeit des Schädigers für einen Schaden soll nur dort bestehen, wo ebendiese Interessen verletzt wurden.[156] In eine ähnliche Richtung stößt die Idee vom Rechtswidrigkeitszusammenhang.[157]

Das Common Law stellt zur Eingrenzung zuzurechnender Schadensfolgen für die *legal causation* die Frage, ob ein Schaden schlechterdings zu „entfernt" von dem auslösenden Ereignis eingetreten ist (*remoteness of damage or consequence*), ein „Näheverhältnis" (*proximity*) also nicht mehr gegeben ist. Die Antwort auf diese Fragen würde wiederum zurückwirken auf das Bestehen oder Nichtbestehen einer *duty of care*, einer Rücksichtnahmepflicht gegenüber dem Opfer. Entscheidend für die heutige Rechtsauffassung zur Zurechnungsthematik war das Urteil „The Wagon Mound" des Privy Council. Schwer entflammbares Bunkeröl war in ein Hafenbecken und von dort in ein Reparaturdock gelangt. Nachdem sich die Werftfirma versichert hatte, dass Schweißarbeiten gefahrlos durchgeführt werden könnten, geriet das Öl trotz weiterer getroffener Vorsichtsmaßnahmen durch eine Verkettung unglücklicher Umstände in Brand, was zu großen Schäden führte.[158] Das Gericht entschied abweichend von früheren Grundsätzen, dass „vernünftige Vorhersehbarkeit" des Schadenseintritts nicht nur entscheidendes Kriterium für die *duty of care*, sondern auch für die *remoteness of damage* sei.[159] Dies gilt nicht nur für den Deliktstatbestand der *negligence*, sondern auch für *nuisance*. Aber auch in Tatbeständen verschuldensunabhängiger Haftung wirkt die Einführung eines Vorhersehbarkeitskriteriums aufgrund seines objektivierten Maßstabes im Ergebnis ebenfalls als Begrenzung der Zurechenbarkeit, so zum Beispiel bei der Regel aus *Rylands v. Fletcher*.[160] Die Anforderungen an den Vernunftmaßstab sind hoch.[161]

---

[153] Getreu dem Rechtssatz „casum sentit dominus", s. LARENZ, SchuldR, S. 436.
[154] HONORÉ, Causation and Remoteness of Damage, in: International Encyclopedia of Comparative Law, Vol. XI, Chapter 7, S. 21, 94.
[155] KÖTZ/WAGNER, Deliktsrecht, Rn. 156 ff.; LARENZ/CANARIS, SR II 2, § 76 III 6; MüKo/WAGNER, § 823 Rn. 277 ff.
[156] Strittig ist der Anwendungsbereich der Lehre im Rahmen des § 823 Abs. 1 BGB, vgl. LARENZ, SchuldR S. 444; Staudinger/SCHIEMANN (2005), § 249 Rn. 32 f.
[157] Staudinger/SCHIEMANN (2005), § 249 Rn. 28.
[158] *Overseas Tankship (UK) Ltd v. Miller Steamship Co Pty* [1967] 1 AC 617.
[159] Vgl. BRAZIER/MURPHY, Street on Torts, S. 275.
[160] ROGERS, Tort, Rn. 15.19 (S. 567).
[161] *Leakey v. National Trust for Places of Historic Interest or Natural Beauty* (1980) QB 485, 524; s.a. BURR, ConstLJ 13(3) [1997], 149.

b) Kausalität beim Unterlassen

Wirft man einem Beklagten vor, er habe durch eine unterlassene Handlung einen Schaden verursacht – beispielsweise durch den Nichteinbau von Schutzvorrichtungen –, so muss neben einer Pflicht zum Handeln auch ein hypothetischer Kausalzusammenhang zwischen der Nichtvornahme und dem Schadenseintritt bestehen. Danach ist ein Unterlassen für einen Schaden nur dann ursächlich, wenn die Handlung nicht hinzugedacht werden kann, ohne dass der entsprechende Erfolg entfiele.[162]

4. Rechtliche Lösungsansätze der Verursachungsproblematik

Die Problematik des Zusammenwirkens verschiedener Schadensursachen und des entsprechenden Nachweises der Kausalität durch den Geschädigten wirft für das Recht zwei Fragen auf: Wann haften die Verursacher allein, wann gemeinsam? Und wann wird von den grundsätzlich geltenden Beweisgrundsätzen zugunsten des Anspruchstellers abgewichen?[163]

a) Die Haftung mehrerer Verursacher im deutschen Recht

Bei **monokausalen** Schadensverursachungen muss der Kläger darlegen und beweisen, dass das Verhalten eines Emittenten den Schaden hervorgerufen hat. Ist indes der Schaden nicht durch ein singuläres Ereignis entstanden, sondern auf mehr als einen Emittenten zurückzuführen, dann stellt sich die Frage, unter welchen Voraussetzungen die Schadenslast unter verschiedenen Verursachern verteilt werden kann oder muss.

Liegt **alternative** Kausalität vor, so sieht die Beweiserleichterung[164] des § 830 Abs. 1 S. 2 BGB eine Risikoverschiebung der Unaufklärbarkeit vom Geschädigten auf die (Gesamt-)Schädiger vor. Danach haften nämlich diejenigen solidarisch, deren Verhalten den Schaden zusammengenommen verursacht hat. Dafür muss der Geschädigte den Vollbeweis erbringen, was Kenntnis aller Schädiger voraussetzt; denn „eine Verdachtshaftung für die Tatbeiträge unbekannter Dritter“[165] kann und will die Norm nicht ermöglichen. Die Lastenverteilung im Innenverhältnis der Beteiligtengruppe ist anschließend für ihn irrelevant. Im Gefährdungshaftungsrecht kommt § 830 Abs. 1. S. 2 BGB bei

---

[162] Larenz, SchuldR I, S. 457; Lange/Schiemann, SchadensR, § 3 XI. (S. 153 f.).

[163] Anders als die deutsche Literatur hat die englische Rechtswissenschaft bislang die allgemeinen Regeln des Deliktsrechts nie unter Gesichtspunkten einer umweltschützenden Wirkung untersucht. Die folgende Darstellung ist entsprechend auf den Gesichtskreis des Autors beschränkt.

[164] MünchKomm/Wagner, § 830 Rn. 29.

[165] Brüggemeier, UTR 12 (1990), 271.

alternativer Kausalität zu analoger Anwendung, weil Verursachungsbeiträge nicht zwingend unerlaubte Handlungen darstellen.[166]

Im Falle **komplementärer** Kausalität haften diejenigen nach dem Gedanken der §§ 830 Abs. 1 S. 2, 840 Abs. 1 BGB als Gesamtschuldner im Sinne von §§ 421 ff. BGB, deren Emissionen messbar am Eintritt des Gesamtschadens mitgewirkt haben.[167] Für den Sonderfall der additiven und synergetischen Kausalität ist fraglich, ob die Grundsätze zur komplementären Kausalität ohne weiteres übertragbar sind. Strittig ist insbesondere, wie – und warum[168] – Kleinemittenten geschützt werden können und sollen. Teilweise wird für eine Haftung ein Beteiligungswert von 5% am Gesamtschaden gefordert.[169] Andere wollen § 830 Abs. 1 S. 2 BGB nur anwenden, wenn der Beitrag jedes Beteiligten geeignet ist, den ganzen Schaden herbeizuführen.[170] Diskutiert wird weiter darüber, wann die Schädiger gesamtschuldnerisch (mit der Möglichkeit zum Innenregress), wann nur anteilsmäßig haften sollen.[171] Für deliktsrechtliche Ansprüche sind diese Fragen aber wohl kaum erheblich, weil es bei den Kleinemittenten wegen sozialadäquaten Verhaltens in den fraglichen Fällen synergetisch verursachter Schäden am Verschulden und, beziehungsweise oder, an der Rechtswidrigkeit fehlen wird. Für den Anwendungsbereich des UmweltHG hat das OLG Düsseldorf zur Anteilshaftung ein Exempel statuiert. Es verurteilte eine Kraftwerksbetreiberin nur zur hälftigen Schadenstragung, weil deren Emissionen erst in Verbindung mit der allgemeinen Luftverschmutzung die Hausfassade der Klägerin in Mitleidenschaft gezogen hatte.[172] Mangels eines weiteren heranziehbaren Gesamtschuldners schätzt das Gericht in Anwendung von § 287 ZPO den Schadensbeitrag der Beklagten auf 50 Prozent. Damit übergeht es nicht nur den Grundsatz, dass die Unauffindbarkeit anderer Gesamtschuldner und der folglich ausbleibende Innenregress nicht zulasten des Geschädigten gehen darf. Das Gericht übersieht auch, dass die Vermeidung solcher Schadensfälle allein in der Macht der Kraftwerksbetreiber steht, da die allgemeine Luftverschmutzung im Unterschied zum Ausstoß damit synergetisch wirkender Substanzen für Einzelne unabänderlich ist.[173] Obwohl von einer „Überkompensation"[174] der Hauseigentümer bei bloßer Anerkennung eines Ersatzanspruchs nicht die Rede sein

---

[166] Staudinger/KOHLER (2002), Einl. Rn. 199; MüKo/WAGNER, § 830 Rn. 32; KLIMECK, Beweiserleichterungen, S. 75.

[167] SCHMIDT-SALZER, Umwelthaftungsrecht, § 1 Rn. 255; LANDSBERG/LÜLLING, UmweltHG, § 1 Rn. 203; BRÜGGEMEIER, UTR 12 (1990), 268.

[168] Staudinger/KOHLER (2002), Einl. Rn. 156.

[169] Vgl. § 1 Abs. 2 des sog. Hamburger Entwurfs zum UmweltHG in BR-Drs. 127/1/90.

[170] Nachweise bei SALJE/Peter, UmweltHG, §§ 1,3 Rn. 136; Staudinger/KOHLER (2002), Einl. Rn. 177 ff.

[171] SCHMIDT-SALZER, IntUmwHR II, S.128; Staudinger/KOHLER (2002), Einl Rn.160 f., 186 f.

[172] JZ 1999, 684.

[173] Ähnlich auch die Anmerkung von SALJE, JZ 1999, 685 f.

[174] So aber das OLG Düsseldorf a.a.O.

könnte, werden andere Richter die hier ausgeübte Freiheit der Schadenszumessung zukünftig gerne aufgreifen.

Bei der **konkurrierenden** oder **Doppelkausalität** entgingen die Verursacher nach der Äquivalenztheorie allesamt einer Haftung, da der Erfolg auch eintreten würde, wenn der in Rede stehende Ursachenbeitrag hinweggedacht würde. Um dieses widersprüchliche Ergebnis zu vermeiden, wird die Äquivalenztheorie insoweit korrigiert, als dass beide Verursacher vollumfänglich (gesamtschuldnerisch) für den Schaden verantwortlich sind.[175] Die deutsche Rechtsprechung hat die dazu entwickelten Grundsätze auch für die Gefährdungshaftung und den nachbarrechtlichen Ausgleichsanspruch anerkannt.[176]

Eine Besonderheit sieht das Umwelthaftungsgesetz vor: Aus § 7 Abs. 1 UmweltHG folgt, dass die Ursachenvermutung des § 6 auch dann Anwendung findet, wenn mehrere Anlagen mehrerer Inhaber die geforderte Eignung zur Schadensverursachung aufweisen.[177] Mit dieser Regelung wird verhindert, dass durch den Verweis auf die Schadensneigung einer fremden Anlage die Ursachenvermutung entgegen ihrem Sinn und Zweck ausgehebelt würde.[178] Sie enthält eine Möglichkeit, die rechtlichen Schwierigkeiten addierter oder kumulativer Kausalität zu überwinden; an den tatsächlichen Problemen von Wirkungsverständnis und -nachweis vermag das Gesetz nichts zu ändern.[179] Die Mithaftung von „bloßen Mitverursachern“ dürfte hinsichtlich der Gesetzeszwecke von Prävention und Effizienzförderung[180] erwünscht sein. Dass sie dabei in einem „Spannungsverhältnis zur Grundmaxime der individuellen Zurechnung von Umweltschäden“[181] steht, muss daher im Einzelfall hingenommen werden.

b) Lösungsansätze zur Haftung mehrerer im englischen Recht

Ausgangspunkt der Haftung einer Mehrzahl von Schädigern ist heute der Civil Liability (Contribution) Act 1978. Nach dessen s. 1(1) kann jede Person, die für den Schaden eines Dritten haftet, sich anteilig an einer anderen Person gütlich

---

[175] BGHZ 72, 289, 297; 85, 387; DEUTSCH, HaftungsR, § 12 I 4; DIEDERICHSEN, Ref. 56. DJT (1986), L 76 ff.

[176] BGHZ 55, 86, 96; 101, 106, 112; s. a. § 32 Abs. 2 GenTG.

[177] HAGER in: Landmann/Rohmer, § 7 UmweltHG Rn. 3 f.; KLIMECK, Beweiserleichterungen, S. 93 ff.

[178] Vgl. BT-Drs. 11/7104, S. 18.

[179] S. exemplarisch OLG Düsseldorf, NJW 1998, 3720 ff. einer- und die kritische Anmerkung von SALJE, JZ 1999, 685 ff. andererseits.

[180] BT-Drs. 11/7104, abgedruckt bei Landsberg/Lülling, S. 381.

[181] KLOEPFER, UmweltR, § 6 Rn. 99.

halten, die hinsichtlich des gleichen Schadens haftbar ist.[182] Ausweislich s. 2(1) steht die Einordnung der Verursachungsbeiträge und die entsprechende Verteilung der Schadenslast, welche „just and equitable" sein soll, im Ermessen der Gerichte. Seit der Einführung dieser Vorschrift ist aber fraglich, wann noch von einem „gleichen Schaden" gesprochen werden kann. Eindeutig ist dies für Fälle konkurrierender oder doppelkausaler Verursachungsbeiträge, so dass für diese Kategorie das englische wie das deutsche Recht zu einer gesamtschuldnerischen Haftung kommt (*joint and several liability*).[183] Auf Fälle alternativer Kausalität geht der *Act* nicht ein. Daher fehlt es an einer dem § 830 Abs. 1 S. 2 BGB vergleichbaren Regel, welches den Geschädigten vor enorme Beweisprobleme stellen kann.[184] Dies hat das House of Lords kürzlich bewogen, in Abweichung von den *precedences* und aus offenen Gerechtigkeitserwägungen – im Übrigen unter Berücksichtigung der Rechtslage nach kontinentalen *Civil Codes* – eine Haftung eines Arbeitgebers zu statuieren, welcher, wie andere Arbeitgeber des Klägers auch, unzureichende Schutzvorkehrungen im Umgang mit Asbest traf.[185] Dieser „unteilbare" Schaden wäre nach der unveränderten Anwendung der Äquivalenztheorie von keinem der Mitverursacher zu ersetzen gewesen. Das Gericht stellte sechs Kriterien auf, bei deren Vorliegen von dieser Regel abgewichen werden kann; die Beweislast dafür obliegt aber weiterhin dem Kläger.[186] Kumulative Kausalität schließlich stellt für den Tatbestand der *nuisance* anerkanntermaßen keine *defence* dar.[187] Da diese Regel einem einzigen Fall[188] entnommen wurde und dort ausdrücklich auf *nuisance* beschränkt wurde, ist ihre abstrakte Gültigkeit für das Tort Law zweifelhaft.

c) Weitere Beweiserleichterungen

Nach allgemeinen Beweisgrundsätzen muss der Anspruchsteller sämtliche Voraussetzungen jener Norm, aus der er seinen Anspruch herleitet, beweisen;[189] er trägt also die Beweislast für die Voraussetzungen der ihm günstigen Regeln. Der Nachweis der Kausalität zwischen einer von einer Anlage ausgehenden Umwelteinwirkung und der Rechtsgutsverletzung oder Sachbeschädigung kann den Geschädigten vor Schwierigkeiten stellen. Der folgende Auszug aus beweis-

---

[182] "Subject to the following provisions of this section, any person liable in respect of any damage suffered by another person may recover contribution from another person liable in respect of the same damage (whether jointly with him or otherwise)".

[183] ROGERS, Tort, Rn. 6.7, 21.1 (S. 214, 735).

[184] Dazu sogleich. Der *Act* von 1978 regelt vielmehr das Innenverhältnis der deliktisch Verantwortlichen, welches für vorliegende Untersuchung aber nicht weiter von Interesse ist.

[185] *Fairchild v. Glenhaven Funeral Services Ltd and Others*, [2003] 1 AC 32 (HL).

[186] S. HOFFMANN, [2005] LQR 592, 599; GREKOS, [2003] JPL 519, 524.

[187] BRAZIER/MURPHY, Street on Torts, S. 387; ROGERS, Tort, Rn. 14.31 (S. 535).

[188] *Thorpe v. Brumfitt* (1873) 8 Ch App 650, zitiert bei BRAZIER/MURPHY und ROGERS, a.a.O.

[189] BGH NJW 1991, 1052, 1053; SCHLOBACH, Präventionsprinzip, S. 237; KLIMECK, Beweiserleichterungen, S. 40, beide m.w.N.; für das Common Law vgl. BRAZIER/MURPHY, S. 265 f.; ROGERS, Tort, Rn. 6.9 (S. 218).

rechtlichen Regeln des Umwelthaftungsrechts soll Möglichkeiten aufzeigen, wie der Geschädigte durch Modifikationen der Beweisgrundsätze in eine aussichtsreichere Lage gebracht werden kann.

(1) Das Prinzip der Beweislastverteilung nach Gefahrenbereichen wird von der „Kupolofen I"-Entscheidung[190] auch über den Sektor des Umwelthaftungsrechts hinaus geprägt. Im zugrundeliegenden Fall verklagten Eigentümer von in der Nähe einer Schmelzanlage für Rohstahl geparkten Autos den Betreiber der Anlage, weil an bestimmten Tagen ein besonders heftiger Auswurf an Eisenoxydstaub erfolgte und dieser Lack und Glas der Fahrzeuge beschädigte. Nachdem sich der VI. Zivilsenat im Revisionsurteil bei der Prüfung des deliktischen Schadenersatzanspruchs nicht zur haftungsbegründenden Kausalität äußern muss, nimmt er für die Verteilung der Beweislast hinsichtlich Rechtswidrigkeit und Verschuldens in Anlehnung an die zu § 906 BGB und zur Produzentenhaftung[191] entwickelten Beweisregeln eine Ausnahme von den allgemeinen Grundsätzen an. Diese stützt er auf die gesetzgeberische Aussage zur Pflichtenstellung des Emittenten in § 906 Abs. 2 S. 1 BGB, welche auch für deliktische Rechtsbeziehungen zu berücksichtigen sei. Danach legt das Gesetz dem Emittenten die Darlegungs- und Beweislast nicht nur im Nachbarstreit auf, sondern – wie vom Senat in analoger Anwendung bejaht – auch gegenüber Eigentümern betroffener Mobilien. Allerdings gelte dies einschränkend nur dann, wenn die Kausalität der Beeinträchtigung zweifelsfrei vorliegt. Steht also aufgrund eines Kausalitätsvollnachweises eine schädigende Immission fest, so gilt hinsichtlich des „Pflichtenverstoßes" und des Verschuldensnachweises eine Beweislastumkehr.[192] Wegen der geänderten Beweislastverteilung verwies der BGH den Rechtsstreit an das Berufungsgericht zurück.

Für den Anwendungsbereich des UmweltHG hilft dessen § 6 dem Geschädigten in seiner Beweisnot: Danach trägt der Geschädigte nur noch die Darlegungs- und Beweislast hinsichtlich der abstrakten sowie der sogenannten „konkreten" Eignung der Anlage, den Schaden zu verursachen.[193] Das Unternehmen kann sich über den Nachweis entlasten, dass entweder eine Ursächlichkeit nicht vorliegt oder die Emissionen im Rahmen des genehmigten Normalbetriebs entstanden sind. Die Einhaltung der verwaltungsrechtlichen Betriebspflichten wird bei entsprechender Dokumentation der Einhaltung oder aufgrund be-

---

[190] BGHZ 92, 143; ausführlich dazu unten § 3, C. II. 1.b).
[191] BGHZ 51, 91, 106 f.; 80, 186, 196 ff.
[192] SCHMIDT-SALZER, Kommentar z. Umwelthaftungsrecht, Einf. Rn. 62.
[193] Beispielhaft OLG Düsseldorf NJW-RR 2002, 26; BGH JZ 1998, 358, 360, mit Anmerkung HAGER.

stimmter Kontrollen nach § 6 Abs. 3, 4 UmweltHG wiederum vermutet.[194] § 6 UmweltHG stellt somit eine „Kausalitätsvermutung bei Bestimmungswidrigkeit des Betriebs" auf, die ihrerseits vermutet wird.[195] Diese widerlegliche Ursachenvermutung im Sinne einer „Beweiserleichterung bis zur Beweislastumkehr"[196] verschärft die praktischen Wirkung, insbesondere in Verbindung mit den Auskunftsansprüchen (§§ 8 ff. UmweltHG). Eine Beweislastumkehr findet sich in § 34 GenTG. Danach wird die Vermutung, dass ein durch gentechnisch veränderte Organismen verursachter Schaden aufgrund der Veränderung eintritt, erst durch den Beweis des Gegenteils entkräftet. Ausführlich dargestellt wurden bereits die Schwierigkeiten der Beweisführung bei mehreren Verursachern und der Änderung der Beweislastverteilung nach § 830 Abs. 1 S.2 BGB.

(2) Im Recht von England und Wales kommt der Kläger dem erforderlichen Beweis der ihm günstigen Tatsachen nach, wenn aufgrund einer „Abwägung der Wahrscheinlichkeiten" (*balance of probabilities*) der Richter hinreichend von seiner Darstellung überzeugt ist. Ist dies geschehen, so wird selbst in Fällen ungewöhnlicher Verursachungszusammenhänge der Verursachungsfrage nicht weiter nachgegangen.[197] Bei alternativer Kausalität führte dies zumindest in der Verschuldenshaftung zur Nichthaftung der potentiellen Verursacher, weil eine dem § 830 Abs. 1 S. 2 BGB entsprechende Verschiebung der Beweislast nicht existiert und die Zuordnung fahrlässigen Verhaltens zu einem der beiden Schädiger schwierig ist.[198] Von dieser opferfeindlichen Regel wich das Common Law bisher nur ab, wenn der Verschuldensnachweis allein aufgrund unterschlagenen Beweismaterials seitens der Schädiger misslingt.[199] Allerdings existieren Stimmen, die in Anlehnung an US-amerikanisches und kanadisches Case Law eine Beweislastumkehr zugunsten des Klägers fordern.[200] Die *Fairchild*-Entscheidung des House of Lords befreit den Kläger nun erstmals unter engen Voraussetzungen vom Erfordernis der eindeutigen Zuordnung des Schadens zu einem von mehreren alternativen Verursachern; diese Voraussetzungen muss er aber weiterhin beweisen. Anders als bei der *negligence* kommt dem Kläger nach

---

[194] Eben die Einhaltung der Betriebspflichten und deren Dokumentation war gesetzgeberisches Ziel, s. RÖCKRATH, Kausalität, Wahrscheinlichkeit und Haftung, S. 199; EHRHARDT-RAUCH, JA 2005, 464; FELDHAUS, UPR 1992, 167.

[195] LARENZ/CANARIS, Schuldrecht II/2, § 84 v. 2 c, S. 639.

[196] KLOEPFER, in: Achterberg/Püttner/Würtenberger, Rn. 189. S. a. GEISENDÖRFER, VersR 1989, 435 f.; ARNDT, S. 57.

[197] Vgl. den Prozess um eine durch in der Umwelt vorhandenem Asbest verursachten Krankheit *Margereson & Hancock v. J.W. Roberts Ltd.*, [1996] 5 PIQR 358, wo zwischen der Aufnahme des Asbests und dem Prozess 60 Jahre lagen. Nicht in den Schutzbereich fallen Asbestopfer, die als Angehörige eines Arbeitnehmers dem Stoff ausgesetzt waren, s. *Maguire v. Harland and Wolff Plc* [2005] P.I.Q.R. 21.

[198] *Baker v. Market Harborough Industrial Co-operative Society* [1953] 1 WLR 1472, 1475.

[199] ROGERS, Tort, Rn. 6.12 (S. 222 f.), mit Verweis auf die andersartige Lage in Kanada.

[200] S. MARKESINIS/DEAKIN, Tort Law, S. 185.

dem Recht der *nuisance* eine Beweiserleichterung zu Hilfe. Nach einer Entscheidung des Court of Appeal[201] muss der Kläger nur sein Interesse an dem Grundstück sowie die Schädigung nachweisen; die störende Beeinträchtigung wird dann vermutet, weil dem Beklagten ein besserer Zugang zu auf seinem Grundstück liegenden Vorgängen gegeben ist und eine Entlastung ihm damit leichter fiele als dem Kläger der Vollbeweis der Störung samt ihrer Hintergründe. Ähnliches soll für periodisch auftretende Beeinträchtigungen gelten, soweit für einen in der Vergangenheit liegenden Zeitraum das Bestehen einer *nuisance* nachgewiesen werden konnte.[202]

D) AUSKUNFTSANSPRÜCHE

An zweiter Stelle setzt neben den erwähnten Beweiserleichterungen eine weitere, in der Praxis äußerst wertvolle Verbesserung der Stellung des Geschädigten an. Denn der Umstand, dass das schädigende Ereignis seinen Ausgang in der Sphäre des Schädigers genommen hat, kann den Geschädigten vor Probleme der Tatsachenfindung und Beweisführung stellen, die nicht allein mit Beweiserleichterungen überkommen werden können. Deshalb stellt das UmweltHG in § 8 dem Geschädigten umfangreiche Auskunftsansprüche gegen den Inhaber einer Anlage zur Seite, wenn gegen diesen der begründete Verdacht einer Beteiligung an der Schadensverursachung vorliegt. Vor den gleichen Schwierigkeiten kann andererseits auch der Anlageninhaber stehen, soweit möglicherweise eine andere Anlage mitursächlich für den Schaden ist. Folglich hat auch er Auskunftsansprüche gegen andere Anlageninhaber sowie gegen den Geschädigten, § 10 UmweltHG. Das Recht von England und Wales kennt auf dem Gebiet des Umwelthaftungsrechts –anders als beispielsweise im Finanzrecht[203] – keine spezialgesetzlichen Auskunftsansprüche (*duties of disclosure*). Doch existieren im englischen Zivilprozess genaue Regeln zur „automatic reciprocal discovery of documents“. Dabei handelt es sich um gegenseitige Auskunftspflichten über diejenigen Dokumente, die sich im Besitz der Parteien befinden oder befanden und in Zusammenhang mit der Streitigkeit stehen.[204] Diese Grundsätze wurden zunächst von der Rechtsprechung entwickelt[205] und sind heute gesetzlich festgelegt.[206]

---

[201] *Southport v. Esso Petroleum* (1954) 2 QB 182; nicht weiter bestätigt.

[202] *Piper v. Clifford Kent Ltd* [2004] Env. L.R. 30 (CA).

[203] S. Financial Services Act 1986, ss. 150 f., 166 f.

[204] S. dazu im Einzelnen RÜßMANN, Moderne Elektroniktechnologie und Informationsbeschaffung im Zivilprozeß, in: Schlosser (Hrsg), Die Informationsbeschaffung für den Zivilprozeß, S. 137 bis 205.

[205] *Compagnie Financière du Pacifique v. Peruian Guano Co* (1882) 11 QB 55, 62 f.

[206] Rule of the Supreme Court, Order 24, rule 2 (1).

III. Der „ökologische Schaden"

Der „ökologische Schaden" wurde erstmals in den 1970er Jahren von der deutschen Rechtswissenschaft wahrgenommen.[207] Auslöser war die Häufung von Umweltkatastrophen (der Dioxin-Unfall von Seveso, die Havarien der Öltanker Amoco Cadiz und Exxon Valdez, der Sandoz-Brand, die Giftgaskatastrophe von Bophal, der Nuklearreaktorbrand von Tschernobyl)[208], welche der jeweils betroffenen nationale Gemeinschaft, aber auch der Staatengemeinschaft angesichts der Folgen für Umwelt und Natur ungelöste tatsächliche und rechtliche Probleme bereitete und zu Debatten über eine Reform des bestehenden Umwelthaftungsrechts führte. Heute ist der Begriff des „ökologischen Schadens" fester Bestandteil der Diskussion um privatrechtliche Steuerung im Umweltbereich.[209] Für die Fragestellung dieser Arbeit ist zu untersuchen, inwieweit ökologische Schäden bereits im geltenden Recht ausgeglichen oder ersetzt werden könnten. Dazu muss zunächst die Problematik umrissen und eine Definition des Begriffs gefunden werden, bevor die mögliche Aktivierung bestehender Rechtspositionen analysiert werden kann.

Der „ökologische Schaden" entzieht sich einer genauen Begriffsbestimmung. Dies liegt zum einen daran, dass ein „Schaden" nach dem individualbezogenen Verständnis des Schadensbegriffs im herkömmlichen Haftungsrecht gerade nicht gemeint ist. Zum anderen betrachtet die Ökologie alle Eingriffe in ein System wertfrei und lässt daher die Qualifikation einer Tätigkeit oder eines Zustands als „schädigend" nicht zu. Trotz dieser definitorischen Schwierigkeiten besteht Einigkeit, dass eine klar umrissene Fallgruppe ökologischer Schäden existiert.[210] Neuerdings findet sich in der Richtlinie über Umwelthaftung zur Vermeidung und Sanierung von Umweltschäden vom 21.04.2004 (2004/35/EG) ein umfassender Definitionsversuch von „Umweltschaden". Sinngemäß sei ein solcher gegeben bei jeder nachteiligen Veränderung einer natürlichen Ressource zuungunsten geschützter Arten und natürlicher Lebensräume, von Gewässern oder des Bodens (letztere nur bei Verursachung eines erheblichen Risikos menschlicher Gesundheit, vgl. Art. 2 Nr. 1). Gesetzlich wird der Begriff des

---

[207] REHBINDER, RabelsZ 40 (1976), 385; NAWRATH, Haftung für Schäden durch Umweltchemikalien (1982), S. 69.

[208] Weitere Beispiele, Erläuterungen und Fundstellen bei V. BAR, Gutachten A 62. DJT (1998), S. A 31 f.; ERICHSEN, Der ökologische Schaden, S. 7 ff.

[209] Neben zahlreichen Aufsätzen treten besonders folgende Monographien hervor, die den Begriff bereits im Titel tragen: SCHULTE, Ausgleich ökologischer Schäden und Duldungspflicht (1990); ERICHSEN, Der ökologische Schaden im internationalen Umwelthaftungsrecht (1993); SEIBT, Zivilrechtlicher Ausgleich ökologischer Schäden (1994), m.w.N. auf S. 5 Fn. 4; LEONHARD, Der ökologische Schaden (1996); GERGAUT, Der ökologische Schaden im System des Privatrechts (1997); GODT, Haftung für ökologische Schäden (1997).

[210] SCHULTE, a.a.O., S. 26; ferner LEONHARD, a.a.O., S. 24 ff.; ERL, Umwelthaftungsrecht, S. 119; SEIBT, a.a.O., S. 8 f.

ökologischen Schadens in Deutschland nur in § 1 Nr. 5 Hamburgisches Naturschutzgesetz verwendet, dort aber in einem sehr viel engeren Sinne.[211] In einem zivilrechtlichen Gesetzeswerk wird der Begriff bislang weder in Deutschland noch in England oder Wales erwähnt, so auch nicht im UmweltHG oder im Environmental Protection Act 1990.[212]

Um zu einer abstrakten Darstellung des ökologischen Schadens als privatrechtliches Phänomen zu gelangen, bestehen in der rechtswissenschaftlichen Literatur verschiedene Ansätze. Ein weites, phänomenologisches Begriffsverständnis richtet seine Definition rein faktisch am Schädigungsobjekt aus. Danach sind ökologische Schäden Veränderungen der Naturgüter Wasser, Boden, Luft, Klima, Pflanzen- und Tierwelt sowie die Störung ihrer Wechselbeziehungen.[213] Dagegen wird eingewandt, eine der Begriff müsse eine rechtliche Aussage über die Ersatzfähigkeit enthalten.[214] Nach dieser engeren Auffassung werden ökologische Schäden üblicherweise als „Residualgröße“ behandelt: Sie seien die erheblichen und nachhaltigen Beeinträchtigungen des Naturhaushalts, die keinem individuellen Rechtsträger zugeordnet werden können.[215] Diese unterschiedlichen Deutungsweisen des Begriffs sind indes nicht gegensätzlich, sondern hängen mit der jeweiligen Aufgabenstellung zusammen. Dort, wo Ansätze zur Ersatzfähigkeit von bislang nicht rechtlich zu fassenden Schäden am Naturhaushalt gesucht werden, ist ein rechtlich geprägtes Verständnis zur Beschreibung der Problematik und Abgrenzung von den Umweltschäden, die bereits ersatzfähig sind, angezeigt (wenn auch diese Definitionen insoweit phänomenologisch bleiben). Soll aber – wie vorliegend – untersucht werden, wie das bestehende Recht Schäden der Natur erfasst und behandelt, ist allein der beschreibende, weite Ansatz weiterführend. Der Residualbegriff würde durch kategorischen Ausschluss von individuell zugeordneten Umweltgütern die Debatte hier bereits unnötig verengen. Daher kann für diese Arbeit „ökologischer Schaden“ im Sinne des allgemeinen Sprachgebrauchs[216] mit „Schaden am Naturhaushalt“ gleichgesetzt werden. Dieses Ergebnis deckt sich

---

[211] Hamburgisches Gesetz über Naturschutz- und Landschaftspflege vom 12.03.1981, HmbGVBl. 1981, S. 167. Ziel des Naturschutzes sei es danach, dass „wirtschaftliche oder ökologische Schäden durch nicht dem Jagdrecht unterliegende Tiere [...] nach Möglichkeit durch erprobte und unbedenkliche Maßnahmen verhindert werden.“

[212] Im italienischen Recht besteht mit Art. 18 des Gesetzes 349/1986 eine gesetzliche Definition, s. dazu SEIBT, Ausgleich ökologischer Schäden, S. 87; auch dem US-Recht sind „natural resource damage recovery actions“ bekannt, s. JONES/PARPWORTH, Environmental Liabilities, S. 5; LEIFER, NuR 2003, 598 f.

[213] DIEDERICHSEN, FS Lukes (1989), S. 55; GASSNER, UPR 1987, 370; GERGAUT, Der ökologische Schaden, S. 24 ff..

[214] REHBINDER, NuR 1988, 105.

[215] FEESS-DÖRR/PRÄTORIUS/STEGER, Umwelthaftungsrecht, S. 40; SCHULTE, Ausgleich und Duldungspflicht, S. 21.

[216] Vgl. SCHULTE, a.a.O., S. 22; DERS., JZ 1988, 285.

auch weitgehend mit der Definition des „Umweltschadens" der Richtlinie 2004/35/EG. Um jedoch Minimalschäden auszunehmen, ist mit KADNER die Definition auf „jede erhebliche und nachhaltige Beeinträchtigung des Naturhaushaltes oder seiner Teile" zu beschränken.[217] Über den Umweltpfad vermittelte Schäden am Menschen oder an Gütern, die nicht zum Naturhaushalt gehören, sind danach zwar Umweltschäden, nicht aber ökologische Schäden.

IV. Schadenersatzrecht und Umweltschutz

Die noch darzustellenden haftungsbegründenden Tatbestände kennen aufgrund ihrer Schutzrechtsfunktion als Rechtsfolge Unterlassungs- und Beseitigungsanordnungen, beziehungsweise den Ersatz des entstandenen Schadens. Wird eine umweltgefährdende Tätigkeit aufgrund eines erfolgreich geltend gemachten Unterlassungsanspruchs nicht ausgeführt, so liegt der ökologische Gewinn im Sinne des Vorsorge- und Vermeidungsprinzips auf der Hand. Die nachträgliche Beseitigung eines Zustands, der den Naturhaushalt nachteilig verändert, ist ganz im Sinne des Nachhaltigkeits- und des Verursacherprinzips. Wie aber steht es mit dem Schadenersatz, den die meisten Schutzrechtsnormen als Rechtsfolge anordnen?

1. Das deutsche Recht des Schadenersatzes

Das deutsche Recht verlangt von einem haftpflichtigen Schädiger nach § 249 Abs. 1 BGB grundsätzlich die Wiederherstellung des geschädigten Gutes *in natura*.[218] § 249 Abs. 2 S. 1 BGB gibt dem Gläubiger eine Ersetzungsbefugnis, nach der bei Personen- und Sachschäden statt der Wiederherstellung der dazu erforderliche Geldbetrag verlangt werden kann. Wozu diese Summe verwendet wird, steht in der Dispositionsfreiheit des Gläubigers. Er muss das Geld nicht für die Wiederherstellung einsetzen. Selbst wo Naturgüter als Sachschaden restitutionsfähig sind und ein Schadenersatzanspruch erfolgreich geltend gemacht wurde, ist eine Renaturierung also nicht gewährleistet. Die „Aufwendungsersatzansprüche" der § 16 Abs. 1 UmweltHG und § 32 Abs. 7 GenTG hingegen sind erweiterte Schadenersatzansprüche, die sich nur auf Erstattung tatsächlich zur Wiederherstellung von Natur und Landschaft aufgewandter Kosten richten sollen.[219]

Der Anspruch auf Naturalrestitution blickt nicht darauf, ob das verletzte Gut für den Einzelnen einen wirtschaftlichen Wert hat. Wiederherstellung kann ausweislich § 251 Abs. 2 BGB auch bei deutlich niedrigerem Verkehrswert der

---

[217] KADNER, Ersatz ökologischer Schäden, S. 34.
[218] Ausführlich dazu KLASS, Ökologische Analyse, S. 150 ff.
[219] BT-Drs. 11/7104, S. 21; zu § 16 Abs. 1 UmweltHG s. ferner § 3, D. III. 1.

Sache verlangt werden;[220] erst die Verhältnismäßigkeit setzt dem Wiederherstellungsanspruch Grenzen. Allerdings muss die betroffene Sache einem Individuum rechtlich zunächst zugeordnet sein. Dies bereitet für Schäden am Menschen selbst und an Gütern, die nicht zum Naturhaushalt zu rechnen sind, keine besonderen Probleme. Für die Frage, inwieweit aber ökologische Schäden ersatzfähig sind, kommt der später folgenden Inhaltsbestimmung des Eigentums eine besondere Bedeutung zu.

Als Hindernis für den Ersatz von Naturgütern, an denen keinerlei wirtschaftliches Interesse besteht, wird die Ersetzungsbefugnis des § 251 Abs. 2 BGB empfunden. Danach kann der Schädiger statt der Naturalrestitution Wertersatz in Geld leisten, wenn die Wiederherstellungskosten unverhältnismäßig wären, insbesondere wenn sie den Sachwert des beschädigten Guts erheblich übersteigen.[221] Selbst dort, wo wirtschaftlich wertlose Naturgüter kraft Individualzurechnung ersatzfähig sind, droht so oftmals das Ausbleiben der Wiederherstellung des natürlichen Zustands, weil der Schädiger angesichts hoher Wiederherstellungskosten eine Geldzahlung leisten kann, die der Berechtigte seinerseits jedoch nicht zur Wiederherstellung verwenden muss. § 16 Abs. 1 UmweltHG und § 32 Abs. 7 S. 1 GenTG modifizieren das Verhältnis von Wiederherstellung und Ökonomie, indem sie die Kostendifferenz allein nicht zur Begründung der Unverhältnismäßigkeit genügen lassen.[222] Unabhängig von spezialgesetzlichen Regelungen besteht indes in der Rechtsprechung des BGH ein Präzedenzfall, in welchem ökologische Funktionen einer beschädigten Sache – im konkreten Fall ein Baum[223] – in die Verhältnismäßigkeitsprüfung bei § 251 Abs. 2 BGB einbezogen werden. Die Wiederbeschaffungskosten können danach dann zugebilligt werden, wenn Art, Standort und *Funktion* des Baumes für einen wirtschaftlich vernünftig denkenden Menschen den Ersatz durch einen gleichartigen Baum wenigstens nahelegen würden.[224] Im konkreten Fall einer Beschädigung einer Kastanie durch einen Verkehrsunfall wendet der BGH § 251 Abs. 2 BGB aber auf den die Naturalrestitution vertretenden Geldersatzanspruch aus § 249 Satz 2 BGB an. Trotz der „nützliche[n] und schwer entbehrliche[n] Funktionen“ sollte der Schädiger eines Straßenbaums statt der Wiederherstellung oder der dafür erforderlichen Aufwendungen unter „Einbuße an diesen Werten“ lediglich Geldersatz schulden, weil der Geschädigte sie nicht vernünftigerweise so hoch „einschätzen darf, dass er für die vollständige Wiederherstellung auch beträchtliche Mittel einsetzt“. Aufgrund der gesetzlichen Regelung in § 94 BGB ist ein Schaden an der Bepflanzung rechtlich ein Grundstücks-

[220] Vgl. REHBINDER, NuR 1988, 106.
[221] Vgl. BGH VersR 1962, 137.
[222] S. § 3, D. III. 1 c).
[223] Zum Ersatz bei Baumschäden KADNER, Ersatz ökologischer Schäden, S. 56 f; KLASS, Ökologische Analyse, S. 233.
[224] BGH NJW 1975, 2061, 2062, 2. Redaktioneller Leitsatz Hervorhebung durch den Autor.

schaden. Die Schadenshöhe bestimmt der BGH daher anhand des Wiederherstellungswerts, welcher sich aus den Anschaffungskosten für den Jungbaum sowie den Kosten für Anpflanzung und Anwachspflege zusammensetzt, und eines Ausgleichs für den auch durch Wiederherstellung mit einem Jungbaum nicht zu ersetzenden Wertverlust des Grundstücks.

2. Schadenersatz im Recht von England und Wales

Das Recht der *damages* in England und Wales ist aufgrund der rechtlichen Zuordnung der Rechtsfolgen zu einem spezifischen *tort* zersplittert.[225] *Compensatory damages* richten sich ebenso wie *non-compensatory damages*[226] stets auf die Zahlung von Geld.[227] Die Gerichte legen zur Berechnung den Grundsatz des „restitutio in integrum" zugrunde, wonach der Geschädigte möglichst genau die Geldsumme erhalten soll, welche ihn in diejenige Position bringt, in welcher er sich ohne die Ungerechtigkeit („the wrong") befunden hätte.[228] Damit entspricht diese „dominant rule of law"[229] der Differenzhypothese deutschen Rechts. Da allerdings ein Schaden nicht für alle Torts Anspruchvoraussetzung ist und teilweise eine Klagbarkeit *per se* existiert, wie das *law of trespass* demonstriert, können die zugesprochenen Summen sehr niedrig ausfallen (diese sogenannten *nominal damages* bewegen sich heute zwischen GBP 5 und GBP 10).[230]

Naturalrestitution kann nur durch eine *mandatory injunction* erreicht werden. Dabei handelt es sich im Gegensatz zur *(prohibitory) injunction*, welche eine Unterlassungsanordnung enthält, um eine Anordnung zu einem bestimmten Verhalten. Da *injunctions* dem *Law of Equity* entstammen, besteht kein Rechtsanspruch auf eine solche Anordnung, sondern sie liegt ganz im richterlichen Ermessen. Bestimmte Gerichte können eine *injunction* erteilen, wo die Richter dies für „gerecht und praktisch" erachten.[231] Dies gilt auch für die vorläufige Anord-

---

[225] *Contemptous damages* (geringwertige, symbolhafte Summen) und *aggravated damages* (erhöhter Schadenersatz) können für das Umwelthaftungsrecht außer Betracht bleiben, da sie nur bei Torts wie *libel* (Ehrverletzungen) oder *assault* (vorsätzliche Körperverletzung) vorkommen, vgl. ROGERS, Tort, Rn. 22.6 (S. 749).

[226] Zur Vielschichtigkeit und Problematik des Begriffs V. BAR, Gemeineuropäisches Deliktsrecht, Bd. II, § 1 Rn. 8 ff.; Rn 119; SCHLOBACH, Präventionsprinzip, S. 326; zur Historie s. MARKESINIS/DEAKIN, Tort Law, S. 722.

[227] OGUS, The Law of Damages, S. 2, 11; MARKESINIS/DEAKIN, a.a.O., S. 723.

[228] *Livingstone v. Rawyards Coal Co.* (1880) 5 App.Cas. 25, 39 (zitiert nach Rogers, Tort, S. 761 Fn. 21); *Monarch Steamship Co. Ltd v. Karlshamns Oljefabriker (A/B)* [1949] AC 196, 221, per LORD WRIGHT; für Schadenersatz wegen Körperverletzung s. auch den Damages Act 1996.

[229] *Liesbosch Dredger v. SS. Edison* [1933] AC 449, 463, per LORD WRIGHT.

[230] ROGERS, Tort, Rn. 22.7 (S. 749); MARKESINIS/DEAKIN, Tort Law, S. 724.

[231] Vgl. s.37 Supreme Court Act 1981; s. 38 County Courts Act 1984 in der Fassung der s.3 des Courts and Legal Services Act 1990.

nung einer *interim* oder *interlocutory injunction* sowie für die im Angesicht einer akuten Gefahr angezeigten *quia timet injunction*. Im Recht der *nuisance* allerdings sind Unterlassungsanordnungen gang und gäbe und werden nur dort in Schadenersatz umgewandelt, wo eine *injunction* übermäßig belastend wäre.[232]

Eine Besonderheit des Common Law sind die den kontinentaleuropäischen Rechtsordnungen unbekannten *punitive* (oder *exemplary*) *damages*. Die Verleihung von *punitive damages* war und ist in England weiter äußerst umstritten.[233] Nachdem lange Zeit der Grundsatz galt, dass *punitive damages* als Rechtsfolge jeden Deliktstatbestands möglich sind, ist ihr Anwendungsbereich seit dem arbeitsrechtlichen Fall *Rookes v. Barnard* auf wenige Ausnahmefälle beschränkt.[234] Die einzige nach *Rookes* für das Umwelthaftungsrecht noch relevante Fallgruppe, in der *punitive damages* zugesprochen werden können, betrifft ein Verhalten, welches „aufgrund von Berechnungen" des Schädigers so und nicht anders durchgeführt wurde, weil der dabei erzielte Gewinn mögliche Schadenersatzansprüche übersteigen würde.[235] Obwohl LORD DEVLIN in seiner Begründung hauptsächlich auf Verletzungen des Persönlichkeitsrechts schaut, sind die von ihm herangezogenen Autoritäten nicht auf dieses Rechtsgut beschränkt.[236] Daher wäre angesichts der abstrakt-generellen Formulierung und ihrer allgemeinen Rezeption die Verleihung von *punitive damages* gegen Emittenten, die aufgrund der Belastung eines Umweltmediums einen derart hohen Gewinn erzielen, dass sie die Schadenersatzansprüche einzelner Anlieger nicht zu fürchten brauchen, mit diesem Rechtssatz zu vereinbaren. Allerdings besteht eine konzeptionelle Hürde: *Punitive damages* sollen die Begehung eines Tort bestrafen.[237] Ein solcher würde aber wiederum nur in der Verletzung eines Individualrechts liegen; eine Bestrafung für die Verletzung von Allgemeingütern ist bislang nicht vorgekommen. Die Kritik an diesem Rechtsinstitut, kriminalpolitische Aspekte in bürgerlich-rechtliche Beziehungen zu mischen und das (zufällige) Opfer einer Beeinträchtigung willkürlich durch die Verleihung eines weiteren Geldanspruchs zu bevorzugen, bekäme bei derartiger Anwendung noch mehr Gewicht. Die Anwendung bei ökologischen Schäden ist daher mit dem Zweck der *punitive damages*, wie er vom House of Lords derzeit verstanden wird, unvereinbar. Hinzu kommt, dass seit *AB v. South West Water Services Ltd* die Liste der Torts, für welche überhaupt noch auf Strafschaden befunden

---

[232] JONES/PARPWORTH, Environmental Liabilities, S. 143; LANG, AcP 174 (1974) 398, m.w.N.

[233] S. Bericht der Law Commission, Aggravated, Exemplary and Restitutionary Damages, No. 247 (1997).

[234] *Rookes v. Barnard* [1964] AC 1129, [1964] 1 All ER 367; *Cassell & Co. Ltd v. Broome* [1972] 1 All ER 801, A.C.

[235] [1964] 1 All ER 367, 410, per LORD DEVLIN.

[236] S. [1964] 1 All ER 367, 409.

[237] „Exemplary damages can properly be awarded whenever it is necessary to teach a wrongdoer that tort does not pay.", [1964] 1 All ER 367, 411.

werden kann, auf diejenigen beschränkt wurde, für die dies schon vor *Rookes v. Barnard* anerkannt war.[238]

3. Die Bedeutung des Schadenersatzrechts für die Umweltschutzwirksamkeit von Privatrecht

Die Naturalrestitution tritt sowohl in Deutschland als auch in England und Wales trotz des unterschiedlichen Regel-Ausnahme-Verhältnisses in beiden Jurisdiktionen nur als Ausnahme auf. Sie wäre zur Wiederherstellung des natürlichen Zustands, der vor dem schädigenden Ereignis bestand, das geeignetste Mittel.[239] Im deutschen Recht stehen weitreichende Ersetzungsbefugnisse einem zwingenden Einsatz von Renaturierungsmaßnahmen entgegen. Immerhin hat der Geschädigte in den Grenzen von § 251 Abs. 2 BGB grundsätzlich einen Anspruch auf Naturalrestitution, während dies im Common Law im Ermessen des Richters steht. Inwiefern englische Gerichte von der Möglichkeit Gebrauch machen, *mandatory injunctions* zu erlassen, kann mangels Präzedenzfällen nicht vorhergesagt werden. Fraglich ist bereits, inwiefern Geschädigte entsprechende Anträge stellen würden, wenn auch eine – wirtschaftlich wohl attraktivere – Entschädigung in Geld erreichbar wäre.

Ersatzansprüche werden mithin regelmäßig (und in England und Wales fast ausschließlich) in Geld gewährt. Im Rahmen seiner Dispositionsfreiheit obliegt die Entscheidung, wozu es zu verwenden sei, dem Geschädigten.[240] Damit ist dem Befund, dass Privatrecht beinhalte eine „private Verfügungsbefugnis über Umweltgüter“[241], im Grundsatz zuzustimmen. Wie mit dieser Befugnis indes verfahren wird, ist eine ökonomische und letztendlich eine sozial-edukative Frage. Ob durch eine Erweiterung der Haftung für bestimmte Schäden eine gesteigerte Umweltschutzwirksamkeit auf Geschädigtenseite erzielt werden kann, hängt daher überwiegend von außerhalb des Rechts liegenden Faktoren ab. Gleichzeitig wurde aber bereits dargelegt, dass schon eine drohende Schadenersatzpflicht aus ökonomischen Gründen verhaltenssteuernde Wirkungen entfalten kann. Eine Besonderheit stellen die im Gefährdungshaftungsrecht üblichen Haftungshöchstgrenzen dar, weil sie die Risikointernalisierung verfälschen können. Insbesondere werden auch ohne Störungsfall die Versicherungsprämien entsprechend angepasst – ebendies ist politisch erwünscht und Zweck der Haftungsbegrenzung. Dies ändert aber nichts daran, dass damit der Beitrag des Schadenersatzrechts zum Privatrecht als Instrumentarium der Umweltpolitik grundsätzlich feststeht.

---

[238] [1993] 1 All ER 609, 620.

[239] HAGER, ZeuP 1997, 10.

[240] Zur eingeschränkten Wirkung der Nichtigkeitsfolge bei einem Verstoß gegen § 138 BGB s. unten § 4, A. II. 2.

[241] So SCHULTE, JZ 1988, 278, 281; ähnlich REHBINDER, NuR 1988, 105, 106 f.

Die Schwierigkeiten der Monetarisierung ökologischer Schäden im System des Umweltrechts werden deshalb überbewertet. Dabei handelt es sich um das Problem, den wirtschaftlichen Wert ökologischer Güter im Streitfall zu bestimmen. Die Beeinträchtigung ökologisch wertvoller Gebiete und Bestände kann in vielerlei Hinsicht ökonomische Auswirkungen haben. Abgesehen von derart mittelbaren Wirkungen auf die wirtschaftliche Lage Einzelner haben Naturgüter selbst aber keinen Marktwert. Das Problem konnte in Deutschland für Baumschäden eingedämmt werden, da für die Kosten für Wiederherstellung, und wo dies nicht möglich ist, Teilherstellung (i.S.v. § 249 S. 2) sowie Ausgleich der Wertdifferenz des Grundstücks[242] mittlerweile eine anerkannte Praxis der Monetarisierung der Gehölzschäden besteht. Rechtfertigung erfährt diese Handhabe gerade über die ökologische Bedeutung des geschädigten Gutes.[243] Obwohl sich ähnliche „Bepreisungsprobleme"[244] dem Rechtsanwender zwar im Einzelfall stellen mögen, ist die Problematik aber erst dann geeignet, das Umwelthaftungsrecht als Lenkungsmechanismus zu diskreditieren, wo geschädigten Naturgütern in größerem Rahmen kein oder nur ein marginaler Wert von den Gerichten zuerkannt wird und somit im Ergebnis die Haftungsandrohung entfällt. Über die Grundstücksbezogenheit der Flora wird sich aber zumeist ein nach eindeutigen Gesichtspunkten zu berechnender Minderwert der Liegenschaft ergeben. Soweit an der Fauna keine Eigentums- oder Aneignungsrechte[245] bestehen, sind Schäden an Klein- und Kleinstlebewesen nicht ersatzfähig, sondern es wäre auf den durch die Kontaminationen hervorgerufenen Minderwert des Grundstücks zu rekurrieren. Inwiefern die ökologische Grundlage einer Liegenschaft unter den Eigentumsbegriff subsumiert werden kann, ist indes keine Frage des Schadenersatzrechts mehr und daher an anderer Stelle zu begutachten.[246]

V. Duldungspflichten

Die umweltschützende Wirkung von Privatrechtsnormen kann sich nur mittelbar über den Schutz der Rechte der Rechtssubjekte entfalten; die Umwelt selbst ist trotz vielfältiger Versuche ihrer Einbeziehung[247] kein Rechtssubjekt. Eingriffe eines Bürgers in die Rechte eines anderen unterliegen aber keinem absoluten Schutz. Einerseits ist dieser Schutz an präzise Tatbestandsvoraussetzungen gebunden; sie werden im folgenden Teil erörtert. Andererseits wird auch bei Vorliegen dieser Voraussetzungen ein Abwehr- oder Schadenersatzanspruch

---

[242] Für Baumschäden s. KOCH, Gehölzwerttabellen; BGH VersR 1990, 573; OLG Düsseldorf, NJW-RR 1997, 856.
[243] Differenzierend Staudinger/SCHIEMANN (2005), § 251 Rn. 90 ff., 93.
[244] SALJE/Peter, § 16 UmweltHG Rn. 1.
[245] Zum Schadenersatz wegen Verletzung von Wildtieren s. Lorz/METZGER/STÖCKEL, BJagdG, Einl. Rn. 23 m.w.N..
[246] S. dazu § 3, C. II. 1. a).
[247] Dazu unten, insbesondere § 3, C. II. 1.a); § 3, D. II. 3.

von der Rechtsordnung dort verwehrt, wo Interessenkollision und -beeinträchtigung aus sozial-politischen Wertungen hinzunehmen sind. Die Rechtsordnung statuiert also für bestimmte Eingriffe Duldungspflichten. Sie stellen sich nicht als Erweiterung der individuellen Befugnisse des Beeinträchtigenden dar. Vielmehr muss dieser damit rechnen, dass ihn selbst zukünftig die Pflicht trifft, eine entsprechende Beeinträchtigung seiner Interessen zu hinzunehmen. Pflichten zur Duldung können aufgrund des bürgerlichen Gesetzes- und Richterrechts, kraft Rechtsgeschäfts und aufgrund öffentlichen Rechts entstehen und sind zumeist mit Entschädigungsansprüchen verknüpft.

Zur dogmatischen Begründung der Duldung wurde Kants „kategorischer Imperativ“ angeführt, da danach die Herrschaftsbefugnisse über das Grundstück des anderen nicht weiter gehen könnten, als dies hinsichtlich des eigenen Grund und Bodens erwünscht sein kann.[248] Dies trat zu Beginn des Industriezeitalters besonders offensichtlich hervor, und daher wurde die nachbarliche Duldungspflicht beizeiten als fortschrittstauglich eingestuft.[249] Der Gesetzgeber des BGB hat den Grund für den Anspruchausschluss vor allem darin gesehen, dass eine strenge rechtliche Abscheidung der Grundstücke „auf dem Grunde eines Luftmeeres“ den tatsächlichen Bedürfnissen des Lebens nicht entspräche.[250]

Während § 906 BGB als Schaltstelle privatrechtlichen Immissionsschutzes auf große Teile des Umwelthaftungsrechts wirkt und daher seine umweltprivatrechtlichen Bezüge vorweg dargestellt werden, sind die weiteren Duldungsanordnungen des BGB – wie §§ 904, 905 S. 2, 910 Abs. 2, 912 Abs. 1, 917 Abs. 1, 229 BGB – ohne umweltspezifischen Bezug. Die öffentlich-rechtlichen Modifikationen der privatrechtlichen Duldungspflichten werden aufgrund ihrer speziellen Wirkung in einem Vorgriff auf die Darstellung der privatrechtsgestaltende Wirkung des öffentlichen Rechts bereits an dieser Stelle zusammenfassend vorgestellt.

1. § 906 BGB als Schaltstelle privatrechtlichen Immissionsschutzes

§ 906 BGB entstammt dem Eigentumsrecht: Sämtliche Abwehransprüche des Grundeigentümers werden über § 906 BGB durch den Bezug zu dem von der Immission betroffenen Grundstück bestimmt und begrenzt.[251] Neben seiner Rolle als immanente Schranke der später darzustellenden negatorischen und quasinegatorischen Ansprüche wirken diese Pflichten zu Duldung auch in den deliktischen Rechtsschutz hinein. Bevor also die Merkmale der einzelnen Schutzrechte untersucht werden können, ist folgend der umweltprivatrechtliche

[248] MÜLLER, Sachenrecht, Rn. 323.
[249] ENDEMANN, Bürgerliches Recht 2. Bd., 8. u. 9.Auflage 1905, S. 473.
[250] Motive bei MUGDAN, Band III, S. 146.
[251] BGHZ 92, 143, 145.

Inhalt von § 906 BGB näher auszuleuchten. Die Norm ordnet an, dass unwesentliche Immissionen entgegen der allgemeinen Regelung in §§ 903, 1004 BGB hingenommen werden müssen. Damit sind sozial verträgliche Nutzungen möglich, selbst wenn sie fremde Grundstücke und Interessen berühren. Erfolgreich abgewehrt werden können zunächst nicht unter § 906 fallende Immissionen von Festkörpern, ferner wesentliche, nicht ortsübliche Immissionen und schließlich wesentliche, ortsübliche, aber durch geeignete Maßnahmen verhinderbare Immissionen.

Strittig ist bereits der Bezugspunkt der Duldungspflicht, also der Umfang der ihr unterworfenen Rechtsgüter und Interessen. Während GERLACH § 906 beschränkt sieht „auf die wirtschaftliche Beeinträchtigung von Immobiliarrechten“[252], zieht H. P. WESTERMANN den Kreis mit dem Interesse an der Nutzung einer Immobilie weiter.[253] Nach DIEDERICHSEN schließlich ist der Ansatz des zivilrechtlichen Güterschutzrechtes ein „anthropologischer“[254]; in seinem Zentrum steht danach der Mensch, dem die Sachen zu dienen bestimmt sind. Dies ist im Ergebnis richtig. Denn eine Einschränkung auf rein wirtschaftliche oder nutzungsbezogene Interessen sieht auch § 903 BGB nicht vor. Vorrangiges Ziel von §§ 1004, 906 BGB ist stattdessen, die zur Entfaltung des Einzelnen umfassend gewährten Eigentumsrechte untereinander zum Ausgleich zu bringen. Deshalb betrifft § 906 BGB sämtliche Rechte und Rechtsgüter, die sich auf einem Grundstück befinden. Die Norm ist dabei nicht auf den nachbarschaftlichen Bereich beschränkt. Nicht nur unmittelbar aneinandergrenzende Grundstücke sind von ihm erfasst, sondern Einwirkungen von „einem anderen Grundstück“ schlechthin. Die räumliche Lage der Grundstücke zueinander ist daher ohne Belang.[255] Aufgrund seiner allgemeinen Geltung erfasst § 906 BGB den Normalbetrieb einer Anlage uneingeschränkt.

A) DIE VORAUSSETZUNGEN DER DULDUNGSPFLICHT

Vier Faktoren bestimmen, ob eine Duldungspflicht besteht:

(aa) Stoffliche Qualität der Immission

Zunächst ist die Begrenzung des Abwehrrechts nach § 906 BGB beschränkt auf positive Einwirkungen durch unwägbare, „leichtgewichtige“[256] Stoffe wie Gase, Dämpfe, Gerüche, Rauch, Ruß, Wärme, Geräusche oder Erschütterungen. Ihnen ist gemein, dass sie in ihrer Ausbreitung unkontrollierbar und unbeherrschbar

---

[252] GERLACH, Privatrecht und Umweltschutz im System des Umweltrechts, S. 185.

[253] H. P. WESTERMANN, UTR 11 [1990], S. 112.

[254] DIEDERICHSEN, Ref. 56. DJT (1986), L 49; so im Ergebnis auch die Rechtsprechung, vgl. RGZ 76, 130, 132; BGHZ 51, 396, 397 f.

[255] S. MünchKomm/SÄCKER, § 906 Rn. 1; WILHELM, Sachenrecht, Rn. 671.

[256] Begriff bei WILHELM, Sachenrecht, Rn. 673.

sind.[257] Auf die sinnliche Wahrnehmbarkeit der Imponderabilien kommt es dabei nicht an.[258] Statistisch betrachtet entstehen die häufigsten Streitigkeiten wohl um die Höhe zulässiger Lärmbelästigungen im nachbarlichen Bereich.[259] Sind Stoffe aufgrund ihrer Masse bereits als einzelne Gegenstände zu identifizieren, so fallen sie aus dem Anwendungsbereich des § 906 BGB heraus und können nach den allgemeinen Vorschriften abgewehrt werden.

(bb) Wesentlichkeit der Beeinträchtigung

Beeinträchtigung im Sinne von § 906 BGB ist nach dem anthropologischen Verständnis der Vorschrift jede Störung des gesundheitlichen Wohlbefindens der auf dem betroffenen Grundstück lebenden Personen sowie jede Schädigung der auf dem Grundstück befindlichen Sachen einschließlich von Tieren und Pflanzen.[260] Unwesentliche Beeinträchtigungen sind als sozial hinnehmbare Berührungen von Privatsphären stets hinzunehmen. Erst wenn eine Immission das Maß des Wesentlichen überschreitet, kann erfolgreich Unterlassung gefordert werden. Ob und wann dies der Fall ist, muss vom Richter unter Abwägung der Einzelumstände und der Sozialverträglichkeit bewertet werden.[261] Als Maßstab dient nach einer Änderung der Rechtsprechung nicht mehr länger das Empfinden eines „normalen", d.h. durchschnittlichen, sondern das eines „verständigen Durchschnittsmenschen"[262] sowie die tatsächliche (und nicht die übliche, durchschnittliche) Zweckbestimmung des Grundstücks.[263] Seit einer Dekade besteht für die Frage nach der Wesentlichkeit überdies eine gesetzliche Vermutung: Gemäß § 906 Abs. 1 S. 2 und S. 3 BGB ist in der Regel von einer unwesentlichen Beeinträchtigung auszugehen, solange diese die in Gesetzen und Rechtsverordnungen bzw. die nach § 48 BImSchG erlassenen allgemeinen Verwaltungsvorschriften festgesetzten Richtwerte[264] nicht überschreiten. Der Gesetzgeber setzte damit die in der Rechtsprechung von BGH und BVerwG begonnene Harmonisierung[265] von öffentlichem und privaten Immissionsschutz-

---

[257] MünchKomm/SÄCKER, § 906 Rn. 27.

[258] Umweltschutzrelevante Beispiele aus der Rechtsprechung: Fluorgase, BGHZ 70, 102; Industrieabgase OLG Nürnberg MDR 1980, 667; Staubimmissionen BGHZ 62, 186; LG Münster NJW-RR 1986, 947.

[259] S. Palandt/BASSENGE, § 906 Rn. 8 ff.; zum zulässigen Maß sogleich.

[260] S. RGZ 76, 130, 132; BGHZ 51, 396, 397 f.

[261] WILHELM, Sachenrecht, Rn. 674.

[262] BGHZ 120, 255; 140, 5; BGH NJW 2001, 3119; NJW-RR 2006, 235; VIEWEG/RÖTHEL, NJW 1999, 969; Soergel/BAUR, § 906 Rn. 45.

[263] BGHZ 70, 102, 109 ff.; OLG Frankfurt NJW-RR 1991, 1364; FRITZSCHE, NJW 1995, 1122. MünchKomm/SÄCKER, § 906 Rn. 35, spricht vom „differenziert objektiv-subjektivem Maßstab".

[264] S. beispielsweise BaumaschinenlärmVO, RasenmäherlärmVO, SportplatzlärmVO, TA Lärm (Technische Anleitung zum Schutz gegen Lärm vom 26. August 1998, GMBl. 503), TA Luft (vom 24.07. 2002, GMBl. 511); Übersicht bei BITZER, S. 13 ff.

[265] Vgl. BGH NJW 1990, 2466 und BVerwG NJW 1988, 2397.

recht um. In der Folge kann eine Unterlassung der belastenden Aktivitäten nicht verlangt werden. Die Nichtbeachtung der Grenzwerte wird von der Rechtsprechung umgekehrt als Indiz für die Unzulässigkeit der Emission angesehen.[266]

(cc) Ortsüblichkeit

Wesentliche, nicht ortsübliche Immissionen können abgewehrt werden.[267] Als Maßstab für die Ortsüblichkeit betrachten Rechtsprechung und Literatur herkömmlich die tatsächliche Üblichkeit einer Nutzung im kleinnachbarlichen Raum,[268] wobei eine Störung üblich ist, wenn sie nach Art und Maß in annähernd gleicher Weise wie die Mehrheit der Vergleichsgrundstücke auf das beeinträchtigte Grundstück einwirkt.[269] Nach diesem objektivierten Verständnis kommt es auf den Willen der Bewohner nicht an. Da „Üblichkeit“ stets nur gegenwärtig beurteilt werden kann[270] und das Verständnis im Übrigen dem steten Wandel der Zeit unterworfen ist, geraten an dieser Stelle oft das Interesse an der Weiterentwicklung eines Gebiets einer- und das Bestandsschutzinteresse andererseits in Konflikt. Veranschaulicht wurden diese Gegensätze wiederholt in Fällen heranrückender Wohnbebauung an einen Gewerbebetrieb.[271] Die Rechtsprechung folgt bei der Beurteilung derartiger Fälle nicht dem Prioritätsprinzip, wonach der zeitlich früheren Nutzung des Anlagenbetreibers entscheidende Bedeutung zugemessen würde. Stattdessen kommt es für die Bestimmung der Ortsüblichkeit auf den Zeitpunkt der letzten mündlichen Verhandlung an.[272] Einer „Betonierung“ vorfindlicher Zustände wird so durch konsequente Anwendung des § 906 als stets zu rechtfertigender Eingrenzung des Grundeigentums entgegengewirkt.

Wie schon bei der Bestimmung der Wesentlichkeit einer Beeinträchtigung, so können auch bei der Findung ortsüblicher Standards Richtwerte und Sätze des öffentlichen Rechts zu berücksichtigen sein. Technische Richtwerte, beispielsweise der TA-Lärm[273], zieht die Rechtsprechung gerne als Leitlinie für die Ortsüblichkeit in Gebieten gewisser Typizität heran.[274] Andererseits hat sie mit der Anwendung des privatrechtlichen Gebots der Rücksichtnahme im nachbarlichen Gemeinschaftsverhältnis[275] aus § 242 BGB einen Mechanismus geschaffen, im

[266] BGH NuR 2005, 350; BGH NJW 2004, 1317, 1318.
[267] Unter dem Vorbehalt von § 242 BGB, vgl. WILHELM, Sachenrecht, Rn. 674.
[268] Vgl. BGHZ 54, 384, 389; 38, 62; RGZ 64, 363 stellte noch auf den „zu vermutenden Willen der Mehrheit der Bewohner“ ab .
[269] BGHZ 30, 273.
[270] Maßgeblicher Zeitpunkt ist die letzte mündliche Verhandlung, s. BGH NJW 1976, 1204.
[271] S. bereits RGZ 133, 152; BGHZ 45, 23 (Schweinemästerei).
[272] BGHZ 15, 146, 148; BGH NJW 1976, 1204; BGH VersR 1993, 322.
[273] Technische Anleitung zum Schutz gegen Lärm vom 26. August 1998, GMBl. 503.
[274] BGH NJW 1995, 1823, 1824; s.a. BITZER, S. 194 ff.; str. ist, ob neben Immissions- auch Emissionsrichtwerte Berücksichtigung finden dürfen, s. Soergel/BAUR, § 906 Rn. 61.
[275] BGHZ 28, 110, 114; BGH NJW 2000, 1719.

konkreten Regelungsproblem von genannten Grundsätzen und Richtwerten abzuweichen. Daher sind Forderungen nach *offenen rechtlichen* Wertungen[276] aus zwei Gründen gerechtfertigt. Einerseits entsteht gerade bei derart offenen Tatbeständen wie dem des § 906 BGB ein erhöhtes Bedürfnis nach Rechtssicherheit; andererseits wird bei der Aufstellung von Richtwerten nur ein typisches Mittel zugrundegelegt. Werden diese „generalisierten Sachverständigengutachten" auf einzelne Sachverhalte angewandt, erscheinen die Werte und somit die Ergebnisse oft unverhältnismäßig. Mit den Worten von A. LORENZ: „Technischer Fortschritt soll sich nicht durch stärkeren Lärm, sondern durch Schalldämpfung auszeichnen."[277] Dieses Verständnis ist in Ansätzen bereits in der BGH-Rechtsprechung zu finden.[278] Mit der Frage nach dem Einfluss von gemeindlichen Entscheidungen nach Bauplanungs- und Bauordnungsrecht auf den Begriff der Ortsüblichkeit wird bereits das Verhältnis von öffentlichem und privaten Recht angesprochen. Vorweg kann an dieser Stelle festgehalten werden, dass deutsche Zivilgerichte im Rahmen von § 906 der herrschenden „Zweigleisigkeits-„ oder „Gleichrangigkeitstheorie" folgen, indem sie die Ortsüblichkeit nach den tatsächlichen Nutzungsverhältnissen bestimmen und dem Bebauungsplan nur Indizwirkung dafür zubilligen.[279]

Aufgrund der Ausgestaltung des Begriffs als flexible Schaltstelle lassen sich schwerlich allgemeingültige Aussagen zur Ortsüblichkeit machen. Gesetzgeber[280] und Gerichte haben ein Interesse daran, dass zum Zweck eines im Einzelfall angemessenen Interessenausgleichs die Abwägung fallspezifisch vorgenommen wird.[281] Die objektive Bestimmung liefert in diesem Zusammenhang auch das notwendige Minimum an Rechtssicherheit. Konsequenterweise kann auch die Art der Benutzung nur eines Grundstücks für die örtliche Umgebung prägend sein.[282]

(dd) Nichtverhinderbarkeit

Nur wenn der Emittent die wesentliche und ortsübliche Beeinträchtigung durch wirtschaftlich zumutbare Maßnahmen nicht verhindern kann, ist die Immission zu dulden. Die Zumutbarkeit wird anhand eines gemischt objektiv-subjektiven Maßstabes bestimmt: Es kommt darauf an, was einem Betrieb dieser Art unter Berücksichtigung des nachbarlichen Verhältnisses, der Vor- und Nachteile der

---

[276] Erman/LORENZ, § 906 Rn. 27; andere Betonung MünchKomm/SÄCKER, § 906 Rn. 24 f.
[277] A.a.O.
[278] S. BGHZ 49, 148 einer- und BGHZ 64, 220, 226 andererseits; vgl. dazu auch DIEDERICHSEN in: FS R.Schmidt 1976, S. 8 f.
[279] Vgl. OLG München NJW-RR 1991, 17, 18; BGH NJW 1976, 1204. Kritisch PEINE, JuS 1987, 169, 174.
[280] S. Materialien bei MUGDAN, Bd. III, S. 147 a.E.
[281] Nachweise bei Palandt/BASSENGE, § 906 Rn. 25.
[282] BGHZ 15, 146 (Fabrik); BGHZ 59, 378; 69, 105 (Flughafen).

technischen und organisatorischen Möglichkeiten und der Leistungsfähigkeit zuzumuten ist.[283] Eine große Bedeutung erlangen in diesem Zusammenhang die Verwaltungsvorschriften zum BImSchG, weil deren Ausrichtung am Stand der Technik die Bestimmung allgemein-typischer Standards ermöglicht.[284]

b) Öffentlich-rechtliche Modifikationen

Muss nach § 906 BGB ein Berechtigter die Immissionen einer Anlage nicht dulden, so könnte er äußerstenfalls die Stilllegung des Betriebs herbeiführen. Dies ist jedenfalls dort nicht gerechtfertigt, wo der Anlagenbetreiber eine unanfechtbare Genehmigung nach öffentlich-rechtlichen Vorschriften vorweisen kann.[285] Im Genehmigungsverfahren bestehen für Dritte weitreichende Beteiligungsmöglichkeiten, durch die bereits auf die behördliche Genehmigung Einfluss genommen werden kann; nach Erteilung der Genehmigung können Beeinträchtigte gerichtlich gegen diese vorgehen. Deshalb schließt § 14 S. 1 BImSchG privatrechtliche Ansprüche aus, die auf Einstellung einer genehmigten Anlage gerichtet sind.[286] Unberührt bleiben Ansprüche auf die Einrichtung von Schutzvorkehrungen.[287] Wo diese untunlich sind, verbleibt dem Geschädigten nach § 14 S. 2 BImSchG ein Aufopferungsanspruch.[288] Ähnliche Vorschriften finden sich in § 11 LuftVG, § 7 VI AtomG, § 23 GenTG, sowie – leicht modifiziert – in § 17 Abs. 6 FStrG i.V.m. § 75 Abs. 2 VwVfG. Auch die Wildschadenhaftung der §§ 26, 29 ff. BJagdG beruhen auf dem Konzept eines auf das Vertreiben (anstelle von Töten oder Verletzen) von schädigendem Wild limitierten Abwehrrechts mit anschließender Kompensation der Einbußen. Die wasserrechtliche Bewilligung hingegen erlegt Betroffenen eine uneingeschränkte Duldungspflicht auf, da sie nach §§ 8, 11 WHG anspruchausschließend wirkt, ohne Kompensation oder ein Recht auf Schutzmaßnahmen zu gewähren. Ferner können auch gesetzliche Verbote Einfluss auf den Bestand von Duldungspflichten haben. So kann ein Gericht etwa unabhängig von Wesentlichkeit und Ortsüblichkeit nicht die Beseitigung von quakenden Fröschen anordnen, soweit dies gegen § 20f Abs. 1 Nr. 1 BNatSchG verstoßen würde.[289]

c) Duldungspflichten wegen Gemeinnützigkeit

Wenn die Emissionen einer Anlage derart beeinträchtigend wirken, dass nach den allgemeinen Regeln eine Duldungspflicht verneint werden muss, ist der

---

[283] Erman/Lorenz, § 906 Rn. 34.
[284] Vgl. BGH 70, 102, 111.
[285] Peine, NJW 1990, 2442, 2443; Jarass, § 14 BImSchG Rn. 1.
[286] § 14 BImSchG gilt nach § 11 LuftVG und § 7 VI AtomG auch für den Geltungsbereich dieser Gesetze.
[287] BGHZ 69, 105, 110; 92, 143, 146.
[288] Dazu ausführlich unten bei den Ausgleichsansprüchen.
[289] BGHZ 120, 239 (Froschquaken); s. dazu Calliess, Verw 34 (2001), 169, 191 f.; Uerpmann, NuR 1994, 386.

Abwehranspruch des Betroffenen dennoch nicht gesichert. Denn auch das öffentliche Allgemeininteresse am Bestand einer Anlage kann einen Ausschlussgrund bilden. Obwohl zumeist für Unternehmungen der öffentlichen Hand Platz greifend, ist der Ausnahmetatbestand der Gemeinnützigkeit richterrechtlich dem Grundsatze nach anerkannt.[290] Dabei verneinen die Gerichte entweder die Wesentlichkeit der Einwirkung[291] oder stellen eine eigenständige Duldungspflicht auf.[292] Das singuläre Interesse des Beeinträchtigten muss in diesem Fall hinter dem öffentlichen Interesse an unveränderter Fortführung des Betriebs zurückstehen. Ihm steht dann nur ein Geldersatzanspruch aus § 906 Abs. 2 S. 2 BGB (gegebenenfalls analog) zu. Die Begriffe der „Gemeinnützigkeit" oder des „allgemeinen Interesses" haben den des „lebenswichtigen Betriebs" [293] dabei wohl endgültig abgelöst.

2. Duldungspflichten im Recht von England und Wales

a) Dogmatik der Duldungspflichten im Common Law

Die Interessen an der Landnutzung unterliegen nach dem „law of property" keiner Beschränkung. Erst wenn eine deliktische Beeinträchtigung eines Fremdinteresses eintritt, werden die Grenzen der Landnutzung offensichtlich. Dieser Verortung des Nachbarrechts im weitverzweigten Tort Law ist es geschuldet, dass eine zentrale Regel der Anordnung von Duldungspflichten nicht besteht. Auch sind derartige Regeln zumeist nicht erst in den Verteidigungsmöglichkeiten der Haftungstatbestände, den „defences", enthalten, sondern sind selbst tatbestandsbildend. So bestimmt im Recht der verschuldensabhängigen *negligence* schon die Reichweite der Rücksichtnahmepflicht – der *duty of care* – über Inhalt und Umfang eventueller Duldungspflichten: Wo keine Pflicht des Emittenten zur Rücksichtnahme besteht, dort obliegt dem Beeinträchtigten die Duldung.

In den Darstellungen der *nuisance* hingegen ist zwar ausdrücklich davon die Rede, dass jedermann Lärm, Rauch und ähnliches emittieren darf und entsprechende Emissionen seines Nachbarn dulden muss; aber stets wird dabei bereits eine Antwort auf die Frage gesucht, ob eine klagbare *nuisance* vorliege oder nicht.[294] Eine Trennung von Störung, Rechtsverletzung und anspruchsausschließenden Merkmalen findet nicht statt, auch wenn auf der Ebene des

---

[290] S.BGHZ 48, 98, 101; 72, 289, 291 f. (Straßenbauarbeiten); NJW 1984, 1876 (Kläranlage); Hager UPR 1985, 195.
[291] BGH NJW 2003, 3699; BGH NJW 1993, 1656.
[292] So für Grobimmissionen aus städtischen Abwasserkanälen OLG Düsseldorf, Urt. v. 03.05.2004, GWF/Recht und Steuern 2004, 26.
[293] So noch BGHZ 48, 98; 66, 37.
[294] Vgl. Rogers, Tort, Rn. 14.4 (S. 508).

„reasonable users" explizit die Sozialadäquanz des fraglichen Verhaltens untersucht wird.

Unabhängig von der Abwesenheit eines dogmatischen Konzepts von Duldungspflichten *per se* kennt das Common Law für den Tort der *nuisance* eine Ortsüblichkeitsprüfung seit den jüngsten Tagen der Industrialisierung. Der Ausspruch "What is acceptable in Bermondsey may not be acceptable in Belgravia."[295] verneinte unter Bezugnahme auf zwei Londoner Stadtviertel von (damals) völlig unterschiedlicher Bebauungsart und -weise bereits die Schutzwürdigkeit eines Wohnungseigentümers. Bereits 1906 ergänzte COZENS-HARDY LJ die Regel um den Satz, dass aus *nuisance* auch vorgehen kann, wer „im Industriegebiet von Sheffield lebt und wegen des Betriebs eines Dampfhammers im Haus nebenan nachts unmöglich schlafen kann".[296] Allerdings gelten diese Einschränkungen nur für die Fallgruppe von „unkörperlichen Beeinträchtigungen" (*non-physical harm*), also der Störung der Nutzung oder des Genusses von Land, nicht aber bei physischer Beeinträchtigung.[297] Das Recht des *trespass* schließlich ermöglicht die Abwehr „physischer Stoffe", aber nur soweit „direkte Beeinträchtigungen" in Rede stehen.[298]

B) ÖFFENTLICH-RECHTLICHE MODIFIKATIONEN UND DIE GEMEINWICHTIGKEIT

Eine behördliche Genehmigung einer Aktivität statuiert im Common Law grundsätzlich keinen Anspruchsausschluss für den Beeinträchtigten.[299] So zieht auch die konstitutive Genehmigung für den Betrieb einer emittierenden Anlage[300] im Gegensatz zu § 14 BImSchG keine generell wirkenden Duldungspflichten für beeinträchtigte Anrainer nach sich. Diese können weiter aufgrund einer *statutory nuisance* gegen die Störung nach s. 82 EPA 1990 vorgehen.[301]

Steht eine störende Anlage im Dienste des Allgemeinwohls, so kann dies die Anforderungen an die Toleranzgrenze zuungunsten des Beeinträchtigten verschieben.[302] Geht eine Störung über diese Schwelle hinaus, so kann auf einer zweiten Stufe der Zweck der Tätigkeit bei der Entscheidung über die Rechts-

---

[295] *Sturges v. Bridgman* (1879) 11 Ch D 852, 863; *St. Helen's Smelting Co. v. Tipping* (1865) 11 HL CAS 642; *Sedleigh-Denfield v. O'Callagan* [1938] 3 All E.R. 321.
[296] *Rushmer v. Polsue and Alfieri* [1906] 1 Ch. 234.
[297] JONES/PARPWORTH, Environmental Liabilities, S. 28; ROGERS, Tort, Rn. 14.7 (S. 511). S. a. unten § 3, C. II. 1.b).
[298] S. dazu näher § 3, C. I. 2.
[299] Vgl. § 3, H. I.
[300] Sog. "IPPC permits", s. Pollution Prevention and Control Act 1999; er implementiert die Richtlinie 96/61/EG des Rates v. 24.09.1996 über die integrierte Vermeidung und Verminderung der Umweltverschmutzung.
[301] Dazu näher unten. S. a. Department for Environment, Food & Rural Affairs, 4th Consultation Paper on the Implementation of the IPPC Directive, Part 2 Nr. 14.
[302] JONES/PARPWORTH, Environmental Liabilities, S. 67 ff.

folge – Abhilfe durch Untersagung oder nur kompensatorischer Schadenersatz – eine wesentliche Rolle spielen. Lange Zeit galt dazu der Grundsatz, dass der Störer sich nicht für seine Tätigkeit freikaufen lassen sollte, und sei sie aus sozialer Sicht auch noch so wünschenswert.[303] Neuere Entscheidungen lassen eine eindeutige Einordnung des Merkmals „public benefit" aber nicht mehr zu. So hat die *Dennis*-Entscheidung des High Court of Justice erstmals das Argument der Gemeinnützigkeit als *defence* qualifiziert und gewährte trotz der Bejahung einer *nuisance* lediglich Schadenersatz.[304] Das Recht befindet sich hier derzeit wohl im Wandel, und eine gefestigte Rechtsprechungspraxis ist noch nicht erkennbar.

C. Zusammenfassung

Ein europarechtliches Umwelthaftungsrecht besteht bislang nicht und ist auch nicht zu erwarten. Stattdessen wird das Umwelthaftungsrecht im untersuchten deutschen und englischen Privatrecht durch eine zunehmende Zahl von Normen des Gesetzes- und des Richterrechts weiter ausgeformt. Der Vergleich der beiden Haftungsregime kann anhand der Kategorien von Verschuldenshaftung und verschuldensunabhängiger Haftung vorgenommen werden. Zuvor sind aber allgemeine Kausalitäts- und Zurechnungsprobleme zu lösen. Bei der Bestimmung der Kausalität besteht die praktische Schwierigkeit, dass die Verantwortungsteile der beteiligten Emittenten gerade in den kritischen Fällen der Summations-, Distanz- und Langzeitschäden nicht aufzuklären sind. Alle Versuche, bestimmten Verursachungsfaktoren zur Haftungsbegründung Wesentlichkeit zuzumessen, sind bereits normativ-wertende, also juristische und nicht naturwissenschaftliche Operationen. Rechtlich stellt sich damit das Problem, dass eine abstrakte Kausalitätsbeurteilung durch Zusammenfassung von Einzelschäden zu einem Gesamtschaden und von einzelnen Verursachungsbeiträgen zu einer abstrakten Schadensquelle – wie sie bedingt die amerikanische *pollution share liability* kennt[305]– im deutschen Recht nicht möglich ist. Ein der Schadensschätzung nach § 287 ZPO ähnlicher Vorgang verbietet sich für den Bereich der haftungsbegründenden Kausalität, weil ihn das geltende Zivilprozessrecht nicht vorsieht.[306] Ein spezieller ökologischer Kausalitätsbegriff scheitert daher bereits mangels Rechtsgrundlage.[307] Wie gesehen kann auch bei Fragen der haftungsausfüllenden Kausalität die Schadenszuteilung nach freier

---

303 S. z.B. *Shelfer v. Citiy of London Electric Co.* [1903] Ch 337; *Kennaway v. Thompson* [1980] 3 All ER 329.

304 *Dennis and Dennis v. Ministry of Defence* [2003] EWHC 793 (s. dazu § 3, D. II. 1.g); zu länger zurück liegenden Abweichungen s. bereits MARKESINIS/TETTENBORN, [1981] NLJ 108, 110; HARTSHONE, Conv. 2003, 526.

305 Dazu SALJE, UmweltHG, §§ 1,3 Rn. 137; HAGER, NJW 1991, 140.

306 KLOEPFER, in: Achterberg/Püttner/Würtenberger, Rn. 194; Staudinger/KOHLER (2002), Einl. Rn. 234.

307 Staudinger/KOHLER (2002), Einl. Rn. 146; KÖNDGEN, UPR 1983, 346.

Überzeugung problematisch sein; hier haben es die Gerichte in der Hand, Anlagenbetreibern zur Schadensvermeidung eine gesteigerte Betriebspflicht zur Umweltüberwachung aufzuerlegen.

Wo der Verursacher nicht feststellbar ist oder kumulative Kausalität zu Distanz- und Summationsschäden geführt hat, versagt das bisherige Haftungsrecht. Abhilfe böte die Schaffung eines Haftungsfonds, in den Mitverursacher einzahlen würden und zu dessen Inanspruchnahme nur der Nachweis eines entsprechenden Schadens nötig wäre. Diese Art der Fondshaftung hat den Nachteil, dass mit einem hohen Verwaltungsaufwand sehr viel Kapital gebunden wird.[308] Ferner haften nicht nur auch ordnungsgemäß geführte Unternehmen mit, sondern der Verweis auf den Haftungsfonds könnte überdies die übrigen Haftungstatbestände aushöhlen. Aus diesen Gründen sind nationale Haftungsfonds derzeit weder existent noch in Sicht[309] und können für diese Untersuchung des geltenden Rechts folglich ausgeklammert werden.

Eine bestehende und gewichtige Verbesserung der Position des Klägers im Haftungsprozess bieten dagegen Beweiserleichterungen und Auskunftsansprüche. Der Vergleich der Rechtsprechungspraxis in England, Wales und Deutschland zeigt, dass sie durch spezielle, zielgerichtete Umwelthaftungsnormen schneller und weitreichender ausgebildet werden können als durch die schrittweise Modifikation bestehender Grundsätze. Obwohl also dem Gesetzgeber verschiedene Korrekturen des Lenkungsmechanismusses „Haftungsrecht" zur Verfügung stehen, formt sich gerade für die mit einer allgemein fortschreitenden Umweltverschmutzung assoziierten Schadenszenarien ein Bild mit erheblichen Haftungslücken. Dieser Befund ist unabhängig von den noch zu untersuchenden speziellen Haftungstatbeständen und ihrem Schutzumfang im Einzelnen. Das im Folgenden vorgestellte Haftungsrecht wirkt also in seiner Gesamtheit nur dort, wo die Schadensverursachung und -zurechnung nach den dargestellten Rechtsregeln eindeutig ist.

Wie die Kausalitätsproblematik betreffen die Duldungspflichten sämtliche privatrechtlichen Schutzrechte. Aufgabe und Gemeinsamkeit aller Duldungspflichten ohne Rücksicht auf ihre rechtsdogmatische Herkunft ist der Ausgleich der zur Entfaltung des Einzelnen gewährten Eigentumsrechte, und dies über die unmittelbare Nachbarschaft hinaus. Das BGB hat dazu eine zentrale Norm geschaffen, deren Anwendungsbereich sich heute auf weite Teile des Umwelthaftungsrechts erstreckt. Die Möglichkeiten und Grenzen der Anwendbarkeit werden in der Folge noch zu erörtern sein.

---

[308] Vgl. V. BAR, 62. DJT (1998), A 56.

[309] S. GANTEN/LEMKE, UPR 1989, 11 ; das gleiche gilt für eine genossenschaftliche Haftung, WAGNER, Kollektives Haftungsrecht, S. 104 ff., 263.

Während nach §§ 1004, 906 BGB für die Duldungspflicht zunächst nach der Unwägbarkeit eines Stoffes fragt, weil wägbare Immissionen stets abwehrfähig sind, unterscheidet das Common Law nicht nach der physischen Beschaffenheit der Immission, sondern nach der des Schadens. Die Trennlinie verläuft hier zwischen Beeinträchtigungen der Sachintegrität einer- und des Gebrauchs und Genusses des Grundstücks andererseits. Unterschiede ergeben sich aber wohl kaum, wie die sich aus der Schnittmenge der Tatbestände ergebenden Fallgruppen (Beeinträchtigung durch Ponderabilien, durch Imponderabilien mit physisch-materieller Schädigung und durch Imponderabilien ohne solche Schädigung) zeigt.[310] Da die Beeinträchtigung durch Ponderabilien stets eine physische Beeinträchtigung darstellt, ist sie nach beiden Rechtsordnungen abwehrfähig. Für die weitere Betrachtung soll von der Prämisse ausgegangen werden, dass eine Substanzbeeinträchtigung durch die Zuführung von Imponderabilien „wesentlich" im Sinne von § 906 BGB sei. Eine derartige Störung muss nach deutschem Recht geduldet werden, solange diese ortsüblich ist und nicht mit zumutbaren Maßnahmen unterbunden werden kann, § 906 Abs. 1, 2 S. 1 BGB. Gegebenenfalls ist eine Ausgleichszahlung zu leisten, § 906 Abs. 2 S. 2 BGB. [311] Imponderabilien mit physischer Schädigung führen zwar regelmäßig zur erfolgreichen Geltendmachung einer *nuisance*, doch ist damit –wie gesehen– über die Rechtsfolge noch nichts gesagt. Ist nämlich die Störung ortsüblich, spricht einiges dafür, dass das Gericht die im Ermessen stehende Anordnung der Unterlassung (*prohibitory injunction*) nicht ausspricht und stattdessen lediglich auf *compensatory damages* erkennt. Damit steht der Kläger ähnlich wie nach § 906 BGB. Und während der richterliche Ermessensprielraum hinsichtlich der Rechtsfolge für den englischen Kläger eine Quelle der Rechtsunsicherheit bietet, hängt der Erfolg eines Geschädigten in Deutschland von der – ebenfalls nur weiträumig abzusteckenden – Bestimmung der Wesentlichkeit und Ortsüblichkeit durch das Gericht ab. Bei Imponderabilien ohne physische Schädigung schließlich greift im Common Law die oben angeführte Duldungspflicht aus Gründen der Ortsüblichkeit und deren Korrektur über ein Merkmal, das dem der Wesentlichkeit im Sinne von § 906 BGB weitestgehend entspricht. Insoweit bestehen dem Grundsatz nach also ebenfalls keine Unterschiede.

Aufgrund einer weitgehenden Überlagerung des privaten Nachbarschaftsrechts mit Normen öffentlich-rechtlicher Provenienz stellt sich für beide Rechtsordnungen die Frage nach öffentlich-rechtlichen Modifikationen der Duldungspflicht. Diese bedürfen gesonderter Betrachtung und Vergleichung.[312] Auch die erweiterte Duldungspflicht für gemeinnützige Betriebe ist beiden Jurisdiktionen

---

[310] Die Schwierigkeiten der Unterscheidung von physischer und nicht-physischer Schädigung können für die Analyse außer Betracht bleiben.
[311] Näher dazu § 3, E. I.
[312] S. unten § 3, H.

bekannt. Während die deutsche Rechtsprechung hier zu einer Bestandsanerkennung aufgrund Gemeinnützigkeit gegen Ausgleichszahlung neigt, standen die Gerichte in England und Wales dieser Haltung lange Zeit ablehnend gegenüber. Neuere Entscheidungen lagen unterdessen im Ergebnis durchaus auf einer Linie mit der deutschen Rechtsprechung, von einer gefestigten Rechtslage kann aber wohl noch nicht gesprochen werden.

§ 3: Umwelthaftung als Verschuldenshaftung

Der Anwendungsbereich dieser im Common Law-Rechtskreis unter „fault-based liability“ zusammengefassten Haftungsinstrumente kann für das Umwelthaftungsrecht von vornherein beschränkt werden. Vorsätzliche Schädigungen der Rechtsgüter eines Dritten mit Umwelteinfluss und unmittelbar gegen die Umwelt gerichtete Handlungen kommen wohl nur in raren Einzelfällen vor. Dies liegt auch daran, dass sie strafbewehrt sind.[313] Daher werden Tatbestände der vorsätzlichen Schädigung bei der folgenden Betrachtung außen vor gelassen. Die verbleibenden Tatbestände der Verschuldenshaftung kennen als weiteren Haftungsgrund neben dem *dolus directus* auch die Haftung für fahrlässiges Verhalten. Mit der Einbindung aller Verschuldensgrade zwischen leichtester und bewusster Fahrlässigkeit wird ein sehr weiter Teil menschlichen (Fehl–) Verhaltens berührt. Allein wegen der enthaltenen Regeln für Nachlässigkeiten verschiedener Couleur muss diesem Rechtsgebiet für das Umweltprivatrecht eine eigenständige Bedeutung beigemessen werden.

A. Verschuldenshaftung für Umweltschäden in England und Wales

Wenn im Folgenden verschiedene Deliktstypen dargestellt werden, so ist stets zu bedenken, dass die englischen Gerichte eine Trennung einzelner „Tatbestände“ nicht kennen und entsprechend auch nicht vornehmen. Stattdessen versuchen sie, neue Fälle hergebrachten Fallkategorien zuzuordnen. So ist oft nicht eindeutig zu beantworten, ob ein Urteil sich auf die Grundsätze von *negligence* oder *nuisance*, auf die Regel aus *Rylands v. Fletcher* oder *trespass* stützt.[314] Wird diese Kasuistik von der Wissenschaft abstrakt-dogmatisch aufbereitet, so werden die entstehenden Begrifflichkeiten von der Rechtsprechung aufgegriffen und wirken derart wieder auf die forensische Arbeit zurück. Die einzelnen Torts sind daher in ihrer dogmatischen Eigenständigkeit mittlerweile allgemein anerkannt.[315]

I. Negligence

Der Deliktstyp der *negligence* hat sich erst im Laufe des 19. Jahrhunderts als selbständiger Tatbestand aus der *action of trespass sur le case* entwickelt.[316]

---

[313] Vgl. für die Bundesrepublik Deutschland §§ 324 ff. StGB; für England s. 34 (6) EPA 1990.

[314] Vgl. z.B. zu letzterem *Hoare & Co. v. McAlpine* [1923] 1 Ch D 393, 403. Die Abgrenzung gewinnt aber zunehmend an Bedeutung; dazu sogleich.

[315] Vgl. BRAZIER/MURPHY, S. 11, sowie weitere “Textbooks”, z.B. MARKESINIS/DEAKIN, Tort Law.

[316] GILIKER, Marking the Boundary: The Relationship between Private Nuisance, Negligence and Fault in: Lowry/Edmunds, S. 162; REYNOLDS, [2004] Construction Law Review 105.

Bereits lange zuvor kannten die englischen Gerichte *negligence* aber als Verschuldensmaßstab im Rahmen anderer Torts.[317] Heute wird der Begriff daher einerseits verwendet, um jede Form unsorgfältigen Verhaltens zu bezeichnen, und andererseits steht er als fester Ausdruck für einen *tort*, also einen Typ der deliktischen Haftung für eine Schadensverursachung.[318] Als sogenannter „innominate tort" ist *negligence* nicht nur einer benannten oder benennbaren typischen deliktischen Handlung – wie beispielsweise *defamation*, *assault* oder *battery* – zuzuordnen. Stattdessen wurde sein Anwendungsbereich in den letzten Jahrzehnten von den Gerichten zunächst stark erweitert, und die weitere Entwicklung ist nicht genau absehbar.[319] Die Flexibilität, mit welcher der *tort* gehandhabt wurde, hat dazu geführt, dass sich *negligence* innerhalb von zwei Jahrhunderten zum in der Praxis wichtigsten Deliktstatbestand entwickelt hat.[320]

Nach einer verbreiteten Definition ist *negligence* der Bruch einer rechtlichen Pflicht, umsichtig zu handeln, welche in einem Schaden des Klägers resultiert, den der Beklagte nicht bewirken wollte.[321] Folgend sollen die einzelnen Elemente (*duty of care, breach of duty, causation of damage*) der *negligence* unter besonderer Berücksichtigung umwelthaftungsrechtlicher Fragen analysiert werden. Besondere Bedeutung kommt dabei den so genannten „Kontrollmechanismen" zu, die dazu führen sollen, dass die Haftung aus *negligence* nicht ins Uferlose gerät. Dieser in steter Entwicklung befindliche Prozess führt dazu, dass eine scharfe Trennung einzelner Tatbestandselemente von der forensisch-empirisch ausgerichteten Rechtsprechungspraxis nicht vorgenommen wird. Damit ist eine Darstellung, die sich an einem Verständnis des Deliktsaufbaus nach strikt trennbaren Tatbestandsmerkmalen anlehnt, unmöglich.[322]

1. Bestehen einer Sorgfaltspflicht (*duty of care*)

Nicht jede Nachlässigkeit oder Unvorsichtigkeit, die in einem Schaden resultiert, führt unter dem Deliktstatbestand der *negligence* zu einer Haftung:[323]

---

[317] BRAZIER/MURPHY, Street on Torts, S. 171.

[318] ZWEIGERT/KÖTZ, Einführung in die Rechtsvergleichung, S. 610; RANIERI, Europäisches Obligationenrecht, S. 591.

[319] Vgl. MARKESINIS/ DEAKIN, Tort Law, S. 69 ff.

[320] ROGERS, Tort, Rn. 4.26 (S. 94).

[321] Vgl. LORD ATKIN in *Donoghue v. Stevenson* [1932] AC 562, 579: „In order to support an action for damages for negligence the complainant has to show that he has been injured by the breach of a duty owed to him in the circumstances by the defendant to take reasonable care to avoid such injury".

[322] Vgl. das Verständnis des DENNING L.J. der drei Tatbestandsmerkmale des tort of negligence: „[T]hey are simply three different ways of looking at the same problem" (zitiert bei ROGERS, Rn. 5.1 (S. 103)).

[323] Anders z.B. die deliktische Generalklausel des französischen Code Civil (Art. 1382, 1383).

„Negligence must fail where duty is not established"[324]. Notwendig ist also eine vor dem Recht anerkannte Pflicht, Rücksicht zu üben. Der Bestimmung ihres Umfangs obliegt es in Verbindung mit den Verursachungsregeln, die Haftungsweite der *negligence* zu kontrollieren. Jene Sorgfaltspflicht muss zunächst allgemein in Fällen der jeweils vorliegenden Art bestehen und danach auch im Angesicht der Fakten eines speziellen Sachverhaltes.[325] Dafür muss sie gerade zwischen den streitenden Parteien bestehen (*personal duty*), und sie muss gerade den Schutz des betroffenen Rechtsguts beinhalten.[326] Allerdings besteht für Inhalt und Umfang der geschützten Rechtsgüter kein abschließender Katalog. Der Schutzbereich wird vielmehr über Regeln zur Findung der Schutzpflichten bestimmt und begrenzt. Grundsätzlich sind die Rechtsgüter der Person gleichermaßen wie das Sacheigentum und – in bestimmten, kaum verallgemeinerungsfähigen Grenzen – auch das Vermögen[327] vom Schutzbereich umfasst. Mit der Zeit sind verschiedene Konzepte entwickelt worden, um resultierende Fragen im Einzelfall beantworten zu können: Wie ist einerseits der Kreis der von einer Sorgfaltspflicht Begünstigten zu ziehen, und wie ist diese Pflicht inhaltlich ausgestaltet? Wie ist schließlich die unterlassene Vornahme einer gebotenen Handlung zu beurteilen?

A) BEGÜNSTIGTE PERSONEN

Will man erstere Frage beantworten, so ist mit der *doctrine of precedence* (oder *doctrine of stare decisis*) zu sagen: Da es sich um eine Rechtsfrage handelt, ist zunächst zu klären, ob nicht Obergerichte in ähnlich gelagerten Fällen bereits über das Bestehen oder Nichtbestehen einer Sorgfaltspflicht entschieden haben.[328] Dies ist für typische Fälle des Umwelthaftungsrechts schon geschehen. So schuldet keine *duty of care* und verursacht demnach nur *damnum sine iniuria* gegenüber benachbarten Gebäuden, wer bei Abgrabungen Sickerwasser derart abpumpt, dass nahestehende Häuser Setzrisse bekommen.[329] Keine Sorgfaltspflicht besteht auch zwischen einer Ölgesellschaft und einem Farmer, wenn erstere durch die Beschädigung einer Felsschicht Teiche austrocknet[330]. Letztgenannte Entscheidung erkennt indes grundsätzlich an, dass neuartige *duties of care* geschaffen werden können, wenn ein gesellschaftliches Bedürfnis bestehe.

---

[324] St. Rspr. seit *Heaven v. Pender* (1883) 11 Q.B.D. 503, 507.

[325] ROGERS hat in früheren Auflagen ersteren Bestandteil der Sorgfaltspflicht „notional duty", zweiteren „duty in fact" genannt. Diese Begriffe werden bis heute verwendet, auch wenn viele Kommentatoren aufgrund der nicht immer zwingenden Trennung die damit umrissenen Probleme allgemein unter „duty of care" behandeln.

[326] BRAZIER/MURPHY, Street on Torts, S. 172.

[327] ROGERS, Tort, Rn. 531 (S. 152 ff); ZWEIGERT/KÖTZ, Rechtsvergleichung, § 40 III, S. 615 ff.

[328] BRAZIER/MURPHY, Street on Torts, S. 173, 180.

[329] *Langbrook Properties Ltd v. Surrey County Council and others* [1969] 3 All ER 1424, 1440.

[330] *Thomas v. Gulf Oil Refining Ltd.* (1979) S. J. 787.

Allerdings müssten die Umstände und Konditionen in jedem Einzelfall die Schaffung neuer Rechtspflichten rechtfertigen, und dies sei *in casu* nicht angezeigt. 1987 jedoch wurde im ähnlich gelagerten Fall *Swan Fisheries Ltd v. Holberton*[331] auf eine Sorgfaltspflicht eines Bauern, der einen Wasserlauf staute, gegenüber flussabwärts tätigen Fischereizüchtern erkannt. Nutznießer der Schutzpflicht eines Unternehmers, gesundheitsgefährdende Stoffe ihrer Gefährlichkeit entsprechend zu behandeln und gegebenenfalls Schutzmaßnahmen einzuleiten, können nicht nur die Angestellten, sondern auch Kinder, die in unmittelbarer Nachbarschaft der Fabrik spielen, sein. Aus diesem Grund wurde eine Asbestfabrik verpflichtet, zwei Klägern sechzig Jahre nach dem schädigenden Ereignis Schadenersatz wegen der fortgeschrittenen Asbestmesotheliome zu zahlen.[332]

Der Bestand anerkannter *duties* ist folglich einem langsamen, aber doch stetigen Wandel unterworfen.[333] Um den Kreis der schutzwürdigen Personen für neuartige soziale Fragestellungen abstrakt bestimmen zu können, wurde 1932 das sogenannte „Nachbarprinzip“ (*neighbour principle*) entwickelt, wonach jeder Nachbar grundsätzlich schützenswert ist.[334] Nachbar soll jeder sein, der von einer Handlung so unmittelbar betroffen ist, dass er vom Handelnden vernünftigerweise in dessen Überlegungen zur fraglichen Handlung miteinbezogen werden sollte (*reasonable contemplation*).[335] Grundsätzlich außerhalb der Schutzpflichten stehen Dritte, die nur einen Vermögensschaden als Folge einer Schädigung eines anderen erleiden.[336] Der Test nach dem „Nachbarprinzip“ wurde lange Zeit fast doktrinär angewandt[337], bevor er höchstrichterlich modifiziert und ergänzt wurde. Eine schlicht *Anns*[338] genannte Entscheidung führte zu einer ungemeinen Ausweitung des Schutzbereichs der *duty of care*, der fast 15 Jahre lang Vorschub geleistet wurde. Nach dem dort verankerten Zweistufentest musste der Schaden im Rahmen des „Nachbarprinzips“ für den Schädiger lediglich vorhersehbar sein, um eine Vermutung für eine duty herzustellen, die

---

[331] Unveröffentlicht, Zusammenfassung bei WILKINSON, Environment and Law, S. 95.

[332] *Margereson & Hancock v. J.W. Roberts Ltd.*, [1996] 5 PIQR 358; s. dazu BETLEM/FAURE, Georgetown Int'l Env LR 1998, 855, 874.

[333] S. auch *Candler v. Crane Christmas & Co* [1951] KB 164, 192; [1951] 1 All ER 426.

[334] Dieses Ergebnis wurde moralisch mit dem Hinweis auf das biblische Gebot der Nächstenliebe begründet.

[335] *Donoghue v. Stevenson* [1932] AC 562, 580.

[336] BRAZIER/MURPHY, Street on Torts, S. 174, 176.

[337] BRAZIER/MURPHY, a.a.O., m.w.N.

[338] In *Anns v. Merton London Borough Council* [1977] 2 All ER 492, 500 wurde eine Gemeinde zur Schadenersatzzahlung an einen Hauskäufer verurteilt, weil die Baugenehmigung aufgrund baulicher Mängel nicht hätte erteil werden dürfen (*overruled*); *McLoughlin v. O'Brian* [1982] 2 All ER 298, 303; s. dazu auch JAFFEY, The Duty of Care, S. 9 f.

der Beklagte dann mit begründeten und gerechtfertigten *policy*-Erwägungen widerlegen musste.[339] Mittlerweile gilt *Anns* aber als „overruled".

B) VORHERSEHBARKEIT DES SCHADENSEINTRITTS

Nach einhelliger Meinung ist erforderlich, dass der Schadenseintritt für den Verursacher vorhersehbar war. Die heutige Rechtsauffassung wurde substantiell von *Caparo Industries plc v. Dickman*[340] beeinflusst. Diese *leading authority* war geprägt von dem Bestreben, die Ausweitung von Verhaltenspflichten durch neues Fallrecht zu beschränken und stattdessen aus dem hergebrachten Recht allgemeine Grundsätze zu entwickeln. Das Ergebnis führte einen dreiteiligen Test ein: Zunächst muss für einen vernünftigen Beobachter vorhersehbar gewesen sein, dass ein bestimmtes Verhalten schädigend wirkt (*reasonable foreseeability*). Diese Überprüfung muss in jedem Fall stattfinden, auch in Sachverhaltskategorien, für die eine Sorgfaltspflicht in ständiger Rechtsprechung verankert wurde. Anschließend ist zu fragen, ob ein ausreichendes Näheverhältnis zwischen den Parteien bestand (*proximity*). Der Begriff hat im Recht dreierlei Bedeutung: physische Nähe (*physical proximity*), Grad der Verursachungswahrscheinlichkeit (*causal closeness*) und schließlich im hier gebrauchten Kontext als Umschreibung einer rechtlichen Sorgfaltspflicht (*legal proximity*).[341] Gemeint sei mit letzterem Begriff das gesamte Konzept „notwendiger Beziehungen".[342] Da „notwendig" hier meint, sie müssten ausreichend sein, um eine Sorgfaltspflicht zu statuieren, ist dieses Kriterium aufgrund des Zirkelschlusses in der Argumentation im Grunde überflüssig. Dennoch bescheinigen ihm Kommentatoren eine nützliche Funktion, weil es flexible Entscheidungen ermögliche.[343] Zuguterletzt erwägt das Gericht, ob es „fair, just and reasonable" ist, der einen Partei eine Pflicht zugunsten der anderen aufzuerlegen. Hier wird offen *policy*-Erwägungen die Tür geöffnet.[344] Seit den 1990ern kehren die Gerichte also wieder zurück zu hergebrachten Kategorisierungen der *duty of care*. Damit auferlegen sie dem Kläger, der eine neuartige Pflicht gegen sich verletzt sieht, anhand von Analogien zu Präzedenzfällen zu belegen, dass die Anerkennung einer solchen Neuschaffung notwendig ist und der Beklagte den Bruch einer solchen Pflicht erkennen musste.

---

339 Für Verwirrung sorgte später eine weitere Entscheidung, die so ausgelegt werden konnte, dass einzig die Vorhersehbarkeit des Schadenseintritts unter Umständen genügen könne, *Attia v. British Gas Plc* [1987] 3 All ER 455, CA; siehe auch *McLoughlin v. O'Brian*, supra.

340 [1990] 1 All ER 568, 585.

341 HEDLEY, Tort, S. 20.

342 *Yuen Kun Yeu v. Attorney-General of Hong Kong* [1988] AC 175.

343 ROGERS, Tort, Rn. 5.9 (S. 116).

344 An dieser Stelle findet auch die Abgrenzung zu anderen Rechtsgebieten wie dem Vertragsrecht statt. ROGERS, Tort, Rn. 5.14 (S. 125).

c) Schutzbereich der duty of care

Für den Bereich des Umweltprivatrechts wäre nach dem bisher Gesagten vorstellbar, dass es eine allgemeine Sorgfaltspflicht für die Umwelt eines anderen Privaten geben könnte. Indes hat der Court of Appeal derartigen Pflichten schon in *Heaven v. Pender* eine klare Absage erteilt. Eine "Pflicht zum Aufwenden der üblichen Vorsicht zur Gefahrvermeidung" besteht nach Brett MR stets dann, wenn eine Person zu einer anderen durch die Umstände in eine solche Position gebracht wurde, dass jeder durchschnittlich Denkende sofort erkennen würde, dass im Fall des Unterschreitens von üblicher Sorgfalt Gefahr oder Verletzung von Person oder Eigentum eintreten.[345] Deshalb kommt einem physischen Schaden an Gesundheit oder Eigentum Indizwirkung für das Bestehen einer Rücksichtnahmepflicht zu.[346] Damit unterliegt der Schutzbereich der *negligence* grundsätzlich den gleichen Beschränkungen wie die Verschuldenshaftung deutschen Deliktsrechts. Im Unterschied dazu können die Pflichten auch auf den Schutz vor reinen Vermögensschäden gerichtet sein, doch sind die Anforderungen auf diesem Gebiet wesentlich strenger.[347] Angesichts der aktuellen Tendenz englischer Gerichte, die Schaffung neuartiger Anforderungen im Allgemeinen und umweltbezogener Pflichten im Besonderen dem Gesetzgeber zu überlassen, ist trotz der Flexibilität des „duty"-Konzeptes in naher Zukunft nicht mit der Schaffung besonderer vermögensschützender Pflichten auf dem Gebiet des Umweltprivatrechts zu rechnen.

d) Unterlassen

Oftmals kann ein Zustand einer Sache einen Umweltschaden zeitigen, wenn nicht Gegenmaßnahmen ergriffen werden. Im englischen Recht der *negligence* existiert keine bemerkenswerte Dogmatik zur Abgrenzung von Handeln und Unterlassen. Dies ist auch nicht nötig, denn anders als im deutschen Recht, wo eine unterlassene Handlung nur dort relevant ist, wo eine Garantenpflicht bestand, ist eine *duty of care* im Common Law stets erforderlich. Wird diese nicht beachtet, so ist irrelevant, ob der Bruch der Pflicht durch eine Handlung oder eine Nichthandlung begangen wurde.[348] Auf der Ebene der Sorgfaltspflichtbestimmung ist jedoch dort, wo nicht ein Verhalten eine Gefahr heraufbe-

---

[345] So die berühmte Formel von *Brett MR* in *Heaven v. Pender* (1883) 11 Q.B.D. 503, 509: „[w]henever one person is by circumstances placed in such a position with regard to another that everyone of ordinary sense who did think would at once recognise that if he did not use ordinary care and skill in his own conduct with regard to those circumstances he would cause danger or injury to the person or property of the other, a duty arises to use ordinary care and skill to avoid such danger."

[346] Vgl. *Caparo Industries plc v. Dickman* [1990] 1 All ER 568, 585; *Murphy v. Brentwood District Council* [1990] 2 All ER 908, 935.

[347] S. Rogers, Tort, Rn. 5.2 (S. 105); Zweigert/Kötz, Rechtsvergleichung, § 40 III, S. 615 ff.; ferner § 3, C. I. 1. c).

[348] Vgl. Hedley, Tort, S. 21.

schwört hat, der Nachweis einer Sonderbeziehung zwischen den Parteien vonnöten, welche eine Pflicht zum Handeln erst heraufbeschwört. Die zu ihrer Bestimmung geltenden Grundsätze ähneln denen der deutschen Rechtsprechung zur Garantenpflicht.[349]

2. Bruch der Sorgfaltspflicht (*breach of duty*)

Der Bruch einer Sorgfaltspflicht liegt grundsätzlich dann vor, wenn das Verhalten des Schädigers *unreasonable* ist, das heißt ein angemessener Verhaltensstandard nicht eingehalten wird.[350] Dieser ist anhand objektiver Maßstäbe für den Einzelfall zu bestimmen. In *Tutton*[351] etwa sprühte ein Farmer entgegen der Warnungen von Hersteller und Regierung ein Insektizid während der Blütezeit seiner Rapspflanzen. Dies führte zum Tode von Bienen des Klägers, welcher in *negligence* obsiegte und einen Ausgleich in Geld erhielt.

Das Unterlassen einer gebotenen Handlung führt nur dann zu einem Bruch und damit zur Haftung, wenn eine Sorgfaltspflicht bestand. Auch wer aktuell geltende Grenzwerte (*regulatory standards*) einhält, haftet nicht.[352] Konsequenterweise wirkt die Einhaltung des gegenwärtigen Stands der Technik im Zeitpunkt der fahrlässigen Handlung haftungsausschließend, wenn nicht besondere Umstände höhere Anforderungen an den Pflichtenträger stellen. So erklärt sich, dass in Einzelfällen allgemein übliches Verhalten als *negligent* bezeichnet wurde.[353] Nach der Entscheidung des House of Lords in *Cambridge Water*[354] ist nicht ausreichend, dass „Verschmutzung" in irgendwie gearteter Form für den Emittenten vorhersehbar ist, da diese Schadenskategorie zu unbestimmt sei. Damit fallen nicht nur Entwicklungsrisiken aus dem Anwendungsbereich heraus, sondern auch für Erkenntnisdefizite muss letztendlich der Geschädigte einstehen. Für besonders gefährliche Tätigkeiten können aber Ausnahmen bestehen, denn Faktoren wie der Risikoumfang und die Größe des möglichen Schadens werden bei der Bestimmung des Verhaltensstandards von englischen Gerichten ebenso offen berücksichtigt wie gesamtökonomische Erwägungen (*cheapest cost avoider, cheapest insurer*).[355]

---

[349] S. ROGERS, Tort, Rn. 5.21 f. (S. 138); HEDLEY, Tort, S. 22.
[350] *Blyth v. Birmingham Waterworks Co* (1856) 11 Ex 781, 784.
[351] *Tutton v. A.D. Walker Ltd* [1986] QB 61, [1985] 3 All ER 757.
[352] Vgl. *Budden and Abery v. BP Oil* [1980] JPL 586; s. a. Health Committee Publication TB 20B (Appendix 23); BELL/MCGILLIVRAY, Environmental Law, S. 268; s. a. unten.
[353] Z. B. im Arbeitsschutz, s. *Thompson v. Smith Ship Repairers (North Shields) Ltd.* [1960] AC 145, und im Finanzsektor, s. *Edward Wong Finance Co v. Johnson Stokes & Master* [1984] AC 296.
[354] *Cambridge Water Co v. Eastern Counties Leather Plc*, [1994] 2 WLR 53.
[355] *Latimer v. AEC Ltd.* [1953] AC 643; *Spartan Steel & Alloys Ltd. v. Martin & Co Ltd* [1973] QB 27, [1972] 3 All ER 557; ausführlich MARKESINIS/DEAKIN, Tort Law, S. 167 ff.

3. Durch den Bruch verursachter Schadenseintritt

An diesem Merkmal können den Betroffenen die bereits behandelten Probleme des Verursachungsnachweises treffen. Notwendig ist auch der Beweis der Schadenszufügung, was sehr schwierig sein kann, z.B. bei so genannten *toxic tort cases*, Fälle also, in denen ein Schadenseintritt durch die Einwirkung giftiger Stoffe behauptet wird. Der Schadensbegriff ist im Recht der *negligence* der am wenigsten entwickelte. MARKESINIS und DEAKIN vermuten, dass dies an der Jury-Tradition liegt, der die Bestimmung des Schadens im Einzelfall oblag.[356] Als Schadensbilder sind jedenfalls die Körperverletzung inklusive psychischer Krankheiten sowie Schäden am Sacheigentum anerkannt. Reine Vermögensschäden sind nur unter sehr engen Voraussetzungen ersatzfähig.[357] Sie treten im umwelthaftungsrechtlichen Zusammenhang beispielsweise dort auf, wo die Natur gleichsam gewerblich genutzt wird: Der Hotelbetrieb, dessen Kunden wegen der Kontamination der Parkanlagen fernbleiben, wird vom Verschmutzer nicht nur Wiederherstellung des vorherigen Zustands, sondern auch den Einnahmeausfall ersetzt verlangen. Ob dies nach dem Recht der *negligence* möglich ist, ist äußerst fraglich. Dazu müsste sich die Schutzpflicht auf den Betrieb beziehen. In sogenannten „Stromkabelfällen“ haben die englischen Gerichte Ansprüche hinsichtlich des Produktionsausfalls ebenso wie die deutschen Gerichte verneint,[358] aber mit anderer Begründung: Eine Pflicht zur Berücksichtigung von Vermögensinteressen ohne Bezug zu einer Eigentumsverletzung bestehe nicht.[359] So steht zu vermuten, dass dieser Bezug in eben skizziertem Fall durchaus vorliegt und eine Haftung daher nicht ausgeschlossen werden kann. Wäre das „Kapital“ des Hotels hingegen eine in Dritteigentum (und Besitz) stehende Auenlandschaft, wären Ansprüche auf Vermögensausgleich wohl eindeutig zu verneinen.

4. Das Verhältnis zu *private nuisance*

Eine Grenzziehung von *negligence* zu *private nuisance* ist spätestens seit der Entscheidung *Hunter v. Canary Wharf Ltd* wichtig geworden. Einerseits hängt seitdem die Höhe des Schadenersatzes unter Umständen von der Deliktsart ab; andererseits vertreten einige Autoren die Auffassung, dass *negligence* keine einstweilige Verfügung auslösen kann.[360] Darüber hinaus obliegen dem Kläger in *negligence* der Beweis der Rücksichtnahmepflicht und der Nachweis deren

---

[356] MARKESINIS/ DEAKIN, Tort Law, S. 77.

[357] MARKESINIS/ DEAKIN, a.a.O., S. 71 f.; ROGERS, Tort, Rn. 5.2 (S. 105).

[358] *Spartan Steel & Alloys Ltd v. Martin & Co. Ltd.* [1973] QB 27, [1972] 3 All ER 557. Zur Problematik im deutschen Recht s. § 3, C. II. 1. a) (ee).

[359] So die Interpretation von ROGERS, Tort, Rn. 5.32 (S. 154).

[360] Vgl. GILIKER, Marking the Boundary: The Relationship between Private Nuisance, Negligence and Fault, in: Lowry/Edmunds, S. 162.

Bruchs, während in *nuisance* bereits der Nachweis der Störung dem Beklagten den Entlastungsbeweis auferlegt.[361]

Haftungsgrund nach *negligence* ist das Verschulden des Beklagten („unreasonableness"). Demgegenüber ist die *nuisance* durch die rechtswidrige Beeinträchtigung („unlawful" oder „unreasonable interference") charakterisiert. Die „unreasonableness"-Kriterien der beiden Torts divergieren also stark.[362] Dennoch kommt es gerade in Umwelthaftungsfällen oft zu Überlagerungen, wenn fahrlässiges Verhalten zu einer rechtswidrigen Beeinträchtigung führt.[363] Erschwerend kommt hinzu, dass die Gerichte in ihrer Prüfung weder scharf zwischen den beiden Tatbeständen trennen, noch die Tatbestandsmerkmale klar auseinanderhalten. So existieren Entscheidungen, in denen die – grundsätzlich verschuldensunabhängige – *nuisance* gerade wegen einer Vernachlässigung der Sorgfaltspflichten bejaht wurde.[364] Auch die speziellere Qualifizierung der *nuisance* als „property tort" hilft nicht weiter, da der Tatbestand anerkanntermaßen Sachschäden ebenso umfasst wie persönliches Unbehagen.[365] Die beiden Torts stehen also zueinander in Anspruchskonkurrenz, und eindeutige Grenzlinien konnten aufgrund ihrer sich überschneidenden Anwendungsbereiche bislang nicht gezogen werden.

5. Rechtsfolgen

Eine Klage aus *negligence* ermöglicht im Rahmen der bereits dargestellten Grundsätze die Restitution des Schadens in Geld. Steht die Verletzung von Körper oder Gesundheit in Rede, so sind der vor dem Verfahren erlittene Verlust, der zukünftige Verlust sowie der Nichtvermögensschaden dem Grunde nach ersatzfähig.[366] Im Falle einer drohenden oder andauernden fahrlässigen Rechtsverletzung ist auch die Erteilung einer *injunction* als *equitable right* denkbar. Allerdings werden Rechtsschutzgesuche, die auf eine *injunction* zielen, zumeist auch unter *nuisance* oder *trespass* zu subsumieren sein und wegen des Verzichts auf das Verschuldenserfordernis sowie wegen der weiteren Verbreitung der *injunction* nicht nach dem Recht der *negligence* entschieden werden. Somit befasst sich die *negligence* ganz überwiegend mit dem monetären Schadenersatz; präventive oder genuin restitutive Rechtsfolgen sind ihr in der Praxis fremd.

---

[361] S. ELDER, Environmental Protection through the Common Law, [1973] 12 Western Ont. L. Rev 107, 118.

[362] GILIKER, a.a.O; PILL, Immissionen im englischen Recht, S. 46.

[363] Vgl. *Holling v. Yorkshire Traction* (1948) 2 All ER 662.

[364] Vgl. *Leakey v. National Trust for Places of Historic Interest or Natural Beauty* (1980) QB 485; *Goldmann v. Hargrave* (1967) 1 AC 645; s.a. BURR, ConstLJ 13(3) [1997], 144.

[365] Per LORD HOFFMANN in *Hunter v. Canary Wharf*, [1997] AC 655, 707.

[366] Ausführlich zur Bemessung ROGERS, Tort, Rn. 22.18 – 22.38.

II. Trespass to land

Trespass to land –wörtlich übersetzt „die Übertretung“– liegt zunächst in jedem ungerechtfertigten Eindringen von Personen oder Sachen auf fremdes Land. Das Recht des *trespass* reicht weit in die Rechtsgebiete hinein, die im dritten Buch des BGB geregelt sind, zum Beispiel Fragen des Besitzschutzes und des Eigentümer-Besitzer-Verhältnisses. Diese Problemkreise sind im Folgenden ausgeklammert, soweit sie nicht für die Darstellung umwelthaftungsrechtlicher Probleme von Bedeutung sind. Die negatorische Abwehr, die *trespass* ermöglicht, kann dem Umweltschutz dort dienen, wo das Betreten empfindlicher Naturräume diesen schaden kann. Allerdings sind solche Flächen regelmäßig per Gesetz oder Verordnung geschützt.[367] Die Möglichkeiten der Durchsetzung von Betretungsverboten mithilfe öffentlichen Rechts sind dort sehr viel effektiver als ein zeitaufwändiger Zivilprozess. Bedeutung für ein wirkungsvolles Haftungsrecht hat indes die Abwehr von Störungen durch Physikalien jedweder Art.[368]

1. Eindringen

Durch *trespass to land* kann das Eindringen oder Belassen von Sachen, Tieren oder Personen auf fremdem Grund und Boden abgewehrt werden, auch wenn ein Schaden nicht entstanden ist. Diese Klagbarkeit *per se* ist historisch mit der Bedrohung des allgemeinen Friedens durch Grenzüberschreitungen zu erklären, aber auch mit dem Fehlen eines allgemeinen Straftatbestandes für Hausfriedensbruch bis zum heutigen Tage.[369] Im Falle eines Schadenseintritts kann dieser aber ersetzt verlangt werden. Für die umwelthaftungsrechtliche Tragweite ist der räumliche Schutzumfang wesentlich. So ist ein unterirdisches Eindringen grundsätzlich anspruchsbegründend.[370] Im Wege der Analogiebildung[371] kann auch ein Eingriff in andere Umweltmedien wie Luft und Wasser abgewehrt werden. Dabei sind aber Einschränkungen zu machen. Der Luftraum ist nur dann sicher vor Störungen geschützt, solange diese in einer Sphäre auftreten, die einer üblichen Nutzung zugänglich sind.[372] Von einer gewissen Höhe an wurde einem Kläger kein schutzwürdiges Interesse an der Nutzung der Luftsäule über seinem Grundstück mehr zuerkannt.[373] Eine Berührung mit dem Boden des Klägers ist

---

[367] Vgl. für die Bundesrepublik §§ 23 ff. Bundesnaturschutzgesetz.

[368] Die Unterscheidung zwischen wägbaren und unwägbaren Stoffen spielt im englischen Recht keine Rolle, vgl. PILL, Immissionen im englischen Recht, S. 37, 81

[369] S. ROGERS, Tort, Rn. 13.1, 13.14 (S. 487, 499), wonach *trespass* früher auch oft genutzt wurde, um Besitz- und Eigentumsverhältnisse zu klären.

[370] ROGERS, Tort, Rn. 13.6 (S. 492).

[371] WILKINSON, Environment and Law, S. 94.

[372] *Kelsen v. Imperial Tobacco Co. Ltd* [1957] 2 QB 334; *Woollerton and Wilson Ltd v. Richard Costain Ltd* [1970] 1 WLR 411.

[373] *Bernstein of Leigh v. Skyviews and General Ltd* [1978] QB 479.

nach neuerer Rechtsprechung nicht mehr notwendig.[374] Eine gesetzlich erteilte Erlaubnis zur Luft- oder Bodennutzung wirkt anspruchsausschließend, enthält jedoch oft selbst Normen zur Haftung bei tatsächlich eintretenden Schadensereignissen.[375] Auf die Wägbarkeit oder Unwägbarkeit der Stoffe kommt es nicht an, solange nur „physical matter" involviert ist.[376] Der Zustand des *trespass* dauert solange an, wie die unerwünschte Person oder Sache sich auf dem fraglichen Land befindet. Es ist damit ein „Dauerdelikt", welches auch durchgreift, wenn sich der rechtswidrige Zustand erst nachträglich einstellt.[377]

2. Besitz als geschütztes Interesse

Trespass to land schützt nicht etwa Eigentumsbefugnisse, sondern den Besitz. Anspruchsberechtigt ist regelmäßig der Besitzer, auch derjenige ohne Besitzrecht,[378] soweit nicht der Eindringling selbst ein besseres Besitzrecht hat. Anders als im Geltungsbereich des BGB existiert für Definition und Arten von Besitz im englischen Recht kein geschlossenes Konzept. Eine klare Abgrenzung insbesondere zum Grundeigentum ist nicht erforderlich, da solches konzeptuell nicht besteht. Stattdessen kann „possession" je nach Kontext eine unterschiedliche Bedeutung haben. Die Eigenschaften des betroffenen Objekts sowie die Beziehungen der involvierten Parteien spielen bei der Bestimmung des Besitzers *in casu* eine große Rolle. Daher wurde zwar entschieden, dass ein Untermieter[379] oder im Hause wohnende Hausbedienstete keinen Besitz haben, ein Mieter aber sehr wohl und im Einzelfall, wenn er sich gegen einen Neueindringling wehrt, gar ein „squatter" – ein Hausbesetzer.[380] Besteht ein Besitzrecht, aber kein tatsächlicher Besitz im Zeitpunkt des Eindringens, so wird der Besitz mittels Legalfiktion auf diesen Zeitpunkt zurückdatiert, wenn Besitz irgendwann zu einem späteren Zeitpunkt doch ergriffen wird (sog. *trespass by relation*).[381]

---

[374] So noch *Pickering v. Rudd* (1815) 4 Camp. 219, 220. S. dagegen *Kelsen v. Imperial Tobacco Co.* [1957] 2 QB 334; *Haines v. Florensa* (1990) 9 EG 70.

[375] Vgl. Civil Aviation Act 1982, s. 76 ss. 1 bzw. 2. Im Gegensatz zum common-law-Konzept der üblichen Nutzung genügt für die Ausnahme von zivilen Luftfahrzeugen aus der *trespass*-Haftung bereits, dass angesichts der konkreten Umstände in angemessener Höhe geflogen wurde, und sei es wenige Meter über dem Boden.

[376] Vgl. PILL, Immissionen im englischen Recht, S. 42, m.w.N.

[377] *Konskier v. Goodman Ltd.* [1928] 1 KB 421.

[378] BRAZIER/MURPHY, S. 79; ROGERS, Tort, Rn. 13.2 (S. 489).

[379] *Appah v. Parncliff Investments Ltd* [1964] 1 WLR 1064.

[380] ROGERS, Tort, Rn. 13.2 (S. 489).

[381] Vgl. Vgl. *Dunlop v. Macedo* (1891) 8 TLR 43.

3. Verschuldenshaftung

Für *trespass* ist jede bewusste und gewollte Handlung ausreichend, die eine Überschreitung in der beschriebenen Form zeitigt.[382] Danach wirkt (wohl)[383] jedes vorsätzliche oder fahrlässige Verhalten haftungsauslösend, sei auch die daraus resultierende Störung unbeabsichtigt.[384] Auch guter Glaube an eigene Befugnisse an der Immobilie ändert daran nichts, ebenso wenig ein Irrtum über den Ort des eigenen Aufenthalts.[385] Da das Verschulden an der Handlung des Überschreitens gemessen wird, sind nur Fälle der *vis absoluta* ausgenommen. Konsequenterweise liegt *trespass* vor, wenn das Eindringen von Tieren oder Sachen trotz der Kenntnis des Risikos einer Grenzüberschreitung nicht verhindert wird, aber nur wenn dies als Folge unsachgemäßer Handhabung geschieht.[386] Die Beobachtung der erforderlichen Sorgfalt schließt eine Haftung umgekehrt aus.[387] Die Beweislast für diesen Einbruch von Verschuldensmaßstäben obliegt dem Geschädigten.[388]

4. Haftungsausschlüsse und Rechtsfolgen

Anspruchsausschließend (*defences*) wirken im Recht des *trespass to land* die Ausübung eigener dinglicher Rechte, Selbsthilfe[389], gesetzliche Rechtfertigung,[390] das relative Recht einer erteilten Erlaubnis (*permission* oder *licence*) und, unter sehr engen Voraussetzungen, eine Notlage (*necessity*).[391] Zu erwähnen ist auch die alte Doktrin des trespass *ab initio*: Wo das Recht selbst ein Eindringen rechtfertigt und diese Ausnahme von einer Haftung missbraucht wird, wird das Eindringen per Legalfiktion so behandelt, als sei schon vor Eintritt des rechtswidrigen Zustandes ein *trespass* begangen worden.[392] Denkbar ist, dass dies einem Besitzer zugute kommen kann, der unter Immissionen seines Nachbarn litt, die sich aber lange im Rahmen gesetzlicher Grenzwerte hielten und diese erst später überschritten. Als restitutive Rechtsfolge kennt das *law of*

---

[382] MARKESINIS/ DEAKIN, Tort Law, S. 415; BRAZIER/MURPHY, S. 77.
[383] Zu Zweifeln aufgrund des widersprüchlichen *case law* ROGERS, Tort, Rn. 13.1 (S. 487).
[384] MARKESINIS/ DEAKIN, Tort Law, S. 415.
[385] S. ROGERS, Tort, Rn. 13.1 (S. 487).
[386] Vgl. *League Against Cruel Sports Ltd v. Scott* [1986] QB 240.
[387] BELL/MCGILLIVRAY, Environmental Law, S. 267; ZWEIGERT/KÖTZ, Rechtsvergleichung, § 40 III, S. 608.
[388] S. *Fowler v. Lanning* [1959] 1 All ER 290.
[389] Zu den Grenzen der Selbsthilfe siehe Criminal Law Act 1977, s.6.
[390] Zu beachten ist, dass s.5 des Limitation Act 1623, der einen trespass-Anspruch ausschloss, wenn neben anderen Voraussetzungen das Eindringen durch negligence oder „involuntary" geschah, 1681 durch eine höchstrichterliche enge Auslegung de facto außer Kraft gesetzt wurde, s. MARKESINIS/ DEAKIN, Tort Law, S. 420.
[391] MARKESINIS/ DEAKIN, a.a.O. m. w. N.
[392] Die Doktrin besteht seit dem frühen 17. Jahrhundert und wird trotz gelegentlicher Angriffe weiter angewandt, vgl. ROGERS, Tort, Rn. 13.12 (S. 497 f.), m.w.N.

trespass den (monetären) Schadenersatz für erlittene Schäden, inklusive reiner Vermögensschäden. Wenn die Übertretung keinen oder kaum einen benennbaren finanziellen Schaden anrichtet, kann in Einzelfällen sogar eine Summe gewährt werden, die über den angerichteten Schaden hinausgeht. Ferner besteht die präventive Möglichkeit, eine *injunction* zu erwirken.

5. Konkurrenzen

Schwierig ist die Abgrenzung zum *tort of nuisance* und zur Haftung aus *negligence*. Ob ein Sachverhalt unter *trespass* oder unter *nuisance* zu prüfen ist, machen englische Gerichte von der perfiden Unterscheidung abhängig, ob das Eindringen ein direkter und unmittelbarer („direct and immediate") oder lediglich ein einer anderen Handlung folgender („consequential") Akt war. Der Anwendungsbereich des *trespass* ist damit zugunsten der *nuisance* beschränkt. Welchen Nachteil die Begrenzung auf „direkte" Verschmutzungen birgt, illustriert der Fall *Southport Corporation v. Esso Petroleum Co Ltd*[393]: Um ein auf Grund gelaufenes Schiff zu retten, wurde Öl ins Meer abgelassen. Eine *trespass*-Klage der Besitzerin eines nahen Strandes wurde abgelehnt, da das Öl Wind und Wellen anvertraut worden sei ohne Kenntnis oder Vorhersehbarkeit seiner Anlandung – also sei die Verschmutzung des Strandes „indirekt". Andererseits wurde entschieden, dass Müll, der nach dem Trocknen auf fremdes Land rollte, ein direktes Eindringen darstelle.[394] Da sich das Umwelthaftungsrecht durch die Schadensvermittlung über Umweltmedien gerade auszeichnet und deren Bewegungsrichtung und Zusammenspiel selten vorhersehbar sein dürften, ist die Bedeutung des *trespass* angesichts dieser Unsicherheiten für das hier untersuchte Rechtsgebiet wohl auf eng umrissene Fallgruppen beschränkt. In diesen kann aber gerade die Klagbarkeit *per se* gegenüber den schadensbezogenen Deliktstypen einen entscheidenden Vorteil für die Abwehr bieten.

III. Trespass to the person

Hierunter fallen alle Handlungen, die sich gegen die physische Freiheit oder das körperliche Wohlbefinden eines Menschen richten. Die Klage wegen *trespass to the person* hat sich über die Jahrhunderte in spezielle Deliktstatbestände aufgegliedert (hauptsächlich *assault*, *battery* und *false imprisonment*), die jedoch alle gemeinsam haben, dass sie an vorsätzliches Handeln des Schädigers geknüpft sind.[395] Vorsätzliche Schädigungen einer Person über den Umweltpfad sind so gut wie undenkbar und können daher ausgeklammert werden.

---

[393] Die Richter waren sich zwischen und innerhalb verschiedener Instanzen allerdings über die Zuordnung uneinig, vgl. [1954] 2 QB 182, 196, 204; [1956] AC 218, 244.

[394] *Gregory v. Piper* (1829) 9 B & C 591.

[395] LORD DENNING in *Letang v. Cooper* [1964] 2 All ER 929, 932; s. auch den Kommentar zu *C v. Imperial Design Limited* in [2001] Env. L.R. 33; BRAZIER/MURPHY, S. 31, 35, 38.

IV. Environmental Protection Act 1990

Der EPA 1990 sieht eine privatrechtliche Haftung nur für eine Verschmutzung durch Abfall vor. Nach s.73(6) EPA 1990 haftet jeder, der Abfall unter einem – auch strafrechtlich relevanten – anerkannt Verstoß gegen ss. 33(1) oder 63(2) EPA 1990[396] lagert, die Lagerung wissentlich verursacht oder die Lagerung erlaubt, für daraus resultierende Personen- und Sachschäden. Ausgenommen sind Fälle, in denen der Geschädigte den Schaden selbst verschuldet oder dem Schadensrisiko zugestimmt hat. Gemäß s. 73 (7) i.V.m. s. 33 (7) EPA 1990 kann der Schädiger sich entlasten, soweit er nachweist „angemessene Vorsorgemaßnahmen getroffen und angemessene Sorgfalt geübt zu haben, um den Verstoß abzuwenden". Der Sorgfaltsverstoß wird also zunächst vermutet. Die Beweislast für sorgfältiges Verhalten liegt beim Emittenten.[397] Auch wenn die Entlastung im Einzelfall oftmals schwerlich zu führen sein wird und die Haftung nach s. 73 (6) EPA 1990 im Ergebnis einer Gefährdungshaftung gleichkommt, stellt sie sich doch konzeptuell als Verschuldenshaftung dar.

"Abfall" umfasst in diesem Zusammenhang „jede Substanz, die einen Rest oder eine überflüssige Sache oder einen ungewollten Überschuss eines angewandten Prozesses darstellt", sowie „jede Substanz und jedes Teil dessen sich entledigt werden muss aufgrund von Bruch, Abnutzung, Vergiftung oder anderweitiger Beschädigung" (s. 75(2) EPA 1990). Jede Sache, die weggeworfen wurde oder wie Abfall behandelt wurde, wird rechtlich als Abfall behandelt, soweit nicht das Gegenteil bewiesen wurde (s.75(3) EPA 1990).

Denkbare Schäden durch „wilde Müllkippen" sind die Entsorgungskosten, Boden- und Wasserkontaminierungen, aber auch Körper- und Gesundheitsschäden, z. B. durch Berührung mit dem Müll.[398] In der Praxis stellt sich in erster Linie das Problem, den Verschmutzer ausfindig zu machen und ihm die Ablagerung nachzuweisen. Diese Hürde können Privatpersonen ohne investigative Macht nur schwerlich nehmen. Da aber das „wilde Lagern" von Müll gem. ss.33(1) und 63(2) EPA 1990 auch einen Straftatbestand darstellt, können auch Behörden den Sachverhalt ermitteln. Schadenersatzklagen können im Anschluss an das Strafverfahren Erfolg haben.[399] Wo der Verursacher der Abfallansammlung bekannt ist, kann die Haftung der s.73(6) EPA 1990 dem Kläger aber Erleichterungen gegenüber den Klagen aus *Rylands v. Fletcher*, *nuisance* oder *negligence* bringen. So muss der Bestand einer Sorgfaltspflicht nicht einzeln dargelegt werden, und auch der Nachweis von *unreasonableness* ist nicht nötig.

---

[396] D.h. Lagerung von Müll ohne oder unter Verstoß gegen eine erteilte „waste management licence"; s.a. HARRIS, [1992] JPL 515, 521.

[397] Insoweit erinnert die Vorschrift an § 280 Abs. 1 S. 2 BGB.

[398] *C v. Imperial Design Limited* [2001] Env. L.R. 33 (CA).

[399] *Wauchope v. Mordecai* [1970] 1 WLR 317; ROGERS, Tort, Rn. 5.62 (S. 202).

B. Verschuldenshaftung im deutschen Privatrecht

I. § 823 Absatz 1 BGB

Ohne deliktische Generalklausel zu sein, steht § 823 Abs.1 BGB im deutschen Recht im Zentrum deliktischen Rechtsgüterschutzes. Die Untersuchung der umweltprivatrechtsrelevanten Fragestellungen hinsichtlich seiner Tatbestandsvoraussetzungen und Rechtsfolgen muss daher am Anfang der Darstellung stehen.

1. Umweltrechtliche Probleme der Bestimmung geschützter Rechtsgüter

§ 823 Abs. 1 BGB gewährt demjenigen, dessen Leben, Körper, Gesundheit, Freiheit, Eigentum oder sonstiges absolut wirkendes Recht verletzt wurde, gegen den Schädiger einen Schadenersatzanspruch, wenn dieser vorsätzlich oder fahrlässig handelte. Reine Vermögensschäden sind nicht ersatzfähig.[400]

A) LEBEN UND KÖRPER

Eine Tötung im Rechtssinne ist die endgültige Vernichtung der Rechtsfähigkeit, also die Vernichtung eines Menschenlebens durch Hirntod.[401] Weil Föten im Mutterleib nicht rechtsfähig sind (§ 1 BGB), können sie nicht „anderer" und kann ihr Leben nicht solches im Sinne von § 823 Abs. 1 BGB sein. Wird aber der Geburtsvorgang abgeschlossen und stirbt das lebende Neugeborene an pränatalen Schädigungen, so soll nach Rechtsprechung und überwiegender Lehrmeinung dies eine deliktische Tötung sein.[402] Einen „Schutz ungeborenen Lebens" gegen Umwelteinwirkungen im eigentlichen Sinne gibt es demnach im deutschen Deliktsrecht nicht. Indes liegt aber in einer durch das Handeln eines Dritten hervorgerufenen pränatalen Schädigung, die nicht zum Kindstod führt, eine Körperverletzung. Denn diese liegt in jedem nicht ganz unerheblichen Eingriff in die körperliche Integrität eines Menschen, auch wenn dieser noch nicht geboren[403] oder gar gezeugt[404] ist.

B) GESUNDHEIT

Probleme wirft die Frage auf, unter welchen Umständen eine Gesundheitsverletzung vorliegt. Hier streiten im Wesentlichen die überwiegende Literaturmeinung,[405] nach der ein pathologischer, medizinisch diagnostizierbarer Zustand eingetreten sein muss, um das sozialadäquat Hinnehmbare zu überschreiten, mit Vertretern eines weiten Gesundheitsbegriffs, die jede erhebliche Beeinträchtigung des körperlichen, geistigen oder seelischen Wohlbefindens ausreichen

---

[400] BGHZ 86, 152, 155; MünchKomm/WAGNER, § 823 Rn. 176.
[401] SALJE/Peter, UmweltHG § 1, 3 Rn. 89; Staudinger/HAGER (1999), § 823 Rn. B1.
[402] BGHZ 93, 351, 355; 106, 153, 155; Staudinger/KOHLER (2002), UmweltHG § 1 Rn. 17.
[403] BGHZ 58, 48.
[404] BGHZ 8, 243.
[405] S. ERL, Einführung in das Umwelthaftungsrecht, S. 16.

lassen will.[406] Zur Vermeidung von Wertungswidersprüchen soll nach Meinung MÖLLERS und GERLACHS die Bestimmung der Erheblichkeit und Wesentlichkeit nach den Grundsätzen zur „wesentlichen Beeinträchtigung" im Sinne von § 906 BGB und damit anhand der Sozialadäquanz der Beeinträchtigung erfolgen.[407] Die Auffassung der Rechtsprechung, welche von einer Gesundheitsverletzung spricht, wenn eine Abweichung vom physischen, psychischen oder seelischen Normalzustand eingetreten ist und diese zumindest bei seelischen Störungen pathologischen Ausmaßes ist,[408] führt im Ergebnis zu denselben Wertungen wie die der herrschenden Literatur.

Aus der Sicht einer ökologischen Analyse des Rechts verdient die Argumentation der Vertreter des weiten Gesundheitsbegriffs Gehör. Denn erst das uneingeschränkte Kriterium der „Sozialadäquanz" kann eine Abgrenzung einer relevanten Beeinträchtigung von einer bloßen Belästigung leisten, die Zeit und Ort des Ereignisses sowie die Auswirkungen auf andere sozial relevante Güter – wie Zahl der Betroffenen und Einfluss auf Flora und Fauna – berücksichtigt. Damit soll und wird eine wesentliche Ausweitung des Haftungsrechts ins „Uferlose" aber nicht einhergehen; der weite Gesundheitsbegriff gibt Richtern lediglich ein Instrumentarium an die Hand, welches bei der Bewältigung zwischenmenschlicher Beziehungen deren Einbindung in einen sozialen Kontext berücksichtigt.

c) EIGENTUMSVERLETZUNG

Eine Haftung knüpft sich an die Verletzung dinglicher Rechtspositionen, denen eine absolute Ausschlusswirkung zukommt, also das Vollrecht Eigentum nebst seines wesensgleichen Minus, des Anwartschaftsrechts, sowie die Verletzung von Aneignungs- und Nutzungsrechten[409] und – vermittels § 90a BGB – auch der Tiere, an denen ein Sachenrecht besteht. Eine Verletzung kann in einer Beeinträchtigung der Rechtsposition, einer materiellen Einwirkung auf die Sachsubstanz, aber auch in der Einschränkung der Gebrauchsfähigkeit bestehen[410], soweit diese in der Betroffenheit der Sache und nicht allein der Person des Eigentümers liegt und die Nutzung wenigstens vorübergehend ganz aufgehoben ist.[411] Insoweit bestehen keine Besonderheiten des Umwelthaftungsrechts.

---

[406] MÖLLERS, Rechtsgüterschutz im Umwelt- und Haftungsrecht, S. 35 ff.; SIMITIS, VersR 1972, 1086, 1092.
[407] MÖLLERS, a.a.O. S. 43; GERLACH, Privatrecht und Umweltschutz, 285; Staudinger/HAGER (1999), § 823 Rn. B 189.
[408] BGH NJW 2000, 862.
[409] Unabhängig von der Zuordnung zum Eigentum oder zu den sonstigen Rechten, s. Staudinger/KOHLER (2002), UmweltHG § 1 Rn. 25; MünchKomm/MERTENS 3.A., § 823 Rn. 117; MünchKomm/WAGNER 4. A., § 823 Rn. 96, 140.
[410] MEDICUS, SchuldR II, § 138 II 4.
[411] BGHZ 63, 203, 206; BGHZ 55, 153.

Fraglich ist, inwieweit auch die ökologische Grundlage eines Grundstücks als Eigentumsrecht qualifiziert werden kann. Bei weitgehender Einbeziehung von Flora und Fauna eines Privatgrundstücks könnte ein großer Teil der ökologischen Schäden bereits über das geltende Deliktsrecht ersatzfähig gemacht werden.[412] Vorderhand schützt das Deliktsrecht vor jeder Beeinträchtigung des Rechts aus § 903 BGB, die nicht nur das Vermögen berührende Dispositionsbeeinträchtigung ist.[413] Damit steht es dem Eigentümer grundsätzlich frei, das Grundstück nach seinem Willen zu nutzen. Er kann also den Gebrauchszweck bestimmen[414] und somit dasjenige, was auf der Fläche wachsen und gedeihen soll, selbst definieren. Einer inhaltlichen Definition der ökologischen Grundlage bedarf es demnach im Rahmen des Eigentumsbegriffs nicht. Allerdings ist sie abzugrenzen von den wildlebenden Tieren im Sinne von § 960 Abs. 1 BGB, die nach dieser gesetzlichen Wertung herrenlos und somit nicht individualrechtlich zugeordnet sind. So können standortgebundene Mikroorganismen dem Schutz des jeweiligen Grundeigentums unterstellt werden, selbst wenn sich –wie bei manchen Ameisenarten als wandernde Völker– dieser Standort verlagern sollte. Höheres tierisches Leben bliebe gemäß der gesetzlichen Wertung herren-, aber jedenfalls bei Jagdbarkeit aufgrund der jagdrechtlichen Aneignungsrechte und ihres Schutzes durch §§ 823 Abs. 1, 1004 BGB[415] nicht schutzlos.[416] Die mit dem Boden fest verbundene Vegetation ist nach den §§ 93, 94 BGB ohnehin als Teil des Sacheigentums deliktisch geschützt. Nach diesen Grundsätzen wurde eine Eigentumsverletzung in der Rechtsprechung bejaht bei der Beeinträchtigung ökologischen Landbaus durch herübergespülte Herbizide, die Verseuchung des Erdreiches durch auslaufendes Öl, der Verfestigung bis dahin lockeren Bodens oder einer Straße durch Chemikalien.[417]

Allerdings genügt eine sachbezogene Funktionsstörung nicht immer, um die Haftung auszulösen; denn Immissionen, die nach § 906 BGB hinzunehmen sind, stellen keine rechtswidrige Eigentumsverletzung dar.[418] Aus dem Blickwinkel der Nachhaltigkeit weitaus problematischer als die rechtliche Zuordnung bestimmter Organismen ist deren ökonomische Wertlosigkeit in Verbindung mit der Dispositionsfreiheit des Geschädigten. Sie kann zum einen dazu führen, dass

---

[412] BT-Drs. 11/7104, S. 21; BAUMANN, JuS 1989, 433, 439; BRÜGGEMEIER, KJ 1989, 209, 225; GERLACH, Privatrecht und Umweltschutz, S. 287; GASSNER, UPR 1987, 370, 372; LADEUR, NJW 1987, 1236. Zweifelnd MARBURGER, AcP 192, (1992) 32.

[413] Zu dieser Einschränkung s. Staudinger/HAGER (1999), § 823 Rn. B 89.

[414] BGHZ 70, 109 f.; 90, 260 ff.

[415] Lorz/METZGER/STÖCKEL, BJagdG Einl Rn. 23 m.w.N., § 11 Rn. 2.

[416] REHBINDER, NuR 1988, S. 107; SEIBT, Ausgleich ökologischer Schäden, S. 15; WOLF, UTR 12 (1990), 253.

[417] BGHZ 90, 255; BGH VersR 1972, 274; OLG Düsseldorf VersR 1974, 439; LG und OLG Köln VersR 1983, 287.

[418] MünchKomm/MERTENS, 3. A., § 823 Rn. 121; oben § 3, B. V. 1.

ein Schadenersatzverlangen unterbleibt, zum anderen die unter § 251 Abs. 2 BGB angelegte Ersetzung der Wiederherstellung durch Geldersatz herbeiführen.

d) Freiheitsbeeinträchtigung

Das Persönlichkeitsgut der Freiheit im Sinne des § 823 Abs.1 BGB verbürgt zumindest ein Recht auf körperliche Bewegungsfreiheit. Ob und inwiefern darüber hinaus auch die freie Willensbildung geschützt ist,[419] kann für das Umwelthaftungsrecht unbeantwortet bleiben, da eine Beeinträchtigung der freien Willensbestimmung über den Umweltpfad undenkbar ist. Doch entgegen LANDSBERG, LÜLLING und anderen,[420] die im Aussperren aus kontaminierten Gebieten sowie im gesundheitsbedingten Verweilen im Hause allein wegen Smog*alarms* einen Eingriff in die körperliche Bewegungsfreiheit sehen, muss der Freiheitsbegriff derart verstanden werden, dass nur ein physisches Einsperren die Möglichkeiten der Fortbewegung tatsächlich reduziert. Autonome Motive gegen die Fortbewegung von einem Orte, mögen sie auch auf Faktoren aus der Umwelt beruhen, können ebenso wenig für eine Freiheitsberaubung genügen. Damit ist das Schutzgut „Freiheit" im Rahmen des Umwelthaftungsrechts irrelevant; untermauert wird diese Feststellung durch die Abwesenheit der „Freiheit" im Schutzgüterkatalog des UmweltHG.

e) Der Schutz des eingerichteten und ausgeübten Gewerbebetriebs

Das mittlerweile gewohnheitsrechtlich verankerte[421] Rahmenrecht am „eingerichteten und ausgeübten Gewerbebetrieb" erkennt eine Verletzung eines sonstigen Rechts im Sinne von § 823 Abs.1 BGB an, wenn ein unmittelbar betriebsbezogener Eingriff den Bestand oder den gewerblichen Tätigkeitsbereich eines eingerichteten und ausgeübten Gewerbetriebs schädigt und kein Spezialtatbestand derartige Eingriffe regelt (Subsidiarität).[422] Der Schutz des Gewerbebetriebs ist hier relevant, weil Umweltschäden verschiedenster Art eine Vielzahl von Gewerbebetrieben beeinträchtigen können. So ist an die Tourismusbranche zu denken, deren Kunden und Gäste wegen Verschmutzung von Luft, Wasser oder Land in Erholungsgebieten fernbleiben, oder an die Lebensmittelindustrie, die landwirtschaftliche Nutzflächen oder Produkte aus der Natur – erwähnt seien nur Meeresfrüchte – aufgrund von Kontaminierungen nicht zur Lebensmittelgewinnung nutzen können oder dürfen. Aus umweltprivatrechtlicher Sicht allein problematisch ist dabei die tatbestandliche Einschränkung auf Eingriffe, die unmittelbar und in betriebsbezogener Weise erfolgt sind. Ein Bewusstsein der Schädigung oder Sittenwidrigkeit ist dafür nicht vonnöten. Bei

---

[419] Str., s. MünchKomm/WAGNER, § 823 Rn. 92; Staudinger/HAGER (1999) § 823 Rn. B53.

[420] LANDSBERG/LÜLLING, UmweltHR § 1 Rn. 17; ERL, Umwelthaftungsrecht, S. 17.

[421] Daher nicht mehr überzeugend abzulehnen; kritisch aber weiterhin Medicus, SchuldR II, § 141 III.

[422] Ständige Rspr., z.B. in RGZ 28, 238; BGHZ 69, 128, 138; BGHZ 59, 30, 35.

seinem Vorliegen geht aber unter Umständen § 826 BGB vor, der auch die Möglichkeit des Ersatzes eines reinen Vermögensschadens bietet. Unmittelbar sind nach überwiegender Auffassung Eingriffe, die sich „irgendwie gegen den Betrieb als solchen richten, also betriebsbezogen sind, und nicht vom Gewerbebetrieb ohne weiteres ablösbare Rechte oder Rechtsverhältnisse betreffen".[423]

Paradebeispiel für die Problematik dieser Abgrenzung sind die Energieversorgungsfälle, in denen ein Betrieb, gewöhnlich durch Bauarbeiten in der Umgebung vorsätzlich oder fahrlässig vom Strom- oder Gasnetz abgeschnitten, Umsatzeinbußen wegen Gerätestillstands hinnehmen muss.[424] Im Einzelnen war und ist hier vieles umstritten.[425] Der BGH hat aber in derartigen Fällen einen Eingriff in das in Rede stehende Rahmenrecht stets verneint und Schadensersatz nur zugesprochen, wo eine Eigentumsverletzung Folge der Energieunterbrechung war. Der Bezug von Energie sei „keine dem Gewerbebetrieb wesenseigentümliche Eigenheit"[426] und somit seine Unterbrechung kein unmittelbarer Eingriff, der sich gegen Bestand oder Tätigkeitsbereich des Betriebes richte. Hiermit zeichnet sich bereits der für Beeinträchtigungen der Umweltgüter, welche Wohl und Wehe eines Gewerbebetriebs beeinflussen, zu beschreitende Weg hinsichtlich der rechtlichen Haftungssituation ab. Während nämlich die Diskussion um die Energieversorgungsfälle ihre Schärfe dadurch erhalten, dass Strom und Gas gerade den betroffenen Betrieb erreichen sollen, ist eine Schädigung auf dem Umweltpfade noch in gesteigertem Maße mittelbar. Das Recht am eingerichteten und ausgeübten Gewerbebetrieb vermag deshalb den umwelthaftungsrechtlichen Schutzumfang des § 823 BGB nicht zu erweitern.

F) UMWELTBELASTUNGEN UND ALLGEMEINE PERSÖNLICHKEITSRECHT

Vereinzelt ist der Versuch gemacht worden, Teilhaberechte und -chancen an öffentlichen oder kollektiven Gütern deliktsschutzfähig zu machen. ESSER/WEYERS haben diskutiert, ob nicht aus dem allgemeinen Persönlichkeitsrecht ein Recht auf Gemeingebrauch von Allgemeingütern – genauer auf freien Zugang zu den Lebensadern der öffentlichen Infrastruktur – abzuleiten ist.[427] Dieser Gedanke wurde von LYTRAS dahingehend fortentwickelt, dass auch ein Recht auf Gemeingebrauch an unverfälschten Umweltgütern denkbar sein könne.[428]

Auch FORKEL hält angesichts des besonderen Gewichts des allgemeinen Persönlichkeitsrechts durch seine Verankerung in Art. 1 Abs. 1, Art. 2 Abs. 1

[423] BGHZ 29, 74 m.w.N.; BGHZ 69, 139.
[424] Anschaulich BGHZ 29, 65; BGHZ 41, 123.
[425] Statt vieler Palandt/SPRAU, § 823 Rn. 128; ERL, Umwelthaftungsrecht, S. 20 m.w.N.
[426] BGHZ 29, 65, 74.
[427] ESSER/WEYERS, Schuldrecht II, S. 548; ablehnend BGHZ 55, 153, 161; 86, 152, 156.
[428] LYTRAS, Zivilrechtliche Haftung für Umweltschäden, Teil B § 4 I 2.

GG den traditionellen Schutzrahmen für unzureichend. Umweltbelastungen und Immissionen könnten eine Beeinträchtigung des allgemeinen Persönlichkeitsrechts darstellen und seien daher an ihm zu messen.[429] Dabei geht FORKEL soweit, auch das menschlich Emotionale von diesem Rahmenrecht umfasst zu sehen, so dass auch störende Gerüche oder ästhetische Beeinträchtigungen als relevante Störung erscheinen können. Ob ein Eingriff in das Persönlichkeitsrecht vorliegt, soll fallweise im Rahmen einer Abwägung der betroffenen Interessen und unter Berücksichtigung der Eigenart des Persönlichkeitsgutes bestimmt werden.[430] Diese Lösung zur rechtlichen Behandlung von Haftungsfragen ist ganz überwiegend auf Kritik gestoßen. In Fällen widersprüchlicher Nutzung von Naturressourcen sind zumeist alle beteiligten Parteien aus ihrer Sicht in ihrem Persönlichkeitsrecht verletzt. Ein gerechter und intersubjektiv nachvollziehbarer Interessenausgleich zwischen Emittent und Betroffenem anhand eines konturlosen Rahmenrechts ist daher schlicht unmöglich.[431] Auch sind Anwendbarkeit und Inhalt der Duldungsrechte fraglich: Die Bezüge der Ortsüblichkeit oder Dauer einer Belastung können für einen Spaziergänger nur schwerlich hergestellt, geschweige denn mit denen eines bodenrechtlich Gebundenen verglichen werden. Ebenfalls unerwünschte Folge wäre eine erhebliche Vorverlagerung der Haftung,[432] die im Ergebnis der Schaffung einer Popularklage gleichkäme.[433]

G) DIE UMWELT ALS SONSTIGES RECHT

(1) Der Streitstand

Einen direkteren Weg als über das allgemeine Persönlichkeitsrecht beschreitet KÖNDGEN, wenn er untersucht, ob die klassischen Umweltgüter wie „saubere Luft, sauberes Wasser oder Lärmschutz" nicht ein sonstiges Recht im Sinne von § 823 Abs. 1 BGB sein können.[434] Er stellt zunächst fest, dass auch Teilhaberechte an öffentlichen Sachen individuelle Nutzungs- und Verfügungsrechte und deren Beeinträchtigung entsprechende Schäden zu begründen vermögen, so dass eine den absoluten Rechten vergleichbare „soziale Evidenz"[435] eine Gleichbehandlung mit diesen rechtfertigt. Daraus entwickelt er das Ergebnis, dass angesichts der Rechtsfortbildung der Rahmenrechte und der zugunsten des Kriteriums der „sozialen Evidenz" aufzugebenden schematischen Zweiteilung in relative und absolute Rechte eine Erweiterung der sonstigen Rechte um Umwelt-

---

[429] FORKEL, Immissionschutzrecht und Persönlichkeitsrecht, S. 26 ff., 92; ähnlich LANG, AcP 174, 381, 387; ROTH, NJW 1972, 921, 926.
[430] FORKEL, a.a.O., S. 65.
[431] KÖNDGEN, UPR 1983, 348; SIMITIS, VersR 1972, 1092; MEDICUS JZ 1986, 780; MARBURGER, Gutachten 56. DJT (1986), C. 117; GERLACH, Privatrecht und Umweltschutz, S. 286; WOLF, UTR 12 (1990), 247.
[432] DIEDERICHSEN, BB 1973, 488.
[433] Vgl. MARBURGER, Gutachten 56. DJT (1986), C. 117; KÖNDGEN, UPR 1983, 348.
[434] UPR 1983, 348; ähnlich GODT, Haftung für ökologische Schäden, S. 130 ff.
[435] Begriff entwickelt von FABRICIUS, AcP 160 (1961) 273, 290 ff.

medien nicht nur möglich, sondern zeitgemäß und geboten sei.[436] Den Vorwurf, damit sei jedem *qui vis ex populo* der Gang vor die Zivilgerichte eröffnet,[437] kontert er mit einem Verweis auf das Rechtsinstitut der *public nuisance* des englischen *Common Law*. Auch dieses schütze, so seine Argumentationslinie, Interessen der Allgemeinheit, beinhalte dabei aber die tatbestandliche Voraussetzung eines eigenen, speziellen Schadens des Klägers. Derart sei sichergestellt, dass Popularklagen nicht möglich sind. Für vorbeugende und quasi-negatorische Ansprüche aus § 823 Abs. 1 BGB soll nach KÖNDGEN aber bereits eine nichtvermögenswerte wesentliche Einbuße an Wohlbefinden genügen.[438]

Zu dieser Auffassung ist überwiegend ablehnend Stellung genommen worden.[439] Die Kritik setzt einerseits beim Merkmal der sozialen Evidenz an: Die offenkundige Erkennbarkeit eines Rechtsguts aufgrund der Sozial- und Kulturauffassung, wie die Charakteristik der Schutzgüter des § 823 Abs. 1 BGB von FABRICIUS beschrieben worden war,[440] liege bei teilweisen Beeinträchtigungen der Nutzung von Luft, Wasser oder Boden eben nicht vor. Ferner wirke sich die Zuweisung von Umweltgütern zu den subjektiven, das bedeutet zu den individuell zugeordneten Rechten, in einer Rationierung aus, die vom BGB weder intendiert noch sonst wünschenswert sein kann.[441] Überdies mangele es an der naturwissenschaftlichen und folglich auch juristischen hinreichenden Bestimmbarkeit von „Umweltgütern", bevor diese in „Umweltrechten" ihren Niederschlag finden könnten.[442]

(2) Stellungnahme

Das von MEDICUS zurecht vorgebrachte Argument, der Streit um die Grenzen zulässiger Belastung bestimmter Umweltgüter demonstriere gerade die fehlende Offenkundigkeit, schlägt nicht nur die Annahme der sozialen Evidenz für diesen bestimmten Fall in den Wind, sondern untergräbt die These dem Grundsatze nach. Denn gerade dort, wo nicht evident ist, wo die Grenzen eines Rechtsguts liegen, bedarf es ihrer Bestimmung – und dazu ist die Offenkundigkeit dann strukturell völlig ungeeignet. Der Verweis auf die englische Rechtsordnung, in welcher ein ähnliches Rechtsinstitut sich als praktikabel erwiesen habe, leidet an zwei Mängeln: Zum einen wird damit übersehen, dass *public nuisance* als

---

436 KÖNDGEN, UPR 1983, S. 350.
437 So DIEDERICHSEN, BB 1973, 487.
438 UPR 1983, 345, 350.
439 MEDICUS, JZ 1986, 779; MARBURGER, Gutachten C 56. DJT (1986), C 120; DIEDERICHSEN, Referat L 56. DJT (1986), L 74; Staudinger/KOHLER (2002), Einl Rn. 61 f.; SEIBT, Ausgleich ökologischer Schäden, S. 47 ff.; LYTRAS, Haftung für Umweltschäden, S. 108 ff.; KADNER, Ersatz ökologischer Schäden, S. 83; GODT, Haftung für ökologische Schäden, S. 130 ff.
440 AcP 160 (1961) 273, 290 ff.
441 MEDICUS, a.a.O.; MARBURGER, a.a.O.
442 Vgl. DIEDERICHSEN a.a.O.; DERS., BB 1973, 487.

subsidiärer Auffangtatbestand nur dann zur Anwendung kommt, wenn ein anderer *tort* nicht einschlägig ist.[443] Zum anderen sind Unterlassungsklagen eines Bürgers ohne Zustimmung öffentlicher Stellen überhaupt nicht möglich.[444] Der Schutz öffentlicher Güter wird damit nicht dem einzelnen Bürger übertragen, sobald dieser durch das Erleiden eines überdurchschnittlichen Schadens sich dafür qualifiziert hat. Vielmehr erlaubt die *public nuisance* die Überwindung der Grundstücksbezogenheit der *private nuisance,* ist aber selbst weiterhin an die Beeinträchtigung eines Individualrechts gebunden – auch wenn an dieses nur noch geringe Anforderungen gestellt werden. Damit taugt das Institut der *public nuisance* nicht als Vorbild für die Schaffung einer verschuldensabhängigen Haftung für die Verletzung gewisser Umweltgüter. Ihre Vorzüge sind darauf beschränkt, in einer Vielzahl von Situationen entweder ein behördliches Einschreiten zu initiieren, oder aber ansonsten Schutzlose mit einer Klagemöglichkeit auszustatten.

2. Verkehrspflichten, Rechtswidrigkeit und Verschulden

a) Das Rechtswidrigkeitsurteil unter besonderer Berücksichtigung der Verkehrspflichten

Rechtsprechung und Schrifttum haben für das praktisch überwiegende Fahrlässigkeitsdelikt schon kurz nach Einführung des BGB die Lehre von den Verkehrspflichten entwickelt.[445] Dabei handelt es sich um richterliche Gefahrsteuerungsgebote, die § 823 Abs. 1 BGB ausgestalten und konkretisieren. Die dogmatische Verankerung der Verkehrspflichten ist im Einzelnen stark umstritten, doch sind sie in Rechtsprechung und Literatur dem Grunde nach seit langem anerkannt und daher als Gewohnheitsrecht zu bezeichnen.[446] Auf die praktische Anwendung hat der Streit um die dogmatische Einordnung der Verkehrspflichten bei Abs. 1 oder Abs. 2 des § 823 BGB ohnehin keine Auswirkungen.[447] Für das Umwelthaftungsrecht nehmen die Verkehrspflichten eine bedeutsame Stellung ein, da die meisten Umweltschadensfälle nur mittelbar und durch eine Verkettung ungünstiger Umstände Folge eines Handelns sind oder durch Unterlassen verursacht werden.[448] In diesen Fällen gilt die Lehre vom Erfolgsunrecht nicht,[449] so dass erst das Urteil über die Verletzung von

---

[443] S. unten § 3, D. II. 3.

[444] BELL/MCGILLIVRAY, Environmental Law, S. 266.

[445] Vgl. RGZ 52, 373, 379; RGZ 102, 372, 375; zur Entstehungsgeschichte s. MünchKomm/WAGNER, BGB § 823 Rn. 50 ff.

[446] Staudinger/HAGER (1999), § 823 E 1, m.w.N.

[447] MünchKomm/WAGNER, BGB § 823 Rn. 62; Staudinger/HAGER (1999), § 823 E 5.

[448] S. LANDSBERG/LÜLLING, § 823 Abs.1 BGB Rn. 4; v. BAR, Gutachten A 62. DJT (1998), S. A 35.

[449] DEUTSCH, HaftungsR, S. 195, 271; Staudinger/HAGER (1999), § 823 Rn. H16; LARENZ, SchuldR I, S. 289.

Verkehrspflichten eine Haftungszurechnung ermöglicht. Als umweltrechtliche Handlungsgebote haben die Verkehrspflichten die Rechtsprechung schon früh zur Aufstellung von „privatrechtlichen Betriebspflichten“[450] veranlasst.[451]

Fundament der Verkehrspflichten ist der Gedanke, dass derjenige, der eine Gefahrenquelle eröffnet, die notwendigen Vorkehrungen zum Schutze anderer zu schaffen hat.[452] Voraussetzung ist die Erkennbarkeit der Gefahrenträchtigkeit einer Sachlage in Hinblick auf ein geschütztes Rechtsgut.[453] Begründet wird die Schaffung von Verkehrspflichten mit der Schaffung einer Gefahr, der Verantwortung für den Zustand eines Bereichs, der Eröffnung eines Verkehrs, der Übernahme einer Aufgabe oder als Folge vorangegangenen Tuns.[454] Wo eine Verkehrspflicht besteht und wie sie ausgestaltet ist, wird im Einzelfall durch die Rechtsprechung entschieden. Damit stellt diese allgemeine Verhaltensgebote auf, die unabhängig von besonderen, etwa in Schutzgesetzen niedergelegten, Pflichten bestehen. Beispielsweise statuiert zwar § 6 Abs.3 UmweltHG besondere Betriebspflichten, die zur Verhinderung von schadensgeneigten Umwelteinwirkungen beitragen sollen, und diese sind durchaus auch Verkehrspflichten im Rahmen von § 823 Abs.1 BGB;[455] aber die Rechtsprechung kann diese Pflichten fallweise weiter ausdehnen.[456] Aus diesem Grunde ist die Haftungsbegründung durch den Vorwurf der Verletzung einer Verkehrspflicht gegenüber einer Haftung aufgrund einer Schutzgesetzverletzung flexibler und von größerer Aktualität.[457]

Im Hinblick auf den Personenkreis der Verantwortlichen führen die Verkehrspflichten einerseits zu einer generellen Erweiterung potenziell Haftpflichtiger, weil sie die Haftungszurechnung mittelbar kausalen Verhaltens und von Unterlassen ermöglichen; gleichzeitig werden Pflichten eindeutig zugeordnet und inhaltlich spezifiziert, was zu einer Haftungsbegrenzung durch Haftungskonzentration führt.[458]

Doch die Verkehrspflichten haben auch Auswirkungen auf die Bewertung des Verschuldens. Bei typischen Gefahrenabläufen führt die Verletzung einer anerkannten Verkehrspflicht regelmäßig zur Herabsetzung der Fahrlässigkeits-

---

[450] VELDHUIZEN, Die privatrechtsgestaltende Wirkung öffentlichen Rechts, S. 9, 127 ff.
[451] RGZ 105, 213, 218; 159, 68, 75.
[452] Erman/SCHIEMANN, BGB § 823 Rn. 79; MünchKomm/WAGNER, BGB § 823 Rn. 50, 220; V. BAR, Verkehrspflichten, S. 26; LANDSBERG/LÜLLING, § 823 Abs.1 BGB Rn. 5; DIEDERICHSEN, BB 1973, 488.
[453] Staudinger/KOHLER (2002), Einl. Rn. 51.
[454] Vgl. Staudinger/HAGER (1999), § 823 E 12 ff.
[455] LANDSBERG/LÜLLING, § 823 Abs.1 BGB Rn. 6.
[456] So zur TA-Luft BGHZ 70, 102.
[457] KÖNDGEN, UPR 1983, 351.
[458] V. BAR, Verkehrspflichten, S. 109.

schwelle und damit zu einer Annäherung an eine objektive Haftung für rechtswidriges Verhalten. Diese Ausweitung der Haftung nähert sie der Gefährdungshaftung an.[459] Aufgrund der gesicherten Rechtsprechung in diesem Bereich lässt sich zurecht von einer „deliktsrechtlichen Umwelthaftung für Betriebsstättenemissionen" sprechen.[460] Prominentestes Beispiel aus der BGH-Rechtsprechung ist erneut die „Kupolofen-Entscheidung". Hier hatte der BGH sich nicht auf eine verwaltungsakzessorische Einengung der Fahrlässigkeitsanalyse festgelegt.[461] Zur Verkehrspflicht des Emittenten gehöre es auch, die erforderliche Kontrolle zur Einhaltung unschädlicher Emissionswerte zu schaffen. Des Weiteren schließe nicht schon eine Einhaltung der Werte der TA-Luft *ipso iure* Fahrlässigkeit aus, denn die TA enthalte nur allgemeine Richtwerte, keinen Freibrief für unter Umständen schädigendes Verhalten.[462]

B) RECHTFERTIGUNGSGRÜNDE

Die Verletzung einer Verkehrspflicht führt regelmäßig zur Rechtswidrigkeit, soweit nicht Rechtfertigungsgründe eingreifen. Diese können sich aufgrund öffentlich-rechtlicher Genehmigungen ergeben,[463] doch gewichtigster privatrechtlicher Rechtfertigungsgrund im Umwelthaftungsrecht ist § 906 Abs. 2 S. 1 BGB. Danach sind schädigende Emissionen, die der ortsüblichen Benutzung eines Grundstücks entspringen und nicht durch wirtschaftlich zumutbare Vorkehrungen abgewandt werden können, gerechtfertigt[464] und somit der Haftung entzogen. Besondere Bedeutung hat in diesem Zusammenhang das „Kupolofen"-Urteil des BGH[465] erlangt. Dort war den Fahrzeugeigentümern, die neben einem emittierenden Betrieb arbeiteten und parkten, auch ein deliktischer Schadenersatzanspruch wegen durch Eisenoxydstaub hervorgerufener Beschädigungen an Lack und Glas der KFZ verwehrt worden. Dies geschah einerseits durch Verneinung der Rechtswidrigkeit wegen § 906 Abs. 2 S. 1, andererseits wegen der neuartigen Übertragung der beweisrechtlichen Grundsätze zur Produzentenhaftpflicht auf Immissionstatbestände. Nicht zuletzt aber betont der BGH in seinem Urteil, dass die Fahrniseigentümer selbst als Grundstückseigentümer die emittierende Benutzung nicht untersagen könnten. Seinen Deliktsanspruch verliert also, wer sich in den Bereich ortsüblicher Immissionen begibt.[466] Dies ist sinnvoll, weil damit nicht länger dem Verursacher im Verhältnis zu dem

---

[459] SCHMIDT, Umwelthaftung der Organmitglieder, S. 90.
[460] SCHMIDT-SALZER, Kommentar z. Umwelthaftungsrecht, Einf. Rn. 60.
[461] Vgl. v. BAR, Gutachten A 62. DJT (1998), S. A 35.
[462] BGHZ 92, 143, 152.
[463] S. unten § 3, H.
[464] BGHZ 92, 143.
[465] BGHZ 92, 143; mehr zur Geschichte SCHMIDT-SALZER, NJW 1994, 1307.
[466] H.P. WESTERMANN, UTR 11 [1990], S. 113, spricht von der Überwindung des Immobiliarbezugs beim „nachbarrechtlichen Deliktsanspruch", für die aber das Kriterium der Ortsüblichkeit in Deliktsrecht gelangt sei.

weniger intensiv betroffenen Publikum strengere Verhaltenspflichten auferlegt werden.[467]

3. Rechtsfolgen

Der Gläubiger eines Anspruchs aus § 823 Abs. 1 BGB kann Schadenersatz nach den allgemeinen Regeln verlangen. Deren Inhalt und Bedeutung für das Umweltprivatrecht wurde bereits ausführlich diskutiert. Darüber hinaus besteht nach Maßgabe des § 253 Abs. 2 BGB die Möglichkeit, bei Verletzung von Körper oder Gesundheit Schmerzensgeld zu verlangen. Nach dem Prinzip der Naturalrestitution sind über das Deliktsrecht auch Beseitigungs- und Unterlassungsverlangen durchsetzbar. Die für vor dem Schadensfall zur Schadensabwendung oder -verminderung erforderlichen Aufwendungen können bei einer konkret drohenden Schädigung nach Deliktsrecht, sonst eventuell nach dem Recht der Geschäftsführung ohne Auftrag (§§ 683, 670 BGB) ersetzt verlangt werden.[468] Daher können auch Aufwendungen zur Erhaltung oder Wiederherstellung von Umweltgütern zum Gegenstand eines deliktischen Ersatzanspruchs gemacht werden, soweit sie den absoluten Rechten unterfallen.[469]

II. § 823 Absatz 2 BGB

Die Norm erstreckt die Schadenersatzpflicht auf Verstöße gegen ein Schutzgesetz. Solches kann gemäß Art. 2 EGBGB jede Rechtsnorm sein. Darunter fallen nicht nur Parlamentsgesetze, sondern auch andere Rechtsvorschriften wie zum Beispiel Verordnungen oder kommunale Satzungen.[470] Voraussetzung ist, dass die Norm nach Zweck und Inhalt wenigstens auch auf den Schutz von Individualinteressen vor einer näher bestimmten Art der Verletzung ausgerichtet ist.[471] Ein Umweltschaden, der nicht zugleich Individualschaden ist, kann folglich von der Norm nicht erfasst werden.[472] Selbst Verwaltungsakte wie Beseitigungsverfügungen können in Verbindung mit der Ermächtigungsgrundlage als Schutzgesetze fungieren.[473] Allerdings wird in diesen Fällen die Rechtsposition entscheidend durch einen hoheitlichen Akt geprägt; lediglich die Durchsetzung erfolgt auf privatrechtlicher Ebene und vor ordentlichen Gerichten.

---

[467] GERLACH, Privatrecht und Umweltschutz, S. 186; PEINE, NJW 1990, 2447.
[468] Staudinger/SCHIEMANN (2005), § 249 Rn. 115,122; MünchKomm/OETKER, § 249 Rn. 171.
[469] Vgl. WOLF, UTR 12 (1990), 248.
[470] MünchKomm/WAGNER, § 823 Rn. 322 ff.
[471] BGHZ 122, 3.
[472] V. BAR, Gutachten A 62. DJT (1998), S. A 35.
[473] BGHZ 122, 1, 3 ff., m.w.N.; OLG Hamm, JZ 1981, 277; MEDICUS JZ 1986, 778.

Für das Umweltrecht relevante Schutzgesetze sind beispielsweise[474] aus dem Immissionsschutzrecht die §§ 4 Abs.1 i.V.m. § 12, die Betriebspflichten nach 5 Abs.1 Nr. 1 und 2[475], 22 BImSchG sowie unter Umständen aufgrund von §§ 7 oder 34 bis 37 BImSchG erlassene Verordnungen;[476] aus dem Bodenschutzrecht §§ 4 Abs. 1 und 2, 3 S.1 und 4, Abs. 6, 7S. 1 und 2 BBodSchG; auf dem Gebiet des Wasserrechts §§ 3, 8 i.V.m. 10 Abs. 2 TrinkwasserVO oder §§ 8 Abs. 3 und 4 WHG. Auch eine Vielzahl der Normen des AbfG und die KlärschlammVO sind als Schutzgesetze zu qualifizieren,[477] ebenso wie § 1004 BGB[478] und drittschützende Festsetzungen eines Bebauungsplans.[479] Durch die Einbeziehung der vielen, überwiegend vorbeugend wirkenden öffentlich-rechtlichen Gebote in das Haftungsrecht bildet § 823 Abs. 2 BGB eine Nahtstelle präventiver und repressiver Kontrolle.[480]

§ 823 Abs. 2 S. 2 BGB bestimmt ausdrücklich, dass der Schadenersatzanspruch nur bei Verschulden zum Erfolg führen kann. Nach ganz überwiegender Auffassung muss sich das Verschulden nur auf die Normverletzung, nicht auf die Verletzung des geschützten Individualinteresses beziehen.[481] Ersatzfähig sind alle Schäden, die in Zusammenhang mit dem Schutzzweck des verletzten Schutzgesetzes stehen[482] – dies können auch reine Vermögensschäden sein. Damit geht die Haftungsandrohung erheblich weiter als nach § 823 Abs. 1 BGB. Dennoch ist die Anzahl der Entscheidungen, die sich auf § 823 Abs. 2 BGB als Umwelthaftungstatbestand stützen, gering geblieben,[483] wohl weil die Verletzung eines Schutzgesetzes im Umwelthaftungsrecht oftmals schon den Tatbestand des § 823 Abs.1 BGB erfüllt oder den Rechtsinhaber trotz der Verletzung kein spürbarer Schaden trifft.

III. § 826 BGB

Die Bedeutung von § 826 BGB beschränkt sich im Umwelthaftungsrecht auf Sachverhalte, in denen individuell zuzuordnende Rechtsgüter durch eine mit

---

[474] S. die vollständigen Aufzählungen bei Staudinger/KOHLER (2002), Einl. Rn. 70 f., sowie generell MünchKomm/WAGNER, § 823 Rn. 357 ff.

[475] Weitergehend LYTRAS, Haftung für Umweltschäden, 121 ff; DIEDERICHSEN in: FS R. Schmidt, S. 14.

[476] DIEDERICHSEN, BB 1973, 489.

[477] SCHIMIKOWSKI, Umwelthaftungsrecht und Umwelthaftpflichtversicherung, S. 51 Rn. 78.

[478] BGH NJW 1993, 925.

[479] Pikart/Pelzer/PAPIER, Umwelteinwirkungen durch Sportanlagen, S. 107 ff.

[480] SIMITIS, VersR 1972, 1093.

[481] BGHZ 51, 91, 103; BGH NJW 1985, 1774. Bei einer objektiven Schutzgesetzverletzung wird das Verschulden vermutet, solange nicht bloß ein bestimmter Verletzungserfolg verboten wurde, sondern der objektive Tatbestand bereits ein schuldhaftes Verhalten impliziert, BGHZ 116, 104.

[482] LANDSBERG/LÜLLING, § 823 Abs. 2 BGB Rn. 15.

[483] Übersicht bei LANDSBERG/LÜLLING, § 823 Abs.2 BGB Rn. 12.

dolus eventualis herbeigeführte Umweltbeeinträchtigung geschädigt wurden. Die Herbeiführung des Schadens respektive das pflichtwidrige Geschehenlassen muss sich als sittenwidrige Inkaufnahme der Schädigung Dritter darstellen. Erforderlich ist dafür weder eine genaue Kenntnis der betroffenen Person, noch die Absicht der Herbeiführung des Schadens in seiner konkreten Gestalt.[484] Aufgrund des erforderlichen Sittenwidrigkeitsurteils kommt dem Tatbestand in der Praxis aber bestenfalls dort Bedeutung zu, wo er einen Kontrahierungszwang auslöst.[485]

IV. § 3 HaftPflG

Im Zuge zunehmender Industrialisierung bestanden bereits 1871 Regelungen einer Gefährdungshaftung für gefährliche technische Anlagen.[486] Neben den Gefährdungshaftungstatbeständen der §§ 1 und 2 kennt das Haftpflichtgesetz von 1978[487] in § 3 eine Haftung bestimmter Betriebsunternehmer für fremdes Verschulden. Ersatzfähig sind nur Schäden an Leben, Körper und Gesundheit. § 3 HaftPflG unterscheidet sich nur insoweit von der Verrichtungsgehilfenhaftung des § 831 BGB, dass ein Entlastungsbeweis nicht möglich ist. In der heutigen Fassung ist die Norm allerdings kaum noch praktisch relevant, da ihr Anwendungsbereich größtenteils von § 2 HaftPflG und der Organhaftung nach § 31 BGB verdrängt wird.[488]

C. Zusammenfassung der verschuldensabhängigen Schutzrechte

I. Verschuldenshaftung im Recht von England und Wales

Das Recht der *negligence* bildet den allgemeinen Haftungstatbestand für Sorgfaltspflichtverletzungen und deckt als solcher eine Vielzahl von menschlichen Umweltaktivitäten ab. Als Tatbestand der Umwelthaftung zeichnet sich die *negligence* gegenüber der *nuisance* vor allem dadurch aus, dass weder eine unmittelbare Nachbarschaft zwischen Schädiger und Geschädigtem erforderlich ist, noch überhaupt ein dingliches Recht auf einer der Seiten bestehen muss. Auch ermöglicht *negligence* dem Opfer einer Körperverletzung weitgehendere Schadenersatzansprüche. Dem gegenüber stehen aber eine Reihe von Nachteilen, die der Abhängigkeit vom Verschuldensvorwurf geschuldet sind. Erstens entlastet die Einhaltung allgemein anerkannter Verhaltensstandards vom Vor-

---

[484] Staudinger/KOHLER (2002), Einl. Rn. 77.
[485] S. unten § 4, A. I. 2.
[486] Reichshaftpflichtgesetz, RGBl. S. 206; davor bereits ähnliche Ansätze in § 25 des Preußischen Gesetzes über die Eisenbahnunternehmungen von 1838.
[487] BGBl. I, 145, zul. geä. d. G. v. 19.07.2002, BGBl. I, 2674.
[488] Laut juris-Datenbank „Rechtsprechung" existiert nur eine normrelevante Entscheidung, die aber keinen Umweltbezug aufweist (Recherchedatum 20.03.2006). S. auch FILTHAUT, Haftpflichtgesetz, § 3 Rn. 2.

wurf der Pflichtverletzung. Zweitens können bereits Mängel im Nachweis einer Sorgfaltswidrigkeit oder – und insoweit im Gegensatz zum *trespass* – eines Schadens die Klage scheitern lassen. Und nicht zuletzt beeinflusst die ausufernde *negligence*-Rechtsprechung das Recht der *nuisance* zusehends, indem die Verschuldensmaßstäbe zwischen beiden Rechtinstituten nicht mehr klar getrennt werden.

So ungewiss die Weiterentwicklung des *tort of negligence* auch sein mag, sicher ist, dass eine dogmatisch gefestigte Anspruchsgrundlage, wie sie im Rechtskreis des Civil Law existiert, nicht erwünscht ist. Dies wird sichtbar, wenn beispielsweise gefragt wird, ob weiter an den alten Kategorien von *duty of care*, *foreseeability* (bzw. *proximity*) oder bei der Verursachungszurechnung der *remoteness of damage* festgehalten werden solle, oder ob es nicht einfacher (und ehrlicher) sei, die Entscheidung überwiegend auf *policy*-Erwägungen zu stützen.[489] „Conceptualism" ist verpönt, solange nicht die hinter einer Entscheidung stehenden sozialen, wirtschaftlichen Wertungen klar benannt werden.[490] So ist für die subjektive Reichweite des Schutzrechts anerkannt, dass neuartige Schutzpflichten jederzeit aus einem gesellschaftlichen Bedürfnis erwachsen können. In der Anerkennung derartiger Bedürfnisse waren die Gerichte aber bislang sehr zurückhaltend, auch bei ökologischer Bedeutsamkeit der Fälle. Die Erweiterung des Tatbestands um den Schutz von Umweltgütern oder einer Modifikation aus Umweltschutzgründen wird aber auch in der Rechtswissenschaft nicht diskutiert. Der Fokus liegt stattdessen eindeutig auf *nuisance* und der *Rylands*-Regel. Dies erstaunt angesichts der hohen Signifikanz des *negligence*-Rechts im Gerichtsalltag. Entscheidenden Einfluss auf die zukünftige Entwicklung dürften in Zukunft die Rechtsberater haben, da sie den Gerichten aufgrund ihrer Spezialkenntnisse den Argumentationsstoff in immer höherem Maße werden liefern müssen. Damit gilt weiterhin: „The categories of negligence are never closed".[491]

Trespass schützt jeden Besitzer von Land vor physischen Beeinträchtigungen, und zwar auch ohne dass ein Schaden entstanden ist. Folge ist ein Besitzschutz auch ohne Besitzentzug, und diese Klagbarkeit *per se* macht den Tort gerade für Schäden an wirtschaftlich schwer zu bewertenden Umweltgütern aus umweltprivatrechtlicher Sicht interessant. Die tatbestandliche Beschränkung auf „direkte" Beeinträchtigungen und die Abhängigkeit vom Verschulden des Verursachers schränkt die Wirkmächtigkeit des *trespass* als privatrechtliches Schutzrecht gegen Umweltbeeinträchtigungen aber stark ein. Das Gesetzesrecht kennt mit s.73(6) EPA 1990 schließlich eine Haftung für durch Abfallablage-

---

[489] So Lord DENNING in *Spartan Steel & Alloys Ltd. v. Martin & Co Ltd* [1973] QB 2, 37.
[490] Vgl. MARKESINIS/ DEAKIN, Tort Law, S. 79; s.a. *Caparo Industries v. Dickman* [1990] 2 AC 605, 618.
[491] Lord MACMILLAN in *Donoghue v. Stevenson* [1932] AC 562, 619.

rung entstandene Schäden. Diese ist ebenfalls grundsätzlich als Verschuldenshaftung ausgestaltet, doch kann die Intervention einer Behörde dem Privatkläger im anschließenden Schadenersatzverfahren wesentliche Erleichterungen hinsichtlich der Beweislastverteilung bringen.

II. Verschuldenshaftung im deutschen Privatrecht

Im Rahmen von § 823 Abs. 1 BGB dominiert die Problematik der Rechtsgutbestimmung zugleich die Bestimmung der Schutzreichweite. Hier ist der weite Gesundheitsbegriff vorzugswürdig, weil er die Erfassung von Einwirkungen wie beispielsweise andauernden Lärm außerhalb einer isolierten Opferbetrachtung und unter wertender Einbeziehung der weiteren sozialen Auswirkungen erlaubt. Praktisch erheblicher dürfte die Erfassung der ökologischen Grundlage eines Grundstücks als Bestandteil des Eigentums sein. Damit besteht bei jeder Kontamination einer fremden Immobilie eine Rechtsgutsverletzung, auch wenn die Schäden auf ökologische Güter beschränkt sind, deren Wert kaum feststellbar ist. Da eigentumsloses Land nicht existiert, besteht in solchen Fällen auch stets eine Aktivlegitimation, so dass insoweit die Forderung nach Verbandsklagerechten überflüssig ist. Allein die Verletzung nicht jagdbarer, herrenloser Tiere bliebe nach diesem Modell ohne haftungsauslösende Wirkung. Die weitere Frage nach der tatsächlichen Renaturierung betroffener Gebiete ist ein Problem des Schadenersatzrechts und der Klagebereitschaft.[492]

Während die Rechtsgüter der körperlichen Bewegungsfreiheit und des „eingerichteten und ausgeübten Gewerbebetriebs" im Umwelthaftungsrecht keine Relevanz aufweisen, ist das allgemeine Persönlichkeitsrecht vereinzelt als Schutzrecht gegen Umweltbelastungen erörtert worden. Aufgrund der Schwierigkeiten der Grenzziehung und der Berücksichtigung verschiedener Interessen ist dieser Ansatz jedoch dogmatisch ungeeignet, um die individuelle und darüber auch die allgemeine Umwelt vor Beeinträchtigungen zu schützen. Das Gleiche gilt im Ergebnis auch für eine Konstruktion der „Umwelt als sonstiges Recht", weil die soziale Evidenz zur Bestimmung der Grenzen eines Rechtsguts ungeeignet ist. Auch der Verweis auf ähnliche Funktionen der *public nuisance* ist nicht stichhaltig, weil dieses Rechtsinstitut dem Strafrecht entstammt und zur Vermeidung einer Popularklage das Erfordernis eines „Spezialschadens" ebenso vorsieht wie die Zustimmung öffentlicher Stellen für Unterlassungsklagen. Hingegen sind die richterlichen Gefahrsteuerungsgebote der Verkehrspflichten durchaus durchlässig für neuartige, ökologisch motivierte normative Wertungen. Insbesondere ihre Auswirkungen auf die Bestimmung der Fahrlässigkeitsschwelle enthebt die Verschuldenshaftung teilweise von dem Vorwurf, bei Schäden durch Betriebsstättenemissionen ein stumpfes Schwert zu sein.

---

[492] S. § 3, B. IV., § 3, J. IV. und L. III.

Obwohl im Umweltrecht ein stattlicher Katalog von Schutzgesetzen besteht, deren Verletzung nach § 823 Abs. 2 BGB zum Schadenersatz berechtigt und überdies eine Begrenzung auf eine Rechtsgutsverletzung nicht besteht, ist die Norm selten Gegenstand von Klagen aus dem Bereich des Umwelthaftungsrechts geblieben. § 826 BGB und § 3 HaftPflG schließlich haben aufgrund ihrer tatbestandlichen Besonderheiten für das verschuldensabhängige Umwelthaftungsrecht kaum Relevanz.

§ 4: Umwelthaftung als verschuldensunabhängige Haftung

Bestimmte, vom Staat als besonders gefahrenträchtig angesehene Tätigkeiten werden von ihm dennoch im Rahmen vorgeschriebener Schutzmaßnahmen zugelassen. Für das verbleibende Schadenspotenzial kann der Gesetzgeber dann eine reine Gefährdungshaftung einrichten, die sich somit als Korrelat des erlaubten Risikos darstellt.[493] Rechtfertigung erfährt diese Haftung durch das unmittelbare Ziel des Ausgleichs von Schäden, die durch tendenziell gefährliche Handlungen entstanden sind, welche aufgrund ihres volkswirtschaftlichen Nutzens dennoch erlaubt sein sollen. Die Opfer eines solchen Schadensereignisses sollen unabhängig von einem rechtswidrig-schuldhaften Verhalten selbst bei Beachtung äußerster Sorgfalt desjenigen, in dessen Interesse eine potentiell gefährliche Anlage, ein Betrieb oder ein Stoff eingesetzt wird, entschädigt werden. Statt an Verschulden ist die Gefährdungshaftung also an die Verwirklichung einer abstrakten Gefahr infolge der Schaffung einer allgemeinen Risikosituation geknüpft.[494] Damit ist Gefährdungshaftung reine Kausalhaftung. Grundlegende Bedeutung kommt daher der Bestimmung derjenigen Tätigkeiten zu, die als besonders gefahrträchtig zu qualifizieren sind.[495]

Neben der reinen Gefährdungshaftung sind aber noch andere Rechtsinstitute denkbar, die auf das Erfordernis des Verschuldens verzichten. So erfordert die *private nuisance* englischen Rechts die Herbeiführung eines rechtswidrigen Zustands ohne Rücksicht auf die Qualität der Handlung, die diesen herbeigeführt hat, nimmt aber sehr wohl für die Bewertung der Rechtswidrigkeit des geschaffenen Zustands das Verhalten eines „vernünftigen Landnutzers" zum Maßstab.

A. Internationale Haftungsregeln

I. Der völkerrechtliche Rahmen des Atomhaftungsrechts

Die Reaktorkatastrophe von Tschernobyl zeigte 1986, welches Schadensausmaß nukleare Ereignisse erreichen können. Die seit jeher bekannte Risiken der Kernenergie und ihre grenzüberschreitenden Auswirkungen könnten enorme Haftungsrisiken beinhalten, die jedes Privatunternehmen von Investitionen in die Atomtechnik abgehalten hätten. Strahlenopfer ihrerseits wären aufgrund der teilweise langwierigen oder schwer auf ein bestimmtes Ereignis zurückzuführenden Schadensentwicklungen mit der herkömmlichen Verschuldenshaftung nur unzureichend geschützt gewesen.[496] Daher entstand Anfang der 1960er Jahre völkerrechtliche Verträge,[497] in denen sich die Mitgliedsstaaten einerseits zur

---

[493] Vgl. NICKLISCH, Umweltrisiken und Umweltprivatrecht, S. 16.
[494] DEUTSCH, JuS 1981, 317, 318.
[495] GEISENDÖRFER, VersR 1989, 434.
[496] PELZER, in: Rengeling (Hrsg.), EUDUR II Bd. 1, § 59 Rn.
[497] Zur Entwicklung s. PELZER, a.a.O., § 59 Rn. 2 ff.

Schaffung eines Gefährdungshaftungsregimes, andererseits zur summenmäßigen Begrenzung der Haftung verpflichteten. Aufgrund der relativen Einheitlichkeit von Atomanlagen und ihres Gefahrenpotenzials sowie der starken (gesamt-) wirtschaftlichen Bedeutung wird dem Atomhaftungsrecht folgend besondere Beachtung geschenkt.

Heute gilt in 15 Mitgliedsländern der OECD[498] das unter Vorarbeit der OEEC/ENEA (heute OECD/NEA) zustandegekommene Übereinkommen vom 29.7.1960 über die Haftung gegenüber Dritten auf dem Gebiet der Kernenergie in der Fassung des Zusatzprotokolls vom 28. Januar 1964[499] und des Protokolls vom 16. November 1982 (Pariser Atomhaftungsübereinkommen, PÜ). Seiner Konzeption nach kann es als völkerrechtlicher Rahmen einer nationalen Regelung dienen oder auch unmittelbar in das nationale Recht übernommen werden („self-executing character").[500] Ergänzend wurde am 31.3.1963 das Brüsseler Zusatzübereinkommen über die Haftung der Inhaber von Reaktorschiffen[501] (BRÜ) geschlossen, welches lediglich völkerrechtliche Rechte und Pflichten der Vertragsstaaten begründete und nicht in unmittelbar in die Rechtsbeziehungen zwischen Haftpflichtigem und Geschädigten eingreift[502]. Beide Abkommen unterlagen einem Revisionsprozess, der für das PÜ zum Protokoll zur Änderung des Übereinkommens vom 12.2.2004 geführt hat.[503] Dies ist aber weder in Kraft[504] noch wird es die grundsätzlichen Struktur des Abkommens ändern.

Das „Wiener Übereinkommen über die zivilrechtliche Haftung für nukleare Schäden" (WÜ) vom 21.05.1963[505] schließlich enthält einen mit dem PÜ fast identischen Wortlaut, ist aber anders als dieses auf weltweite Beteiligung ausgerichtet. Um den Anwendungsbereich von PÜ und WÜ zu harmonisieren,[506] wurde das „Gemeinsame Protokoll über die Anwendung des Wiener Übereinkommens und des Wiener Übereinkommens" vom 21.09.1988 geschaffen.

---

[498] Vollständige Liste unter http://www.nea.fr/html/law/paris-convention-ratification.html.
[499] Dieses Protokoll sollte Unterschiede zur Vienna Convention on Civil Liability for Nuclear Waste v. 21.5.1963 beseitigen, s. Halsbury's Laws of England, 4th Ed., Vol. 19 (2) Para. 1107.
[500] Staudinger/KOHLER (2002), §§ 25, 25a AtomG, Rn. 2; HAEDRICH, AtomG, vor § 25 Rn 2.
[501] BGBl. 1975 II 977.
[502] HAEDRICH, AtomG, vor § 25 Rn. 9.
[503] S. http://www.nea.fr/html/law/legal-documents.html#agreements (letzter Zugriff 30.Juni 2005); zur Haltung des Rats der EU s. OJ L 338, 23/12/2003, S. 30. Ausführlich zur Revision bis 2002 PELZER, in: Rengeling (Hrsg.), EUDUR II Bd. 1, § 59 Rn.8, 14, 24, 29 ff.
[504] Nach Auskunft der NEA hatten bis zum 30.6.2005 16 Staaten das Protokoll unterzeichnet, aber noch keiner die Ratifikation vorgenommen.
[505] Vienna Convention on Civil Liability for Nuclear Damage (IAEA Doc. IN-FCIRC/50 = UNTS Vol. 1063, S. 266), veröffentlicht in deutscher Übersetzung in BGBl. II 2001, S. 207; zuletzt geändert durch das „Protocol to Amend the Vienna Convention on Civil Liability for Nuclear Damage" vom 29.09.1997, in Kraft seit dem 4.10.2003.
[506] S. dazu PELZER, in: Rengeling (Hrsg.), EUDUR II Bd. 1, § 59 Rn. 4.

1. Die Umsetzung des internationalen Haftungsregimes und zukünftige Entwicklungen mit Umweltbezug

Die nach dem PÜ erforderlichen Gefährdungshaftungsvorschriften für Schäden aufgrund nuklearer Ereignisse sind in den §§ 25 ff. AtomG[507] enthalten. Durch die Änderungsgesetze vom 8.7.1975[508] und vom 22.05.1985[509] wurden die Haftungsregeln der Pariser[510] und Brüsseler Atomhaftungsübereinkommen für die Bundesrepublik mit unmittelbarer Geltung übernommen. Der Bundestag hat durch Gesetz vom 5.3.2001[511] ferner dem Gemeinsamen Protokoll von 1988 zugestimmt.

Danach haftet für durch nukleare Ereignisse verursachte Schäden ausschließlich der Anlageninhaber und keine weiteren Dritten wie Subunternehmer oder Zulieferer (vgl. § 26 Abs. 6 AtomG, Art. 6 PÜ), und zwar exklusiv nach den Haftungsregeln des PÜ/WÜ. So wurde vom vorherrschenden Haftungsprinzip der „wirtschaftlichen Kanalisierung" durch *de-facto*-Staatshaftung zu einem Prinzip der „rechtlichen Kanalisierung" übergegangen.[512] Die Legaldefinition des „nuklearen Ereignisses" in Anlage 1 zum AtomG umfasst „jede Reihe" aufeinanderfolgender nuklearer Geschehnisse, die einen Schaden verursacht haben. Damit erfolgt eine umfassende gesetzliche Zurechnung der Schadensverursachung.

Hinsichtlich der Rechtsfolgen nehmen die §§ 28-30 AtomG unter Berücksichtigung spezieller Eigenheiten atomarer Schäden Bezug auf das allgemeine Schadensersatzrecht. Gemäß Art. 3 (a) PÜ ist jeder Verlust von Vermögenswerten voll ersatzfähig;[513] darüber hinaus sieht § 29 Abs. 2 AtomG auch den Ersatz des Nichtvermögensschadens vor.[514] Die Verjährung von Ansprüchen nach § 32 AtomG beträgt mit drei Jahren nur ein Zehntel der Zeit, die der Nuclear Installations Act 1965 und 1969 des Vereinigten Königreichs in s. 15 vorsieht.

---

507 Gesetz über die friedliche Verwendung der Kernenergie und den Schutz gegen ihre Gefahren, BGBl. I 1959, 814, neugefasst duch Bek. v. 15. Juli 1985 (BGBl. I 1565), zuletzt geändert durch Art. 8 des G. v. 06.01.2004 (BGBl. I 2); zur Entstehungsgeschichte s. POSSER/SCHMANS/MÜLLER-DEHN, AtomG, Einf. S. 1 ff.

508 BGBl. II 957; Bek. V. 4.2.1976, BGBl. II 308.

509 BGBl. II 690; BGBl. I 781.

510 BGBl. 1985 I 1565 bzw. BGBl. II 1985 963.

511 BGBl. 2001 II, 202.

512 FISCHERHOF, Vor § 25 Rn. 3, 4; HAEDRICH, AtomG, Vor § 25, Rn. 5; § 25 Rn. 14. Die „force majeure"-Klausel des Pariser Übereinkommens wurde für die Bundesrepublik in § 25 Abs. 3 S.1 AtomG außer Kraft gesetzt; (nur) für qualifizierte Fälle höherer Gewalt gilt indes die Haftungshöchstgrenze auf den Höchstbetrag der staatlichen Freistellungsverpflichtung (§ 31 Abs. 1 S. 2 AtomG).

513 Vgl. auch Art. 1 Abs. a (vii) des Protokolls vom 12. Februar 2004.

514 S. dazu Posser/SCHMANS/Müller-Dehn, AtomG, § 29 Rn. 349.

Derartige Unterschiede sind auch nach der Neufassung von Art. 8 d) des Protokolls 2004 weiter zulässig.

Das Vereinigte Königreich ist Mitgliedsstaat sowohl des PÜ als auch des BRÜ; das WÜ wurde unterzeichnet, aber nicht ratifiziert.[515] Die Sections 7 bis 10 des Nuclear Installations Act 1965 and 1969 auferlegen dem Inhaber einer atomrechtlichen Lizenz nach dem „duty"-Konzept Schutzpflichten gegenüber Dritten. S. 12 ordnet eine strikte Haftung für Gesundheits- und Sachschäden an, die durch Verletzung der vorgenannten Betreiberpflichten im Umgang mit radioaktivem Material entstehen können. Die Haftungskanalisierung wird also über eine „Pflichtenkanalisierung" erreicht.

Im Falle eines Wertverlusts eines Grundstücks durch radioaktive Kontamination war nach *Merlin v. British Nuclear Fuels plc*[516] der entstandene Schaden zunächst nicht nach diesen Vorschriften einklagbar, weil leicht erhöhte Strahlenwerte noch kein physikalischer Schaden seien. Damit war dem Ersatz reiner Vermögensschäden zunächst eine Absage erteilt, ohne dass auf den dadurch möglicherweise verletzten Art. 3 PÜ Bezug genommen wurde. In der Entscheidung *Blue Circle Industries v. Ministry of Defence*[517] befanden die Richter aber schließlich in einem ähnlich gelagerten Fall, dass der Wertverlust durch die Kontaminierung und damit durch eine physikalische Einwirkung eingetreten sei. Sie stellten ausdrücklich fest, dass es dabei nicht auf das Ausmaß der Erhöhung der Strahlenwerte ankommen könne. Damit besteht heute ein PÜ-konformes Haftungsregime, das auch den Ersatz reiner Vermögensschäden anordnet[518] und dabei weder mangelndes Verschulden noch *de minimis*-Argumente zur Verteidigung zulässt. Aufgrund der exklusiven Geltung atomrechtlicher Haftung sind Ansprüche wegen „breach of statutory duty" ausgeschlossen.

Nach Abs. 3 der Präambel des PÜ waren „Gemeinschäden" bislang nicht erfasst, so dass ökologische Schäden nur dort zu ersetzen waren, wo ein Individualrecht verletzt war. Das Protokoll von 2004 hingegen fasst unter „nukleare Schäden" auch

---

[515] S. Halsbury's Laws of England, 4th Ed., Vol. 19 (2) Paras. 1107, 1109; dennoch wurde im Nuclear Installations Act 1965 die Umsetzung gesehen, vgl. GATEHOUSE J, [1990] 3 All ER 711, 719.

[516] [1990] 2 QB 557; [1990] 3 All ER 711.

[517] [1998] 3 All ER 385; s. Anmerkung STALLWORTHY, ICCLR 1997, C71.

[518] Die Haftungshöchstgrenze im UK beträgt ausweislich s. 16 (1) 140 Mio. GBP, deren Deckung durch Abschluss entsprechender Versicherungen oder durch Rücklagen stets gewährleistet sein muss (s. 19). Darüber hinaus besteht für Schadenersatzansprüche eine staatliche Deckung in Höhe von 300 Millionen Sonderziehungsrechten des IWF. Das Protokoll 2004 wird die Höchstgrenze für die meisten Anlagen auf 700 Mio. Euro anheben, s. Art. 7 a).

> „die Kosten von Maßnahmen zur Wiederherstellung geschädigter Umwelt, sofern diese Schädigung nicht unbeträchtlich ist, wenn solche Maßnahmen tatsächlich ergriffen werden oder ergriffen werden sollen [...]" (Art. 1 a) vii) Nr. 4).

"Maßnahmen zur Wiederherstellung" sind danach all die staatlich genehmigten angemessenen Maßnahmen, die auf eine Wiederherstellung oder Erneuerung geschädigter oder zerstörter Teile der Umwelt oder auf ein Einbringen eines entsprechenden Ersatzes dieser Teile der Umwelt gerichtet sind. Die Gesetzgebung des Staates, in dem der Schaden eingetreten ist, legt fest wer befugt ist, solche Maßnahmen zu ergreifen.

Die Norm unterscheidet sich deutlich von § 16 UmweltHG und § 32 Abs. 7 S. 1 GenTG, weil sie nicht wie diese nur eine Wertung für die Verhältnismäßigkeit von Wiederherstellungsmaßnahmen an geschädigten Individualrechtsgütern aufstellt, sondern allgemein den Ressourceneinsatz für eine „geschädigte Umwelt" auf den Verursacher umlegt. Fraglich wird sein, welche Auswirkungen die Verwendung eines Sammelbegriffs wie dem der „Umwelt" im Schadensfall haben wird. Jegliche einer Privatperson zugeordneten Rechtsgüter und Vermögensinteressen unterfallen bereits den bisher bestehenden atomrechtlichen Haftungsregeln, so dass nur für ökologische Schäden im engeren Sinne eine Neuerung einträte. Mit dem Inkrafttreten des Protokolls würde deshalb in vielen Staaten, darunter auch in der Bundesrepublik und im Vereinigten Königreich, erstmals eine Schadenersatznorm für ökologische Schäden bestehen.

2. Rolle und Rechtfertigung zivilrechtlichen Atomhaftungsrechts

Die atomrechtlichen Haftungsvorschriften mit der begrenzten Deckungsvorsorge und der staatlichen Freistellungsverpflichtung beziehungsweise einer staatlichen Deckung bilden Anschauungsmaterial für die ökonomischen Wirksamkeit von Haftungsrecht: Kernkraftwerke konnten nur deshalb wirtschaftlich eingeführt und betrieben werden, weil es politisch erreichbar war, eine rechtliche Haftungsbeschränkung der Betreiber für Unfallschäden vorzusehen.[519] Anders wäre die hohe Gefahrträchtigkeit nuklearer Anlagen nicht wirtschaftlich versicherbar gewesen.

Das Atomhaftungsrecht muss also zwischen verschiedenen Spannungspolen balancieren: Zum einen können nukleare Unfälle katastrophale Ausmaße annehmen, deren gesamtwirtschaftliche und rechtliche Bewältigung die Möglichkeiten privatrechtlicher Ansprüche sprengt. Das Haftungsrisiko und die resultierenden Versicherungskosten andererseits würden den privatwirtschaftlichen Betrieb von Atomkraftwerken unrentabel machen. Ferner besteht ein berechtigtes Inter-

---

[519] LUHMANN, Protest, S. 57; WINTER/TREBILCOCK, Economics of Liability for Nuclear Accidents, Int'l. Rev. of Law & Economics 17 (1997), 215.

esse der Bevölkerung, für Schäden durch nukleare Ereignisse entschädigt zu werden, und zwar dem Grunde nach unabhängig vom Ausmaß des schadenstiftenden Ereignisses.

Diese Anforderungen zu vereinen ist das Haftungsregime des PÜ, BRÜ und WÜ angetreten. Sie sehen eine kanalisierte Gefährdungshaftung der Anlagenbetreiber für unterhalb der Schwelle der Katastrophe liegende Schäden vor. Bei darüber hinausgehenden Schadensereignissen muss die Gemeinschaft die Schäden tragen: Bis zu einer bestimmten Höhe kommt der Staat seiner „originären Eintrittspflicht“[520] gegenüber dem Einzelnen nach. Ist auch diese Summe überschritten, so bestehen individuelle Ansprüche nicht mehr, und die Gesamtheit der Opfer muss die Schäden tragen. Die Höhe der Deckungssummen sind dabei abhängig von der Versicherbarkeit und, hinsichtlich der Versicherungskosten, von politischen Konzessionen an die Kraftwerksbetreiber.

II. Haftung für Ölschäden aus Schiffsbetrieb

Am 29.11.1969 wurde das Internationale Übereinkommen über die zivilrechtliche Haftung für Ölverschmutzungsschäden geschlossen.[521] Es erlegt den Eigentümern eines Schiffes eine strikte, also verschuldensunabhängige Haftung für Sach- und Personenschäden auf, die durch von ihren Schiffen ausgehende Ölverschmutzungen verursacht wurden. Für Ausnahmen von der Haftung wie Drittverschulden trägt der Eigentümer die Beweislast. Insbesondere können die Mitgliedsstaaten tonnageabhängige Haftungshöchstgrenzen festsetzen. Innerhalb dieser Grenzen sind alle Schäden ersatzfähig, die durch die Ölversschmutzung als Folge eines Austritts von Rohöl entstanden sind, sowie die Kosten für angemessene Vorsorge- und Aufräummaßnahmen.[522] Ergänzend entstand 1971 das Internationale Übereinkommen über die Errichtung eines Internationalen Fonds zur Entschädigung für Ölverschmutzungsschäden.[523] In Deutschland gilt das Ölhaftungsübereinkommen als innerstaatliches Recht.[524] Im Vereinigten Königreich dienen die ss. 153, 154 Merchant Shipping Act 1995 der Umsetzung. Zur Finanzierung wurde eine Pflichtversicherung eingerichtet, welche den aufgrund völkerrechtlichen Vertrags eingerichteten internationalen Fonds zur Entschädigung für Ölverschmutzungsschäden ergänzen soll. Das Internationale Überein-

[520] PELZER, in: Rengeling (Hrsg.), EUDUR II Bd. 1, § 59 Rn. 2 Fn. 11.
[521] BGBl. II 1975, S. 301, 305, i.d.F. des Protokolls von 1992 (BGBl. 1994 II, 1150), zul. geändert durch das Änderungsabkommen von 2000. Das Abkommen wird bei der International Maritime Organisation verwaltet. Zur Entstehung s. LEIFER, NuR 2003, 601.
[522] ABECASSIS, Oil Pollution from Ships, S. 184 f.
[523] BGBl. II 1975, 301, 320, zuletzt geändert durch das Protokoll von 2003 zum Internationalen Übereinkommen von 1992 über die Errichtung eines Internationalen Fonds zur Entschädigung für Ölverschmutzung, BGBl. II Nr. 29 vom 20.09.2004 S. 1290.
[524] BGBl. II 1975, S. 301, 305.

kommen über die zivilrechtliche Haftung für Verschmutzungen durch Bunkeröl von 2001 schließlich ist mangels ausreichender Ratifizierung noch nicht in Kraft getreten. Der Merchant Shipping Act sieht in s. 153 dennoch bereits eine Haftung für Schäden durch Getriebeöle vor.

B. Verschuldensunabhängige Haftung nach dem Recht von England und Wales

I. Private nuisance

Das englische Nachbarschaftsrecht wird überwiegend geprägt durch das Rechtsinstitut der *private nuisance*.[525] Auch hier handelt es sich um ein privatrechtliches Mittel der Störungsabwehr, die teilweise sehr weit reicht. Die ursprüngliche, alte Klageform der *nuisance* ist nicht zu Unrecht als Prototyp eines Rechts auf saubere Umwelt bezeichnet worden.[526] *Nuisance* bedeutet Störung, Beeinträchtigung, aber auch Ärgernis. Damit kann der Begriff sowohl die Tathandlung als auch deren Folge meinen. Schließlich bezeichnet der Rechtsbegriff der *nuisance* einen deliktischen Tatbestand. Eine solche *nuisance* kann einerseits „private" sein, also den Konflikt der Rechte zweier Bürger betreffen. Betrifft sie aber einen signifikanten Teil der Öffentlichkeit, liegt unter Umständen eine *public nuisance* vor, die auch strafrechtliche Konsequenzen nach sich ziehen kann. Das Verständnis des Deliktstyps der *private nuisance* wird für den Rechtsvergleicher durch seine historische Entwicklung erschwert, die es als „ill-defined branch of tort law with an inadequate theoretical basis" und „undurchdringbaren Dschungel" erscheinen lassen.[527] Obgleich es verschuldensunabhängig ist, spielen doch subjektive Elemente eine Rolle. Daher sei vor einer vorweggenommenen Einordnung als „Gefährdungshaftung" nach kontinentalem Verständnis gewarnt.

1. Definition, Anspruchsberechtigte und Anspruchsgegner

Nach der gängigsten Definition ist *private nuisance* jede „ungerechtfertige Störung der Nutzung oder des Genusses von Land oder eines Rechts, welches damit in Verbindung steht".[528] Notwendig ist ergo ein rechtliches Interesse des Klägers am Grundstück; dieses Interesse muss im Sinne des *law of nuisance* schutzwürdig sein. Ob dies der Fall ist, und ob eine relevante Störung dieses Interesses vorliegt, wird unter Rückgriff auf einen „vernünftigen Nutzer"

---

[525] Vgl. OGUS/RICHARDSON, Economics of the Environment, in: Hutter, S. 53.

[526] WILKINSON, a.a.O., S. 2, mit der Einschränkung, dass soziale Ungleichheiten die Durchsetzung oftmals unmöglich machte.

[527] GEARTY, The place of nuisance in a modern law of torts, (1989) 48 CLJ 214, bzw. PROSSER and KEETON on Torts, 5. A., S. 616 (so MARKESINIS/ DEAKIN, Tort Law, S. 421).

[528] „Unlawful interference with a person's use or enjoyment of land, or some right over, or in connection with it", ROGERS, Tort, Rn. 14.4 (S. 508); übernommen von der Rechtsprechung in *Howard v. Walker* [1947] 2 All ER 197, 199; *Read v. Lyons & Co* [1946] 2 All ER 471.

(*reasonable user*) bestimmt. Die Gerichte nehmen dabei eine Abwägung der Handlungsfreiheit des Schädigers und dem betroffenen Recht des Geschädigten vor. Als Maßstab dient die Angemessenheit des Verhaltens des Störers angesichts des vorhersehbaren Schadens. Die Gerichte haben dieses Kriterium für bestimmte Verletzungshandlungen anhand verschiedener Faktoren weiter verfeinert.

Anspruchsberechtigt ist seit *Hunter v. Canary Wharf Co* nur noch, wer ein dingliches Recht oder ausschließlichen Besitz („some interest or exclusive possession in the land") hat. Dies ermöglicht sowohl Ansprüche eines besitzenden Mieters[529] als auch eines Eigentümers für Schäden, die bereits vor der Entstehung seines Rechts eingetreten waren,[530] nicht aber eines Landbesetzers ohne Besitzrecht oder der Ehefrau eines Landeigentümers ohne eigenes Recht am Grundstück.[531] Geschützte Rechte sind die Nutznießung des Eigentums, der physische Bestand des Eigentums sowie die ungestörte Nutzung der natürlichen oder abgeleiteten „Grunddienstbarkeiten", wie die Nutzung von Licht, Luft, Wasser oder einem Wegerecht.[532]

Auf Seiten des Anspruchsgegners liegt der Grund für die Haftung in der Kontrolle über das Land, auf welchem die Störung ihren Ursprung hat.[533] Dabei ist in erster Linie der Verursacher der Störung der richtige Anspruchsgegner. Ein Eigentümer, der aufgrund einer Vermietung keinen unmittelbaren Besitz an der Immobilie hat von der die Störung ausgeht, kann nur ausnahmsweise zur Verantwortung gezogen werden, wenn er die Störung mitverursacht oder gebilligt hat. So wurde in *Attorney-General v. Corke* ein Campingplatzbetreiber für die störenden Handlungen seiner Kunden in der Nachbarschaft haftbar gemacht.[534] In Zusammenschau mit den Grundsätzen aus *Rylands v. Fletcher* wurde ihm aufgegeben, die Campierenden zukünftig von Müll- und Fäkalienablagerungen sowie Lärmbelästigungen auf angrenzenden Grundstücken abzuhalten. Damit war nach deutscher Terminologie eine Haftung nicht nur für den Verhaltens-, sondern auch für den Zustandsstörer begründet. Steht der Verursacher zum Eigentümer oder berechtigten Besitzer in keinem vertraglichen Verhältnis, so ist seit *Sedleigh-Denfield v. O'Callaghan* eine Haftung des Berechtigten nur anzunehmen, wenn er die Störung fortführt oder sonst autorisiert oder es trotz Kenntnis oder Kennenmüssens binnen eines angemessenen

---

529 *Hunter v. Canary Wharf* [1997] 2 WLR 684, 695.

530 *Delaware Mansions Ltd/ Flecksun Ltd v. Westminster City Council* [1999] 46 EG 194, CA.

531 *Blackburn v. ARC Ltd* [1998] Env LR 469.

532 ELDER, [1973] 12 Western Ont. L. Rev 107, 122.

533 CROSS, [1995] 111 LQR 445, 447, m.w.N.

534 [1932] All ER 711, per BENNETT, J.; s.a. *Smith v. Scott* [1972] 3 All E.R. 645; *Malzy v. Eicholz* [1916] 2 KB 308.

Zeitraums unterlässt, sie abzuwenden.[535] Allerdings kann die Verantwortung für die Störung ohne Rücksicht auf das Verhalten des Inanspruchgenommenen auch auf dem vorfindlichen Zustand des Grundstücks beruhen. So haftet für historisch zustandegekommene Altlasten, wer das Grundstück in Besitz nimmt.[536]

2. Die beiden Tatbestände der nuisance

Obwohl *private nuisance* bisweilen als singulärer Tatbestand innerhalb des verzweigten *tort*-Systems bezeichnet wird, legen viele Kommentatoren Wert auf eine Unterscheidung in zwei verschiedene *nuisance*-Formen, die dem zweigeteilten Bild des Torts gerecht wird. Wird nämlich nicht nur ein materieller Schaden geltend gemacht, sondern die Beeinträchtigung der Nutzung oder des Genusses von Land oder eines Rechts daran, so wird als zusätzliche Tatbestandsvoraussetzung die sogenannte *locality doctrine* angewandt.[537] Diese Lehre fußt auf dem Gedanken, dass im Falle eines materiellen Schadens die Ortsüblichkeit einer Emission keine Rolle spielen darf. Die für eine Beurteilung eines Sachverhalts zu beachtenden Merkmale hängen mithin vom geltend gemachten Schaden ab. Eine derartige Unterscheidung von „material interference with property“ und „interference with use or enjoyment“ auf der Ebene der Haftungsbegründung findet sich nur in Common Law-Rechtssystemen.[538]

In letzterem Fall ist für eine erfolgreiche *nuisance*-Klage erforderlich, dass die Störung an dem Ort, an dem sie eintrat, über das in dieser Umgebung übliche Maß spürbar hinausging.[539] Anders als dort, wo ein materieller Schaden erduldet wurde, werden Beeinträchtigungen der Nutzung oder des Genusses von Grundeigentum im Lichte der Örtlichkeit bewertet, in dem sie entstanden sind. Auslöser für die bloße Verursachung von Unannehmlichkeiten kann, muss aber nicht zwingend ein Eindringen auf dem physikalischen Wege der Umweltmedien sein; auch die von deutschen Juristen so genannten „ideellen Immissionen“ können ausreichend sein,[540] soweit sie eine wesentliche Beeinträchtigung zeitigen. Ungenügend sind daher bloß ästhetische Beeinträchtigungen,[541] es sei denn, sie geben Anstoß zu psychischem Diskomfort.[542]

---

[535] [1940] AC 880, 904 f.; s. auch DAVEY, Conv. 2001, Jan/Feb, 31, 59 f.

[536] WOLF/STANLEY, Environmental Law, S. 418.

[537] Seit *St. Helen's Smelting Co. v. Tipping* (1865) 11 HL CAS 642; WEIR, Casebook, S. 430.

[538] Vgl. MARKESINIS/DEAKIN, Tort Law, S. 422.

[539] St. Rspr., s. nur *St. Helen's Smelting Co. v. Tipping* (1865) 11 HL CAS 642; *Milner v. Spencer* (1976) 239 EG 573.

[540] ROGERS, Tort, Rn. 14.4 (S. 508).

[541] Kritisch OGUS/RICHARDSON, Economics of the Environment, in: Hutter, S. 60.

[542] So bei großer räumlicher Nähe eines Bordells, vgl. *Thompson-Schwab v. Costaki* [1956] 1 WLR 335.

In diesem Zusammenhang erhebt sich die – später noch genauer zu untersuchende – Frage, welchen Einfluss öffentlich-rechtliche Entwicklungspläne und Genehmigungen auf die Bestimmung des Charakters der Örtlichkeit haben. Grundsätzlich kann nur durch oder aufgrund eines Gesetzes ein Verhalten, welches ansonsten den Tatbestand der *nuisance* erfüllt, legalisiert werden.[543] Obwohl in einem (umstrittenen) Fall einem Entwicklungsplan eine mittelbare Wirkung für die Einordnung eines Viertels hatte, kann als gesichert angesehen werden, dass eine einzelne Baugenehmigung den Charakter eines Gebietes nicht zu verändern mag.[544]

3. Die Störung

Beiden Alternativen der *nuisance* ist gemein, dass nicht allein ein außergewöhnliches Ereignis, sondern erst ein Zustand von längerer Dauer eine Störung in diesem Sinne zu begründen vermag.[545] Bis ins 20. Jahrhundert hinein war allgemeine Rechtsauffassung, dass dieser Zustand eine für die menschlichen Sinne wahrnehmbare Veränderung herbeiführen muss.[546] Kontaminationen, die erst durch technische Einrichtungen aufgezeigt werden können, waren daher kein Schaden im Sinne des *law of nuisance*. Angesichts moderner Umweltprobleme, von denen viele mit Hilfe technischer Geräte aufgezeigt werden können, bevor ein für jedermann sichtbarer Schaden eintritt (z.B. Radioaktivität) dürfte diese Regel heute als veraltet gelten.[547] Selbstverständlich muss der Schaden durch die Störung verursacht worden sein. Auf dieser Ebene ergeben sich die schon bekannten Probleme haftungsbegründender Kausalität. Die Anknüpfung an einen Zustand schließt eine Berücksichtigung der zugrundeliegenden Handlung und ihrer subjektiven Elemente weitestgehend aus. Gleichzeitig trägt die notwendige *prima facie*-Einordnung eines Zustandes als „Störung" zu dem vielbeklagten Mangel an Systematisierbarkeit bei, weil im Anschluss an diese Qualifikation anhand verschiedener, korrigierender Merkmale erst festgestellt werden muss, ob die Störung auch die Rechtsfolgen der *nuisance* zeitigt.

4. Die Vorhersehbarkeit nach *Cambridge Water*

Unabhängig von der Art des geltend gemachten Schaden ist, dass die Schädigung in vernünftiger Weise vorhersehbar gewesen sein muss. Zum „leading case" im Bereich des Umwelthaftungsrechts, namentlich für *nuisance* und *Rylands v. Fletcher*, hat sich *Cambridge Water Company v. Eastern*

---

[543] Vgl. *Wheeler v. J.J. Saunders Ltd* [1996] Ch. 19.
[544] *Gillingham Borough Council v. Medway (Chatham) Dock Co. Ltd.* [1993] Q.B. 343.
[545] WOLF/STANLEY, Environmental Law, S. 418, mit Nachweis seltener Ausnahmen.
[546] WILKINSON, Environment and Law, S. 94, mit Hinweis auf *Salvin v. North Brancepeth Coal* [1874] 9 Ch. App 705.
[547] BUCKLEY, The Law of Nuisance, S. 107 f.

Counties Leather plc[548] entwickelt: Ein unterirdisches Wasserreservoir wurde von CWC zur Trinkwasserversorgung genutzt. Eine Lederfärberei in der Nähe begann in den 1950er Jahren, Trichlorethan (TCE) und Perchlorethen (PCE) für den Färbeprozess zu nutzen. Bei der Handhabung der Chemikalien wurden regelmäßig Kleinstmengen verschüttet. Diese durchdrangen einen Betonboden und die darunterliegenden Erdschichten und gelangten schließlich in das Reservoir, welches 1,3 Meilen von der Färberei entfernt lag. Wegen Überschreitung der Richtwerte für diese Chemikalien aus den 1980er Jahren wurde der Wasserspeicher für dic Trinkwassergewinnung unbrauchbar. Infolgedessen mussten CWC 1983 ihr Bohrloch schließen und an anderer Stelle ein neues schaffen. Anders noch als im Court of Appeal scheiterte ein Anspruch aus *nuisance* (wie auch der aus *negligence* und aus *Rylands*) vor dem House of Lords, weil der Eintritt des Schadens nicht vorhersehbar gewesen sei.[549] Das Gericht konnte offen lassen, ob die Kontamination als solche vorhersehbar gewesen sei, denn jedenfalls konnte vernünftigerweise der Umfang der Beeinträchtigung und die Folgen – Stilllegung aufgrund öffentlich-rechtlicher Standards – nicht antizipiert werden. Begründet wurde das Erfordernis der Vorhersehbarkeit neben dem Verweis auf altes "case law" mit einem a-fortiori-Argument: Wenn der Kläger unter *negligence* Schadenersatz für schwerwiegende Verletzungen wie denen des Körpers oder der Gesundheit nur bei Vorhersehbarkeit erlangen könne, so sei schwerlich zu begründen, dass er bei bloßer Beeinträchtigung seiner Landnutzung besser gestellt sein sollte. Dieser Schluss war angesichts der weiteren Unterschiede der beiden Torts nicht zwingend. Die Motivation für die Begrenzung der Haftung aus *nuisance* liefert LORD TEMPLEMAN aber in seiner Stellungnahme: Die Begründung einer strikteren Haftung solle dem Parlament überlassen bleiben, welches per „statute" die hinreichende Bestimmbarkeit der Haftungsvoraussetzungen besser schaffen könne als die Gerichte unter Anwendung der herkömmlichen Common-Law-Grundsätze.[550]

5. „Reasonableness"

Dasjenige Merkmal, welches in Theorie und Praxis am meisten Schwierigkeiten bereitet, ist das des „vernünftigen" oder auch „mäßigen Landnutzers". Maßstab der Vernunft sind die „gewöhnlichen Gepflogenheiten eines Menschen, lebend in einer bestimmten Gesellschaft".[551] Trotz dieser Nähe zu einer Fahrlässigkeits-

---

[548] *Cambrigde Water Co v. Eastern Counties Leather plc*, [1994] 2 AC 264; [1994] 2 WLR 53; [1994] 1 All ER 53; Zusammenfassung der Entscheidungen erster und zweiter Instanz s. BRYCE/HALL, [1993] 1 Int. ILR 17 ff.; deutscher Kommentar von HAGER, in: FS Hyung-Bae Kim, S. 195 ff.

[549] So das Votum von LJ GOFF OF CHIEVELY [1994] 1 All ER 77.

[550] Ähnlich für elektromagnetische Störungen der Court of Appeal in *Network Rail Infrastructure Ltd v. Morris*, [2004] Env LR 41.

[551] *Sedleigh-Denfield v. O'Callaghan* [1940] AC 880, 903.

konzeption ist das Prinzip des *reasonable user* deutlich von dem der angemessenen Sorgfalt (*reasonable care*) des *tort of negligence* zu unterscheiden.[552] Der vernünftige Landnutzer verhält sich so, dass die Nutzungsmöglichkeiten anderer nicht rechtswidrig eingeschränkt werden; dabei wägen die Gerichte die jeweiligen Rechte der Parteien gegeneinander ab. *Reasonable care* hingegen ist ein objektiv bestimmter Verhaltensstandard, der im *negligence*-Tatbestand als Messlatte zur Bestimmung des Verschuldens dient. Folgerichtig hat *Rapier v. London Tramways Co.*[553] den Rechtssatz aufgestellt, dass der Einsatz angemessener Sorgfalt eine Haftung nach *nuisance*-Grundsätzen nicht ausschließt. Dies rührt daher, dass bei *nuisance* das Augenmerk auf das Ergebnis der Tat und nicht auf die Handlung gerichtet ist („the deed, not the doing").[554] Insoweit ist Kriterium der *reasonableness* in Inhalt und Funktion vergleichbar mit der Unzumutbarkeitsprüfung in den Duldungspflichten deutscher Provenienz, namentlich § 906 BGB.

Allerdings wird *private nuisance* bis heute nicht gänzlich frei von Verschuldenserwägungen angewandt. So kann die „Angemessenheit" des Verhaltens durchaus Einfluss auf die Interpretation der Vernunft eines Landnutzers haben.[555] Auch die Höhe des Schadensersatzes wird nach *Wagon Mound No 2*[556] an Verschuldensmaßstäben gemessen. Der Haftungsgrund bleibt aber das Herbeiführen eines rechtswidrigen Zustands. Nach alldem kann indes nicht mehr davon gesprochen werden, dass das *law of private nuisance* eine verschuldensunabhängige Haftung im Sinne einer *strict liability* aufstellt.[557]

In die Abwägung, ob sich die Landnutzung noch im vernünftigen Rahmen bewegte oder aber außerhalb, werden Kriterien wie Dauer der Störung und die Empfindlichkeit des Klägers eingestellt, aber auch ökonomische und soziologische Faktoren. So spielen regelmäßig die Absicht der Durchführung und der Nutzen der störenden Aktivitäten für die Allgemeinheit eine entscheidende Rolle. Das gleiche gilt für den bestmöglichen Einsatz von Mitteln zur Vermeidung der Störung.[558] Angesichts dieser Wertungen ist zu erwarten, dass Gerichte mögliche Schäden für die Allgemeinheit durch negativen Einfluss auf die Umweltmedien in die Abwägung einfließen lassen können; entsprechende Entscheidungen sind indes bislang nicht bekannt geworden.

---

552 S. dazu GILIKER, Marking the Boundary, in: Lowry/Edmunds, S. 164 f.
553 [1893] 2 Ch. 588, 590.
554 MARKESINIS/TETTENBORN, (1981) 131 NLJ 108, 109.
555 GILIKER, Marking the Boundary, in: Lowry/Edmunds, S. 164 f.
556 *Overseas Tankship (UK) Ltd v. Miller Steamship Co Pty* [1967] 1 AC 617.
557 LORD WRIGHT in *Sedleigh-Denfield v. O'Callaghan* [1940] 3 All ER, 349, 365; BUCKLEY, The Law of Nuisance, S. 18; GILIKER, in: Lowry/Edmunds, S. 168, 178.
558 WOLF/STANLEY, Environmental Law, S. 419 f., mit vielen Beispielen.

6. „Directness“

Die Abgrenzung der *nuisance* zum *tort of negligence* sowie zu *trespass* bereitet große Schwierigkeiten. Dies ist, wie bereits ausgeführt, in der Praxis vor allem hinsichtlich der unterschiedlichen Rechtsfolgen relevant. Bislang hat die englische Rechtsprechung dazu keine eindeutige Stellung bezogen. Die Abgrenzung zum Deliktstatbestand des *trespass* erfolgt üblicherweise durch das Kriterium der Unmittelbarkeit (*directness*) – je unmittelbarer die Störung, desto eher liegt *trespass* vor.[559] Allerdings wird *trespass* in immer weniger Entscheidungen ernsthaft diskutiert und verliert so zugunsten des *nuisance*-Tatbestandes an Bedeutung für die Rechtspraxis. Ein Grund dafür mag in den Unsicherheiten bestehen, welcher Maßstab beim *trespass* an das Verhalten des Beklagten zu legen sei.

7. Defences

In den durch heranrückende Wohnbebauung vorgezeichneten Konflikten wird der Beklagte regelmäßig den Einwand erheben, der emittierende Betrieb existiere schon geraume Zeit vor dem Zuzug des Klägers, dieser sei also „zur Störung gekommen und nicht umgekehrt“. Diese Prioritätsfrage beantwortet das Common Law derart, dass es dem Einwand keine Bedeutung zumisst und Bestandsschutz grundsätzlich verneint.[560] Nur dort, wo ein immaterieller Schaden geltend gemacht wird, wird zur Bestimmung, ob überhaupt eine *nuisance* vorliegt, die Art der umgebenden Bebauung berücksichtigt. Damit ergibt sich jedenfalls für materielle Schäden der Eindruck, dass die Zivilgerichte Umweltstandards setzen, die eine universelle Geltung haben – also auch an Orten mit erhöhter Beeinträchtigung des Lebensraums, wie zum Beispiel in Industriegebieten. Auch Baugenehmigungen ändern daran grundsätzlich nichts.[561]

Seit *Tipping v. St Helen's Smelting Co.*[562] kann ein Industrieunternehmen sich nicht länger durch den Nachweis ordentlicher, das heißt gegenwärtigen Standards gemäßer Betriebsführung von der Haftung freizeichnen. Allerdings dürfte ein derartiger Verhaltensstandard durch *Cambridge Water* einiges Gewicht im Streit um die durchschnittliche Vorhersehbarkeit eines Schadens erhalten haben. Anderes gilt für das Vorliegen einer gesetzlichen Genehmigung zum Bau oder Betrieb der Anlage. Ihrem Zweck der Aufrechterhaltung der öffentlichen

---

[559] S. *Gregory v. Piper* (1829) 9 B & C 591 einer-, und *Miller v. Jackson* [1977] 1 QB 966 andererseits.

[560] Vgl. SAMUELS, Developments that cause a nuisance, [2004] JPL 394.

[561] "A planning permission is not a licence to commit a nuisance.", *Gillingham Borough Council v. Medway (Chatham) Dock Co Ltd* [1992] 3 All ER 923, per BUCKLEY J..

[562] [1865] XI HL CAS 642; anders noch *Hole v. Barlow* 140 ER 1113; s. dazu *Cocks*, Victorian Foundations?, in Lowry/Edmunds, S. 4 ff.

Versorgung entsprechend[563] präkludiert eine derartige Genehmigung durch das Parlament *nuisance*-Ansprüche jedenfalls soweit, wie die Genehmigung reicht.[564] Erst eine Verletzung der zumutbaren Sorgfalt bei der Ausführung der genehmigten Tätigkeit stellt sich dann wieder als „actionable nuisance" dar. Mit anderen Worten macht die „statutory permission" aus der *nuisance* eine verschuldensabhängige Haftung, und zwar sowohl für Abwehr- als auch für Schadenersatzansprüche. Entschädigungsansprüche bestehen nur, wo diese in der gesetzlichen Erlaubnis angelegt sind.[565] Eine behördliche „planning permission" vermag nur in Ausnahmefällen die Störung zu rechtfertigen.[566]

Solange aber eine gesetzliche Genehmigung nicht besteht, ändert der Einwand, die störenden Aktivitäten seien sozial, mikro- oder makroökonomisch oder in anderer Hinsicht wünschenswert, an der Qualifikation des Handelns als *nuisance* nichts. Er kann aber sehr wohl die Frage nach einer *injunction* entscheiden, deren Erteilung im Ermessen des Gerichts steht.[567] Diese Rechtsfolge wurde kürzlich im *Dennis*-Fall von der Queen's Bench Division bestätigt.[568] Die Eigentümer eines Herrenhauses aus der Zeit Charles' II klagten gegen das Verteidigungsministerium, weil regelmäßig spezielle Start- und Landeübungen von Harrier-Jets der Royal Air Force über ihrem Grundstück stattfanden. Das Gericht stellte zunächst fest, dass die Gemeinwichtigkeit nicht bereits tatbestandsausschließend sei; vielmehr qualifizierte er das Argument des *public interest* als *defence*, das heißt er siedelte es auf der Rechtswidrigkeitsebene an. Dies ermöglichte es, die (ansonsten angesichts der Schwere der Belästigung fast zwingende) Rechtsfolge der *injunction*[569] zu vermeiden und den Flugbetrieb aufrechtzuerhalten. Gleichzeitig konnte das Gericht aber den Klägern eine Entschädigung in Geld zusprechen. Dies gelte allerdings nur, solange die Störung auch hinsichtlich ihres Gewichts zum Wohle der Allgemeinheit notwendig ist. Anderenfalls könne mittels privatrechtlicher *injunction* der Beeinträchtigte die Aktivität auf das niedrigstmögliche Niveau zwingen. Damit stellte BUCKLEY J.

---

[563] Vgl. PILL, Immissionen im englischen Recht, S. 114 f.

[564] *Allen v. Gulf Oil Refining Ltd.* (1981) 2 WLR 188, [1981] 1 All ER 353.

[565] ROGERS, Tort, Rn. 14.34 (S. 537).

[566] S. § 3, H. I. 1.

[567] Vgl. *Kennaway v. Thompson* [1980] 3 All ER 329; *Elliott v. London Borough of Islington* [1991] 1 E.G.L.R. 167.

[568] *Dennis v. Ministry of Defence* [2003] EWHC 793, [2003] EnvLR 741. Der Fall ist auch deshalb von besonderem Interesse für die Entwicklung des Common Law, weil der Flugplatz weder gesetzlich noch bauplanungsrechtlich besonders legitimiert war. Öffentliches Recht hatte daher keinerlei Einfluss auf die Entscheidung, s. HARTSHONE, Conv. 2003, 526, 530; BAGSHAW, L.Q.R. 120 [2004], 37.

[569] Eine *injunction* kann gemäß s.21(1) of the Crown Proceedings Act 1947 nicht gegen die Krone erlassen werden. Stattdessen wäre hier eine *declaration* ergangen, der das Ministerium aufgrund „rechtlicher Übung" (convention) gefolgt wäre.

ein System auf, welches den von deutschen Gerichten unter dem Stichwort der „Gemeinnützigkeit“ entwickelten Grundsätzen ausgesprochen ähnlich ist.

Der Beklagte kann ferner nicht erfolgreich vorbringen, sein Handeln habe nur im Verbund mit dem Handeln anderer zu einer Störung geführt, erfülle für sich allein genommen den Tatbestand jedoch nicht. Diese Antwort des Common Law auf das Problem der kumulativen Kausalität findet seine Begründung darin, dass der relevante Verhaltensstandard des *reasonable user* anhand der Umstände des Falls bestimmt wird – und dazu gehört eben auch das Verhalten anderer.[570]

Hinsichtlich der Verwirkungsregeln ist das englische Recht dem Geschädigten wohlgesonnen. Erst wenn ein Zeitraum von 20 Jahren, in denen der störenden Tätigkeit nachgegangen wurde, verstrichen ist, ist ein Anspruch aus *nuisance* präkludiert. Zusätzlich beginnt dieser Zeitraum erst in dem Moment, in dem der Kläger von der Störung erfährt, und zwar auch in den Fällen, in denen er erst nachträglich an den Ort der Störung kommt.[571] Besteht kodifiziertes Recht, welches eine störende Handlung explizit anordnet oder zumindest immanent erlaubt,[572] so ist eine Klage aus *nuisance* abzuweisen.

8. Rechtsfolgen

Wenn eine *nuisance* begangen wurde, hat der Geschädigte Anspruch auf vollumfänglichen Ersatz seines Schadens, soweit dieser die vorhersehbare Konsequenz der Störung war.[573] *Nuisance* ist also nicht wie *trespass* klagbar *per se*, sondern erfordert den Nachweis eines Rechtsguts- oder eines Vermögensschadens. Dessen Ersatz manifestiert sich nicht in erster Linie in einer Naturalrestitution, sondern setzt sich aus den Kosten der Wiederherstellung oder der Höhe der Wertminderung zusammen.[574] Bei der Zuerkennung von Schadenersatz für immaterielle Schäden ist die Rechtsprechung äußerst zurückhaltend. So kürzte in *Bone v. Seale* der Court of Appeal die vom erstinstanzlichen Richter zugesprochene Summe für den Verlust von Annehmlichkeiten durch die Gerüche einer benachbarten Schweinefarm von 6000 GBP auf 1000 GBP.[575] Für Körperschäden kann keine Entschädigung verlangt werden, denn dem *law of nuisance* wurde in neueren Gerichtsentscheidungen[576] eine schärfere Kontur als „property tort“ verliehen, also als Deliktstatbestand, welcher ausschließlich den

---

[570] ROGERS, Tort, Rn. 14.31 (S. 535).
[571] *Sturges v. Bridgman* (1879) 11 Ch D 852, 863.
[572] Zu den Grenzen s. ROGERS, Tort, Rn. 14.34 (S. 537 f.), m.w.N.
[573] *Overseas Tankship (UK) Ltd v. Miller Steamship Co Pty Ltd, The Wagon Mound (No 2)*, [1967] 1 AC 617, [1966] 2 All ER 709.
[574] BUCKLEY, The Law of Nuisance, S. 114.
[575] *Bone v. Seale* [1975] 1 WLR 797, CA; s. a. *Halsey v. Esso Petroleum* [1961] 1 WLR 683.
[576] *Hunter v. Canary Wharf Co* [1997] AC 655.

Schutz von Eigentumsinteressen im Auge hat.[577] Die Eigenschaften des Gebiets, in welchem der Konflikt sich zutrug, findet nicht nur bei der Abwägung Berücksichtigung, ob überhaupt eine *nuisance* vorlag; selbst wenn die Störung für klagbar befunden wurde, kann die Ortsüblichkeit der Störung noch Einfluss auf die Höhe der Schadenersatzsumme haben (*locality doctrine*).[578]

Oftmals wird die Zahlung von Schadenersatz die Störung nicht aus der Welt räumen. So kann die Fortführung der störenden Handlung auch angesichts hoher Schadenersatzforderungen wirtschaftlich noch lukrativ sein. Geschädigte klagen daher oftmals auf Unterlassung bestimmter Handlungen. Ob aber das Gericht eine Unterlassungsverfügung erteilt, liegt im Ermessen der Richter.[579] Wie weit der Ermessensspielraum reicht und welche Kriterien in den Abwägungsprozess eingestellt werden müssen, ist umstritten. Nach der ganz überwiegend befolgten Regel aus *Shelfer v. City of London Electric Co*[580] müssen sehr außerordentliche Umstände hinzutreten, damit sich der Störer mit weiteren Schadensersatzzahlungen das Recht erkaufen kann, weitere Störungen zu begehen. Ausschlaggebend für die Bewertung sind die Erheblichkeit der Störung einer- und das öffentliche Interesse an der Fortführung der störenden Handlung andererseits.[581] Obwohl diese Regel zum Teil erstaunliche Ergebnisse zeitigt,[582] wird sie ganz überwiegend und ohne Abmilderungen angewandt.[583]

9. Die umwelthaftungsrechtliche Bedeutung der *private nuisance*

Der Tort der *negligence* fokussiert auf das Verschulden des Beklagten („unreasonableness“). Demgegenüber ist die *nuisance* durch die rechtswidrige Beeinträchtigung („unlawful“ oder „unreasonable interference“) charakterisiert. Die „unreasonableness“-Kriterien der beiden Torts divergieren also stark. Insbesondere kann die Beachtung angemessener Sorgfalt gegen die Haftung aus *nuisance* nicht erfolgreich ins Feld geführt werden, weil die Qualifikation als störender Zustand nichts über die Qualität der Handlung aussagt. Insofern reicht die Zustandshaftung nach *nuisance*-Grundsätzen weiter als nach dem Recht der *negligence*. Nicht zuletzt deshalb wird *nuisance* von vielen Kommentatoren als

---

[577] PUGH/CRIDDLE, [2004] JPIL 111; kritisch GILIKER, in: Lowry/Edmunds, S. 172.

[578] Vgl. BELL/MCGILLVRAY, Environmental Law, S. 280, 258.

[579] Dies liegt daran, dass das Recht der injunction nicht dem Common Law, sondern dem *law of equity* entstammt, s. *Miller v. Jackson*, a.a.O., S. 345 und 351; MARKESINIS/TETTENBORN, (1981) 131 NLJ 108, 110; WOLF/STANLEY, Environmental Law, S. 427.

[580] [1895] 1 Ch 287.

[581] BRAZIER/MURPHY, Street on Torts, S. 388.

[582] So wurde in *Marriott v. East Grinstead Gas Co*, [1909] 1 Ch 20, einem Gasunternehmen welches die Versorgung der Stadtbevölkerung sicherstellen sollte, untersagt, Gasleitungen unter dem Land des Klägers zu verlegen, obwohl der Kläger keinerlei weitere Beeinträchtigung zu befürchten hatte.

[583] S. die Beispiele bei MARKESINIS/TETTENBORN, (1981) 131 NLJ 108, 110.

besonders geeignetes Common-Law-Instrument angesehen, Einfluss auf die Beeinträchtigung durch Umweltverschmutzungen zu nehmen.[584] Wahr ist, dass im Konzept der *nuisance* genügend Schaltstellen bestehen, an denen Aspekte des Umweltschutzes umfassend berücksichtigt werden können; noch weitreichender und anpassungsfähiger sind dabei die Modifikationen der *nuisance*-Regeln zum Schutz von Uferrechten. Durch die Wahl der Rechtsfolgen einer erfolgreichen *nuisance*-Klage – die Erteilung einer Unterlassungsverfügung ist Ermessenssache – haben englische Richter wiederholt das Verhalten der Beklagten verändert.[585]

Andererseits bleibt der Inhalt des *nuisance*-Torts in erster Linie der Schutz privater Rechte bei der Landnutzung. Der Schutz der Umwelt einer größeren Bevölkerungsgruppe ist nur ein zufälliges Nebenprodukt,[586] das aber beträchtliche Wirkungen zeitigen könnte. Die Fortbildung durch die Gerichte weist jedoch in eine andere Richtung: Hinsichtlich des Merkmals der Vorhersehbarkeit hatte der Court of Appeal in *Cambridge Water* noch auf das Erfordernis der „reasonable foreseeability" verzichtet und damit eine strikte Haftung für alle Annexrechte des Grundeigentums aufgestellt.[587] Das oberste Gericht verwarf diese Annahme und hat sich damit unter Verweis auf den Gesetzgeber einer Haftungsausweitung für Chemiekontaminationen verweigert. Dazu wäre angesichts der Urteile, auf die der CA sein Urteil stützt, nicht einmal eine echte Rechtsfortbildung nötig gewesen, sondern nur eine Klarstellung und Festigung. Hier wurde eine Chance vertan, aus der *nuisance* einen allgemeinen Gefährdungshaftungstatbestand zu machen. Dies ist umso bedauerlicher, als heute zwar für viele typische Sachverhalte der *private nuisance* Gesetzesrecht besteht,[588] diese Spezialtatbestände aber auch breite Haftungslücken hinterlassen. Wo sie aber bestehen, bringen sie dem Kläger den Vorteil günstigerer und schnellerer Rechtsdurchsetzung.[589] Auch eine Verschärfung des englischen Baurechts hat zu einer Verdrängung der *nuisance* beigetragen, da klassische Störungsfälle heute vorausschauend im Planungsprozess durch die umfassende Beteiligung der Anlieger vermieden werden können.[590]

---

[584] S. WIGHTMAN, (1998) 61 Modern Law Review 870; JONES/PARPWORTH, Environmental Liabilities, S. 25 ff.

[585] Bemerkenswert LORD DENNING: „Die Macht der Gerichte, eine Unterlassungsverfügung für *nuisance* zu erteilen, hat sich als bislang wirkungsvollste Methode herausgestellt, um die Sauberkeit unserer Flüsse zu gewährleisten.", in: *Pride of Derby and Derbyshire Angling Association Ltd. v. British Celanese Ltd.* [1953] Ch. 149, 192.

[586] ROGERS, Tort, Rn. 14.1 (S. 503); s.a. JEWKES, JPL 1998, 10, 21.

[587] MANN LJ, zitiert bei Bryce/Hall, [1993] I Int. ILR S. 17 „[...] where the nuisance is an interference incident to ownership then the liability is a strict one".

[588] S. oben § 3, D. II. 7.

[589] S. oben § 3, D. II. 2.

[590] *Brazier/Murphy*, Street on Torts, S. 359.

Die Entscheidung *Hunter v. Canary Wharf* hat weiter gezeigt, dass das House of Lords die Beziehung von Menschen zu Land ausschließlich in den althergebrachten rechtlichen Kategorien der Besitz- und Eigentumsrechte versteht.[591] Damit ist einer Ausdehnung des Schutzes auf andere Rechtsgüter der Weg ebenso abgeschnitten wie einer Erweiterung der Schutzberechtigten. Allerdings hat der Schutz des Genussrechts der dinglichen Position den Vorteil, dass keine Notwendigkeit der Abgrenzung von körperlicher Beeinträchtigung und Persönlichkeitsrecht besteht. Als weiteres Kriterium der Tauglichkeit zur Abwehr von Umweltbelastungen ist schließlich anzuführen, dass eine *nuisance* in der Regel erst durch eine gewisse Dauerhaftigkeit der Beeinträchtigung entsteht. Für einmalige Rechtsverletzungen ist eher, aber nicht ausschließlich, die Regel aus *Rylands* zugeschnitten.

II. Statutory nuisance

1. statutory nuisances im Umweltrecht

Teil III des Environmental Protection Act (EPA) von 1990[592] bietet sowohl Behörden als auch Betroffenen eine rechtliche Handhabe gegen bestehende oder drohende Störungen aus der Umwelt. Der EPA 1990 ist in dieser Hinsicht größtenteils dem Public Health Act (PHA) 1936 nachempfunden und ersetzt diesen. Section 79 (1) EPA 1990 definiert zuallererst diejenigen Sachverhalte, die eine derartige Störung darzustellen vermögen. Befindet eine lokale Behörde aufgrund einer der nach s. 79 (1) EPA 1990 regelmäßig vorzunehmenden Inspektionen oder anderer Hinweise, dass einer der genannten Sachverhalte vorliegt, so hat sie mittels Verwaltungsakts (*abatement notice*) auf eine Unterlassung hin zu wirken. Damit ist der dritte Abschnitt des EPA 1990 über „Statutory Nuisances and Clean Air" zunächst klar polizeirechtlich geprägt.[593]

2. Die Bürgerklage

Zusätzlich sieht s. 82 des EPA 1990 vor, dass jede Person, die durch eine im Gesetz aufgezählte Störung betroffen ist, vor den Magistrates' Court ziehen und dort eine Unterlassungsanordnung gegen die verantwortliche Person erwirken kann. Um dem Störer die Möglichkeit zu geben, ein Verfahren abzuwenden, muss ihm vor Einreichung der Klage schriftlich eine 21-tägige Frist zur Beseitigung gesetzt werden, s. 82 (6), (7) EPA 1990.[594] Dauert die Störung danach weiter an, kann das Gericht alles zur Vermeidung weiterer Störungen Erforder-

---

[591] WIGHTMAN, a.a.O. S. 870.

[592] Abgeändert v.a. durch den Noise and Statutory Nuisance Act 1993 und den Environment Act 1995.

[593] S. MALCOLM, [2000] JPL, 894.

[594] Im Falle von Lärmbelästigung beträgt die Frist drei Tage, s. 82 (7)(a) EPA 1990.

liche anordnen sowie ein Bußgeld verhängen. Zur Durchsetzung der gerichtlichen Anordnung ist deren Missachtung gem. s. 82 (8) EPA 1990 strafbewehrt.

S. 82 EPA 1990 ist aufgrund der Herkunft aus dem Gesetzesrecht weder dem Common Law noch dem Law of Equity zuzuordnen.[595] Gemäß s. 82 (4) EPA 1990 ist die Unterlassungsklage jedoch direkt gegen den Störer[596] und wo dieser nicht zu ermitteln ist, gegen den Eigentümer oder Besitzer des Objekts zu richten, von dem die Störung ihren Ausgang nimmt. Im Falle mehrerer Verursacher kann jeder von ihnen unabhängig vom Gewicht seines Beitrags verklagt werden, s. 82 (5) EPA 1990. Angesichts dieser Möglichkeiten ist die Klage klar privatrechtlich zu qualifizieren. Sinn der Ausweitung der gesetzlichen Regeln auf Bürger-Bürger-Beziehungen ist, eine Alternative zum oft umständlichen und – wegen der möglichen Einlegung von Rechtsmitteln gegen die Behördenentscheidung – langwierigen Weg über die Einschaltung der Behörden anzubieten. Auch gegenüber einer Klage im gewöhnlichen Zivilprozess, z.B. aus den *nuisance*-Regeln des Deliktsrechts, ist das Verfahren nach s. 82 EPA 1990 unter Gesichtspunkten der Schnelligkeit vorzuziehen.[597] Neben diesem Vorteil kommen dem Betroffenen Kostengesichtspunkte zugute.[598] Im Falle eines Erfolgs des Klägers kann dieser anschließend vor den Zivilgerichten Schadenersatz verlangen.

3. Inhalt der Haftung

Gemäß s. 79 (1) EPA 1990 stellen folgende Sachverhalte eine „statutory nuisance" dar:

> *(a) Grundstücke oder Räumlichkeiten, deren Zustand gesundheitsgefährdend ist oder eine Störung darstellen;*
>
> *(b) Rauch, der derart emittiert wird, dass er gesundheitsgefährdend ist oder eine Störung darstellt;*
>
> *(c) Qualm oder Gase, die derart emittiert werden, dass sie gesundheitsgefährdend sind oder eine Störung darstellen;*

---

[595] Vgl. WOLF/STANLEY, Environmental Law, S. 349.

[596] Inhaltlich entspricht die „verantwortliche Person" dem ebenfalls weiten deutschen Störerbegriff und kann daher auch Behörden und Mieter umfassen (*Carr v. London Borough of Hackney* [1995] EnvLR 372).

[597] BELL/MCGILLIVRAY, Environmental Law, S. 444.

[598] Anders als vor dem county court oder dem High Court trägt im Falle der Niederlage des Klägers jede Seite ihre Kosten; obsiegt der Kläger, werden seine Kosten ihm erstattet, s. 82 (12) EPA 1990. Gerichtskosten fallen nicht an, vgl. WOLF/STANLEY, Environmental Law S. 367; s. zu den Kosten auch *R v. Dudley Magistrates Court, ex parte Hollis* [1998] Env LR 354.

(d) jeder Staub, Dampf, Geruch oder andere Ausdünstungen, welche auf industriell oder gewerblich genutzten Grundstücken entstehen und gesundheitsgefährdend sind oder eine Störung darstellen;

(e) jede Anhäufung oder Deponierung welche gesundheitsgefährdend ist oder eine Störung darstellt;

(f) jedes Tier welches an solchem Ort oder in solcher Art und Weise gehalten wird, dass es gesundheitsgefährdend ist oder eine Störung darstellt;

(g) Lärm derart ausgehend von Grundstücken oder Räumlichkeiten, dass er gesundheitsgefährdend ist oder eine Störung darstellt;

(h) jeder andere Sachverhalt der durch Gesetz als statutory nuisance bezeichnet wird.

Die Absätze 2 bis 8 sehen eng begrenzte Tatbestandsausnahmen vor. Voraussetzung dafür, dass aus einem der aufgezählten Sachverhalte eine Störung im Sinne des EPA 1990 wird, ist aber stets ein „gesundheitsgefährdender" Zustand („prejudicial to health") oder eine sonstige „Störung" („nuisance").[599]

S. 79 (7) EPA 1990 definiert „gesundheitsgefährdend" als „gesundheitsverletzend oder voraussichtlich eine Verletzung der Gesundheit verursachend".[600] Der erste Teil dieser Begriffsbestimmung wird als unproblematisch angesehen.[601] Die Schwierigkeiten, welche die deutsche Dogmatik mit der Bestimmung des Gesundheitsbegriffs hatte und hat, finden in der englisch-walisischen Jurisprudenz und Wissenschaft keinen Widerhall. Den Gerichten stellte sich aber schon für den PHA 1936 die Aufgabe, die Anforderungen an das Ausmaß der Wahrscheinlichkeit einer Gesundheitsverletzung näher zu erläutern. Ohne den vom Gesetz selbst verwendeten Begriff der Voraussehbarkeit zu verwenden oder auf andere Abstraktionen wie die der Unmittelbarkeit einzugehen, stellte der Divisional Court im Jahre 1975 fest, dass physische Gesundheitsschäden durch Kontakt mit scharfen Gegenständen nicht gesundheitsgefährdend im Sinne des Gesetzes sein könnten.[602]

Inhaltlich wird der Begriff der „Störung" von den Gerichten mit der durch die *Common Law* Rechtsprechung entwickelten und ausgeprägten *nuisance* – sei sie nun *private* oder *public* – gleichgesetzt.[603] Wie bei der *nuisance* nach Common

[599] Die beiden Merkmale müssen nur alternativ vorliegen, s. *Betts v. Penge* UDC (1942) zum entsprechenden Begriff im Public Health Act 1936.

[600] Das Gesetz verwendet die Worte „likely to cause injury to health". Damit ist keine Wahrscheinlichkeit im Sinne einer naturwissenschaftlich zu beschreibenden Chance eines Ereigniseintritts gemeint, sondern die Voraussehbarkeit nach allgemeiner Lebenserfahrung (vgl. WOLF/STANLEY, a.a.O., S. 351, die von „anticipated harm" sprechen).

[601] Vgl. BELL/MCGILLIVRAY, Environmental Law, S. 434; WOLF/STANLEY, Environmental Law, S. 351.

[602] *Coventry City Council v. Cartwright* [1975] 1 WLR 845; st. Rspr., s. *R v. Bristol City Council, ex parte Everett* [1999] Env LR 587; [1999] 2 All ER 193.

[603] *National Coal Board v. Neath BC* [1976] 2 All ER 478.

Law muss demnach eine Handlung oder ein Unterlassen ungerechtfertigtermaßen das Wohlgefühl oder die Lebensqualität einer Gruppe der Bevölkerung erheblich beeinträchtigen beziehungsweise die Nutzung oder den Genuss von Land aus der unmittelbaren Nachbarschaft beeinträchtigen.[604] Die Bestimmung ist unter objektiven Gesichtspunkten vorzunehmen.[605] Problematisch ist hierbei, dass die Common-Law-*nuisance* per definitionem widerstreitende Interessen im Einzelfall ausbalancieren und dabei gerade Sachverhaltdetails wie die Bebauungsart der Umgebung miteinbeziehen soll. Gerade in Gegenden, in denen jedoch ein erhöhter Ausstoß an Imponderabilien vorherrscht, ist die Schutzbedürftigkeit des Individuums vor schädlichen Umwelteinflüssen am höchsten. Die Relativität der Definition der *nuisance* schwächt als Folge der Begriffsübernahme auch die Durchschlagskraft der *statutory nuisance*. Hinzu kommt, dass im Rahmen der Bürgerklage der Kläger sich entlasten kann, soweit er nachweist, die bestmöglichen Vorkehrungen (best practicable means) zur Vermeidung der Störung eingesetzt zu haben. Diese Haftungseinschränkung wird wiederum dadurch gemildert, dass sie für gerade für schwerwiegende Beeinträchtigungen wie denen der Gesundheit nicht zur Verfügung steht (ss. 82 (9), (10) EPA 1990).

4. Beweisfragen

Der Kläger muss, will er den Prozess gewinnen, über jeden vernünftigen Zweifel hinaus beweisen, dass die Störung besteht und dass der Beklagte dafür verantwortlich ist. Weil dies in *London Borough of Lewisham v. Fenner*[606] dem Kläger nicht gelang, verlor er in letzter Instanz: Fenner erlitt eine andauernde nächtliche Ruhestörung durch ein Gebläse im Nachbargebäude, welches seine Gesundheit erwiesenermaßen negativ beeinträchtigte. Der Lärmpegel lag jedoch unter dem empfohlenen Wert des British Standard 8233. Daher sah das Gericht nicht als erwiesen an, dass tatsächlich eine Störung vorgelegen hatte. Das Bestehen öffentlich-rechtlicher Standards legte hier also dem Kläger eine besonders hohe Beweislast auf; der Nachweis, dass auch bei Einhaltung des Richtwertes eine Störung vorliegt, konnte ihm nicht gelingen.

III. Public nuisance

Mit *public* oder auch *common nuisance*, wörtlich ein „öffentliches Ärgernis", wird sowohl ein Straftatbestand als auch ein deliktischer Tatbestand beschrieben. Eine Privatperson kann strafrechtlich nach den Regeln der *relator action* (Privatklage) gegen den Urheber vorgehen, aber auch zivilrechtlich eröffnen sich Klagemöglichkeiten aus dem privatrechtlichen Deliktscharakter einer *public nuisance*. Allerdings ist der *tort* der *public nuisance* subsidiär zu dem der

---

[604] *National Coal Board v. Thorne* [1976] 1 WLR 543.
[605] *Cunningham v. Birmingham City Council* [1998] EnvLR 1.
[606] (1995) 44 ENDS 248.

private nuisance und kann neben besonders beeinträchtigten Privatpersonen auch durch Behörden oder den Attorney General angestrengt werden.[607]

Public nuisance umfasst wesentliche Störungen des „vernünftigerweise zu erwartenden Komforts und der Annehmlichkeiten des Lebens einer Gruppe von Untertanen Ihrer Majestät".[608] Schutzgut ist demnach nicht das Land als solches, sondern jedes Recht, das einem der Angehörigen der Öffentlichkeit zusteht. Gegenüber der *private nuisance* ist daher eine Grundstücksbezogenheit des Klägers nicht Tatbestandsvoraussetzung,[609] und auch eine Rechtsgutsverletzung ist nicht erforderlich.[610] Deshalb scheint die Definition bei KÖNDGEN zu eng, wonach Folge einer rechtswidrigen Gefährdung öffentlicher Güter gerade die Beeinträchtigung individueller *Nutzungsberechtigter* sein muss;[611] vielmehr schützt die *public nuisance* unter gewissen Einschränkungen jedermann. Folge ist, dass die *public nuisance* in vielen Erscheinungsformen auftritt, von wiederholter Geruchsbelästigung durch Müllhalden oder –verbrennungsanlagen über Fabriklärm bis hin zu verbreiteter Beeinträchtigung von Trinkwasserquellen.[612] Stets ist Voraussetzung zunächst eine Störung, deren Unterbinden in die Verantwortung „der Gemeinschaft" fallen würde.[613] Der Kläger selbst muss einen aus der Störung resultierenden Schaden nachweisen, der über den Schaden hinausgeht, den andere Betroffene erleiden (*special damage*). Als Illustration aus dem Umwelthaftungsrecht mag der Fall *Tate & Lyle Industries v. Greater London Council* [1983] 2 AC 509, HL dienen. Dort hatte das GLC Fähranleger gebaut, die eine Verschlammung der Themse zur Folge hatten. Tate & Lyle mussten, um ihren Steg weiter erreichen zu können, Ausbaggerungen vornehmen lassen. Hier hatte das House of Lords auf Entschädigung aus *public nuisance* entschieden, weil ein Schaden am Steg selbst und somit *private nuisance* nicht vorlag, der Nachteil der Klägerin aber über den der Allgemeinheit hinausging.

Wie schon der Tatbestand der *private nuisance* wirft derjenige der *public nuisance* die Frage auf, ob Verschulden für eine Haftung notwendig ist, oder ob der Einwand der Unvorhersehbarkeit haftungsausschließend wirkt. Erneut ist

---

[607] WOLF/STANLEY, Environmental Law, S. 429.

[608] ROMER LJ *Atorney-General v. P.Y.A. Quarries Ltd.* [1957] 2 QB 169, 184; *R v. Rimmington* [2005] WLR 146.

[609] Vgl. neben o.g. *leading cases* auch WOLF/STANLEY, S. 428.

[610] Ausreichend sind reine Vermögensschäden, s. BELL/MCGILLIVRAY, S. 266.

[611] KÖNDGEN, UPR 1983, 345, 349.

[612] WOLF/STANLEY, a.a.O., S. 428 f. Berichtet wird auch über unordentliche Vorgärten, den Verkauf von verdorbenen Lebensmitteln und Veranstaltung schlecht organisierter Musikfestivals, s. ROGERS, Tort, Rn. 14.2 (S. 505).

[613] "Public nuisance is a nuisance so [...] indiscriminate in its effect that it would not be reasonable to expect one person to take proceedings [...] to put a stop to it, but that it should be taken on the responsibility of the community at large", per DENNING LJ in *Attorney-General v. PYA Quarries Ltd* [1957] 2 QB 169, 191.

dies nicht eindeutig zu beantworten. Für einzelne, klar umrissene Handlungen wie künstliche Projektionen an Straßen wurde dereinst eine Gefährdungshaftung angenommen.[614] Natürliche Objekte jedoch seien davon ausgenommen, wenn angemessene Sorgfalt ausgeübt wurde.[615] Grundsätzlich beobachtet die Wissenschaft aber eine Entwicklung der Rechtsprechung, „strict liability" zugunsten einer an Gesichtspunkten des Verschuldens orientierten Haftung durch enge Interpretationen alten Fallrechts immer seltener anzunehmen.[616]

Die Gerichte treffen im Einzelfall letztendlich eine Abwägung der betroffenen Rechtsgüter mit dem Recht des Urhebers der vermeintlichen Störung. Damit steht dem Richter ein enorm weiter Beurteilungsspielraum zur Verfügung, was den Tatbestand sehr umstritten macht. Unklar ist bislang weiter, welchen Einfluss der Human Rights Act 1998 auf die weitere Entwicklung haben wird. Er könnte Klägern wie Beklagten eines *public nuisance*-Prozesses die Möglichkeit einräumen, durch den Vorwurf einer Verletzung bürgerlicher Freiheitsrechte ein für sie negatives Urteil abzuwenden. Eine Anleitung zur Handhabe dieser schwierigen Abwägungsfragen durch höchstrichterliche Entscheidung steht aber noch aus. Hinsichtlich der Rechtsfolgen ist bemerkenswert, dass eine *injunction* zwar grundsätzlich vom Attorney-General oder von örtlichen Behörden bei Gericht beantragt wird, doch können auch Individuen eine vorbeugende Unterlassungsklage einreichen, soweit der Attorney-General dazu sein Einverständnis erteilt hat.[617] Schadenersatz kann auch ohne diese Genehmigung verlangt werden.[618]

IV. Die Bürgerklagen der statutory nuisance *und der* public nuisance

Der polizeirechtlich geprägte dritte Abschnitt des Environmental Protection Act 1990 enthält eine Form der Bürgerklage, die einer betroffenen Person eine Unterlassungsklage gegen den Störer zubilligt, um den Umweg über die Verpflichtung der Behörden zum Einschreiten zu vermeiden. Die Voraussetzungen an die Störung sind dabei eng und gesetzlich klar umschrieben. Zum Nachteil gereicht diesem Instrument der Störungsbekämpfung, dass die Magistrates' Courts nicht antizipierend einschreiten können, sondern lediglich über bereits bestehende Einwirkungen entscheiden.[619] Ereignisse, die auch mit hoher Wahr-

---

[614] *Tarry v. Ashton* (1876) 1 QBD 314.
[615] *Wringe v. Cohen* [1940] 1 KB 229, CA.
[616] Vgl. HEDLEY, Tort, S. 204.
[617] MCLAREN, 10 [1972] Osgoode Hall Law Journal 505, 513; BELL/MCGILLIVRAY, Environmental Law, S. 266.
[618] ROGERS, Tort, Rn. 14.3 (S. 507).
[619] WOLF/STANLEY, Environmental Law, S. 366; BELL/MCGILLIVRAY, Environmental Law, S. 444.

scheinlichkeit eine Störung hervorrufen werden, können somit nicht vorbeugend untersagt werden.

Die *public nuisance* beschreibt in erster Linie einen Straftatbestand, der aber einem Kläger, der einen Schaden nachweist, der über den der Allgemeinheit hinausgeht, einen privatrechtlichen Schadenersatzanspruch zubilligt. Auch eine Unterlassung kann grundsätzlich verlangt werden, doch erfordert die Schärfe der Sanktion die Zustimmung des Attorney-Generals. Nach alldem muss der Eindruck entstehen, die *public nuisance* sei von besonderer Bedeutung für das englische Umwelthaftungsrecht. Dieser Bewertung steht jedoch eine andere Entwicklung entgegen: Gefährliche Tätigkeiten werden in fortschreitendem Maße durch Parlamentsgesetz geregelt. Oft enthalten diese Gesetze einen abschließenden Haftungskatalog, mit der Folge, dass *public nuisance* nicht einmal subsidiär eingreifen kann.[620] Kritiker sehen in der *public nuisance* den misslungenen Versuch einer Verbindung von Straf- und Schadenersatzrecht.[621] Diese Argumente zielen jedoch überwiegend auf die Klagemöglichkeiten der Verwaltungs- und Strafbehörden. Hinsichtlich seiner rein privatrechtlichen Seite besitzt das Common Law in der *public nuisance* einen hybriden Tatbestand, der die Vorteile eines weitreichenden privatrechtlichen Schutzrechts (Vollzug auf Initiative des Geschädigten, Aktivlegitimierung auch ohne Rechtsgutsverletzung) mit denen offizieller Kontrolle verbindet, um so eine Vielzahl von Beeinträchtigungen vermeiden oder unterbinden zu können, ohne gleichzeitig den Problemen einer Popularklage ausgesetzt zu sein. Dabei ist *public nuisance* aufgrund des Erfordernisses eines speziellen Schadens aber in der Praxis weit davon entfernt, ein klagbares Recht auf ungestörten Genuss bestimmter Naturgüter zu geben.

---

[620] S. MARKESINIS/DEAKIN, Tort Law, S. 458.
[621] Vgl. ROGERS, Tort, Rn. 14.3 (S. 507).

V. Der Schutz von Uferrechten

Das Common Law hat durch eine Vielzahl von Entscheidungen über die Jahrhunderte die Eigentümer von Ufergrundstücken hinsichtlich der Wassernutzung durch die Schaffung besonderer Uferrechte (*riparian rights*) privilegiert.[622] Diese Rechte sind auf natürlich fließende Oberflächengewässer beschränkt und beruhen auf dem Eigentum am Flussbett; das Wasser selbst („fließende Welle") ist nicht eigentumsfähig. Als Ausfluss des Grundeigentums besteht ein *riparian right* auf den Erhalt des Stromes in seinem natürlichen, das heißt üblichen Zustand, ohne spürbare Veränderung in Quantität oder Qualität. Innerhalb dieser Grenzen haben flussaufwärts liegende Anrainer das Recht, das Gewässer angemessen und für gewöhnliche Zwecke zu nutzen.[623] Wird dieser Nutzungsrahmen überschritten, liegt eine klagbare *nuisance* zugunsten des Geschädigten vor; eine weitere Verletzung einer Individualrechtsposition ist nicht erforderlich. So verpflichtete bereits eine Veränderung des Härtegrades von Flusswasser durch eine Einleitung von hartem Wasser zur Schadenersatzzahlung an eine Whisky-Brennerei.[624] Diese Entscheidung illustriert einige interessante Variationen gegenüber der gewöhnlichen *nuisance*-Klage: Zum einen wird die Beeinträchtigung der üblichen Wasserqualität wie ein physischer Schaden behandelt und erlaubt daher als „Typ 1"-*nuisance* die Außerachtlassung der *locality doctrine*. Der Einwand der Ortsüblichkeit kann daher von dem Beklagten nicht erfolgreich erhoben werden. Zum anderen ist für den Kläger der Nachweis einer merklichen Veränderung hinreichend, so dass jeder Beitrag zum Wandel der Wasserbeschaffenheit unabhängig von anderen Mittätern die kausale Zurechnung erlaubt. Obwohl der Nachweis einer kausalen Verursachung bei Schäden, die über den Umweltpfad „Wasser" herbeigeführt wurden, generell leichter zu führen ist als beim Medium „Luft", geht der Schutz von Uferrechten mit dieser Besonderheit doch weit über den anderer Interessen hinaus. Der vielzitierte Fall *Cambridge Water* hat gezeigt, inwiefern auch Grundwasser durch *Rylands* und *nuisance* haftungsrechtlich erfasst wird. Zusätzlich sind zum Gewässerschutz Ansprüche aus *trespass* und *negligence* denkbar. Als Rechtsfolge ist nicht nur der Neubesatz mit Fischen anerkannt, auch Kompensation für Nichtvermögensschäden (*loss of amenity*) wurde im Einzelfall gewährt.[625] Eine *injunction* kann nach den allgemeinen Grundsätzen gewährt werden.

---

[622] Zur Entwicklung s. ELDER, [1973] 12 Western Ont. L. Rev 107, 127.

[623] BELL/MCGILLIVRAY, Environmental Law, S. 607, unter Verweis auf *Chasemore v. Richards* (1859) 7 HL Cas 349.

[624] *John Young & Co. v. Bankier Distillery Co.* [1893] AC 691 (HL).

[625] BELL/MCGILLIVRAY, Environmental Law, S. 609, mit Verweis auf *Bruton v. Clarke* [1994] 5 Water Law 145.

VI. Die Rylands v. Fletcher-Regel

1. Der Präzedenzfall

Aus dem Prozess von *Rylands v. Fletcher*[626] hat sich aufgrund der Eigenheiten des Präzedenzfalles und der Typizität nachfolgender Klagen ein eigener *tort* entwickelt. Der Sachverhalt verhielt sich derart: Die Beklagte schuf ein Staubecken auf ihrem Grundstück. Dabei übersah der Bauunternehmer alte, unter der Oberfläche liegende Minenschächte, so dass diese nicht abgedichtet wurden. Als Folge überflutete Wasser aus dem Reservoir die Mine des Klägers. Eine Klage konnte sich nach damaligem Rechtsverständnis nicht auf *negligence* stützen, da kein Rechtsverhältnis zwischen Bauunternehmer und Minenbetreiber bestand. Hinzu kam, dass *nuisance* ausschied, weil es sich um einen einmaligen Ausbruch einer Sache von einem Grundstück handelte und die störende Handlung somit nicht dauerhaft war.

In erster Instanz entwickelte Richter BLACKBURN folgendes Prinzip: Derjenige, welcher im eigenen Interesse etwas auf sein Grundstück verbringt, was Unheil anzurichten vermag „wenn es entkommt", hält es dort auf eigene Gefahr und ist für jeden Schaden verantwortlich, welches die „natürliche Folge" eines Entkommens ist.[627] In letzter Instanz schränkte das House of Lords diesen Grundsatz insofern ein, als dass vom Land ein „non-natural use", also ein unnatürlicher Gebrauch, gemacht worden sein müsse. Obwohl die Gerichte aus diesem Konzept einen allgemeinen Grundsatz verschuldensunabhängiger Haftung für gefährliche Aktivitäten hätten entwickeln können, blieb die *Rylands*-Regel auf Nachbarschaftsfälle beschränkt.[628] In *Cambridge Water* schließlich wurde die Kompetenz für die Schaffung von „strict liability" ausdrücklich dem Parlament zugewiesen.[629]

2. Gefährliche Sache, die an einen Ort verbracht wurde und von dort entkam

Alles, was Unheil anrichten kann, wenn es das dafür vorgesehene Grundstück verlässt, kann eine Sache im Sinne von *Rylands* sein. Dazu zählen Elektrizität (*National Telephone Co v. Baker* [1893] 2 Ch 186), Öl (*Smith v. Great Western Railway* (1926) 135 LT 112), giftige Dämpfe (*West v. Bristol Tramways Co* [1908-1910] All ER 215), Wasser, Feuer, Explosionen (*Miles v. Forest Rock and Granite Co (Leicestershire) Ltd* (1918) 34 TLR 500), giftige Pflanzen, Erschütterungen und Tiere. Die Sache muss aber von Menschen dorthin verbracht worden sein (*Giles v. Walker* (1890) 24 QBD 656). Ferner ist eine Überschreitung der Grundstücksgrenzen durch die gefährliche Sache notwendig. Bei

---

[626] (1868) LR 3 HL 330.
[627] Zitiert bei BELL/MCGILLIVRAY, Environmental Law, S. 270.
[628] S. beispielsweise *Read v. J Lyons Co Ltd* [1946] 2 All ER 471.
[629] [1994] 1 All ER 53, 76.

einer „handlungsverursachten" Schädigung soll *Rylands* nicht gelten. Das Unterscheidungsmerkmal ist unklar,[630] doch scheint die Differenzierung ein Willens- oder Wissenselement zu beinhalten.

3. Unnatürlicher Gebrauch des Grundstücks

Die Forderung, vom Grundstück müsse für eine Haftung ein „unnatürlicher Gebrauch" gemacht werden,[631] sollte ursprünglich dazu dienen, die Reichweite des Tatbestandes zu beschränken. Allerdings wurde der Inhalt dieses Merkmals mit fortschreitender Anzahl einschlägiger Fälle immer schwerer zu bestimmen. So entfernten sich die Gerichte immer weiter von der Interpretation in *Rylands*, wonach natürlich sei, was „in oder durch die Natur existiert und nicht künstlich ist". Das weitere Verständnis, welches in *Rickards v. Lothian*[632] kundgetan wurde, berief sich auf die gesteigerte Gefährlichkeit einer Sache, die durch ungewöhnlichen Gebrauch eines Grundstücks oder solchen Gebrauch, der nicht das Wohl der Gemeinschaft steigert, hervorgerufen werde. Dies bot weite Einbruchstellen für soziale und rechtspolitische Erwägungen, sodass einst die Lagerung von Metallfolie für die Herstellung elektronischer Bauteile als „natürlich" qualifiziert wurde, da sie der Gemeinschaft diene.[633] Im auch hier wegweisenden *Cambridge Water*-Verfahren hat das House of Lords eine derartige Definition jedoch abgelehnt und dem traditionellen, am Wortlaut orientierten Verständnis den Vorzug gegeben. Die Kläger in *Cambridge Water* scheiterten mit *nuisance* und *negligence*, weil der Schaden nicht vernünftigerweise vorhergesehen werden konnte. KENNEDY J lehnte in erster Instanz auch eine Haftung nach der *Rylands-v-Fletcher*-Regel ab; gemeinnützige Aktivitäten könnten nicht unnatürlich sein.[634] Dies aber revidierte das House of Lords. Die Lagerung von Chemikalien sei ein „fast klassisches Beispiel einer unnatürlichen Nutzung".[635] Mit dieser höchstrichterlichen Entscheidung konnte der Streit beigelegt werden, weil das Gericht gleichzeitig mit dem Merkmal der Vorhersehbarkeit eine neue Beschränkung der Tatbestandsweite geschaffen hatte.

4. Vorhersehbarkeit

Bei der Betrachtung des Verhältnisses der Tatbestände der *private nuisance* und *Rylands* stellte das House of Lords in *Cambridge Water* fest, dass *Rylands* ähnlich der *nuisance* eher einzelne Geschehnisse von kurzer Dauer erfassen

---

630 LANGHAM, JPL 1993, S. 813.
631 *Read v. Lyons* [1946] 2 All ER 471, HL.
632 [1913] AC 263, 280.
633 *British Celanese Ltd v. AH Hunt (Capacitors) Ltd.* 1969.
634 Der Court of Appeal als zweite Instanz gründete sein Urteil (2 Mio. GBP Schadenersatz) auf *nuisance*.
635 [1994] 2 AC, 309.

sollen als andauernde Entwicklungen, deren Schädlichkeit erst mittelfristig offenbar wird. Daraus schlussfolgerte das Gericht, dass beide Delikte eine Voraussehbarkeit des Schadens voraussetzten, um den Verursacher haftbar zu machen.[636] Englische Kommentatoren ordnen daher seitdem die *Rylands*-Regel als „strikte“, aber nicht als „absolute“ Haftung ein.[637] Fahrlässigkeit seitens des Beklagten muss also nicht bewiesen werden, aber der Verursacher kann sich durch den Nachweis der mangelnden Voraussehbarkeit des Schadens entlasten.

5. Parteien

Verantwortlicher ist, wer eine gefährliche Sache auf sein Land verbracht hat. Ob diese Sache natürlicherweise auf dem Grundstück vorhanden sein kann oder nicht, spielt dabei keine Rolle. Daher kann auch der willkürliche Anbau von Pflanzen Anlass für eine Haftung aus *Rylands* geben, wenn diese sich anschließend über Grundstücksgrenzen hinweg ausbreiten und Schaden anrichten.[638] Dies gilt jedenfalls für den Eigentümer und den Mieter.[639] Anspruchsberechtigt ist neben den Eigentümern von Land auch der Berechtigte an Mobiliar, welches beschädigt wurde.[640] Der Eigentümer kann unter den Voraussetzungen der *Rylands*-Regel auch Ersatz für Körperschäden verlangen.[641] Heute scheint das Common Law den Körperschaden nach *Rylands* auch dort als ersatzwürdig anzuerkennen, wo ein Recht am betroffenen Grundstück gar nicht besteht.[642] Diese Haltung ist hinsichtlich der umfänglichen Haftung für Schäden an beweglichem Eigentum (auch auf fremdem Grundstück) nur konsequent.

6. Haftungseinschränkungen und Rechtsfolge

Zum einen ist der ersatzfähige Schaden begrenzt auf physische Schäden. Die Beeinträchtigung der Grundstücksnutzung oder des körperlichen Wohlbefindens allein ist nicht ausreichend.[643] Zum anderen stehen dem Beklagten verschiedene anerkannte Einwände zur Verfügung. Neben dem „act of god“ findet das Verhalten des Geschädigten entlastende Berücksichtigung, soweit dieser entweder der Tätigkeit des Beklagten zugestimmt hat oder gar den „Ausbruch“ der Sache

[636] [1994] 2 AC 264, 306.
[637] Vgl. WOLF/STANLEY, Environmental Law, S. 442.
[638] S. *Giles v. Walker* (1890) 24 QBD 656, Div Ct, und die Interpretation bei BRAZIER/ MURPHY, Street on Torts, S. 399.
[639] Die *Rylands*-Regel sei „[...] ein Prinzip anwendbar zwischen Landbesitzern hinsichtlich ihres Landes“, *Read v. Lyons* [1947] AC 156, 173.
[640] S. *Read v. Lyons*, m.w.N.
[641] *Hale v. Jennings Bros* [1938] 1 All ER 579.
[642] Obiter dictum in *Perry v. Kendricks Transport Ltd* [1956] 1 All ER 154; *British Celanese Ltd v. AH Hunt (Capacitors) Ltd* [1969] 2 All ER 1252. Anders noch *Read v. Lyons*, (1947) AC 156, 173), daher weiter strittig.
[643] BUCKLEY, Chapter 3, S. 46 ff.

selbst verschuldet hat. Nützt die Lagerung der gefährlichen Sachen dem Geschädigten ebenso wie dem Verantwortlichen, wird dies der Zustimmung gleichgestellt.[644] Bei Vorliegen einer öffentlich-rechtlichen Genehmigung ist die Haftung auf fahrlässige Schadensverursachung beschränkt.[645]

Ersatzfähig nach *Rylands* sind physische Schäden an Immobilien ebenso wie an beweglichen Sachen.[646] Bei Dauerereignissen stellt die Rechtsprechung auf den konkret vorgefundenen Schaden zu einem bestimmten Zeitpunkt ab.[647] Ob Körperschäden einen Anspruch unter *Rylands* auslösen können war bereits vor *Cambridge Water* umstritten; danach ist es wegen der dortigen Qualifizierung der *Rylands*-Regel als Bestandteil des *nuisance*-Rechts unwahrscheinlich.[648]

7. Entwicklung und Bewertung

Während *nuisance* gegen Störungen des Grundbesitzes schützt, erfasst *Rylands* vor allem aus dem Grundbesitz erwachsende Störungen. Inhaltlich hatte in England die Rechtsprechung mit *Rylands* einen Haftungssatz aufgestellt, dessen Schwerpunkt der Haftungsanknüpfung zusammengefasst die Gefährlichkeit von Dingen ist, der aber im Ergebnis einer Haftung für gefährliches Tun gleichkommt. Damit ist der Fall ein Beispiel erster Güte für die „induktiv-improvisatorische“ Methode des Common Law.[649]

Die Entwicklung seit *Cambridge Water*, welche eine Vorhersehbarkeit des Schadens als anspruchsbegründendes Merkmal fordert, wirft die Umwelthaftung in England allerdings zurück. Das Schädigungspotenzial vieler neuer Produkte und Prozesse ist bei ihrer Einführung nicht abschätzbar. Regelmäßig stellt sich bei anfänglich für sicher erachteten technischen Neuentwicklungen erst später heraus, wie, wo und wie nachhaltig sie Einfluss auf Umwelt und Gesundheit haben.[650] In *West v. Bristol Tramways Co.* obsiegte ein Nachbar eines Straßenbahngrundstücks, dessen Pflanzen durch eine Chemikalie in Mitleidenschaft gezogen wurde. Diese Chemikalie war von der Betreibergesellschaft für die Härtung der schienentragenden Holzbohlen verwendet worden. Dieser ehemals „klassische“ *Rylands*-Fall hinge heute davon ab, ob die Auswirkungen der Chemikalie vorhersehbar waren. In einer jüngeren Entscheidung des House of Lords weist LORD HOFFMANN selbst auf den engen Anwendungsbereich und die

---

[644] S. ROGERS, Tort, Rn. 15.14 (S. 561), mit Nachweisen aus der Rechtsprechung.
[645] *Longhurst v. Metropolitan Water Board* [1948] 2 All ER 834; *Northwestern Utilities Ltd. v. London Guarantee, etc. Co. Ltd* [1936] AC 108.
[646] *Halsey v. Esso Petroleum* [1961] 2 AllER 145.
[647] PILL, Immissionen im englischen Recht, S. 62.
[648] Vgl. BELL/MCGILLIVRAY, Environmental Law, S. 271.
[649] LANG, AcP 174 (1974), 381, 386.
[650] So beispielsweise beim ozonschädlichen FCKW.

daraus resultierende geringfügige Bedeutung von *Rylands* hin.[651] Zusätzlich schlägt er vor, den „natural use" anhand der Verfügbarkeit von Versicherungsschutz für die fragliche Aktivität zu bestimmen. Der damit einhergehende Haftungsausschluss für versicherte Tätigkeiten nimmt dem Tatbestand den wirtschaftlichen Anreiz zur Schadensvermeidung gerade für den – in der Regel problemlos versicherbaren – Normalbetrieb einer Anlage. Ferner richtet sich die Regel auf ein isoliertes Schadensereignis und ist daher für eine Haftung wegen Schäden aufgrund dauerhafter Emissionen wenig geeignet. Weiter sollen nur vergangene Schäden kompensiert werden und nicht zukünftige Geschehnisse abgewandt werden.[652] Eine *injunction* steht entsprechend nicht zur Verfügung. Dieses Fazit lässt *Rylands* als wenig geeignetes Mittel zur Steigerung der Umweltschutzwirksamkeit des Common Law erscheinen.

VII. Breach of statutory duty

Das Delikt[653] des Bruchs einer gesetzlichen Pflicht ähnelt in Voraussetzungen und Schutzziel der deutschen Anspruchsgrundlage der Schutzgesetzverletzung in § 823 Abs. 2 BGB, beschränkt aber auf Parlamentsgesetze. Voraussetzung für eine erfolgreiche Klage ist, dass ein solches eine Pflicht auferlegt und dabei eine Zivilklage einer abgrenzbaren Gruppe von potentiellen Klägern vom Gesetzgeber beabsichtigt war.[654] Ferner muss der Kläger durch eine Gesetzesverletzung des Beklagten einen Schaden erlitten haben, der vom Schutzgesetz vermieden werden sollte. Ein Verschulden des Beklagten ist indes – anders als nach § 823 Abs. 2 S. 2 BGB – nicht erforderlich.[655]

In der Praxis wurde der Tatbestand bislang vor allem in Fällen relevant, in denen ehemals staatliche Aufgaben privatisiert wurden und die privaten Unternehmer gegen gesetzliche Auflagen verstießen. So wurde in *A.B. and Others v. South West Water Services*[656] 180 Klägern Schadenersatz wegen Schutzgesetzverletzung nach Kontaminierung des Trinkwassers mit Aluminiumsulfat zugestanden. Der Versorger und Beklagte gestand zu, seinen aus dem Water Act

---

[651] *Transco Plc v. Stockport MBC* [2004] 1 All ER 589; s. Current Topics [2004] JPL 373.
[652] Vgl. PILL, Immissionen im englischen Recht, S. 62.
[653] Trotz Pflichtennormierung dogmatisch einzuordnen bei den Torts, s. R. LANG, S. 171; ROGERS, Rn. 7.2 (S. 265).
[654] Die Notwendigkeit des Schutzgesetzcharakters war lange umstritten. Bis 1854 war die Verletzung irgendeines Gesetzes ausreichend (*Couch v. Steel* (1854) 3 E & B 402); dann wurde das Erfordernis der gesetzgeberischen Absicht eines Schutzes eingeführt (*Atkinson v. Newcastle and Gateshead Waterworks Co* (1877) 2 Ex D 441). LORD DENNING versuchte 1978 die Umkehr zum *Couch*-Grundsatz (*Ex parte Island Records Ltd.*, [1978] 3 All ER 824). Dieses Prinzip wurde aber zurückgewiesen (*Lonrho Ltd v. Shell Petroleum Co Ltd* (No 2) [1981] 2 All ER 456; *X v. Bedfordshire County Council* [1995] 3 All ER 353).
[655] S. ROGERS, Tort, Rn. 7.1 (S. 264)
[656] [1993] Env. L.R. 266; [1993] 2 WLR 507.

1989 entstammenden Verpflichtungen nicht nachgekommen zu sein, namentlich der Versorgung mit unbelastetem Trinkwasser. Im Streit um Schadenersatz mit Strafcharakter (exemplary damages) unterlagen die Kläger aber dann.

Kein Grund für die geringe Bedeutung von Schutzgesetzverletzungen in Umweltfragen kann darin gesehen werden, dass umweltrelevante Gesetze *per se* den Lebensraum der Gemeinschaft schützen und ergo die Voraussetzung nicht erfüllt sei, dass eine nach dem Schutzzweck eindeutig abzugrenzende Gruppe (*class*) identifizierbar sein muss. Denn von dem bis heute geltenden *class*-Grundsatz[657] ist nach einer Entscheidung von 1981 eine für das Umweltprivatrecht wesentliche Ausnahme zu machen „wo ein Gesetz ein [...] Recht für alle Untertanen Ihrer Majestät schafft und ein bestimmtes Mitglied der Gesellschaft erleidet [...] einen individuellen, unmittelbaren und wesentlichen Schaden, der sich von demjenigen unterscheidet, welchen die Allgemeinheit erleidet".[658] Allerdings verkündet dasselbe Urteil, ein Verstoß gegen ein gesetzliches Verbot sei nicht ausreichend, um einen privaten Prozess erfolgreich zu führen. Die Konsequenzen dieser Aussage sind bis heute ebenso unklar wie die Frage, ob diese Grundsätze nur in einem Schadenersatzprozess Anwendung finden oder auch im Falle einer Unterlassungsklage.[659] Diese mehrdeutige Rechtslage verunsichert nicht nur die Richter,[660] sondern sie trägt sicherlich ihren Teil dazu bei, dass Umweltprivatklagen sich nur selten auf das Delikt des Bruchs einer gesetzlichen Pflicht stützen.

Hinzu tritt, dass Gesetze häufiger eine Schutzgesetzabsicht verneinen als sie ausdrücklich zu bejahen. Als Beispiel mögen die *sections* 70, 97 II und 100 des Water Resources Act 1991 dienen, nach denen der WRA 1991 grundsätzlich kein zusätzliches Recht auf eine Klage von Privatpersonen gewährt. Der Gesetzgeber gibt damit einer eindeutigen Rechtslage den Vorzug vor gerichtlichen Gestaltungsmöglichkeiten. Eine weitere Möglichkeit des Gesetzgebers, zivilrechtliche Klagemöglichkeiten zu schaffen, illustriert s. 82 Environmental Protection Act 1990 mit der Klage von Privatpersonen wegen Störungen kraft Gesetzes (*statutory nuisances*). Wo aber der Gesetzgeber eine Abhilfe gegen Gesetzesverstöße geschaffen hat, werden englische Gerichte nicht auf einen – unter Umständen in den Anspruchsvoraussetzungen dem Geschädigten

---

[657] *X (Minors) v. Bedfordshire C.C.* [1995] 2 AC 633, 731; *O'Rourke v. Camden L.B.C.* [1998] AC 188, 194.

[658] LORD DIPLOCK in *Lonrho Ltd. v. Shell Petroleum Co. Ltd. (No. 2)* [1981] 2 All ER 456.

[659] S. ROGERS, Tort, Rn. 7.9 (S. 272).

[660] Lord DENNING MR verglich die Einordnung eines Schutzgesetzes als „Ratespiel", bei dem „ebensogut eine Münze geworfen werden könne", *Ex parte Island Records* [1978] Ch. 132, 134; [1978] 3 All ER 824.

vorteilhafteren – Schutzgesetzcharakter erkennen, der zu einer Haftung aus *Common Law* führen könnte.[661]

VIII. Gefährdungshaftung nach Gefahrenbereichen

1. Gas Act 1965

Section 14 des Gas Act 1965 erlegt dem Gasversorgungsunternehmen[662] für aus dem Betrieb resultierende Schäden eine Haftung auf, die das Gesetz selbst „absolut" nennt. Auch der Haftungsgrund wird in der Norm genannt: Nach s. 14(2) schuldet der Betreiber den potentiell Verletzten – also jedermann – die Pflicht, das Entweichen von Gas zu unterbinden und anderenfalls für entstehende Schäden einzustehen. Der ersatzfähige Schaden umfasst die Tötung oder Verletzung eines Menschen sowie alle Sachschäden, s. 14(4). Als einzigen Befreiungsgrund nennt s. 14(3) die Schadensverursachung durch den Geschädigten selbst. Da bei Gasschäden der Kausalitätsnachweis zumeist keine Probleme bereiten wird, steht für diesen speziellen Teilbereich des Umwelthaftungsrecht eine sehr wirksame Haftungsregel bereit.

2. Water Industry Act 1991

Section 209 des Water Industry Act 1991 sieht eine Gefährdungshaftung für Wasserschäden durch Leitungslecks vor. Sie betrifft nur das Unternehmen, welches Versorgungsrechte innehält, nicht aber Hauseigentümer oder Vermieter. Gegenüber der Haftung aus *negligence*, *trespass* oder *Rylands* ist sie strenger, weil auf jegliches Verschuldenserfordernis verzichtet wurde und auch keine Vorhersehbarkeit erforderlich ist. Lediglich ein Mitverschulden des Geschädigten vermag den Anspruch zu mindern (s. 209 (2), (4)).

C. Gefährdungshaftung im deutschen Recht

Auf dem weit gestreuten Gebiet des deutschen Umwelthaftungsrechts lässt sich für die Gefährdungshaftung erneut eine Vielzahl von Einzeltatbeständen ausmachen.[663] Deren charakteristische Merkmale werden folgend dargestellt, um sie anschließend mit den entsprechenden Regeln englischer Provenienz vergleichen zu können. Die Gefährdungshaftungstatbestände sind neben denen der Verschuldenshaftung anwendbar, die allgemeine Anspruchskonkurrenz ist anerkannt.[664]

---

[661] S. ROGERS, Tort, Rn. 7.5 (S. 268).
[662] „gas transporter", definiert in s. 32 des Gas Act 1965 i.V.m. s. 7 Gas Act 1986.
[663] Zur systematischen Einordnung s. REHBINDER NuR 1989, 149; Staudinger/KOHLER (2002), Vor UmweltHG Rn. 94.
[664] BGHZ 55, 180, 182, Urteil v. 11.1.1957.

I. Das Gesetz über die Haftung für den Betrieb umweltgefährdender Anlagen

1. Geltungsbereich und rechtstechnische Stellung

Das kurz Umwelthaftungsgesetz (UmweltHG) genannte Regelwerk gilt seit dem 01.01.1991 in der gesamten Bundesrepublik Deutschland.[665] In sachlicher Hinsicht regelt es den Ausgleich zivilrechtlicher Ansprüche auf Ersatz von Personen- und Sachschäden, die durch über die Umweltmedien Boden-, Luft oder Wasser transportierte Umwelteinwirkungen entstanden sind.[666] Schadenersatzpflichtig ist danach nur, wer durch eine Einwirkung auf die Umwelt (Emissionssachverhalt) den Zustand der Umwelt herbeigeführt hat, der den Personen- oder Sachschaden ausgelöst hat (Immissionssachverhalt).[667] Unter Verzicht auf Rechtswidrigkeit oder Verschulden normiert § 1 UmweltHG eine Verursachungshaftung des Inhabers bestimmter, im Anhang 1 des Gesetzes aufgeführter Anlagen, wenn der Schaden über ein Umweltmedium vermittelt wird. Der Haftungszeitraum reicht im Sinne des Verantwortlichkeits- und Nachsorgeprinzips vom Beginn ihrer Errichtung bis möglicherweise weit nach Stilllegung, s. § 2 UmweltHG. Gemäß seines § 18 stellt das UmweltHG keine abschließende Neukodifizierung des deutschen Umwelthaftungsrechts dar, sondern tritt neben die bestehenden Vorschriften. Zu diesen steht es in Anspruchkonkurrenz.[668] Damit stellt sich das UmweltHG als Kombination bereits bekannter Regelungselemente dar,[669] die in einem Komplex von Normen des direkten, mittelbaren Umweltschutzes verbunden werden, um soziopolitisch geforderte Wertüberlegungen in das bestehende Haftungsregime zu integrieren.

2. Haftungsvoraussetzungen

Nach § 1 UmweltHG kommt eine Haftung nur in Betracht, wenn eines der dort abschließend aufgeführten Rechtsgüter verletzt wurde. Mit Ausnahme von § 16 UmweltHG (Veränderung des Verhältnismäßigkeitsmaßstabs des § 251 Abs. 2 BGB bei Beeinträchtigungen der Natur oder Landschaft) werden reine Vermögensschäden oder nicht individuell zugeordnete ökologische Schäden nicht berücksichtigt.

a) Leben sowie Körper- und Gesundheitsverletzung

Dem Rechtsgut Leben kommt im Rahmen des § 1 UmweltHG dieselbe Bedeutung zu wie in § 823 Abs. 1 BGB. Auch die körperliche Unversehrtheit sowie

---

[665] Art. 5 des Gesetzes über die Umwelthaftung vom 10.12.1990, BGBl. I S. 2634.

[666] §§ 1, 3 Abs. 1 UmweltHG.

[667] SCHMIDT-SALZER, Kommentar zum Umwelthaftungsrecht, Einf. Rn. 6.

[668] Das UmweltHG ist nicht anwendbar, soweit das AtomG und die in§ 18 Abs. 2 angeführten Übereinkommen zur Anwendung kommen, s. EHRHARDT-RAUCH, JA 2005, 463.

[669] Vgl. SCHMIDT-SALZER, Umwelthaftungsrecht, Einf. Rn. 82.

die Gesundheit erfahren unter § 1 UmweltHG dieselbe Behandlung wie im allgemeinen Deliktsrecht.[670]

B) SACHBESCHÄDIGUNG

Anders jedoch als § 823 Abs. 1 BGB spricht das UmweltHG statt von Eigentum und sonstigen Rechten schlicht von „Sachen“. Dies sind nach der Legaldefinition des § 90 BGB nur körperliche Gegenstände, seien sie mobil oder immobil. Gemäß § 90 a BGB unterfallen auch Tiere den für Sachen geltenden Vorschriften.

Indes verrät das UmweltHG nichts über den Anspruchsberechtigten aus einer Sachbeschädigung, sondern bestimmt den Sachschutz rein objektiv. Daher ist der Begriff der Sachbeschädigung um ein subjektiv-rechtliches Element zu ergänzen, so dass die Beschädigung einer Sache mit der Verletzung einer Rechtsposition einhergehen muss.[671] Damit aber deckt sich der Begriff der Sachbeschädigung im Ergebnis mit den von § 823 Abs. 1 BGB geschützten dinglichen Rechten.[672] Die Beschädigung kann sowohl durch einen Eingriff in deren Substanz als auch durch einen Eingriff in ihren bestimmungsgemäßen Gebrauch erfolgen; letzterer Erfolg wird zwar kaum noch vom Wortlaut der „Sachbeschädigung“ gedeckt, die harmonisierende Auslegung zu § 823 BGB rechtfertigt jedoch diese weite Bemessung des objektiven Schutzbereichs des § 1 UmweltHG.[673] Verunstaltungen, Beschränkungen der Nutzungsmöglichkeiten oder des Funktionszusammenhangs sind damit allesamt haftungsauslösend. Eine Nutzungsbeeinträchtigung soll auch vorliegen, wenn ein Grundstück zweckbestimmt als Biotop gehalten wird und durch eine Umwelteinwirkung die ökologische Funktionsfähigkeit zerstört oder beeinträchtigt worden ist. Zu ersetzen seien zumindest die Kosten, die zur Wiederherstellung der früheren Benutzbarkeit aufgewandt werden müssen.[674]

Umstritten ist, ob die bloße Entziehung der Sachnutzung durch Dritte als Folge von Evakuierungen nach einem Störfall (z.B. Plünderungen in evakuierten Zonen) eine Sachbeschädigung darstellt. Dies würde das Haftungsrisiko für Unternehmen bei Störfällen erheblich erweitern. KOHLER sieht diese Schäden daher als nicht mehr vom Schutzbereich des UmweltHG umfasst an.[675] Während ERL und SALJE derartige Fälle der Sachbeschädigung zuschlagen wollen,[676]

---

[670] LANDSBERG/LÜLLING, § 1 UmweltHG Rn. 25, 26.
[671] Staudinger/KOHLER (2002), UmweltHG § 1 Rn. 23; PASCHKE, UmweltHR § 1 Rn. 71.
[672] Vgl. SALJE/Peter, UmweltHG, § 1, 3 Rn. 93; ERL, Umwelthaftungsrecht, S. 51.
[673] So auch Staudinger/KOHLER (2002), UmweltHG § 1 Rn. 31.
[674] Landmann/Rohmer/REHBINDER, UmweltHG, § 1 Rn. 42; SALJE/Peter, UmweltHG, § 1, 3 Rn. 105.
[675] Staudinger/KOHLER, (2002) UmweltHG § 1 Rn. 28.
[676] ERL, Umwelthaftungsrecht, S. 52; SALJE, §§ 1, 3 UmweltHG Rn. 95.

scheint die Problematik beim Sachbegriff grundsätzlich falsch angesiedelt. Denn dass eine kausal verursachte Beeinträchtigung der Nutzungsmöglichkeit vorliegt, steht außer Frage. Vielmehr stellt sich die Frage der Zurechnung, aufgeworfen durch das freiverantwortliche Dazwischentreten Dritter. Inwiefern also die Gefahrschaffung im Sinne der Lehre vom Schutzzweck der Norm pflichtwidrig hinsichtlich einer Verkehrspflicht ist, kann nur im Einzelfall entschieden werden.

c) UMWELTEINWIRKUNG (EMISSION)

Nur wenn eine Umwelteinwirkung kausal eines der genannten Rechtsgüter verletzt[677] hat, ist der Schaden nach § 1 UmweltHG ersatzfähig. Gemäß § 3 Abs. 1 UmweltHG liegt ein solcher Emissionstatbestand vor, wenn Stoffe, Erschütterungen, Geräusche, Druck, Strahlen, Gase, Dämpfe, Wärme oder sonstige Erscheinungen, die sich in Boden, Luft oder Wasser ausgebreitet haben, zu der Veränderung geführt haben. Die Aufzählung der möglichen „Erscheinungen", die sich über die Umweltmedien verbreiten, umfasst einerseits die aus § 906 BGB bekannten Imponderabilien, andererseits aber durch Verwendung des Wortes „Stoff" auch Ponderabilien, also alle chemischen Elemente und Verbindungen unabhängig von ihrem Aggregatzustand.[678] Ideelle Einwirkungen sind vom Schutzzweck ausgeschlossen.[679]

Funktion des Tatbestandsmerkmals der Umwelteinwirkung ist die Schaffung einer spezifischen Umwelthaftung anstelle einer allgemeinen Anlagenhaftung.[680] Aus diesem Grund ist strittig, ob einschränkend nur für spezifische Umweltrisiken gehaftet wird, namentlich für solche, die zur Aufnahme in den Katalog des Anhang 1 geführt haben. Bei teleologischer Gesetzesinterpretation, so MEDICUS, könne die Gefährdungshaftung nicht solche Schadensfolgen erfassen, die nicht auf der spezifischen Gefährlichkeit des Betriebes beruhen.[681] In den Kommentaren zum UmweltHG wird eine andere Ansicht vertreten. Anders als bei der Gewässerhaftung[682] seien auch untypische Risiken der Anlage zuzurechnen.[683] Dem ist beizupflichten, weil nur über eine umfassende Haftung auch Entwick-

---

[677] Der Gebrauch des Wortes „Schaden" im Gesetzestext wird gemeinhin als Redaktionsfehler verstanden, vgl. Staudinger/KOHLER (2002), UmweltHG § 3 Rn. 3.

[678] Wegen Nr. 48c des Anhangs 1 zu § 1 auch Viren und Bakterien, SALJE/Peter, UmweltHG, §§ 1, 3 Rn. 62, m.w.N.

[679] Staudinger/KOHLER (2002), UmweltHG § 3 Rn. 2, 5.

[680] SALJE/Peter, UmweltHG, §§ 1, 3 Rn. 55; LANDSBERG/LÜLLING, UmweltHG, § 3 Rn. 5.

[681] MEDICUS, „Zum Schutzbereich des Umwelthaftungsgesetzes", in: FS Gernhuber. S. 299, 305 f.; ähnlich LARENZ/CANARIS, Schuldrecht II/2, § 84 v. 2 b, S. 638; BAUDISCH, Die gesetzgeberischen Gründe der Gefährdungshaftung, S. 175; ihnen folgend zuletzt auch OLGR Zweibrücken 2004, 216.

[682] Vgl. BGH NJW 1983, 2029.

[683] SALJE/Peter, UmweltHG, §§ 1, 3 Rn. 13; Landmann/Rohmer/REHBINDER, UmweltHG, § 1 Rn. 20.

lungsrisiken, welche zum Zeitpunkt der Erstellung der Anlagenliste unabsehbar waren, dort internalisiert werden, wo primär von den Anlagen profitiert wird – nämlich bei den Anlagenbetreibern. Ob ein befürchtetes oder ein unvorhersehbares Risiko sich verwirklicht hat, muss daher unerheblich sein. Auch steht die gegenteilige Ansicht vor dem Problem, die „umweltspezifische Gefährlichkeit" eines Betriebs zunächst definieren zu müssen – eine Einschränkungsmacht, die der Gesetzgeber so nicht vorgesehen hat. Hier vertretener Auffassung steht auch nicht zwingend entgegen, dass § 2 UmweltHG für den besonderen Sachverhalt noch nicht fertiggestellter oder stillgelegter Anlagen eine Haftungsbeschränkung auf derartige Schadensereignisse vorsieht, die in der Gefährlichkeit der Anlage nach ihrer Fertigstellung begründet sind,[684] denn eine Abgrenzung von Anlagen im Betrieb und solchen außer Betriebs ist problemlos möglich und eine differenzierte rechtliche Behandlung vom Gesetzgeber durch Schaffung eines eigenen Paragraphen wohl gewollt.

Ob eine nachteilige Veränderung der physikalischen, chemischen oder biologischen Beschaffenheit eines Umweltmediums zwingende Haftungsvoraussetzung ist, ist unklar. Dies würde bedeuten, dass rein mechanische Veränderungen nicht zu einer Haftung führen. Anders als in § 22 WHG kommt dies in den §§ 1, 3 UmweltHG nicht klar zum Ausdruck. Fraglich ist dies insbesondere für sogenannte „Explosionsfälle", welche nach der Gesetzesbegründung der Bundesregierung erfasst sein sollen. Diese Fälle zeichnen sich indes oft gerade dadurch aus, dass der Schaden durch ein fortgeschleudertes Teil entsteht, welches weder über das Medium „Luft" transportiert (sondern von diesem gebremst) wird, noch eine nachteilige Veränderung in diesem Medium hinterlässt. Gleichzeitig hebt § 1 UmweltHG deutlich hervor, dass nicht der Schutz der Umweltmedien Inhalt und Zweck des UmweltHG ist; denn ob sich das Umweltmedium selbst beim Transport der schädigenden Einwirkungen nachteilig verändert hat, ist für die Schadensbestimmung unerheblich. Die aus diesen Widersprüchen entstehenden Unsicherheiten sind bis heute ungeklärt. Eine allgemeine Einschränkung der Haftung auf die Fälle der Verwirklichung anlagenspezifischer Gefahren rechtfertigen sie allerdings nicht. Näherliegend ist, die Explosionsfälle entgegen der Gesetzesbegründung unter Verweis auf den Wortlaut und die Absicht, keine reine Anlagenhaftung zu schaffen, aus dem Anwendungsbereich des § 1 UmweltHG auszuklammern.

D) ANLAGENBEZUG

Die schädigende Einwirkung muss von einer Anlage stammen. Diese wird selbständig als ortsfeste Einrichtung unter Anfügung der Beispiele der Betriebsstätte

---

[684] So aber LARENZ/CANARIS, a.a.O.

und des Lagers definiert.[685] Liegt eine Anlage im Sinne des § 3 Abs. 2 UmweltHG vor, so muss für eine Haftung nach §§ 1, 2 UmweltHG der Anlagentypus im Anhang 1 genannt sein. Dort sind im wesentlichen jene Betriebe aufgeführt, die nicht privilegiert und genehmigungsbedürftig im Sinne des Immissionsschutzrechts sind.[686]

E) HAFTUNGSEINSCHRÄNKUNGEN

Auch das UmweltHG sieht den bei Gefährdungshaftungstatbeständen üblichen Haftungsausschluss bei höherer Gewalt vor, § 4 UmweltHG. Laut Rechtsprechung ist dies jedes betriebsfremde, von außen herbeigeführte Ereignis, das auch durch äußerste Sorgfalt nicht vermieden werden konnte[687]

Für Schäden an Sachen durch den ordnungsgemäßen Betrieb normiert § 5 UmweltHG einen Haftungsausschluss, soweit die Beeinträchtigung unwesentlich oder nach den örtlichen Verhältnissen zumutbar ist. Hierbei handelt es sich demnach um eine Duldungspflicht für Bagatellschäden, die § 906 BGB nachempfunden wurde.[688] Durch das Zumutbarkeitserfordernis wurde der Zementierung von untragbaren Zuständen in bereits immissionsbelasteten Gebieten vorgegriffen, wobei aber die „Privilegierung des Normalbetriebs“[689] aufrechterhalten wurde. § 15 UmweltHG legt eine globale Haftungshöchstgrenze in Höhe von 85 Mio. Euro fest. Geschuldet ist diese Einschränkung nach den Gesetzesmaterialien der Vorhersehbarkeit wirtschaftlicher Belastung und nachfolgend der besseren Versicherbarkeit.[690]

3. Rechtsfolgen

Ein erfolgreich geltend gemachter Anspruch aus § 1 UmweltHG verpflichtet den Schädiger zu Leistung von Schadenersatz im Sinne der §§ 249 ff. BGB. Im Falle einer Verletzung von Körper oder Gesundheit oder einer Tötung sind nach § 12 Abs. 1, 13 UmweltHG auch Vermögensfolgeschäden wie Heilungskosten oder Einkommensausfall zu ersetzen; auch „Schmerzensgeld“ kann verlangt werden

---

[685] Die zum Anlagenbegriff des BImSchG entwickelten Grundsätze sind grundsätzlich übertragbar, doch ist die Eigenständigkeit des Anlagenbegriffs des UmweltHG im Hinblick auf seine haftungsrechtliche Aufgabe zu beachten, vgl. Staudinger/KOHLER (2002), UmweltHG § 3 Rn. 14.

[686] S. Anhang der BundesimmissionsschutzVO, BGBl. 1985, III, 2129. Nicht aufgeführt werden trotz Genehmigungsbedürftigkeit und gewisser Schadensträchtigkeit sog. „Windparks“, s. SALJE, UTR 78 (2004), S. 333 f.

[687] BGHZ 62, 351 (354).

[688] LANDSBERG/LÜLLING, § 5 UmweltHG, Rn. 2, 3; kritisch SCHMIDT-SALZER, Umwelthaftungsrecht, § 5 Rn. 6 ff.

[689] SCHMIDT-SALZER, Umwelthaftungsrecht, § 5 Rn. 5.

[690] S. LANDSBERG/LÜLLING, § 15 UmweltHG, Rn. 3; EHRHARDT-RAUCHER, JA 2005, 466.

(§ 13 S. 2 UmweltHG). Reine Vermögensschäden sind – anders als nach § 22 WHG – mangels Rechtsgutsverletzung nicht ersatzfähig.

§ 16 Abs. 1 UmweltHG ordnet für ökologische Schäden im engeren Sinne die Geltung von § 251 Abs. 2 BGB an, modifiziert aber die Prüfungskriterien, nach denen die Unverhältnismäßigkeit der Wiederherstellung „in natura" zu bestimmen ist:

> „Stellt die Beschädigung einer Sache auch eine Beeinträchtigung der Natur oder Landschaft dar, so ist, soweit der Geschädigte den Zustand herstellt, der bestehen würde, wenn die Beeinträchtigung nicht eingetreten wäre, § 251 Abs. 2 des Bürgerlichen Gesetzbuchs mit der Maßgabe anzuwenden, dass Aufwendungen für die Wiederherstellung des vorherigen Zustands nicht allein deshalb unverhältnismäßig sind, weil sie den Wert der Sache übersteigen."

Die wirtschaftliche Differenz zwischen Wiederherstellungskosten und Sachwert soll danach nicht allein ausreichend für die Ersetzungsbefugnis sein. Naturalrestitution soll nach der Begründung des Gesetzgebers auch und gerade dort bevorzugt zum Einsatz kommen, wo geringwertige Sachen eine große ökologische Bedeutung haben.[691] Mit der Verwendung des Wortes „Aufwendungen" stellt der Gesetzgeber sicher, dass gezahlte Wiederherstellungskosten tatsächlich auf die Renaturierung verwendet werden.[692] Insofern besteht auch für den Schadenersatzberechtigten eine „Wiederherstellungspflicht", zu deren Erfüllung er vom Verantwortlichen nach § 16 Abs. 2 UmweltHG sogar Vorschuss verlangen kann.

4. Konkurrenzen und das Verhältnis zu § 906 BGB

a) Problemaufriss

Nach § 18 UmweltHG stehen die Ansprüche aus anderen umwelthaftungsrechtlichen Tatbeständen in Anspruchskonkurrenz zu denen aus dem UmweltHG.[693] Erstaunlich ist zunächst, dass ein zentraler Regelungsbereich dieser anderen Normen, nämlich die Duldungspflicht, für das UmweltHG nicht geregelt wurde. Deshalb stellt sich die Frage, ob die nachbarrechtliche Duldungspflicht des § 906 BGB auch für Immissionen gilt, für die nach dem UmweltHG eigentlich gehaftet werden muss. Auf die räumliche Nähe der Nachbarschaft kommt es für § 906 BGB gerade nicht an. Würde die Anwendbarkeit im UmweltHG verneint, so könnten Schadenersatzansprüche nach Deliktsrecht bereits wegen Bejahung

---

691 BT-Drs. 11/7104, S. 21; zu den Einzelheiten der Verhältnismäßigkeit s. Salje/Peter, UmweltHG, § 16 Rn. 15 ff.
692 BT-Drs. 11/7104, S. 21; Salje/Peter, UmweltHG, § 16 Rn. 23.
693 Auch zu denen aus § 22 WHG, s. Czychowski/Reinhardt, WHG, § 22 Rn. 2.

einer Duldungspflicht abgelehnt werden, während der Anspruch nach § 1 UmweltHG dieser Einschränkung nicht unterläge. Bei der Anwendung des § 906 BGB auf das UmweltHG entstehen indes konstruktive Schwierigkeiten. Bei § 823 BGB wirkt die nachbarliche Duldungspflicht – wie gesehen – rechtfertigend. Die Kausalhaftung der verschuldensunabhängigen Haftungstatbestände verzichtet aber auf Rechtswidrigkeiterfordernisse.

b) Keine Notwendigkeit einer Rechtsfortbildung

Zur Lösung dieser als widersprüchlich wahrgenommenen Rechtslage ist vorgeschlagen worden, die Geltung des § 906 BGB auf eine Analogie zu § 114 Abs. 2 Nr. 3 BBergG zu gründen.[694] Danach ist ein Schaden, der durch Einwirkungen entsteht, die nach § 906 BGB nicht verboten werden können, kein ersatzfähiger „Bergschaden". Durch die Anwendung der nachbarlichen Duldungspflicht auf das UmweltHG würde dessen Haftungsreichweite ein gutes Stück verkürzt. Daher sind zunächst folgende, zur Analogiebegründung stets zu stellende Fragen[695] zu klären.

- Verstößt der Verweis auf besagte Norm nicht gegen das gewohnheitsrechtlich anerkannte Analogieverbot im Recht der Gefährdungshaftung?

Sinn und Zweck des Analogieverbots ist es, eine Ausweitung der für den Haftungsadressaten risikobehafteten gesetzlichen Gefährdungshaftungstatbestände zu vermeiden.[696] Eine Einschränkung der Haftung stößt sich nicht mit diesem Grundsatz. Allerdings würde auch eine analoge Beschränkung ein vom Gesetzgeber einheitlich erlassenes Gesetzeswerk durchbrechen.

- Liegt überhaupt eine die Analogie rechtfertigende planwidrige Regelungslücke vor?

Fraglich ist, ob tatsächlich von einer Regelungslücke gesprochen werden kann. Die Begründung zu § 19 (dem heutigen § 18 UmweltHG) verweist nur allgemein auf die vergleichbare Konkurrenzregelung in anderen Gesetzen der Gefährdungshaftung.[697] Trotz der Auseinandersetzung mit dem Ausgleichsanspruch gemäß § 906 Abs. 2 S. 2 BGB im herkömmlichen Umwelthaftungsrecht[698] findet sich in den Materialien zum UmweltHG kein Hinweis auf die

---

[694] PETERSEN, Duldungspflicht und Umwelthaftung, S. 40 ff. m.w.N.; DERS., NJW 1998, 2099, 2100; ihm folgend KLOEPFER, UmweltR, § 6 Rn. 82.

[695] ZIPPELIUS, Juristische Methodenlehre, § 11, S. 64 ff.; WANK, Die Auslegung von Gesetzen, S. 99 ff.

[696] Dazu allgemein KÖTZ/WAGNER, Deliktsrecht, Rn. 334, 336.

[697] BT-Drs. 11/7104, S. 21.

[698] A.a.O., S. 14.

Duldungspflicht. Indes erließ der Gesetzgeber mit § 5 UmweltHG eine Norm, die ein ähnliches Ziel hat wie § 906 BGB.[699] Bei bestimmungsgemäßem Betrieb muss danach für Sachschäden nicht gehaftet werden, soweit die Beeinträchtigung der Sache unwesentlich oder nach den örtlichen Verhältnissen zumutbar ist. Mag die Haftungseinschränkung im Ergebnis auch marginal sein, so liegt darin doch eine gewichtige gesetzgeberische Entscheidung über den Belang ortsüblicher Beeinträchtigungen. Der Verweis auf ortsübliche Beeinträchtigungen soll nach § 5 UmweltHG nur für Sachschäden[700] und nur für den Normalbetrieb erhoben werden können. Ohne den (auch bei § 906 BGB überholten Begriff) des Nachbarn zu nennen, enthält das UmweltHG damit eine eigene Duldungspflicht. Warum diese nicht abschließend sein soll, ist nicht zu erkennen. Der alleinige Hinweis auf mangelnde Erwähnung des § 906 BGB in der gesetzlichen Begründung[701] vermag den Exklusivitätsanspruch eines Haftungsausschlusses in einem einheitlich erlassenen Gesetzeswerk nicht zu begründen. Von einer planwidrigen Regelungslücke kann ergo nicht gesprochen werden.

- Ist schließlich die Regelungsmaterie inhaltlich vergleichbar?

Umwelt- und Bergschadenshaftung sind in ihrer Eigenart als Anlagenhaftung dem Grundsatze nach in ihrer Regelungsmaterie durchaus vergleichbar. Die Befürworter einer Analogie des § 114 Abs. 2 Nr. 3 BBergG gehen jedoch nicht auf Medium und Objekt der Gefährdung ein: Während Schadensmedium bei der Bergschadenshaftung nämlich ausschließlich der Boden ist und folglich der Schaden ganz überwiegend bei Immobilien eintritt, beeinträchtigt ein emittierender Betrieb – zumal bei Werksunfällen – Luft, Boden und Wasser. Daher sind auch die Schadensobjekte ungleich vielfältiger. Diese Unterscheidung ist auch der gesetzlichen Regelung immanent: So nimmt § 114 Abs. 2 Nr. 3 BBergG Schäden, die durch Einwirkungen entstehen, die nach § 906 BGB nicht untersagt werden können, vom „Bergschadensbegriff" aus. Dies kann aber nur für Sachschäden gelten; denn Schäden an Leben und Gesundheit sind –trotz ihrer Unwahrscheinlichkeit– weiterhin Bergschäden. Der Grund dafür liegt darin, dass in den Fällen einer Gesundheitsverletzung die Immissionen regelmäßig das sozial verträgliche Maß übersteigen werden und eine Duldungspflicht daher nicht bestehen kann. Für die Kategorie der Sachschäden aber sieht § 5 UmweltHG eine abschließende Regelung vor.

---

[699] BT-Drs. 11/7104, S. 18.

[700] Zur Normgeschichte s. LANDSBERG/LÜLLING, UmweltHG, § 5 Rn. 7; ferner BT-Drs. 11/7104, S. 18.

[701] PETERSEN, Duldungspflicht und Umwelthaftung, S. 41. Trotz intensiver kritischer Auseinandersetzung mit dem Verhältnis von § 5 UmweltHG zu § 906 BGB spricht auch SCHMIDT-SALZER in seiner Kommentierung zu § 5 nirgends von einer ausfüllungsbedürftigen Gesetzeslücke.

Somit muss eine analoge Anwendung des § 114 Abs. 2 Nr. 3 BBergG für das UmweltHG verneint werden. Weder besteht eine Regelungslücke, noch ist die Gefährdungslage vergleichbar. Damit kann ein und dasselbe Verhalten im Rahmen des Deliktsrechts als gerechtfertigt gelten, während es im Haftungsregime des UmweltHG haftungsauslösend ist. Die Unanwendbarkeit des § 906 BGB in der Gefährdungshaftung des Umwelthaftungsrecht ist daher als Widerspruch innerhalb der Wertungen des zivilrechtlichen Haftungsrechts bezeichnet worden. Richtig daran ist, dass beide Haftungsnormen jedermann vor Unbill an bestimmten Rechtsgütern durch Anordnung der Schadenersatzhaftung schützen wollen. Indes ist der Kreis der Normadressaten verschieden: Die Haftung des UmweltHG greift nur für genau bezeichnete Anlagen des Anlagenkatalogs. Für diese nicht nur durch Abschaffung des Verschuldenserfordernisses, sondern auch durch Verzicht auf den Schutz aus § 906 BGB ein höheres Haftungsrisiko zu schaffen, muss als vom Gesetzgeber gewollt hingenommen werden.[702] Ein Systembruch, der zu ungerechten weil undifferenzierten Ergebnissen führen könnte, kann demnach nicht diagnostiziert werden.

Zuletzt ist auf die Fälle „evidenter Priorität" einzugehen. Wenn der später Hinzukommende die Priorität einer gefahrenträchtigen Anlage erkennen musste, soll die Duldungspflicht des § 906 nicht über eine Analogie, sondern aufgrund des Gedankens der freiwilligen Interessenexponierung auch für Ansprüche aus § 1 UmweltHG gelten.[703] Dieser, von MÜLLER-ERZBACH erstmals entwickelten Theorie einer Einschränkung der Gefährdungshaftung liegt die Idee zugrunde, dass nach dem Geltungsgrund der Gefährdungshaftung von dieser Haftung nicht profitieren darf, wer sich freiwillig der von einem anderen geschaffenen Gefahr aussetzt.[704] Dies mag für räumlich begrenzte Gefahrquellen noch überzeugen. Nicht zu beantworten ist aber die für die Anwendung dieser Theorie so wichtige Frage, worin ein „Aussetzen" gesehen werden muss. Wo beginnt die gefahrträchtige Nähe eines großen Chemie- oder eines Atomkraftwerkes und wo endet sie? Eben die Unvorhersehbarkeit der Reichweite und Wirkung möglicher Gefahren haben den Gesetzgeber bewogen, die Gefährdungshaftung im Umweltprivatrecht einzuführen. Im Umwelthaftungsrecht ist wegen der drohenden Umgehung gesetzlicher Wertungen für die Theorie der freiwilligen Interessenexponierung somit kein Raum für eine grundsätzliche Anwendung.

c) Konsequenzen für die Umweltschutzwirksamkeit

Inwieweit aber ist die Entscheidung über die Anwendung von § 906 BGB überhaupt von Bedeutung? Gerade in den kritischen Fällen einer behaupteten Gesundheitsverletzung würde man auch bei Bejahung der Analogie oftmals zu

---

702 Vgl. BT-Drs. 11/7104, S. 14.

703 PETERSEN, a.a.O., S. 25, 26

704 MÜLLER-ERZBACH, AcP 106, (1910) 309 ff, insbes. S. 352 ff.

dem Ergebnis gelangen, dass die Immissionen das sozial verträgliche Maß übersteigen und eine Duldungspflicht daher nicht bestehen kann.[705] Der Ausgleichsanspruch nach § 906 Abs. 2 S. 2 BGB verbliebe dem Geschädigten gemäß § 18 UmweltHG in jedem Fall.[706] Aufgrund der jedenfalls existierenden Haftungspflicht führt eine ökonomische Analyse für beide Lösungsansätze grundsätzlich nicht zu unterschiedlichen Ergebnissen.[707] Eine Überprüfung unter ökologischen Gesichtspunkten muss indes berücksichtigen, dass Schadenersatz dem Grunde nach in Naturalrestitution besteht. Bei Verunreinigung des Bodens oder eines Gewässers sind bei Bejahung der Schadenersatzpflicht also vorrangig Dekontaminationsmaßnahmen vorzunehmen. Der Vorrang der Gefährdungshaftung vor der Aufopferungshaftung spielt auch für die mittelbare Verhaltenssteuerung eine gewichtige Rolle: Der Verstoß gegen Haftungsnormen stellt für ein Unternehmen einen größeren Imageschaden dar als die Pflicht, einen Ausgleichsanspruch hinnehmen zu müssen, der von Rechts wegen an bestimmtes rechtmäßiges Handeln geknüpft ist. Insoweit hat die Ablehnung der Analogiefähigkeit von § 114 Abs. 2 Nr. 3 BBergG für das UmweltHG eine Steigerung des umweltschutzwirksamen Potentials des § 1 UmweltHG zur Folge.

II. Die Haftung nach § 22 WHG

Die Rechte und Pflichten im Zusammenhang mit der Nutzung und dem Verbrauch deutscher Gewässer regelnd, ist nach der oben vorgenommenen Aufteilung das Wasserhaushaltsgesetz[708] (WHG) dem öffentlichen Recht zuzuordnen. § 22 WHG[709] mit seiner Schadenersatzregelung ist hingegen privatrechtlicher Natur und kann somit als Ausnahmevorschrift in diesem Regelwerk angesehen werden.[710] Der Schutz des § 22 WHG erstreckt sich im Unterschied zum UmweltHG nur auf Rechtsgüter, die über den Umweltpfad „Wasser" geschädigt wurden.[711] Eine weitere Einschränkung erfährt der Schutzbereich durch die Verwendung des Begriffs „Gewässer", der nach § 1 WHG nur oberirdische Gewässer, Küstengewässer und Grundwasser[712] umfasst; diese müssen ferner in den natürlichen Wasserkreislauf eingebunden sein.[713] In anderer Hinsicht ist diese Haftungsnorm indes weniger restriktiv als das UmweltHG: So

---

705 Vgl. PETERSEN, NJW 1998, 2099, 2100.

706 LANDSBERG/LÜLLING, UmweltHG, § 18 Rn. 3.

707 Insoweit richtig PETERSEN, a.a.O., S. 43; der Streit um die summenmäßige Höhe des Ausgleichsanspruchs kann für die wirtschaftliche Betrachtung vernachlässigt werden.

708 In der Fassung der Bekanntmachung vom 19.08.2002, BGBl. I S. 3245.

709 Gleichlautend mit § 22 WHG sind die landesrechtlichen § 65 BremWG, § 64 NdsWG, § 66 SachsAnhWG.

710 ERL, Umwelthaftungsrecht, S. 65.

711 Zur hohen praktischen Relevanz vgl. SCHIMIKOWSKI, Umwelthaftpflichtversicherung, S. 64 Rn. 94.

712 BGH, Urt. v. 21.1.1988 - III ZR 180/86, JZ 1988, 560, NJW 1988, 1593.

713 S. Staudinger/KOHLER (2002), § 22 WHG Rn. 8.

geht die Haftung über eine reine Anlagenhaftung hinaus und kennt für die Anlagenhaftung selbst keinen abgeschlossenen Anlagenkatalog; überdies ist jeder Schaden ersatzfähig, die Beschränkung auf die Verletzung bestimmter Rechtsgüter entfällt.

1. Die Handlungshaftung des § 22 Abs.1 WHG

Nach dieser Norm haftet jedermann, der den Zustand eines Gewässers verändert, indem er Stoffe einbringt, einleitet oder sonst darauf einwirkt und dadurch einem Dritten einen Schaden zufügt. Einbringen wird als das Zuführen von festen Stoffen definiert,[714] Einleiten wird als die Zuführung von Flüssigkeiten, schlammigen Stoffen und Gasen verstanden.[715] Das Verständnis des wasserrechtlichen Stoffbegriffs ist ein denkbar weites, so dass jede feste, schlammige oder flüssige Materie von messbarem Umfang erfasst wird.[716] Den Beeinträchtigungen durch Zuführung hat der Gesetzgeber den Auffangtatbestand des Einwirkens in sonstiger Weise zur Seite gestellt, worunter jedes Verhalten fällt, welches objektiv geeignet ist, die physikalische, chemische oder biologische Eigenschaft des Wassers zu verändern. Eine vor dieser Veränderung bereits bestehende Kontamination ist grundsätzlich unbeachtlich, da auch eine weitere Verschlechterung eine Veränderung i.S.v. § 22 Abs.1 WHG herbeiführt.[717]

Erforderlich für eine Haftpflicht des Verschmutzers ist weiter eine Finalität der Handlung, an die aber nur mehr geringe Anforderungen gestellt werden. Ausreichend ist schon, dass die Handlung objektiv dafür geeignet ist, dass Stoffe in ein Gewässer gelangen und ein funktioneller Zusammenhang zwischen der auf das Hineingelangen gerichteten Handlung und der Gewässerbenutzung besteht.[718] Zweck dieses Kriteriums ist, nicht vorhersehbare Kontaminierungszusammenhänge von der Haftung auszunehmen;[719] dahinter steht die Überlegung, dass in derartigen Fällen bereits die einen rechtlich relevanten Kausalzusammenhang mitbegründende Adäquanz fehlt.[720] Mit Hinweis auf den Gefährdungshaftungscharakter der Norm ist die Auffassung abzulehnen, die nur bewusst auf das Hineingelangen von Stoffen gerichtete Handlungen einer

---

714 CZYCHOWSKI/REINHARDT, WHG § 22 Rn. 9; darunter fallen auch Fische, BGH ZfW 1977, 42 ff.

715 CZYCHOWSKI/REINHARDT, WHG § 22 Rn. 10.

716 Staudinger/KOHLER (2002), § 22 WHG Rn. 9, 10.

717 SCHIMIKOWSKI, Umwelthaftungsrecht und Umwelthaftpflichtversicherung, S. 65 Rn. 96; ERL, a.a.O., S. 66.

718 BGHZ 124, 394, 396; ähnlich CZYCHOWSKI/REINHARDT, § 22 Rn. 7; Staudinger/KOHLER (2002), § 22 WHG Rn. 32. BGHZ 103, 129, 137 stellte noch ab auf die Verwirklichung einer mit dem Handeln typischerweise verbundenen Gefahr für das Wasser.

719 ERL, Umwelthaftungsrecht, S. 65.

720 Bislang offengelassen vom BGH, vgl. BGHZ 76, 316; 103, 134.

Haftung unterwerfen will.[721] Solch subjektiv final gewässerbezogenes Handeln beschränkt die Verhaltenshaftung im Ergebnis auf vorsätzliches, wissentliches oder fährlässiges Handeln und zieht damit unzulässig Elemente einer Verschuldenshaftung heran.[722] Mit dem objektiv-finalen Verständnis können schließlich Nitratauswaschungen durch übermäßiges Düngen ebenso schadenersatzpflichtig machen[723] wie Gewässererwärmung, chemische Belastungen, vermehrtes Algenwachstum oder das Verschwinden bestimmter Arten; erfasst werden sollen alle denkbaren schädlichen und nicht völlig unbedeutenden Veränderungen.[724] Andererseits hat der BGH Salzverunreinigungen des Grundwassers durch das Salzstreuen des winterlichen Straßendienstes wegen fehlender Finalität verneint.[725]

Auch ein Unterlassen kann tatbestandsverwirklichend wirken. Dafür gilt der allgemeine Grundsatz, dass für den in Anspruch Genommenen die Möglichkeit des erforderlichen Handelns bestand und in eine entsprechende Rechtspflicht traf.[726] Das Untätigbleiben muss nicht planvoll darauf abzielen, dass Stoffe in ein Gewässer gelangen.[727] Damit gilt wie für die Haftung für positives Tun ein Maßstab objektiver Eignung des Unterlassens für das Hineingelangen; ein Bezwecken ist nicht erforderlich.

Für die notwendige Zurechnung des Verhaltens zum (potentiellen) Schädiger gilt im Rahmen der haftungsbegründenden Kausalität die Äquivalenztheorie.[728] Der Kausalitätsnachweis im Rahmen von § 22 WHG unterliegt besonderen Regeln und Grundsätzen. Der erforderliche ursächliche Zusammenhang zwischen der Veränderung der Wasserbeschaffenheit und dem vorgeworfenen Verhalten besteht, wenn eine Bedingung vorliegt, die nach allgemeiner Lebenserfahrung generell geeignet ist, den eingetretenen Schaden herbeizuführen und dies nicht außerhalb aller Wahrscheinlichkeit liegt.[729] Damit kann die adäquate Verursachung praktisch mit der Vorhersehbarkeit gleichgesetzt werden. Für verhaltensbezogene Zurechnungsmerkmale ist nach dem BGH auf dem Gebiete

---

721 ROHDE, VersR 1962, 104; SCHIMIKOWSKI, a.a.O., Rn. 103 f.
722 Staudinger/KOHLER, (2002) § 22 WHG Rn. 32; SCHACHT, VersR 1986, 1047 m.w.N.
723 Die bloße Verursachung der Infiltration reicht dafür aber nicht aus, s. nur BREUER, Wasserrecht, Rn. 1104 m.w.N.
724 BGHZ 103, 129, 136.
725 BGHZ 124, 394.
726 BGHZ 65, 221, 223 f.; CZYCHOWSKI/REINHARDT, § 22 Rn. 8; kritisch BREUER, Wasserrecht, Rn. 1106.
727 BGHZ 124, 394, 396; Staudinger/KOHLER (2002), § 22 WHG Rn. 39; a.A. noch BVerwG NJW 1974, 815, 816.
728 Staudinger/KOHLER (2002), § 22 WHG Rn. 43;ob -wie im Schrifttum vertreten- stattdessen die Adäquanztheorie angewandt wird, hat auf das Ergebnis praktisch keinen Einfluss, vgl. LYTRAS, Haftung für Umweltschäden, S. 266.
729 SCHACHT, VersR 1986, 1046.

reiner Gefährdungshaftung kein Platz.[730] Für die Gefährdungshaftung hatte der BGH bereits vorher darauf hingewiesen, dass einem Geschädigten in den Fällen mehrfacher Einwirkung über den Nachweis einer gefährlichen Einwirkung nach § 22 WHG nicht der weitere Nachweis auferlegt werden soll, dass die vom Beklagten eingeführten Stoffe tatsächlich ursächlich für den eingetretenen Schaden waren.[731] Ein pflichtwidriges Unterlassen ist nur dann kausal, wenn pflichtgemäßes Handeln mit an Sicherheit grenzender Wahrscheinlichkeit den Erfolgseintritt verhindert hätte.[732] Allerdings gelten die genannten Beweisgrundsätze auch für das Unterlassen einer gebotenen Handlung, insbesondere bei Nichtvornahme gebotener Verkehrssicherungspflichten. Daher lässt sich feststellen, dass beim Umgang mit wassergefährdenden Stoffen in einer Art und Weise, die nach aller Lebenswahrscheinlichkeit eine Veränderung der Gewässerqualität nicht ausschließen lässt, die Beweislastumkehr greift.[733] Damit ist die Kausalitätsproblematik im Vergleich zu anderen Tatbeständen des deutschen Umwelthaftungsrechts wesentlich entschärft.

Zweifelhaft ist, ob die Haftung nach § 22 Abs. 1 WHG nur widerrechtliches Verhalten erfasst, ergo ob ein Rechtfertigungsgrund haftungsausschließend wirkt. Besonders akut wird die Frage vor dem Hintergrund der Erlaubnis gemäß § 7 WHG und der Bewilligung nach § 8 WHG, da diese eine bestimmte Benutzung des Gewässers gerade Kraft öffentlichen Rechts gestatten. Allerdings sieht der Wortlaut des § 22 WHG Rechtswidrigkeit nicht als Haftungsvoraussetzung vor. Der Grund dafür liegt im Charakter der Norm als Gefährdungshaftungstatbestand, wonach dem Verantwortlichen „das unvermeidbare Risiko eines rechtmäßigen Betriebs oder einer Anlage zugerechnet wird, also gerade nicht darin, dass er den Schaden durch rechtswidrige Handlung verursacht hat".[734] Folglich verhindert auch das Vorliegen von Rechtfertigungsgründen eine wasserrechtliche Haftung nicht.[735] Davon ausgenommen ist laut §§ 8, 11 WHG ein Handeln im Rahmen einer erteilten Bewilligung; für Schäden, die im ordnungsgemäßen bewilligten Betrieb entstehen enthält § 22 Abs. 3 WHG eine Sondervorschrift.

2. Die Anlagenhaftung nach § 22 Abs. 2 WHG

Gelangen die Wasserqualität verändernde Stoffe ins Wasser, ohne dass die Voraussetzungen der Handlungshaftung erfüllt sind, so liegt mit § 22 Abs. 2

---

[730] BGH NJW 1981, 983.
[731] BGH NJW 1972, 205, 207.
[732] BGHZ 65, 221, 225.
[733] SCHACHT, VersR 1986, 1043, 1047.
[734] Staudinger/KOHLER (2002), § 22 WHG Rn. 20 m.w.N.; ähnlich LYTRAS, Haftung für Umweltschäden, S. 260.
[735] LARENZ, VersR 1963, 593, 595 f,, 604; a.A. BGHZ 57, 176; CZYCHOWSKI/REINHARDT, § 22 Rn. 24 m.w.N.

WHG eine subsidiäre Haftungsvorschrift für wassergefährdende Anlagen vor. Die sachbezogene Gefährdungshaftung der Norm hat ihren Grund darin, dass das Betreiben der Anlage typischerweise erhebliche Gefahren für die Wasserbeschaffenheit mit sich bringt.[736]

Anlage im Sinne dieser Vorschrift ist jegliche gefährliche ortsfeste oder ortsveränderliche Einrichtung, die bestimmt ist, Stoffe herzustellen, zu verarbeiten, zu lagern, abzulagern, zu befördern oder wegzuleiten. Im Unterschied zum abschließenden Anlagenkatalog des UmweltHG ist damit eine möglich weite Begriffsdefinition vorgenommen worden, so dass nicht nur offensichtlich gefährliche Anlagen wie Müllverbrennungsanlagen, Fabrikationsanlagen, Tankfahrzeuge oder Bergwerkshalden[737] darunter subsumiert werden können. Auch Misthaufen, Güllegrube und -fass, Tankanlagen, eine Pipeline, sogar eine Flasche, die der Lagerung oder Beförderung wassergefährdender Stoffe dient,[738] können den Anlagenbegriff erfüllen. Voraussetzung ist aber, dass die Anlage eine typische Wassergefährlichkeit aufweist,[739] denn nur damit wird dem Charakter als Haftung für an sich erlaubte aber gefährliche Tätigkeiten genüge getan. Verpflichteter aus der Anlagenhaftung ist der Inhaber, welcher in Kongruenz zu den Definitionen § 2 HPflG oder § 25 AtomG derjenige ist, der die zum Gebrauch der Anlage erforderliche tatsächliche Verfügungsgewalt besitzt, die Anlage entsprechend gebraucht, die Nutzungen zieht und die Kosten bestreitet.[740] Wird der Schadenseintritt durch höhere Gewalt[741] verursacht, so erfüllt er ausdrücklich nicht den haftungsbegründenden Tatbestand des § 22 Abs. 2 WHG. Weitergehende Haftungsvereinbarungen zwischen Unternehmer und möglichen Betroffenen sind nach den allgemeinen Vorschriften grundsätzlich zulässig.

3. Haftungsausschluss und -verlagerung

§ 11 Abs. 1 S. 1 WHG statuiert den weitestgehenden Ausschluss privatrechtlicher Ansprüche in der deutschen Rechtsordnung.[742] Mit dem in ihm angeordneten Ausschluss von Ansprüchen auf Beseitigung einer Störung, das Unterlassen der Benutzung, die Herstellung einer Schutzeinrichtung und auf Schadenersatz gegen den Inhaber einer wasserrechtlichen Bewilligung nach § 8 WHG wird diese zum privatrechtsgestaltenden Verwaltungsakt mit drittbelastender Doppelwirkung.[743] Der Grund für den Haftungssausschluss ist, dass der

---

[736] S. BGHZ 76, 35, 42; BGHZ 57, 257, 260.
[737] CZYCHOWSKI/REINHARDT, § 22 Rn. 43 m.w.N.
[738] BREUER, Öffentliches und privates Wasserrecht, Rn. 1134.
[739] Staudinger/KOHLER (2002), § 22 WHG Rn. 54.
[740] BGHZ 80, 1, 4 = NJW 1981, 1516; zu den Einzelheiten s. Staudinger/KOHLER (2002), § 22 WHG Rn. 60 ff.
[741] Zum Begriff s. BGHZ 62, 351, 354.
[742] CZYCHOWSKI/REINHARDT, § 11 WHG Rn. 1.
[743] Ibidem.

Betroffene bereits im Bewilligungsverfahren Einwendungen erheben konnte.[744] Gemäß § 22 Abs. 3 WHG wird dem Betroffenen ein Entschädigungsanspruch gewährt, wenn er wegen der schadenersatzausschließenden Wirkung einer Bewilligung den Schädiger nicht nach § 22 Abs. 1 oder Abs. 2 WHG in Anspruch nehmen kann. Hierbei handelt es sich um einen öffentlich-rechtlichen Anspruch,[745] der darüber hinaus kaum noch Bedeutung hat,[746] weil eine Bewilligung für Maßnahmen, die auf Dauer erheblich wassergefährlich sind, seit dem 1976 eingeführten § 8 Abs. 2 WHG nicht mehr erteilt werden darf.

4. Umfang der Ersatzpflicht und Verjährung

Da neben der Gewässerbeeinträchtigung die Verletzung einer Individualrechtsposition notwendig ist, können nur solche Veränderungen der Wasserqualität geahndet werden, die zu einem Schaden eines anderen Rechtsubjekts geführt haben. Allerdings erstreckt sich die Haftung auch auf reine Vermögensschäden;[747] im Übrigen gelten die §§ 249 bis 254 BGB.[748] Ein Anspruch des Gewässernutzers auf Wiederherstellung des früheren Gewässerzustands besteht danach, soweit durch die Wasserbeschaffenheitsveränderung ein individuell zugeordnetes Rechtsgut oder Vermögensinteresse beeinträchtigt wurde. Dies kann bis zur vollständigen Wiederherstellung des ökologischen Lebensraums führen,[749] wenn zum Beispiel wirtschaftlich genutzter Fischbestand anderenfalls nicht regenerieren würde[750] oder ein in Privateigentum stehender Teich mitsamt im Grund verankerten Pflanzen verunreinigt wurde.[751] Seine Grenze hat der Schadenersatzanspruch dort, wo ein individueller Schaden nicht entstanden ist oder nicht nachgewiesen werden kann.[752] Das vorherrschende und ökologisch auch gebotene weite Eigentumsverständnis gilt aber auch im Gewässerrecht, so dass trotz Problemen der Quantifizierung die Beeinträchtigung der „fließenden Welle“ durch Verunreinigungen als Eigentumsschäden und resultierende Ausfälle in der Nahrungskette zumindest als Vermögensschäden ersatzfähig sind.[753]

---

744 LARENZ, VersR 1963, 592, 596.
745 BGH DVBl 1969, 208; CZYCHOWSKI/REINHARDT, § 20 WHG Rn. 3 ff.
746 Staudinger/KOHLER (2002), § 22 WHG Rn. 67; CZYCHOWSKI/REINHARDT, § 22 Rn. 59.
747 TAUPITZ, JURA 1992, 115; SCHACHT, VersR 1986, 1043, 1045 f.; SALZWEDEL/REINHARDT, NVwZ 1991, 946, 949.
748 Staudinger/KOHLER (2002), § 22 WHG Rn. 68.
749 SALJE, ZRP 1988, 153, 155
750 KNOPP, ZfW 1988, 261, 264 f.
751 Vgl. GASSNER, UPR 1987, 372.
752 Inwiefern die öffentliche Hand im Verschmutzungsfall den Verursacher in Regress nehmen kann, ist angesichts der durchgehenden Qualifizierung öffentlicher Gewässer als öffentliche Sache im Sondergebrauch (BREUER, Wasserrecht, Rn. 157 m.w.N.; CZYCHOWSKI/REINHARDT, Einl Rn. 47) eine Frage öffentlichen Rechts.
753 LADEUR, NJW 1987, 1237 ff.; GNAUB, Umwelthaftungsrecht, S. 43.

Noch bevor eine nachteilige Veränderung der Wasserqualität eingetreten ist, können für einen von einem möglichen Schaden Betroffenen „vorbeugende Rettungskosten" anfallen. Dabei handelt es sich um getätigte Aufwendungen für Maßnahmen, die geeignet und notwendig waren, um eine unmittelbar drohende Schädigung der Gewässerqualität abzuwenden.[754] Die Qualität des Gewässers hat sich dank derartiger Präventivmaßnahmen oftmals gerade nicht verschlechtert. Der BGH hat jedoch befunden, dass es dem Gesetzeszweck zuwiderliefe, derartige Schäden von der Ersatzpflicht nach § 22 WHG freizustellen.[755] Folgerichtig sind auch Aufwendungen erfasst, die erforderlich sind, um die Gefahrenträchtigkeit einer erfolgten Gewässerverunreinigung bestimmen zu können, beispielsweise die Kosten für die Analyse von Gewässerproben.[756]

Beide Haftungstatbestände des § 22 WHG ordnen eine gesamtschuldnerische Haftung an. Der BGH entnimmt daraus die Vermutung, dass ein Gefährdungsbeitrag, der den Schaden mitbewirkt haben könnte, ihn auch tatsächlich herbeigeführt habe, solange der einzelne Beitrag zumindest im Zusammenwirken mit anderen Stoffen geeignet ist, den Schaden herbeizuführen.[757] Für die Verjährung der Ansprüche gelten die allgemeinen Vorschriften.[758]

5. Fortentwicklung

Die Gefährdungshaftung des § 22 WHG war vor der Einführung des UmweltHG die wohl wichtigste im Unwelthaftungsrecht.[759] Abs. 1 führte gar eine dem deutschen Recht bislang unbekannte verhaltensbezogene Gefährdungshaftung ein.[760] Sein S. 2 ordnet Gesamthaftung nicht nur bei feststehender, aber nicht quantifizierbarer Teilkausalität, sondern bereits bei nur *möglicher* Teilkausalität an; für das deutsche Zivilrecht ist das außergewöhnlich. Dies führte zu einer umfassenden, effektiven Haftung bei Gewässerverschmutzungen, die dem UmweltHG zum Vorbild dienten.[761] Stimmen in der Literatur prognostizieren, dass die Rechtsprechung einen weitgehenden Gleichlauf der Haftung nach dem

---

[754] MARBURGER/STUCKERT, UTR 78 (2004), S. 381; MARBURGER, JZ 1988, 564; SANDER, NuR 1984, 183.

[755] BGHZ 80, 1, 6; derartige Aufwendungen konnten und können oftmals auch nach dem Recht der Geschäftsführung ohne Auftrag ersetzt verlangt werden.

[756] BGH Urt. v. 21.1.1988 - III ZR 180/86, NJW 1988, 1593 = NVwZ 1988, 573L mit Anmerkung BREUER, NVwZ 1988, 992.

[757] BGHZ 57, 257, 264; CZYCHOWSKI/REINHARDT, § 22 WHG Rn. 40; zum Gesamtschuldnerausgleich entgegen § 426 Abs.1 S.1 BGB s. Staudinger/KOHLER (2002), §22 WHG Rn. 76.

[758] SCHIMIKOWSKI, Umwelthaftungsrecht und Umwelthaftpflichtversicherung, S. 78 Rn. 117.

[759] FEESS-DÖRR/PRÄTORIUS/STEGER, Umwelthaftungsrecht, S. 38 ff., beobachten in ihrer empirischen Untersuchung von 1992 eine klare Dominanz der Regulierung der über Umweltmedien verursachten Schäden über § 22 II WHG.

[760] CZYCHOWSKI/REINHARDT, WHG, § 22 Rn. 2.

[761] HAGER, NJW 1991, 134; SALZWEDEL/REINHARDT, NVwZ 1991, 949.

UmweltHG und dem WHG anstreben könnten und daher die Grundsätze für nicht mehr betriebene Anlagen (§ 2 UmweltHG), zur Ursachenvermutung (§§ 6, 7), zu den Auskunftsansprüchen (§§ 9, 10) und zum Ersatz des ökologischen Schadens (§ 16) auch im Rahmen des § 22 WHG heranziehen wird.[762] Dies wäre sowohl rechtsdogmatisch als auch aus ökologischer Warte begrüßenswert. Denn zum einen bieten die „nuancierten" Regelungen des UmweltHG gesetzgeberische Anwendungsbeispiele,[763] die eine analoge Anwendung zur Vermeidung von Haftungswidersprüchen zwischen Gesetzen erlauben, die ganz ähnliche Ziele verfolgen. Dies brächte Erleichterungen für Geschädigte (Ursachenvermutung, Auskunftsansprüche, Begrenzung des § 251 Abs. 2 BGB) als auch für Anlagenbetreiber. Denn (Begrenzung der gesamtschuldnerischen Haftung durch die Geeignetheit der Anlage,[764] Auskunftsansprüche gegen Geschädigte und andere Anlageninhaber). Zum anderen könnte die Ausdehnung des Grundsatzes der Modifikation von § 251 Abs. 2 BGB nach § 16 Abs. 1 UmweltHG zur Wiederherstellung des vorherigen, unberührten Zustandes führen, bei Heranziehung von § 16 Abs. 2 UmweltHG sogar beschleunigt. Präventiv kann ein wirksamer Gewässerschutz durch das Eingreifen der Haftung bei vorbeugenden Rettungskosten bereits heute erzielt werden.

III. Die Haftung nach § 32 GenTG

§ 32 Abs. 1 GenTG[765] verpflichtet den Betreiber (legaldefiniert in § 3 Nr. 7 GenTG) zum Ersatz von Schäden, die durch gentechnisch veränderte Eigenschaften eines Organismus an Leben, Körper, Gesundheit oder einer Sache eines anderen entstehen. Die Norm reiht sich damit ein in die Tatbestände der verschuldensunabhängigen Gefährdungshaftung, jedoch anders als im UmweltHG nicht als Anlagen-, sondern über den Begriff des „Betreibens" als Handlungshaftung.[766] Sobald ein Produkt aber gentechnisch veränderte Organismen (GVO) enthält und aufgrund einer Genehmigung, die eine Risikoabschätzung erforderlich macht, in Verkehr gebracht wurde, verdrängt das Produkthaftungsgesetz die Haftung nach dem GenTG (§ 37 Abs. 2 GenTG). Für den verbliebenen Anwendungsbereich einer Schädigung vor Zulassung muss der Geschädigte nach der sogenannten „kleinen Ursachenvermutung" des § 34 GenTG zunächst beweisen,

---

[762] LARENZ/CANARIS, SchuldR BT Band II/2, § 84 v. 1d); SALZWEDEL/REINHARDT, NVwZ 1991, 949; SCHMIDT-SALZER, Rn. 72, 87; CZYCHOWSKI/REINHARDT, WHG, § 22 Rn.2; a.A. Staudinger/KOHLER (2002), § 22 WHG, Rn. 81.

[763] SCHMIDT-SALZER, Kommentar zum Umwelthaftungsrecht,Rn. 87.

[764] So bereits BGHZ 57, 257, 262.

[765] Gesetz zur Regelung der Gentechnik v. 20. Juni 1990, BGBl I 1080, i.d.F. v. 16.12.1993 BGBl. I 2066; zuletzt geändert durch Art. 1 G v. 21.12.2004, BGBl. 2005 I 186. Die damit umgesetzte Richtlinie 2001/18/EG sieht eine zivilrechtliche Haftung nicht vor. Daher besteht im Umsetzungsakt des United Kingdom (Genetically Modified Organisms (Deliberate Release) Regulations 2002) keine entsprechende Haftungsnorm.

[766] S. DEUTSCH, NJW 1992, 73; LANDSBERG/LÜLLING, § 32 GenTG Rn. 6.

dass GVO den Schaden hervorgerufen haben; die Vermutung, dass erst die gentechnischen Arbeiten (s. zum Begriff § 3 Nr. 2 GenTG) die schadenstiftenden Eigenschaften hervorgerufen haben, muss dann vom Betreiber widerlegt werden. Hier nun kommt die Industrie in den Vorzug einer Beweiserleichterung: Ausreichend für die Entkräftung vorgenannter Vermutung ist die Wahrscheinlichkeit, dass der Schaden auf anderen Eigenschaften des Organismus beruhe; ein Vollbeweis muss nicht geführt werden.[767]

Durch die gesetzlich vorgeschriebene Deckungsvorsorge (§ 36 GenTG) wird eine Internalisierung möglicher Schadenskosten schon vor Eintritt eines ersten Schadenereignisses erreicht. Allerdings ist die Entschädigungssumme in § 33 GenTG 2002 auf 85 Mio. Euro beschränkt worden. Neben den Haftungsvorschriften des GenTG bleiben die anderen Normen des Umwelthaftungsrechts anwendbar, § 37 Abs. 3 GenTG.[768] § 32 Abs. 7 S. 1 GenTG enthält eine Modifikation des Verhältnismäßigkeitsmaßstabs für die Ersetzung der Naturalrestitution durch Geldentschädigung nach § 251 Abs. 2 BGB, die inhaltlich der von § 16 Abs. 1 UmweltHG entspricht; auf die dazu gemachten Ausführen kann hier verwiesen werden.

IV. Die Haftung nach § 2 Abs. 1 S. 1 HaftPflG

Nach § 2 Abs. 1 S. 1 ist der Inhaber[769] einer Energieanlage zum Schadenersatz verpflichtet, wenn durch die Wirkungen der Energieträger Körper-, Gesundheits- oder Sachschäden entstehen. Auch bei Todesfällen durch Elektrizität, Gase, Dämpfe oder Flüssigkeiten, die von einer Strom- oder Rohrleitungsanlage ausgehen, tritt die Haftpflicht des Inhabers ein. Zu den Rohleitungsanlagen zählen nach ganz herrschender Meinung neben Gaspipelines und Erdölförderleitungen auch Tankfahrzeuge und -schiffe, doch muss der Zweck der Anlage stets die Erzeugung oder Weiterleitung von Energie sein. Weitere Einschränkung ist die Haftungsbeschränkung auf lediglich diejenigen Wirkungen, die gerade durch die Leitung oder Abgabe entstehen und die für diese Funktion der Anlage typischen Gefahren verkörpern.[770] Die Bedeutung der Vorschrift für das Umwelthaftungsrecht ergibt sich daher hauptsächlich aus dem hohen Gefahrenpotential dieser Anlagen. Die Norm ist als strikter Gefährdungshaftungstatbestand unter Verzicht auf Verschuldens- und Rechtswidrigkeitselemente gefasst. Ein Ausschluss der Ersatzpflicht sieht § 2 Abs. 3 nur für klar bestimmte Sachverhalte vor. Die Haftung § 2 Abs. 1 S. 1 HaftPflG (und die Haftungsgrenze von

---

767 DAMM, NuR 1992, 1, 5 f.

768 Zu den Konkurrenzen s. Staudinger/KOHLER (2002), § 32 GenTG Rn. 8 ff.; WELLKAMP, NuR 2001,188, 193.

769 Zum Begriff allgemein KÖTZ/WAGNER, Deliktsrecht, Rn. 357.

770 FILTHAUT, NJW 1983, 2687 f.; ders., Haftpflichtgesetz, § 2 Rn. 9 ff, 22.

§ 10 HaftPflG) schließt nicht den nachbarrechtlichen Ausgleichsanspruch (§ 906 Abs. 2 S. 2 analog) aus.[771]

V. Die Haftung nach §§ 7, 12 StVG

Die §§ 7, 12 StVG bürden dem Halter respektive dem Fahrzeugführer die Ersatzpflicht für Schäden auf, die beim Betrieb eines Kraftfahrzeugs entstehen. Diese Gefährdungshaftung umfasst mittels des heute herrschenden weiten Verständnisses von „Betrieb"[772] über Verkehrsunfälle hinaus auch Schäden, die anderen Individuen über den Umweltpfad beigebracht werden, z.B. durch ausgetretene Kraftstoffe oder Abgase. Mittelbar tragen diese Normen daher dazu bei, dass die Endverbraucher nur solche Fahrzeuge erwerben werden, die derartige Schäden am wenigsten erwarten lassen.

D. Zusammenfassung

I. Haftungsregeln auf der Grundlage völkerrechtlicher Verträge

Verschuldensunabhängige Umwelthaftungsregeln, die auf Grund völkervertraglicher Verpflichtung erlassen wurden, bestehen in den verglichenen Rechtsordnungen von Deutschland und England für die Gebiete des Atomhaftungsrechts und für die Haftung für Ölschäden aus Schiffsbetrieb. Das Pariser und das Wiener Übereinkommen werden ergänzt durch das Brüsseler Zusatzübereinkommen und bilden so eine umfassende Haftungsanordnung für Schäden, die durch nukleare Ereignisse hervorgerufen werden. Dieses Haftungsregime unterliegt andauernden Reformbemühungen der Unterzeichnerstaaten. So sieht das Zusatzprotokoll von 2004 eine Schadenersatzregel für ökologische Schäden vor; dies wird für viele Unterzeichnerstaaten ein rechtsdogmatisches Novum sein. Das Internationale Übereinkommen über die zivilrechtliche Haftung für Ölverschmutzungsschäden wird bislang lediglich flankiert durch das Internationale Übereinkommen über die Einrichtung eines Internationalen Fonds zur Entschädigung für Ölverschmutzungsschäden, während eine internationale Haftung für Schäden durch Getriebeöle noch nicht besteht.

II. Verschuldensunabhängige Umwelthaftung im Common Law

Der Tatbestand der *private nuisance* umfasst jede Störung der Nutzung oder des Genusses von Land oder eines Rechts, welches damit in Verbindung steht. Im Falle eines materiellen Schadens soll die Ortsüblichkeit der Emission nicht tatbestandsausschließend wirken. Damit wird bereits auf der Tatbestandsseite eine einzigartige Unterscheidung nach materiellen und immateriellen Schäden

---

[771] BGHZ 155, 99, 107 f.
[772] HENTSCHEL, § 7 StVG Rn. 4.

vorgenommen. In beiden Fällen muss der Schadenseintritt auch nach der jüngeren Rechtsprechung des House of Lords aber vorhersehbar gewesen sein, weil – so die Begründung – die Schaffung einer strikteren Haftung Aufgabe des Parlaments und nicht der Gerichte sei. Das Kriterium der *reasonableness* wird trotz seiner Anknüpfung an objektive Verhaltensstandards nicht frei von Verschuldenserwägungen angewandt. Dem Beklagten stehen verschiedene *defences* zur Verfügung, deren Geltendmachung jedoch unter Umständen nur die Haftungsvoraussetzungen beschränkt, nicht immer jedoch haftungsausschließend wirkt. Der „Dennis"-Fall schließlich erweiterte kürzlich den Rechtsfolgenkatalog der *nuisance* in Fällen gemeinnütziger Betriebe, indem er statt der erwarteten Untersagung Geldersatz zusprach. Körperschäden sind indes weiterhin nicht ersatzfähig. Neben der *private nuisance* bestehen nuisance-Tatbestände des Gesetzesrechts – hier wurde der EPA 1990 näher analysiert – und in der Form der *public nuisance* auch solche des Deliktsrechts, denen aber ebenfalls privatrechtliche Haftungsfolgen innewohnen.

III. Gefährdungshaftungstatbestände im deutschen Umwelthaftungsrecht

Das UmweltHG sieht eine Haftung für Schäden an abschließend aufgezählten Rechtsgütern vor, wenn diese durch eine aus einer Anlage nach Anhang 1 des Gesetzes rührenden Umwelteinwirkung verursacht wurden. Trotz teilweise unterschiedlicher Benennung der Rechtsgüter decken sie sich inhaltlich mit der Lebens-, Körper-, Gesundheits- und Eigentumsverletzung des § 823 Abs. 1 BGB. Um eine Haftung für Entwicklungsrisiken zu gewährleisten und eine vom Gesetzgeber nicht vorgesehene Haftungsbegrenzung zu vermeiden, muss der Begriff der Umwelteinwirkung auch untypische Gefahren miteinschließen. Etwas anderes sollte für die „Explosionsfälle" gelten, weil eine reine Anlagenhaftung bei der Schaffung vermieden werden sollte. Neben der spezialgesetzlichen Duldungspflicht des § 5 enthält das UmweltHG mit § 16 Abs. 1 eine Modifikation der Unverhältnismäßigkeitsprüfung bei § 251 Abs. 2 BGB für ökologische Schäden. § 906 BGB hingegen ist – entgegen der wohl herrschenden Meinung – auf die Ansprüche aus §§ 1, 2 UmweltHG nicht anwendbar, weil die Analogievoraussetzungen nicht vorliegen; ein Systembruch, der zu undifferenzierten Ergebnissen führen könnte, entsteht dadurch jedoch nicht. § 22 Abs. 1 WHG ordnet eine Haftung für Schäden an, die durch eine handlungsbedingte Veränderung des Gewässerzustands hervorgerufen wurden. Nach Abs. 2 des § 22 WHG hingegen haftet in dazu subsidiärer Weise der Betreiber, dessen Anlage die Wasserqualität derart beeinträchtigt, dass ein anderer deshalb einen Schaden erleidet. Diese Anlagen- wie auch die Handlungshaftung ist jedoch bei Vorliegen einer wasserrechtlichen Bewilligung präkludiert. Mit § 32 Abs. 1 GenTG, § 2 Abs. 1 S. 1 HaftPflG und §§ 7, 12 StVG bestehen weitere Gefährdungshaftungstatbestände für besondere gefahrträchtige Tätigkeiten, die einen Umweltbezug aufweisen.

§ 5: Ausgleichs- und Abwehransprüche

A. Ausgleichsansprüche im deutschen Privatrecht

I. § 906 Abs. 2 S. 2 BGB

Ist eine Beeinträchtigung wesentlich, muss aber wegen ihrer Ortsüblichkeit oder wegen der wirtschaftlichen Unzumutbarkeit von Gegenmaßnahmen dennoch hingenommen werden, so kann der übermäßig beeinträchtigte Eigentümer oder obligatorisch Berechtigte[773] vom Emittenten nach § 906 Abs. 2 S. 2 BGB einen angemessenen Ausgleich in Geld verlangen.[774] Dieser Ausgleichsanspruch ist verschuldensunabhängig und gegenüber Schadenersatzansprüchen subsidiär.[775] Die Norm beinhaltet damit einen Interessenausgleich nach Billigkeitsgesichtspunkten, bei dem alle besonderen Umstände des Einzelfalls abzuwägen sind.[776] Anknüpfungspunkt für eine sach- und interessengerechte Abwägung ist das zumutbare Maß der Beeinträchtigung der ortsüblichen Benutzung. Diese Zumutbarkeitsschwelle richtet sich nach den näheren Umständen im Einzelfall.[777] An dieser Stelle bietet sich den Gerichten die Möglichkeit – und hinsichtlich Art. 20a GG besteht das Gebot –, Aspekte des Umweltschutzes zu berücksichtigen. Die Gerichte haben darüber hinaus den auf Schäden infolge zu duldenden Normalbetriebs zugeschnittenen Tatbestand auch auf Störfallschäden erstreckt.[778] Somit besteht für Schäden durch Einwirkungen auf ein Grundstück quasi eine Gefährdungshaftung.[779]

Strittig ist der Umfang des Geldanspruchs, weil einzige Anforderung an den Ausgleich seine Angemessenheit ist. Nach ständiger Rechtsprechung soll nur der unzumutbare Teil der Beeinträchtigung ohne Rücksicht auf die individuellen Verhältnisse des Eigentümers nach Enteignungsgrundsätzen ausgeglichen werden.[780] Die Gegenstimmen meinen, nur durch vollen Schadensausgleich seien die im Interesse des Emittenten auferlegte Duldungspflicht ausreichend abgegolten.[781] Angesichts der Qualifikation als Billigkeitsanspruch durch den BGH scheint es widersprüchlich, auf der Rechtsfolgenseite grundsätzlich die Beeinträchtigung bis zur Zumutbarkeitsgrenze unberücksichtigt zu lassen. Dies

---

[773] BGHZ 30, 273, 280.
[774] Zum Streit um die dogmatische Einordung als Aufopferungshaftung oder Billigkeitshaftung ausführlich BENSCHING, S. 43 ff.; SCHMIDT, Ausgleichanspruch, S. 56 ff.
[775] BGHZ 120, 239, 249.
[776] BGH NJW-RR 1988, 1291 f. m.w.N.
[777] Erman/LORENZ, § 906 Rn. 36; SCHMIDT, Ausgleichanspruch, S. 80.
[778] BGHZ 85, 375, 385; 90, 255, 262; dazu sogleich.
[779] Vgl. BT-Drs. 11/7104, S. 14; GNAUB, Umwelthaftungsrecht, S. 89; SCHMIDT, Ausgleichsanspruch, S.130, 139; HAGER, NJW 1991, 135. Gegen Erstreckung auf bewegliche Sachen BGHZ 92, 143, 145.
[780] BGH NJW 1990, 3195, 3197; BGHZ 62, 361, 372; 142, 72 f.; dies könne im Einzelfall auch zu vollem Schadensausgleich führen.
[781] PFEIFFER, Privatrechlicher Immissionsschutz, S. 91; DEUTSCH, FS Steffen 1995, S. 118.

sieht selbst der BGH so, wenn er zugesteht, dass die Entschädigung im Einzelfall „nach der Art und Weise“[782] der Beeinträchtigung vollem Schadenersatz gleichkommen kann. Daher sollte in systematischer Auslegung unter Berücksichtigung anderer Aufopferungsansprüche (§§ 14 S. 2 BImSchG, § 904 S. 2 BGB sprechen von Schadenersatz) sowie unter Zugrundelegung des Surrogationscharakters voller Schadensausgleich geleistet werden, soweit dies angemessen erscheint.

Zwar kann die Rechtsfolge des Geldausgleichs am ökologischen Zustand unmittelbar nichts verändern. Dennoch ist zumindest eine Internalisierung der sozialen (Verschmutzungs-)Kosten aus präventiv-ökologischer wie aus wohlfahrtsökonomischer Sicht sinnvoll. Einerseits wird der Verursacher wegen der möglichen Inanspruchnahme bei der Rentabilitätskalkulation auch zur Einbeziehung von Vermeidungsmodellen angehalten, andererseits wird er die Investition nur tätigen, wenn sein Nutzen die Höhe der Ausgleichszahlungen überwiegt. Auch der Entschädigungsanspruch erfährt aber bei summierten Immissionen die genannten Einschränkungen durch die Grenzen der Kausalitätsbestimmung.

II. § 906 Abs. 2 S. 2 BGB analog

Nach gefestigter Rechtsprechung ist § 906 Abs. 2 S. 2 BGB entsprechend anzuwenden, wenn der Grundstückseigentümer oder Besitzer rechtswidrige Einwirkungen, die ihn unzumutbar beeinträchtigen, aus besonderen tatsächlichen Gründen über den Primärrechtsschutz nicht abwenden konnte und die hierdurch erlittenen Nachteile das zumutbare Maß übersteigen.[783] Der Ausgleichsanspruch tritt also als Kompensation für den Ausschluss primärer Abwehransprüche an deren Stelle und setzt daher voraus, dass der Schuldner einmal einem solchen Anspruch ausgesetzt war.[784] Über die Immissionsfälle des § 906 hinaus gewährt der BGH den Ausgleichsanspruch auch gegen Kritik aus der Literatur bei Grobimmissionen.[785] Weiterer umweltrelevanter Anwendungsfall ist der Ausschluss eines Abwehranspruchs aus Gründen der Gemeinwichtigkeit eines Betriebs.[786]

---

[782] BGH VersR 1997, 1497.
[783] BGHZ 85, 384; 90, 262; 111, 162 f.; 122, 284; 155, 99, 102.
[784] BGHZ 122, 284 m.w.N; 155, 99, 101 f.
[785] BGHZ 111, 158, 161 (Schrotblei); BGH WM 1985, 1041 (Wasserrohrbruch); BGHZ 155, 99, 103 (Wasserleitungsbruch); auch auf Vertiefungen wendet der BGH die Analogie an, s. BGHZ 147, 45, 50 m.w.N.
[786] MünchKomm/SÄCKER, § 906 Rn. 126 ff.; BGHZ 91, 20 (Kläranlage).

III. § 14 S. 2 BImSchG

Wird ein privatrechtlicher Anspruch auf Betriebseinstellung einer genehmigten Anlage nach § 14 S. 1 BImSchG ausgeschlossen, bleibt die Beeinträchtigung des Nachbars bestehen.[787] Der Bestand der Anlage ist zwar im Sinne der Rechtssicherheit, verstößt in diesen Fällen jedoch gegen das Verursacher- und das Vorsorgeprinzip. Wie bei den anderen Ausgleichansprüchen sollte daher eine Internalisierung der sozialen Kosten erfolgen.

Diese Funktion übernimmt § 14 S. 2 BImSchG. Die Norm greift (nur) ein, wenn die Emissionen aus dem Betrieb einer Anlage stammen, deren Genehmigung für den Anspruchsteller unanfechtbar ist; vorher bestehen öffentlich-rechtliche Rechtsmittel zur Abwehr der Beeinträchtigung. Zunächst wird der privatrechtliche Anspruch durch § 14 S. 1 2. HS BImSchG auf solche Vorkehrungen reduziert, welche die benachteiligenden Wirkungen ausschließen. Wenn und soweit diese nach dem Stand neuester Technik nicht durchführbar oder wirtschaftlich nicht vertretbar sind, wandelt sich der Abwehr- in einen echten Schadenersatzanspruch um.[788] Betroffen von der Präklusion nach S. 1 sind nur Ansprüche des privaten Immissionsschutzrechts,[789] was bei Betroffenheit von Grundstücken eindeutig ist,[790] für Ansprüche aus beweglichem Vermögen oder absoluten Rechten aber bestritten wird.[791] Seinem Charakter als bürgerlichrechtlicher Aufopferungsanspruch gemäß kommt es auf ein rechtswidriges oder schuldhaftes Verhalten des Anlagenbetreibers für den Schadenersatzanspruch nicht an.[792] Diese Eigenschaft führt ferner dazu, dass die behördliche Zulassung einer Anlage es nicht zulässt, die Emissionstätigkeit der öffentlichen Hand als Verursacher im haftungsrechtlichen Sinne zuzurechnen; § 14 S. 2 BImSchG ist keine Staatshaftungsnorm, so dass der Staat nicht für neuartige Waldschäden einstehen muss, deren Verursacher die Gesamtheit der (staatlich zugelassenen) Industrie ist.[793]

Problematisch ist die Anwendbarkeit des Schadenersatzanspruchs auf Störfälle. Ziel der Norm ist nämlich die Entschädigung für dauerhafte Beeinträchtigungen, während Abweichungen vom Normalbetrieb sich durch die zwischenzeitliche Rückkehr zum gewöhnlichen Betrieb durch eine gewisse Punktualität des Ereignisses auszeichnen. Mit Blick auf die Kasuistik der analogen Anwendung von § 906 Abs. 2 S. 2 BGB für Fälle rechtswidriger aber

---

[787] JARASS, § 14 BImSchG Rn. 2 ff; ENGELHARDT/SCHLICHT, § 14 BImSchG Rn. 1 ff. § 14 BImSchG ist eine Norm des Privatrechts, BGH NJW 1988, 478.
[788] JARASS, § 14 BImSchG Rn. 21, 27.
[789] BGHZ 102, 354.
[790] BGHZ 92, 143, 146 (Kupolofen).
[791] Landmann/Rohmer/REHBINDER, § 14 BImSchG Rn. 41 ff.
[792] JARASS, § 14 BImSchG Rn. 26; Landmann/Rohmer/REHBINDER, § 14 BImSchG Rn. 65.
[793] BGHZ 102, 350.

faktisch zu duldender Beeinträchtigungen und der stets bestehenden „latenten Grundgefahr“ einer Anlage, deren Auslöser nicht zuletzt in der Genehmigung gesehen werden kann, ließe sich eine analoge Anwendung des § 14 S. 2 BImSchG aber durchaus denken.[794] Indes kann in derartigen Situationen das UmweltHG und – da Störfälle nicht ortsüblich sind und die faktische Durchsetzung des Unterlassungsanspruchs unmöglich ist – auch § 906 Abs. 2 S. 2 BGB selbst in seiner entsprechenden Anwendung helfen,[795] so dass es für eine derartige Analogiebegründung an der erforderlichen Regelungslücke mangelt.[796]

B. Monetärer Ausgleich im englischen Common Law

Die Untersuchung des Schadenersatzrechts im Common Law hat offengelegt, dass eine Entschädigung in Geld dort die Regel, nicht die Ausnahme ist. Wird auf *negligence* erkannt, bedarf es einer besonderen Begründung des Gerichts, eine Unterlassungsanordnung zu gewähren. Im Recht der *nuisance* sind *injunctions* verbreiteter, doch auch hier entscheidet der Richter im Prinzip nach Gutdünken über tatsächliche Abhilfe oder eine bloße Entschädigungszahlung. Gesonderter Ausgleichsansprüche bedarf es daher nicht. Eine neuartige Richtung könnte allerdings die *Dennis*-Entscheidung der Queen's Bench Division dem Entschädigungsrecht geben. Danach kann eine Aktivität, die eine *nuisance* darstellt und ohne gesetzliche Grundlage ausgeführt wird, aufgrund ihrer Gemeinwichtigkeit gerechtfertigt sein. Damit wäre das Schutzrecht der *nuisance* nach der bisherigen Praxis wirkungslos. Allerdings sprach BUCKLEY J. den Klägern eine Kompensationszahlung zu.[797] Hier wurde also –soweit ersichtlich erstmalig[798]– ein Ausgleichsanspruch aufgrund zu duldender Beeinträchtigung nach dem Common Law gewährt. In casu ging es aber um eine gesetzlich nicht autorisierte Tätigkeit des Staats, so dass eine Übertragung dieser Entschädigungsmöglichkeit auf andere *defences* kaum möglich scheint.

C. Die Abwehr drohender Schäden

Die Ansprüche aus der Verschuldens- wie aus der Gefährdungshaftung sind repressiv und richten sich in erster Linie auf den Ersatz eines Schadens, der bereits eingetreten ist. Gerade im Bereich umweltrelevanter Schädigungen ist unter Gesichtspunkten des Nachhaltigkeitsprinzips jedoch ein präventiver Schutz wirkungsvoller und rechtspolitisch daher wünschenswerter. Dieser Abschnitt beschäftigt sich daher mit der Frage, wie Bürger drohende (Umwelt-)Schäden

---

[794] S. Staudinger/KOHLER (2002), Einl. Rn. 93, m.w.N.; für eine direkte Anwendung GERLACH, Privatrecht und Umweltschutz, S. 228 f.
[795] Landmann/Rohmer/REHBINDER, § 14 BImSchG Rn. 70.
[796] A.A. Staudinger/KOHLER (2002), § 14 S. 2 BImSchG Rn. 15.
[797] S. dazu § 3, D. II. 1. g).
[798] Vgl. Kommentar von HARTSHONE, Conv. 2003, 526.

abwenden können. Dies ist denkbar ohne die Hinzuziehung staatlicher Institutionen, nämlich durch Selbsthilfe.[799] Zum anderen kann dem Bürger aber auch ein Anspruch erwachsen, den er gegebenenfalls gerichtlich durchzusetzen vermag. Dieser Anspruch richtet sich gegen die erste oder die weitere Ausübung der Tätigkeit eines anderen; somit wird ein Unterlassen künftiger Rechtsverletzung gefordert. Zuguterletzt kann auch durch die Beseitigung einer Beeinträchtigung eines Rechts ein umweltrelevanter Schaden abgewendet oder in seinen Auswirkungen gemildert werden; hierbei handelt es sich um Beseitigungsansprüche.

I. Selbsthilfe und ihre privatrechtlichen Grenzen

Die gewaltsame Durchsetzung eigener Rechte wird von den zivilisierten Rechtsordnungen der Gegenwart als im Grundsatze sozialwidrig bewertet und ist daher nur in ganz engen Grenzen zulässig. Im deutschen Recht ist der Eingriff in fremde Rechtsgüter nur in einer Notwehr- oder Notstandslage (§§ 227, 228, 904 BGB; §§ 32, 34, 35 StGB) erlaubt. Ein Angriff durch einen Menschen, wie ihn die Notwehr erfordert, ist in diesem Zusammenhang undenkbar. Für eine umweltrelevante Notstandslage müsste eine fremde Sache vermittels der Umweltmedien ein Rechtsgut derart akut bedrohen, dass die Beschädigung der Sache noch objektiv erforderlich und verhältnismäßig ist. Gegner der Gentechnik, darunter Landwirte und Imker, die einen Einkommensverlust durch „Verunreinigung" ihrer Produkte befürchteten, wollten Ende Juli 2005 die avisierte Zerstörung eines Feldes mit gentechnisch verändertem Mais in Brandenburg unter Berufung auf eine Notstandslage rechtfertigen.[800] Allerdings mangelte es hinsichtlich des Produktschutzes bereits an einer Gefahr im Rechtssinn, da die Anbaufläche konform mit den Genehmigungsanforderungen der §§ 14-16 GenTG über Freisetzung und Inverkehrbringung gentechnisch veränderter Organismen errichtet worden waren. Hinsichtlich des vom Verbraucherverhalten abhängigen Einkommens der Demonstranten ist zu fragen, ob die Zerstörung fremden Eigentums zur Abwendung einer Gefahr für das Vermögen bei denkbarer Bejahung mittelbarer Kausalität[801] noch als verhältnismäßig bewertet werden kann. Die sich abzeichnende Kollision der Gefahreneinschätzung des Gesetzgebers und derjenigen von Teilen der Bevölkerung muss zwar mit rechtlichen Mitteln befriedet werden, kann aber auf Dauer nur politisch gelöst werden. Ein (vertrags-)autonomer Ansatz zur Überwindung des Gegensatzes wird im dritten Teil dieser Untersuchung diskutiert. Die Umwelt selbst ist mangels ihres persönlichen Rechtsgutscharakters nicht notstandsfähig. Daher

---

[799] Der Begriff wird folgend im untechnischen Sinne verwendet, sofern nicht auf die §§ 229 ff. BGB ausdrücklich Bezug genommen wird.
[800] Die Zerstörung wurde polizeilich verhindert, s. Märkische Allgemeine v. 1.8.2005.
[801] Ob diese ausreicht ist strittig, vgl. Staudinger/REPGEN (2004), § 228 Rn. 14 f.

kann auch einer akuten Gefahr für die Umwelt nicht mit Selbsthilfemitteln abgeholfen werden.

Gleiches gilt für die englische „self-help", die nicht zwischen Sachgefahr und menschlichem Angriff differenziert. Auch sie ist nur in sehr engen Grenzen zum Schutze eines rechtlich anerkannten Interesses zulässig. Erforderlich sind im Einzelnen die Dringlichkeit der Gegenmaßnahme, eine vorherige Benachrichtigung des Betroffenen sowie die Verhältnismäßigkeit der Mittel.[802] Ebendies ist für die Selbsthilfe gegen eine vermeintlich begangene *nuisance*, das „abatement", erforderlich.[803] Im Umweltprivatrecht ist daher für die Selbsthilfe kaum Platz. Wahrscheinlicher ist, dass Umweltbelastungen auf dem Grundstück des Betroffenen von ihm selbst beseitigt werden. Hier stellt sich dann die Frage nach Schadens- und Aufwendungsersatz nach den allgemeinen Regeln.

II. Unterlassungs- und Beseitigungsansprüche und ihre Grenzen in Deutschland und England

1. Die Störungsabwehr von Umwelteinflüssen in Deutschland

Die §§ 903, 1004 BGB setzen den verfassungsrechtlich gebotenen bestandssichernden Eigentumsschutz für Sachen um,[804] indem sie dem Grund- oder Fahrniseigentümer umfassende Abwehrrechte gegen alle Einwirkungen zugestehen. Die Nutzungsinteressen von Grundstückseigentümern können in unmittelbarer Nachbarschaft in Konflikt geraten, aber auch weit darüber hinaus. Folge einer uneingeschränkten Geltung der Abwehrrechte wären ergo sich entgegenstehende Ansprüche. Um eine möglichst intensive und vernünftige Nutzung des Grundeigentums zu ermöglichen, sieht § 906 BGB daher eine Ausnahme vom umfassenden Abwehrrecht des Eigentümers vor.

a) Der negatorische Abwehranspruch aus § 1004 Abs. 1 BGB

aa) Inhalt des Beseitigungsanspruchs, § 1004 Abs. 1 S. 1 BGB

Mit dem Beseitigungsanspruch lässt sich jede bereits erfolgte Beeinträchtigung des Grundstücks unabhängig vom drohenden oder erfolgten Eintritt eines Schadens abwehren. Anspruchsberechtigt aus § 1004 Abs. 1 BGB sind Eigentümer und dinglich Berechtigte;[805] die Ausdehnung auf obligatorisch nutzungs-

---

[802] Ausführlich JONES/PARPWORTH, Environmental Liabilities, S. 155 ff.; MARKESINIS/DEAKIN, Tort Law, S. 449.

[803] Der „abator" ist daher seinerseits stets der Gefahr ausgesetzt, „trespass" zu begehen.

[804] MünchKomm/SÄCKER, § 903, Rn. 3.; PEINE, NJW 1990, 2442, 2447.

[805] Dass sich die Beeinträchtigung in der Entziehung oder Vorenthaltung des Besitzes erschöpft, ist in unweltrechtlichen Fällen kaum anzunehmen, die Konkurrenz mit § 985 BGB daher hier nicht relevant.

berechtigte Besitzer wie Mieter hat sich in der Rechtsprechung durchgesetzt.[806] Die Beeinträchtigung muss ferner auf menschlichem Verhalten beruhen, also einem (Verhaltens- oder Zustands-)Störer[807] zurechenbar sein. Daher fällt zwar der natürliche Abfluss von Regenwasser grundsätzlich nicht unter § 1004, wohl aber wenn dieses Wasser mit Chemikalien verunreinigt worden ist.[808] Von mehreren Störern ist nach dem Rechtsgedanken des § 840 BGB jeder für die Beseitigung voll verantwortlich.[809] Ein Abfallerzeuger kann als sogenannter mittelbarer Handlungsstörer für die fehlerhafte Entsorgung eines beauftragten Entsorgungsunternehmens verantwortlich sein.[810]

Zu den Beeinträchtigungen, die mittels § 1004 Abs. 1 BGB abgewehrt werden können, zählt jede Einwirkung auf das Eigentum, die nicht Entziehung oder Vorenthaltung des Besitzes im Sinne von § 985 BGB ist[811] unter Ausschluss negativer[812] und ideeller[813] Immissionen. Die Einwirkung kann aus dem Handeln oder der Aufrechterhaltung eines Zustands durch den Anspruchsgegner, nicht aber in einem Schaden bestehen. Die Abgrenzung zum Schaden ist notwendig, um nicht eine verschuldensunabhängige Schadenersatznorm zu schaffen. Sie kann im Einzelfall aber erhebliche Probleme bereiten. Eine allgemeingültige, formelhafte Trennlinie konnte bis heute nicht gefunden werden.[814]

bb) Duldungspflichten im Beseitigungsanspruch

Die Beeinträchtigung kann zwar unabhängig vom Verhalten des Störers abgewehrt werden, dem Beeinträchtigten kann aber eine Duldungspflicht auferlegt sein, s. § 1004 Abs. 2. Dieses Erfordernis beruht für den Beseitigungsanspruch – anders als beim Unterlassungsanspruch – nicht auf der Rechtswidrigkeit des Eingriffs, sondern auf dem „dem Inhalt des Eigentums (§ 903 BGB) widersprechende[n] Zustand".[815] Die weitreichendste zivilrechtliche Duldungspflicht im Umweltrecht normiert § 906 BGB.[816] Das nachbarschaftliche Gemeinschaftsverhältnis soll – soweit es denn als Rechtsfigur anerkannt wird– im

---

806 BGHZ 15, 146, 148; 70, 212, 220; H.P. WESTERMANN, UTR 11, S. 112.
807 Im Einzelnen ist vieles umstritten, s. ARMBRÜSTER, NJW 2003, 3088 m.w.N.
808 S. BGHZ 114, 183 einer- und BGHZ 90, 255 andererseits.
809 RGZ 162, 358.
810 OLG Dresden, VersR 1995, 836. Zur Entlastung ENDERS, NVwZ 2005, S. 381, 386.
811 Vgl. BAUR/STÜRNER, Sachenrecht, § 12 II Rn.5; a.A. PICKER, Der negatorische Beseitigungsanspruch, S. 51 f.
812 Erman/EBBING, § 1004 Rn. 18 f..
813 BGHZ 51, 398; 54, 59 f.; 95, 309; BGH NJW 1985, 1458.
814 MEDICUS, BR, Rn. 629; BAUR/STÜRNER, Sachenrecht, § 12 II Rn. 7, 25; PETERSEN, Duldungspflichten, S. 12 ff.
815 BGHZ 66, 38, 39; LARENZ/CANARIS, Bd. 2 II, S. 691. Anderer Ansicht WOLFF-RAISER, § 87 I 2; WIELING, § 23 IV 1a dd); BAUR/STÜRNER, Sachenrecht, § 12 II 3; SCHREIBER, Sachenrecht, S. 89.
816 Dazu und zu anderen Duldungspflichten s. bereits § 3, B. V.

Einzelfall ebenfalls anspruchsausschließend wirken können.[817] Soweit der Landesgesetzgeber einen Eigentümer zur Vornahme oder Duldung bestimmter Naturschutzmaßnahmen nach § 9 BNatSchG verpflichtet, kann sich diese Pflicht reflexiv auch privatrechtsgestaltend auswirken. Denn ein Anspruch eines Nachbarn aus § 1004, der sich auf Abwehr der angeordneten Maßnahmen richtet und so mit Ge- oder Verbotsregeln aus Naturschutzgesetzen kollidiert, ist ausgeschlossen.[818] Hier nimmt also das Privatrecht über die von § 906 BGB angeordneten Begrenzungen des Eigentumsrechts auf öffentlich-rechtlich angeordnete Umweltbelange Rücksicht.

Eine besondere Bedeutung erhält der negatorische Rechtsschutz durch die aktuell bundesweit zu beobachtende Entwicklung der Vereinfachung des Baurechts in den Ländern. Bebauungsplan und Baugenehmigung verlieren danach zunehmend ihr Gewicht als Ordnungsinstrumente.[819] In der Folge nehmen auch die Klagemöglichkeiten des Bürgers gegen Rechtsakte der Behörde ab. Der privatrechtliche negatorische Rechtsschutz dürfte dadurch an Gewicht gewinnen.

cc) Besonderheiten des Unterlassungsanspruchs, § 1004 Abs. 1 S. 2 BGB

Der Wortlaut von § 1004 Abs. 1 S. 2 BGB ist missglückt. Nach diesem ist eine Unterlassungsklage erst möglich, wenn „weitere Beeinträchtigungen zu besorgen sind", also erst nach Eintritt einer Störung und bei einer Wiederholungsgefahr. Um jedoch den präventiven Zweck der Norm voll zu erreichen, ist allgemein anerkannt, dass ein vorbeugender Unterlassungsanspruch schon besteht, wenn die erste Beeinträchtigung hinreichend nahe bevorsteht.[820] Der Kläger ist für die Erstbegehungsgefahr darlegungs- und beweispflichtig, bei bereits stattgefundenen Beeinträchtigungen besteht eine tatsächliche Vermutung für eine Wiederholungsgefahr.[821] Grundsätzlich ist es dem Störer überlassen, welche Maßnahmen er trifft, um die Beeinträchtigung abzustellen.[822] Erst wenn ausnahmsweise nur eine bestimmte Maßnahme geeignet ist, die Störung zu beseitigen, darf diese im Urteil angeordnet werden.[823]

Neben den bereits behandelten Eigenheiten der Duldungspflicht aus § 906 BGB muss an dieser Stelle noch ein weiteres Problem aufbereitet werden, welches sich im Zusammenspiel von Schadenersatz- und Unterlassungsansprüchen ergibt. Wird Fahrniseigentum verletzt, so kann der Eigentümer seinen

---

[817] MünchKomm/MEDICUS, § 1004 Rn. 52; abl. SCHREIBER, Sachenrecht, Rn. 128, m.w.N.
[818] Vgl. UERPMANN, NuR 1994, 386, 389; MünchKomm/SÄCKER, § 906 Rn. 136.
[819] Vgl. DEGENHART JZ 1996, 1433.
[820] BGHZ 2, 394; RGZ 151, 245; MünchKomm/MEDICUS, § 1004 Rn. 80; SCHELLHAMMER, Sachenrecht nach Anspruchsgrundlagen, Rn. 205; Erman/EBBING, § 1004 Rn. 76.
[821] BGH NJW 1999, 358 ff.
[822] BGHZ 67, 252, 253 (Schweinemästerei).
[823] S. BGHZ 29, 314, 317 ff.; 67, 252, 253.

Deliktsanspruch wegen der im Kupolofen-Urteil bejahten Anwendbarkeit des § 906 BGB nicht durchsetzen. Der Anspruch aus § 1004 verbleibt ihm unterdessen, weil § 906 nur auf Immobilien Anwendung findet. Der Fahrniseigentümer kann also trotz der Beweglichkeit seines betroffenen Rechtsguts Unterlassung verlangen, während der Grundstückseigentümer der Duldungspflicht unterliegt. Der durch § 906 intendierte Investitionsschutz sowie die Überlegung, dass schwächer Betroffene keine stärkeren Rechte als intensiver Betroffene besitzen sollten, legt den Schluss nahe, 906 Abs. 2 S. 1 auch auf den Unterlassungsanspruch aus § 1004 BGB zu erstrecken.[824]

b) Weitere (quasi-)negatorische Ansprüche aus § 1004 Abs. 1 BGB analog

Um dem Bedürfnis nach vorbeugenden Rechtsschutz nachzukommen, hat die deutsche Rechtsprechung aus § 1004 Abs. 1 BGB über den Eigentumsschutz hinaus auch einen vorbeugenden Unterlassungsanspruch bei allen weiteren absolut geschützten Rechtsgütern oder gesetzlich geschützten Positionen abgeleitet.[825] Voraussetzung für einen solchen Anspruch ist zunächst ein widerrechtlicher Eingriff in eine von den §§ 823 ff. geschützten Rechtspositionen.[826] Im Übrigen gelten die zu § 1004 BGB entwickelten Grundsätze entsprechend. Daher setzt der Beseitigungs- und Unterlassungsanspruch trotz seiner teilweisen Bezeichnung als „deliktischer“[827] im Gegensatz zu den Schadenersatzansprüchen kein Verschulden voraus. Stattdessen ist eine Erstbegehungs- oder Wiederholungsgefahr erforderlich. Die Anerkennung bestandskräftiger drittschützender Verwaltungsakte als Schutzgesetz unter § 823 Abs. 2 BGB[828] hat zur Folge, dass eine Unterlassungsklage bereits Aussicht auf Erfolg hat, wenn objektiv gegen die Verhaltensanordnung der Behörde verstoßen wurde. Damit wird durch den Verwaltungsakt ein „abstrakter Gefährdungstatbestand“[829] des Privatrechts normiert. Auch der quasi-negatorische Abwehranspruch ist nicht über die für § 1004 BGB erheblichen Pflichten der Duldung erhaben.[830]

c) § 862 BGB - Abwehrrechte auch für den Besitzer

Nicht nur der Eigentümer, auch der Besitzer kann gemäß §§ 862, 858 BGB Unterlassung weiterer Störungen verlangen. Auch nach dieser Norm ist über ihren zu engen Gesetzeswortlaut hinaus eine vorbeugende Unterlassungsklage

---

[824] Landmann/Rohmer/REHBINDER, § 14 BImSchG, Rn. 42.
[825] BGH NJW 1998, 2059; BGHZ 3, 278 f.; 90, 121; 122, 1, 7; Erman/EBBING, BGB, § 1004 Rn. 4, 9 m.w.N.; BAUR/STÜRNER, Sachenrecht, § 12 II Rn. 3.
[826] S. dazu § 3, C. II. 1.a) sowie § 3, C. II. 2.
[827] Kritisch MEDICUS, BR, Rn. 628.
[828] Vgl. oben § 3, C. II. 2.
[829] So der BGH in BGHZ 122, 1, 6; ob dieser Begriff dogmatisch haltbar ist, kann hier nicht geklärt werden.
[830] S. GRIGO, Haftung für Emissionen, S. 43; GERLACH, Privatrecht und Umweltschutz, S. 178.

bereits dann möglich, wenn eine erste Besitzbeeinträchtigung hinreichend wahrscheinlich bevorsteht.[831] Aus Sicht des Emittenten erhöht diese Anspruchsgrundlage das Risiko der Inanspruchnahme, da oftmals allein der Besitzer von umweltrelevanten Störungen betroffen sein wird. Nach der Rechtsprechung kann der kraft Schuldrechts berechtigte Besitzer allerdings auch aus § 1004 Abs. 1 BGB vorgehen, so dass für den häufigsten Anwendungsfall der Mieter oder Pächter keine Erhöhung des Haftungsrisikos besteht.

D) Die Abwehr Gefahr drohender Anlagen

§ 907 BGB ermöglicht die Verhinderung gesamter Anlagen und reicht insofern weiter als der allgemeine Abwehranspruch aus § 1004 BGB.[832] Als dessen positivierter Sonderfall liegt seine Bedeutung heute darin, den Gefährdungsgrad für die Abwehr genau zu bestimmen.[833] § 907 BGB ist neben § 1004 BGB anwendbar und wie dieser Schutzgesetz i.S.v. § 823 Abs. 2 BGB.[834] Im Vergleich zu öffentlich-rechtlichen Rechtsmitteln bietet er den Anlagen-Nachbarn den Vorzug der gesetzlich angeordneten Unverjährbarkeit (§ 924 BGB); andererseits ist er durch die Einhaltung landesrechtlicher Bauordnungs- und ähnlicher Schutznormen durch den Betreiber auf die Abwehr nach Eintritt der ersten tatsächlichen Einwirkung beschränkt.[835] Diese Einschränkung erklärt die geringe praktische Bedeutung der Norm für das Umwelthaftungsrecht abseits von Kompost- und Misthaufen.[836]

E) Verschuldensabhängige Unterlassungsansprüche

Der Vollständigkeit halber sei hier darauf hingewiesen, dass auch die verschuldensabhängigen Schadenersatzansprüche wegen des Grundsatzes der Naturalrestitution zu Unterlassungsansprüchen führen können.

2. Störungsabwehr in England und Wales

In England ist die Entwicklung nicht über die Ausprägung bestimmter Abwehransprüche verlaufen, sondern das herkömmliche Tort Law wurde um besondere prozessuelle Recht ergänzt und erweitert. Da Unterlassungsanordnungen dem *law of equity* entstammen, besteht kein Rechtsanspruch auf eine solche Entscheidung, sondern sie liegt ganz im richterlichen Ermessen.[837] Bestimmte

---

[831] MünchKomm/MEDICUS, § 862, Rn. 3.
[832] Erman/A. LORENZ, § 907 Rn. 1.
[833] MünchKomm/SÄCKER, § 907 Rn. 1.
[834] OLG Stuttgart, MDR 2005, 329.
[835] Kritisch MünchKomm/SÄCKER, § 907 Rn. 14 m.w.N.
[836] S. LG Hildesheim, RdL 1991, 36; OLG Stuttgart, MDR 2005, 329.
[837] *Mandatory injunctions* verpflichten den Beklagten zu einer Handlung und stellen sich damit zumeist aus kontinentaleuropäischer Sicht als eine Form des Schadenersatzes in Natur dar. S. dazu oben sowie V. BAR, Gemeineuropäisches Deliktsrecht, Bd. II, S. 141 Fn. 823.

Gerichte können eine (*prohibitory*) *injunction* als Folge eines Torts erteilen, wo die Richter dies für „gerecht und praktisch" erachten.[838] Dem vorläufigen Rechtsschutz dient die *interlocutory injunction*; dabei wägt das Gericht Praktikabilitätsgesichtspunkte, die Interessen der Parteien und der Öffentlichkeit und die Möglichkeiten der Wiedergutmachung im Falle des Schadenseintritts gegeneinander ab. Eine *quia timet injunction* hingegen ergeht nach einem vollständigen *trial*, aber noch bevor ein Schaden eingetreten ist. Problematisch ist dabei insbesondere, welche Maßstäbe an die Wahrscheinlichkeit und an den Umfang des Schadens angelegt werden müssen, um einen derart weitreichenden Eingriff in die Handlungsfreiheit des Beklagten zu rechtfertigen.[839] Steht eine *public nuisance* in Rede, so kann eine *injunction* grundsätzlich nur vom Attorney-General oder von örtlichen Behörden bei Gericht beantragt werden. Individuen können eine vorbeugende Unterlassungsklage nur einreichen, soweit der Attorney-General dazu sein Einverständnis erteilt hat.[840]

D. Zwischenergebnis

Ausgleichsansprüche bilden die Sekundärebene bestimmter Abwehr- und Schutzrechte: Wo diese wegen des Bestandsinteresses des Emittenten oder aus tatsächlichen Gründen nicht durchgreifen sollen oder können, verleihen sie dem Beeinträchtigten an Stelle des Abwehranspruchs einen Anspruch auf finanziellen Ausgleich. Damit gewährleisten sie die nach dem Verursacherprinzip erstrebenswerte haftungsrechtliche Kosteninternalisierung und können auf diese Weise mittelbar zur Vermeidung oder Minimierung der beeinträchtigenden Immissionen beitragen. Erneut ist die entscheidende Schaltstelle für die Gewährung des Ausgleichs nach § 906 Abs. 2 S. 2 BGB die Ortsüblichkeit; zu diesem Merkmal gilt das Gesagte. Die Bestimmung der Zumutbarkeitsschwelle erlaubt dem Rechtsanwender die Berücksichtigung auch der ökologischen Grundlage des Grundstücks, die Immobilienbezogenheit der Abwägung verbietet aber darüber hinausgehende allgemein-ökologische Erwägungen. Die Erstreckung des auf Schäden infolge zu duldenden Normalbetriebs zugeschnittenen Tatbestands des § 906 Abs. 2 S. 2 BGB auch auf Störfallschäden bildet im Ergebnis eine Gefährdungshaftung für Grundstücksschäden;[841] erst das UmweltHG erweitert diese zugunsten anderer Rechtsgüter.

Hingegen nahm die Zahl der Rechtsgüter, die durch eine Abwehrklage geschützt wurden, im deutschen Zivilrecht im Verlauf der industriellen

---

[838] Vgl. s.37 Supreme Court Act 1981; s. 38 County Courts Act 1984 in der Fassung der s.3 des Courts and Legal Services Act 1990.
[839] Vgl. ELDER, [1973] 12 Western Ont. L. Rev 107, 164; ROGERS, Tort, Rn. 22.50 (S. 800).
[840] BELL/MCGILLIVRAY, Environmental Law, S. 266.
[841] BT-Drs. 11/7104, S. 14; GNAUB, Umwelthaftungsrecht, S. 89; HAGER, NJW 1991, 134 f.

Entwicklung zunächst ab.[842] SCHÄFER und OTT (a.a.O.) sehen in dieser Entwicklung eine Subventionierung der aufstrebenden Industrie, für die es weder allokationspolitische noch verteilungspolitische Gründe gab. Doch hat die Rechtsprechung mit der Anerkennung erweiterter (quasi-)negatorischer Abwehransprüche diesen Trend umgekehrt. Heute berechtigt jeder Eingriff in ein absolut geschütztes Rechtsgut oder in gesetzlich geschützte Positionen zur Abwehr, solange nicht eine Pflicht zur Duldung entgegensteht. In England stellt das *law of equity* die Entscheidung über einen Unterlassungsanspruch zwar ins Ermessen des Gerichtes, doch ist dieses Ermessen für bestimmte Torts auf die Prüfung der Tatbestandsvoraussetzungen reduziert und eine *injunction* die regelmäßige Rechtsfolge.[843]

Die Beseitigungs- und Unterlassungsansprüche sind die einzigen privatrechtlichen Schutzrechte, die eine unmittelbare Schadensvermeidung ermöglichen und nicht erst über den Umweg der Schaffung einer ökonomische Anreizstruktur umweltschützend wirken.[844] Überdies stellen sie dem Beeinträchtigten eine schnellere und – gerade im Lichte des Rückzugs bauordnungsrechtlicher Verwaltungsakte – sicherere Abhilfe zur Verfügung als das öffentliche Recht.[845] In diesen Funktionen sind sie aber in besonderem Maße abhängig von Bestand und Inhalt der Duldungspflichten. Daher kommt diesen auch im Hinblick auf die unmittelbare Umweltwirksamkeit gesteigerte Bedeutung zu.

---

[842] S. SCHÄFER/OTT, Lehrbuch der ökonomischen Analyse, S. 362 m.w.N.
[843] S. bereits § 3, D. II. 1.
[844] DÖRING, Haftung und Haftpflichtversicherung, S. 40; a.A. Staudinger/KOHLER (2002), Einl. zum UmweltHR, Rn. 34.
[845] Ähnlich GÜNTHER, Umweltvorsorge und Umwelthaftung, S. 111 m.w.N.

§ 6: Zivilrechtliche und öffentlich-rechtliche Sperrpositionen

A. Aktivierung zivilrechtlicher Sperrpositionen

Eine gewisse Sonderstellung nehmen die rechtlichen Positionen ein, die zu ganz allgemeinen Zwecken bestehen und in besonderen Situationen zu mittelbar umweltnützigen Zwecken eingesetzt werden können. Denkbar ist die Schaffung privater Naturschutzgebiete auf vorhandenem Grundeigentum,[846] oder aber der Erwerb der Rechtsposition nur mit dem Ziel, wirklich oder vermeintlich umweltschädigende Veränderungen zu verhindern.[847] Dies kann in erster Linie durch den Erwerb von Eigentum, Grunddienstbarkeiten oder beschränkten persönlichen Dienstbarkeiten geschehen, soweit sie die Nutzbarkeit von Grundstücken zu regeln vermögen;[848] schuldrechtliche Vereinbarungen sollten wegen ihres Verhandlungs- und Gegenseitigkeitscharakters systematisch nicht zu den Sperrpositionen rechnen.[849] Zur Veranschaulichung für diese Fallgruppe kann der Streit zwischen Grundeigentümern, deren Liegenschaften im Erweiterungsbereich der Landebahn eines Flughafens lagen, und dem Flugzeughersteller Airbus in Hamburg dienen. Dort hatten die Eigentümer lange die geplante Erweiterung der Start- und Landebahn blockiert, indem sie den Verkauf an den Konzern verweigerten.[850] Doch auch als Anrainer können Eigentümer im Planfeststellungsverfahren durch Rechtsmitteleinlegung und dem damit zumeist verbundenen Suspensiveffekt die Durchführung eines Vorhabens verhindern oder zumindest erheblich verzögern.[851] Insofern bildet die Eigentümerstellung über die Mitwirkung im Planungsprozess genuine, wenn auch mittelbar wirkende Schutzrechte aus. Die Zulässigkeit der Ausübung dieser Schutzrecht wurde – im Gegensatz zur privatrechtlichen Literatur – von Teilen der Verwaltungsgerichtsbarkeit und des verwaltungsrechtlichen Schrifttums bestritten.[852] Heute überwiegt jedoch die Auffassung, dass der alleinige Erwerb von Eigentum zur Wahrung naturschutzrechtlicher Interessen die Klagebefugnis nicht beeinträchtigt.[853]

[846] Vgl. *League Against Cruel Sports v. Scott* [1985] 2 All ER 489.

[847] Vgl. LEISNER, Umweltschutz durch Eigentümer, 27 ff.; Staudinger/KOHLER (2002), Einl. zum UmweltHR, Rn. 36.

[848] MEDICUS, UTR 11 [1990], 24; Staudinger/KOHLER (2002), a.a.O.

[849] A.A. Staudinger/KOHLER (2002), a.a.O.

[850] S. Frankfurter Allgemeine Zeitung vom 7.12.2004.

[851] S. BVerwG NVwZ 1991, 781.

[852] OVG Münster NVwZ 1991, 387; FLIEGAUF, NVwZ 1991, 748.

[853] S. KOPP/SCHENKE, VwGO, Vorb § 40 Rn. 52, § 42 Rn. 89; KNÖDLER, NuR 2001, 194; FRITZ, Umweltschutz als Inhalts- und Schrankenbestimmung, S. 156 ff.

B. Die Wirkung öffentlich-rechtlicher Normen und Genehmigungen

An verschiedenen Stellen der Untersuchung wurde deutlich, dass Private in ihren Schutzrechten auch durch Tätigkeiten verletzt werden können, die nach öffentlich-rechtlichen Vorschriften zulässig sind oder durch staatliche Stellen legitimiert wurden. So ist denkbar, dass der bestimmungsgemäße Betrieb einer Chemiefabrik Gesundheitsschäden in der Bevölkerung hervorruft, oder der genehmigte Bau und Betrieb eines Tennis- oder Cricketplatzes zu unerträglicher Lärmbelästigung der Nachbarschaft führt. Die Ursachen für diesen Konflikt liegen auf unterschiedlichen Ebenen. Zum einen ist öffentlich-rechtlichen Regelungen trotz behördlicher Abwägungen im Einzelfall eine eher generalisierende Bewertung verschiedener Sachverhalte inhärent. Hinzu tritt, dass im zivilrechtlichen Streitfall der Rechtsanwender in der privilegierten Position des Zurückblickenden platziert ist und oft genug einen Interessenwiderspruch vorfindet, den der Autor oder der Anwender allgemeingültiger Standards schwerlich antizipieren konnte. Mit anderen Worten werden Schutzrechte erst bemüht, wenn ihre Beeinträchtigung unmittelbar droht oder bereits eingetreten ist, während die öffentlich-rechtlichen Regelungen die widerstreitenden Belange auf abstrakter Ebene balancieren müssen. Das Konfliktpotential ist also den verschiedenen Regelungszwecken und Durchsetzungsverfahren im Einzelfall geschuldet und entsteht nicht erst durch die Unterscheidung in öffentliches und privates Recht. Daher muss anstelle eines einheitlichen Lösungsschemas jede wahrgenommene Kollision mit formellen und materiellen Gesetzen sowie wirksamen, vollziehenden Verwaltungsakten einzeln betrachtet und bewertet werden.

I. Immunität des Common Law?

Der Jurisdiktion von England und Wales ist eine strikte Aufspaltung in öffentliches und privates Recht weitgehend unbekannt.[854] Die fehlende Vorstellung einer „privatrechtsgestaltenden Wirkung“ durch öffentliche Rechtssätze hat dazu geführt, dass eine wissenschaftliche Rezeption des Phänomens weitgehend unterblieb. Die Abwesenheit einer Abhandlung über dieses Thema in abstrakter Form in den *textbooks* bedeutet aber selbstredend nicht, dass nicht Gestaltungen existieren, in denen das Common Law von – nach kontinentalem Verständnis – als öffentlich-rechtlich zu qualifizierenden Regeln beeinflusst wird. Diese Situationen werden folgend skizziert.

1. Die Baugenehmigung (*planning permission*)

Im Common-Law-Rechtsraum genießt die behördliche Genehmigung bislang nur geringen Einfluss auf das Tort Law. So kann eine Tätigkeit, die eine *nuisance* hervorruft, ausschließlich durch Parlamentsgesetz gerechtfertigt

[854] Vgl. EHLERS, Verwaltung in Privatrechtsform, S. 48.

werden. Eine Baugenehmigung ist dazu grundsätzlich nicht ausreichend, selbst wenn die Tätigkeit unvermeidbare Konsequenz ihrer Ausführung ist.[855] Über Inhalt und Reichweite der Ausnahmen zu diesem Grundsatz herrscht Unklarheit. BUCKLEY J. befand in *Gillingham*, eine *planning permission* könne den Gebietscharakter verändern, weil sie in Ausführung eines Gesetzes ergehe. Einschränkend müsse die Baugenehmigung im öffentlichen Interesse erteilt worden sein.[856] Die Bebauungsart sei nach diesen Grundsätzen ferner *ex nunc* zu bestimmen, so dass der Tag-und-Nacht-Betrieb einer Hafenanlage aufrecht erhalten werden konnte. In *Wheeler* indes äußerte sich der Court of Appeal kritisch gegenüber der Anerkennung eines allgemeinen Regel-Ausnahme-Prinzips und befand einstimmig, dass eine Baugenehmigung für einen Schweinemastbetrieb den Gebietscharakter nicht zu ändern vermag.[857]

Werden die Auflagen einer Betriebsgenehmigung eingehalten und tritt dennoch ein Schaden ein, weil eine weitere, nicht durch die Verwaltung vorgeschriebene Vorsichtsmaßnahme verletzt wurde, so fragt das Recht der *negligence* wie das der *nuisance* nur danach, ob diese Vorsichtsmaßnahme vernünftigerweise hätte erwartet werden können. Erst eine parlamentarische Genehmigung präkludiert privatrechtliche Ansprüche,[858] welche sich gegen den genehmigten Rahmen der Aktivität richten. Das formelle Gesetz verwandelt den *tort of nuisance* ebenso wie die *Rylands*-Regel hinsichtlich eines Verstoßes gegen die Genehmigung in einen verschuldensabhängigen Tatbestand, weil eine Haftung nur noch bei Verstoß gegen *negligence*-Grundsätze denkbar ist.[859] Insoweit stellt also dass Common Law vom Statute Law verschiedene, eigene Standards auf.

Zu beachten ist, dass bislang getroffene Aussagen nur die Frage behandeln, ob ein Tort trotz der Einhaltung öffentlich-rechtlicher Regeln begangen werden konnte. Die Rechtsfolge ist davon unabhängig zu beurteilen. Die Erteilung einer Unterlassungsverfügung steht als „equitable remedy" im Ermessen des Richters, und auf den von ihm vorzunehmenden Abwägungsprozess dürfte die Rechtstreue des Störers entscheidenden Einfluss haben.[860] Wie bei der bereits besprochenen *Dennis*-Entscheidung kann durch die Verweigerung der Anerkennung des primären Rechtsschutzbegehrens aus einem privaten Abwehrrecht über die

---

[855] *Wheeler v. J.J. Saunders Ltd* [1996] Ch. 19; *Hunter v. Canary Wharf Ltd* [1997] AC 655.
[856] *Gillingham Borough Council v. Medway (Chatham) Dock Co. Ltd.* [1992] 2 WLR 449, 460.
[857] *Wheeler v. J.J. Saunders Ltd* [1996] Ch. 19, 34; kritisch auch STEELE, Private Rights and Planning Consent, [1995] 2 Web JCLI; BELL/MCGILLIVRAY, S. 284.
[858] *Transco Plc v. Stockport MBC* [2004] 1 All ER 589; *Longhurst v. Metropolitan Water Board* [1948] 2 All ER 834.
[859] ROGERS, Tort, Rn. 15.16 (S. 563).
[860] Vgl. SAMUELS, Developments that cause a nuisance, [2004] JPL 394, 396.

sekundäre Zuerkennung von Schadenersatz ein reines Entschädigungsrecht werden.

2. Die Wirkung anderer behördlicher Genehmigungen

Ein anderes Bild hinsichtlich der Rechtsfolge lässt sich für das Immissionsschutzrecht zeichnen. Hier sind für bestimmte Betriebe gemäß den Bestimmungen des Pollution Prevention and Control Act 1999[861] Genehmigungen für den Betrieb einer emittierenden Anlage erforderlich, sogenannte "IPPC permits". Während diese *permits* ein rechtliches Vorgehen der Behörden gemäß s. 79 (10) EPA 1990 stark einschränken, sind sie nicht in der Lage, eine Bürgerklage wegen des Hervorrufens einer *statutory nuisance* nach s. 82 EPA 1990 zu präkludieren.[862] Dieser Anspruch richtet sich ausschließlich auf Beseitigung der Störung. Anders als nach § 14 BImSchG ist der Anlagenbetreiber nur insoweit in seinem Bestandsschutzinteresse geschützt, als das Schutzrecht der Bürgerklage in erster Linie auf die Vornahme von Schutzvorkehrungen zielt; wo diese allerdings nicht ausreichen, um die Störung zu beseitigen, kann nach dem Gesetzeswortlaut als Äußerstes auch die Stilllegung der Anlage angeordnet werden. Mangels Duldungspflicht besteht auch keine Notwendigkeit für Entschädigungsregeln zugunsten des Beeinträchtigten. Im englischen Wasserrecht schließlich wird die strikte Trennung von privaten Schutzrechten und behördlichen Genehmigungen in einer gesetzliche Norm manifest. Section 100 (b) Water Resources Act 1991 ordnet ausdrücklich an, dass auch genehmigte Einleitungen in Gewässer eine zivilrechtliche Haftung zu begründen vermögen.

3. Gesetzliche Standards und Richtwerte

Das Einhalten gesetzlich festgelegter Richtwerte – zum Beispiel nach s. 3 EPA 1990 – zuguterletzt soll vom Vorwurf der *negligence* befreien, weil der privatrechtliche Standard nur enger sein könne als der gesetzliche; denn anderenfalls würden ja die Gerichte unzulässigerweise die Entscheidung des Gesetzgebers zuungunsten des rechtstreuen Rechtssubjekts abändern (sog. „*Budden*-defence").[863] Daraus lässt sich aber nicht im Umkehrschluss eine Haftung bei Grenzwertüberschreitung ableiten: Eine *nuisance*-Klage, angestoßen durch eine Lärmbelästigung, welche die Richtwerte der Weltgesundheitsorganisation überschritt, wurde unter Berücksichtigung des Gebietscharakters als unbegründet

---

[861] Dieser Act implementiert die Richtlinie 96/61/EG des Rates v. 24.09.1996 über die integrierte Vermeidung und Verminderung der Umweltverschmutzung.

[862] S. Department for Environment, Food & Rural Affairs, 4th Consultation Paper on the Implementation of the IPPC Directive, Part 2 Nr. 14.

[863] Vgl. *Budden and Abery v. BP Oil* [1980] JPL 586; s. a. Health Committee Publication TB 20B (Appendix 23).

abgelehnt.[864] Einen ganz anderen Weg wählte das Gericht in *London Borough of Lewisham v. Fenner.*[865] Darin führte ein Gebläse zu nächtlichen Ruhestörungen, welche erwiesenermaßen die Gesundheit des Klägers negativ beeinträchtigten. Da der Lärmpegel jedoch unter dem empfohlenen Wert des British Standard 8233 lag, sah sich das Gericht nicht überzeugt, dass tatsächlich eine Störung vorgelegen habe. Die Einhaltung des BS 8233 verschob also die Beweislast zuungunsten des Klägers, welchem der weitere Nachweis einer *nuisance* nicht gelang – und nie gelingen konnte, will man hinzufügen.

II. Privatrechtsgestaltende Wirkung in Deutschland

1. Öffentlich-rechtliche Gesetzesnormen und die Interpretationshoheit

Die privatrechtliche Verfolgung von Verstößen gegen ein Schutzgesetz im Sinne von § 823 Abs. 2 BGB nimmt bereits hinsichtlich der Anspruchsgrundlage Bezug auf Normen des öffentlichen Rechts. Erst vermöge der Eigenschaft als Tatbestandsmerkmal einer Privatrechtsnorm wird aus öffentlich-rechtlichen Vorschriften ein privatrechtliches Schutzgesetz und aus einem Gesetz, das einem Emittenten hoheitlich ein Verhalten vorschreibt, eine Schadenersatznorm. Die gegenseitige Abhängigkeit ist evident.

Im Immissionsschutzrecht gehen BGH und BVerwG davon aus, dass Immissionen im Zivilrecht und im öffentlichen Recht gleich zu behandeln sind.[866] Dies hat zur Anpassung des Wesentlichkeitsbegriffs des § 906 BGB an den der „schädlichen Umwelteinwirkung" im Sinne von §§ 3 Abs. 1, 22 Abs. 1 BImSchG geführt.[867] Die gesetzliche Änderung des § 906 wollte diese Entwicklung „nachzeichnen", gleichzeitig aber dem Tatrichter Beurteilungsfreiraum im Einzelfall lassen.[868] Auch das Kriterium der wirtschaftlichen Zumutbarkeit nach § 906 Abs. 2 S. 1 BGB ist grundsätzlich in Anlehnung an die verwandten Begriffe der wirtschaftlichen Vertretbarkeit in § 14 BImSchG und der Verhältnismäßigkeit in § 17 Abs. 2 BImSchG zu interpretieren.[869] Da die Einhaltung öffentlich-rechtlicher Umweltstandards privatrechtlich zumutbar sind, bilden diese den Minimalstandard[870] aus. Im Vergleich zum rein privatrechtlich geprägten Nachbarrecht des frühen 20. Jahrhunderts muss der Rechtsanwender bei seiner Interpretation also vermehrt Rücksicht auf Präjudizien aus anderen Gerichtsbarkeiten nehmen, ist aber in seiner Beurteilung des Einzelfalls keines-

---

[864] *Murdoch v. Glacier Metal Co. Ltd* [1998] Env LR 732; TLR, 21 January 1998.
[865] (1995) 44 ENDS 248.
[866] BGHZ 111, 63 (Volksfest); BVerwGE 79, 259 (Feuerwehrsirenen).
[867] BGHZ 120, 239 (Froschquaken); BVerwGE 81, 197.
[868] S. BT-Drs. 12/7425, S. 87.
[869] Staudinger/KOHLER (2002), Einl. Rn. 269; KLOEPFER, § 6 Rn. 42.
[870] LYTRAS, Haftung für Umweltschäden, S. 314.

wegs absolut daran gebunden. Dies ist gemeint, wenn verbreitet von der „Interpretationshoheit" öffentlichen Rechts die Rede ist.[871]

2. Öffentlich-rechtliche Grenz- oder Richtwerte und allgemeine Standards

Die zentrale Steuerungsnorm deutschen Umwelthaftungsrechts enthält heute mit § 906 S. 2, 3 BGB eine Regelvermutung, welche die bisherige Rechtsprechungspraxis widerspiegelt: Bei Einhaltung öffentlich-rechtlicher Grenz- oder Richtwerte ist die Wesentlichkeit einer Beeinträchtigung grundsätzlich zu verneinen. Jedoch sind Ausnahmen möglich, soweit der Emittent die Besonderheiten des Einzelfalls beweist.[872] Am relevantesten für die Praxis sind TA-Luft und TA-Lärm[873] sowie die jeweils gültigen Verordnungen zum BImSchG. Im Tennisplatz-Urteil ging der BGH nicht soweit, auch der dort in Rede stehenden VDI-Richtlinie 2058 grundsätzliche Rechtsbedeutung beizumessen.[874] Diese Richtwerte wurden stattdessen nur Anhaltspunkte eingeordnet und die Wesentlichkeit einer Beeinträchtigung weiter nach dem differenziert objektiv-subjektiven Maßstab bestimmt. Andersherum schließt unter Anwendung eben aufgeführter Grundsätze die Unterschreitung von Grenzwerten die Wesentlichkeit nicht zwingend aus, sondern ist in einer Gesamtschau der Beweisergebnisse zu würdigen.[875]

Eine ähnliche Rolle hat der BGH öffentlich-rechtlichen Standards im Deliktsrecht zugewiesen. Im Kupolofen-Urteil befand er, dass die Einhaltung der Emissionswerte der TA-Luft zwar regelmäßig ein als fahrlässig zu bezeichnendes Verhalten ausschließe.[876] Im Besonderen dürften Existenz und Maß der Verkehrssicherungspflichten durch die Schutzanforderungen geprägt sein, die das öffentliche Recht zum Schutze Dritter aufstellt.[877] Der Senat wies jedoch auf die Möglichkeit einer Fahrlässigkeitshaftung hin, wenn „besondere Umstände zu Zweifel daran veranlassen mussten, dass die Beachtung der Werte der TA-Luft nicht ausreicht, um unzulässige Immissionen zu vermeiden."[878] Im Deliktsrecht dient die Verwaltungsvorschrift somit als Anhaltspunkt im Rahmen der Beweiswürdigung. Zusätzlich zu diesen allgemeinen Richtwerten sind nämlich die konkreten Verhältnisse zu berücksichtigen,[879] die aufgrund besonders empfind-

[871] S. KLOEPFER, 1.A., § 4 Rn. 302; Staudinger/KOHLER (2002), Einl. Rn. 264.
[872] MARBURGER, Gutachten 56. DJT (1986), C 108; Staudinger/KOHLER (2002) Einl. Rn. 267.
[873] Technische Anleitung zum Schutz gegen Lärm vom 26. August 1998, GMBl. 503; TA Luft vom 24.07. 2002, GMBl. 511.
[874] Urt. v. 17.12.1982, WM 1983, 176.
[875] BGH BB 1978, 329 (Baumschule); BGH NJW 1995, 132, 133 (Papierfabik).
[876] BGHZ 92, 143, 151 (Kupolofen).
[877] GERLACH JZ 1988, 172; VELDHUIZEN, Privatrechtsgestaltende Wirkung, S. 137; Staudinger/KOHLER (2002), Einl. Rn. 273.
[878] BGHZ 92, 143, 152.
[879] BGH a.a.O.

licher Rechtsgüter Dritter zu einer niedrigeren Emissionstätigkeit anhalten können. An den für den Bereich des öffentlichen Rechts maßgeblichen Werten darf der Betreiber einer emittierenden Anlage sich zivilrechtlich ergo nur bedingt ausrichten, da der Maßstab hier zum Schutze Einzelner ein strengerer sein kann. Die „Verwaltungsakzessorietät des Rechtswidrigkeitsurteils"[880] kann trotz der überwiegenden Prävalenz öffentlich-rechtlicher Vorschriften danach nur eine relative sein.

Hinzuweisen ist noch auf ein Beispiel, in dem verwaltungsrechtliche Zulassungen, Auflagen und Rechtsvorschriften erst darüber entscheiden, ob eine privatrechtliche Norm überhaupt zur Anwendung kommen darf. Die Ursachenvermutung des § 6 Abs. 1 UmweltHG wird nämlich durch Abs. 2 für den Normalbetrieb ausgeschlossen, und ausweislich Abs. 3 sind es allein öffentlich-rechtliche Vorgaben, die über den bestimmungsgemäßen Zustand einer Anlage befinden.

3. Behördliche Genehmigungen als Gesetzesvollzug

In ihren Auswirkungen auf privatrechtliche Duldungspflichten lassen sich drei Typen von Kollisionsfällen mit einer gesetzesvollziehenden Genehmigung ausmachen:[881]

- Eine Parallelexistenz von Genehmigung und privatrechtlichem Anspruch ohne Kollisionsnorm (so bei der wasserrechtlichen Erlaubnis, § 7 WHG);
- Eine anspruchsändernde Wirkung der Genehmigung aufgrund einer Kollisionsnorm (wie im Falle der §§ 6, 14 BImSchG; § 11 LuftVG; § 7 VI AtomG; § 23 GenTG; ähnlich im Planfeststellungsverfahren, s. § 17 Abs. 6 FStrG i.V.m. § 75 Abs. 2 VwVfG);
- Eine anspruchsausschließende Wirkung vermittels einer Kollisionsnorm (beispielsweise die wasserrechtliche Bewilligung, §§ 8, 11 WHG).

Die Veränderungen und Beschneidung subjektiver Rechte sind im Einzelnen verfassungsgemäß.[882] Genehmigungen des ersten Typs können keinerlei Einfluss auf die privaten Schutzrechte ausüben, da es ihnen an der für eine Einschränkung von Rechten Dritter erforderlichen gesetzlichen Grundlage mangelt.[883] Auch im vereinfachten Verfahren erteilte Genehmigungen können keine unmittelbar privatrechtsgestaltende Wirkung entfalten, weil in diesem Verfahrensgang Betroffenen keine oder nur eingeschränkte Anhörungsrechte zustehen.[884]

---

[880] So ERL, Umwelthaftungsrecht, S. 28.
[881] Vgl. PEINE NJW 1980, S. 2442.
[882] CZYCHOWSKI/REINHARDT, WHG § 11 Rn. 1; allg. PEINE, NJW 1980, S. 2445.
[883] PEINE, NJW 1980, 2443.
[884] S. § 19 II BImSchG.

Auch im Deliktsrecht wirken die genannten Genehmigungen uneinheitlich. Lediglich § 11 WHG wohnt kraft ausdrücklicher gesetzlicher Anordnung ein Ausschluss jedweder Schadenersatzansprüche inne. Für die anderen Genehmigungen fehlt eine Entscheidung des Gesetzgebers zur Auflösung des – scheinbaren[885] – Widerspruchs, dass ein genehmigtes Tun dennoch rechtswidrig zu sein vermag. In der Folge ist sowohl die Rechtfertigungswirkung einer Genehmigung vertreten worden,[886] als auch das Gegenteil.[887] Die von PEINE und WAGNER vorgebrachten Voraussetzungen der Präklusion von Abwehrrechten und der Kompensation der zugemuteten Einbuße mögen zwar notwendig zur Anerkennung der Rechtfertigungswirkung sein, hinreichend sind sie keinesfalls. Zusätzlich nämlich muss der Zweck der präkludierenden Norm den Befund zumindest unterstützen. Ziel der genannten Regeln ist jedoch erkennbar der Bestandsschutz des Handelns im von der Genehmigung vorgegebenen Rahmen. Das Beispiel des § 14 S. 1 BImSchG verdeutlicht, dass dem Geschädigten nur der Anspruch auf vollständige Einstellung des Betriebs genommen werden soll; der nächstmildere Schutz durch Vornahme von Schutzvorkehrungen steht ihm ungemindert zu. § 14 S. 2 BImSchG will anschließend Härtefälle durch eine Erleichterung bei der Durchsetzung des Schadensausgleichs ausschließen.[888] Ein allgemeiner Ausschluss deliktischer Haftung durch Gestattung nicht nur der Gefährdung, sondern auch der Schädigung anderer – und zwar auch für vorsätzliches Handeln[889] – kann diesen Normen nicht entnommen werden. Da jedoch Einigkeit darüber herrscht, dass in jedem Fall ein Schadensausgleich zugunsten des Betroffenen erfolgen muss, ist zu überlegen, ob nicht der von Verschulden und Rechtswidrigkeitsurteil unabhängige Aufopferungsanspruch, der an die Stelle des präkludierten Deliktsanspruchs träte, im Sinne eines wirkungsvolleren Umwelthaftungsrechts diesem vorzuziehen ist. Doch wäre die vermeintliche Erleichterung zugunsten des Geschädigten teuer erkauft: Nicht nur fiele die bedeutsame Möglichkeit der Naturalrestitution einem reinen Geldanspruch zum Opfer; die Aussage, (umwelt)schädigendes deliktisches Handeln sei bei Vorliegen einer entsprechenden Genehmigung grundsätzlich rechtmäßig und gegebenenfalls mit einer Geldzahlung zu kompensieren, erschiene im Lichte moderner Umweltpolitik und moralsoziologisch höchst fragwürdig.

4. Insbesondere: bauplanungsrechtliche Entscheidungen

Auch im Verhältnis zu bauplanungsrechtlichen Verwaltungsentscheidungen folgen die Gerichte der sogenannten Zweigleisigkeitstheorie, indem sie den un-

[885] Dazu sogleich.

[886] WAGNER, Öffentlichrechtliche Genehmigung, S. 90 ff., 105; PEINE a.a.O. S. 2447.

[887] BGHZ 92, 143, 151 f; RGZ 159, 129, 135; DIEDERICHSEN, FS R. Schmidt, S. 19 f.; Staudinger/KOHLER (2002) Rn. 279 mwN.

[888] Staudinger/KOHLER (2002), Einl. UmweltHG, Rn. 279; JARASS, § 14 BImSchG, Rn. 21.

[889] So aber WAGNER, Öffentlich-rechtliche Genehmigung, S. 108, 110.

abhängigen und selbständigen Bestand beider Teilrechtsordnungen anerkennen.[890] Die Untersuchung hat bereits gezeigt, dass sich die Ortsüblichkeit nach § 906 BGB nach der Ansicht des BGH konsequenterweise nicht nach den planerischen Vorgaben des Bebauungsplans, sondern den tatsächlichen Nutzungsverhältnissen richtet. Erst der Vollzug von Planungsvorgaben nimmt damit Einfluss auf die tatsächlich herrschenden Nutzungsverhältnisse im Vergleichsgebiet. Die Festsetzung wurde aber von Zivilgerichten schon als Indiz für die tatsächliche Situation herangezogen.[891] Andererseits gilt nach der bloßen Regelvermutung des § 906 Abs. 1 S. 2 BGB weiterhin, dass eine bauplanungsrechtlich zulässige Nutzung nicht *eo ipso* auch ortsüblich ist.[892]

Diese Auffassung wird in der Literatur zugunsten einer sich aus dem Bebauungsplan unmittelbar ergebenden normativen Duldungspflicht bestritten.[893] Dem wirksamen, insbesondere dem dem Abwägungsgebot des § 1 Abs. 7 BBauG genügenden Bebauungsplan wohne eine „Konzentrationswirkung" inne, die aufgrund ihrer „systembildenden Führungsrolle" den nachbarlichen Konflikt durch Ausbildung einer öffentlich-rechtlichen Duldungspflicht endgültig entscheide. Dem wird entgegengehalten, eine solche Kraft messe das BBauG dem Bebauungsplan gerade nicht bei.[894] Auch die Ausprägung des Begriffes der Ortsüblichkeit könne planerischen Vorgaben nicht vorbehalten sein, da sie inhaltlich auf die generelle Zulässigkeit beschränkt seien – derart allgemeine Aussagen seien aber nicht in der Lage, die konkrete Ortsüblichkeit zu bestimmen. Vertreter der zivilrechtlichen Vorrangthesen stimmen dem BGH indes zu, wollen aber über dessen Position hinausreichend das gesamte öffentliche Nachbarrecht zivilrechtlich behandeln, indem sie drittschützende Normen des öffentlichen Rechts zu Zivilrecht erklären.[895] SÄCKER[896] zeigt, dass die Rechtswirklichkeit das Aporem über den Vorrang der einen oder anderen Materie stellenweise überholt hat: So seien Immissionsrichtwerte teilweise abhängig von den jeweiligen Festsetzungen im Bebauungsplan, und bei erheblicher Abweichung der tatsächlichen baulichen Nutzung von der festgesetzten ist auf die faktische Lage abzustellen. Damit erfolgt eine weitgehende Harmonisierung von

---

[890] Ganz h.M., s. BGH NJW 1983, 751 (Tennisplatz); MARBURGER, 56. DJT (1986), C 102 ff.; Erman/LORENZ § 906 Rn. 29; ENDERS, SächsVBl. 2002, 289, 293; Staudinger/KOHLER (2002), Einl. UmweltHR Rn. 301 ff;

[891] OLG München NJW-RR 1991, 17, 18.

[892] So OLG Karlsruhe, BRS 48, 397, 399.

[893] DOLDERER, DVBl. 1998, 19, 23 ff.; Pikart/Gelzer/PAPIER, Umwelteinwirkungen durch Sportanlagen, S. 107 f.; GAENTZSCH, UPR 1985, 201; weitere Nachweise bei ENDERS, SächsVBl. 2002, 289; CALLIESS, Verw 34 (2001), S. 169, 189.

[894] Vgl. HAGEN, UPR 1985, S. 196 ff.; MARBURGER, 56. DJT (1986), C 105 ff.

[895] Zum Streitstand s. DOLDERER, DVBl. 1998, 19, 21 ff. m.w.N.

[896] MünchKomm/SÄCKER, § 906 Rn. 23 ff.

öffentlichen und zivilrechtlichen Grenzwerten, die überdies die Abgrenzung von Ortsüblichkeit und Wesentlichkeit verschwimmen lässt.[897]

Auch der Baugenehmigung wird punktuell eine privatrechtsgestaltende Wirkung beigemessen. Die Landesbauordnungen aber bescheinigen ihr positiv, dass sie „unbeschadet der privaten Rechte Dritter" ergeht. Sie stellt nur fest, dass das Bauvorhaben in Übereinstimmung mit öffentlichem Recht ergeht und ist daher weder in der Lage, negatorische Ansprüche zu präkludieren, noch Einfluss auf Schadenersatzansprüche zu nehmen.[898]

Eine letzte Interdependenz muss aber mit der Rechtsprechung bejaht werden: Danach können im Nachbarrecht privatrechtliche Ansprüche durch Bindung der Zivilgerichte an Auflagen eines Genehmigungsbescheids Defizite des Auflagenvollzugs ausgleichen. So konnte ein Nachbar die Einhaltung einer in einer Baugenehmigung enthaltenen, bestandskräftigen Auflage zu seinem Schutz gegen Lärm vor den Zivilgerichten im Wege einer quasinegatorischen Unterlassungsklage (§ 823 Abs. 2, § 1004 Abs. 1 S. 2 analog) durchsetzen, obwohl die Voraussetzungen des § 906 BGB im konkreten Fall nicht vorlagen.[899]

C. Zusammenfassung

Sperrpositionen sind Rechtspositionen, die dem Privatrecht oder dem öffentlichen Recht entspringen können und einen anderen an der Durchsetzung seines Rechts hindern können, ohne von der Rechtsordnung gerade zu diesem Zweck geschaffen worden zu sein. Letzteres Merkmal unterscheidet sie von den bereits behandelten Duldungspflichten. Auf dem Gebiet des Privatrechts spielen insoweit die absoluten dinglichen Rechte eine wesentliche Rolle, weil abgeleitet von der weitreichenden Eigentümerbefugnis ein vielfältiger rechtlicher und tatsächlicher Einsatz gerade des Grundeigentums zu Zwecken des Umweltschutzes möglich ist. Normen des öffentlichen Rechts hingegen können Tätigkeiten erlauben, die privatrechtlichen Abwehransprüchen unterliegen. Derartige Widersprüche in der Rechtsordnung können nicht einheitlich gelöst werden, sondern sind nach Art und Zweck der legitimierenden Norm zu unterscheiden. Dies gilt auch für das Common Law, wo vergleichbare Konflikte zwar von der Wissenschaft bislang kaum behandelt wurden, obwohl sie dort ebenfalls bestehen. In England und Wales hat die behördliche Genehmigung im Gegensatz zu den rechtfertigenden Genehmigungen des Parlaments nur wenig Einfluss auf den Tatbestand von Klagen, wohl aber unter Umständen auf die

[897] S. a. § 3, K. IV.
[898] ENDERS, SächsVBl. 2002, 292 f.; HAGEN, NVwZ 1991, 822; Pikart/Pelzer/PAPIER, Umwelteinwirkungen durch Sportanlagen, S. 120 ff. m.w.N.; Erman/LORENZ, § 906 Rn. 29; Staudinger/KOHLER (2002), Einl. UmweltHG, Rn. 280.
[899] BGHZ 122, 1, 5f. (Ballettschule).

Rechtsfolge. Etwas anderes gilt für gesetzliche Standards und Richtwerte: Ihre Einhaltung wirkt in unterschiedlicher Weise tatbestandsausschließend.

Im deutschen Recht hat der Gesetzgeber die Rechtsprechungspraxis zu Grenz- und Richtwerten in § 906 S. 2, 3 BGB normiert; für bestimmte Richtlinien und im UmweltHG gelten Besonderheiten. Die gesetzliche Befugnis für behördliche Genehmigungen existiert ohne sowie mit Kollisionsnormen von unterschiedlicher Prägung. In den problematischen Fällen werden die Vorteile einer Anwendung des Aufopferungsanspruchs anstelle präkludierter Deliktsansprüche für den Geschädigten durch Nachteile bei Umweltschutzwirksamkeit und Glaubwürdigkeit des Haftungsregimes aufgewogen. Auf dem Gebiet des deutschen Bauplanungsrechts ist schließlich eine fortschreitende Harmonisierung von öffentlich-rechtlichen und zivilrechtlichen Grenzwerten festzustellen.

§ 7: Rechtsvergleichende Analyse und Auswertung

Folgend werden die Schutzrechte des englischen Rechts mit den deutschen hinsichtlich des Umfangs der geschützten Rechte, der Anspruchsberechtigung und dem Einfluss des Schädigerverhaltens auf die Haftungsbegründung anhand der bisher erarbeiteten Ergebnisse verglichen. Ferner werden Unterschiede und Gemeinsamkeiten der privatrechtsgestaltenden Wirkung des öffentlichen Rechts sowie in der Rechtsdurchsetzung durch Einzelpersonen, Gruppen von Klägern und Verbänden herausgearbeitet. Die unterschiedliche rechtliche Handhabe der Duldungspflichten sowie den Lösungsansätzen bei der Schadensverursachung durch mehrere wurde wegen ihrer vielseitigen Auswirkungen bereits an vorgezogener Stelle vergleichend dargestellt.[900]

A. Schutzgegenstand und subjektive Reichweite der Schutzrechte

I. Überblick

Zunächst können angesichts der herkömmlichen Anbindung der Schutzrechte an individuelle Rechtspositionen unter sozialökonomischen Gesichtspunkten „Jedermann"-Ansprüche von denjenigen separiert werden, die zu ihrer Geltendmachung ein Recht an Sachen voraussetzen. Inwiefern auch Rechte an der Umwelt oder einzelnen Umweltgütern den Bestand an „Jedermann"-Rechten erweitern können, wird anschließend eruiert.

Die Verschuldenshaftung aus *negligence* ermöglicht grundsätzlich den Ersatz eines Schadens an jedem individuellen Rechtsgut sowie – unter Einschränkungen – bei reinen Vermögensschäden. Im Einzelfall hängt die Bestimmung aber vom Bestehen einer *duty of care* ab, die gerade das fragliche Rechtsgut zu schützen bestimmt ist. Ähnlich umfasst der Schutzbereich von s.73(6) EPA 1990, s.14 Gas Act 1965 und Water Industry Act 1990 alle Personen- und Sachschäden, derjenige von s. 82 EPA 1990 die Gesundheit und die Freiheit von Störungen nach objektivem Verständnis. Noch weitergehend ist die *public nuisance* auf den Schutz jeden Interesses ausgerichtet, das einem Angehörigen der Öffentlichkeit von Rechts wegen zusteht.[901] Im deutschen Umwelthaftungsrecht ermöglicht nur § 22 WHG den umfassenden Ersatz von Individualschäden; auch die völkervertraglichen Haftungsregelungen des Pariser und Wiener Atomhaftungsübereinkommens sowie des Internationalen Abkommens über die zivilrechtliche Haftung für Ölverschmutzungsschäden ordnen einen weitgehenden Rechtsgüterschutz an. § 823 Abs. 1 BGB beschränkt seinen exklusiven Schutz auf alle absoluten Rechtsgüter, wodurch das Vermögen ausgeklammert wird.

---

[900] S. o. § 3, B. II. und V.

[901] HOWARTH, Washburn Law Journal, Spring 2002, 474.

Noch enger ist der Rechtsgutkatalog von § 1 UmweltHG, § 32 GenTG[902] und § 2 Abs. 1 S. 1 HaftPflG gefasst; sie benennen als ersatzfähig nur Schäden aus der Verletzung des Lebens, der Körpers, der Gesundheit sowie von Sachen.

Die Schutzrichtung des Bruchs einer gesetzlichen Pflicht nach Common Law oder einer Schutzgesetzverletzung im Sinne von § 823 Abs. 2 BGB ergibt sich in Abhängigkeit vom Schutzziel der jeweils fraglichen Gesetzesnorm stets neu. Schließlich kann die Haftung aus *Rylands* nur eingeschränkt zu den umfassenden Schutzrechten gezählt werden, weil die Protektion von Eigentum an unbeweglichen wie an beweglichen Sachen gesichert, die Rechtslage hinsichtlich Körperschäden aber unklar ist.

Eindeutig der Bindung an ein rechtliches Interesse an einer Sache unterliegen hingegen diejenigen Tatbestände, die von vornherein auf den Schutz eben dieses Interesses zielen. Dazu gehören aus England und Wales das Recht des *trespass* mit seinem Besitzschutz; der Schutz des Genusses dinglicher Rechte und ausschließlichen Besitzes nach *private nuisance*; der Erhalt des Stromes in seinem üblichen Zustand aufgrund gesonderter Uferrechte. *Trespass* und *nuisance* übernehmen damit in weiten Teilen die Funktion der §§ 1004, 862, 906, aber auch des § 823 Abs. 1 BGB.[903] Die Ausgleichsansprüche schließlich werden als Kompensation für den Verlust von Genuss des Lands gewährt und sind damit gleichfalls an Eigentum oder Besitz gebunden.

II. Der Schutz von Umweltgütern per se *und der Schutz deren Genusses*

Im Recht der *negligence* ist die Anerkennung neuer, bislang vom *case law* nicht aufgestellter Pflichten möglich, soweit ein gesellschaftliches Bedürfnis danach besteht und die Pflichtenanerkennung im Einzelfall geboten scheint. Allerdings ist die Schaffung einer allgemeinen Sorgfaltspflicht für die Umwelt allgemein oder im Bezug auf ein Individuum durch die eindeutige Bindung der Schutzobjekte an gesundheitliche oder wirtschaftliche Interessen durch das House of Lords versperrt. Auch der Katalog der von § 823 Abs. 1 BGB geschützten absoluten Rechtsgüter vermag den Schutz eines „Rechts an der Umwelt" oder der „Umwelt als solcher" nicht aufzunehmen. Sowohl der Ansatz der entsprechenden Ausweitung des allgemeinen Persönlichkeitsrechts als auch der Versuch, Umweltgüter als „sonstige Rechte" zu fassen, müssen am Individualbezug der Umweltmedien und dem Folgeproblem der Fassung als Individualrechte mit Ausschlussgehalt scheitern. Diesen Individualbezug stellt die *public nuisance* her, indem sie nur demjenigen einen Ersatzanspruch zubilligt, dessen Schaden über den der anderen Geschädigten spürbar hinausgeht. Die Bestimmung, ob

[902] Zu Schäden durch GVO im Common Law s. WALDRON, JBL 1999, 395.
[903] KÖNDGEN, UPR 1983, 345, 349.

special damage vorliegt, erfolgt anhand von Grundsätzen, die denen der Schutzzwecklehre im Rahmen von § 823 Abs. 2 BGB ähnlich sind und ist mit der „persönlichen Betroffenheit“[904] bei § 22 WHG vergleichbar. Zusätzlich sind zur Vermeidung einer Popular-(Unterlassungs)Klage prozedurale Einschränkungen durch Einbindung öffentlicher Stellen vorgesehen. Damit besteht in der *public nuisance* kein allgemeiner privatrechtlicher Schutz des ungestörten Naturgenusses. Wohl aber kennt das Common Law mit den *riparian rights* eine weitgehende Haftung für die Veränderung des natürlichen Zustands von Gewässern. Dieser Zustand umfasst aufgrund des Eigentums am Flussbett jedenfalls den üblichen Bewuchs, aber auch die weiteren Glieder der Nahrungskette. Anders als unter § 22 WHG muss der *riparian owner* für eine Klagbarkeit im Common Law keinen Nachweis eines individuellen Schadens erbringen; ausreichend ist die nachteilige Veränderung der Gewässerqualität. Die *riparian rights* gewähren also dem Ufereigentümer ein echtes Schutzrecht für unverminderte Wasserqualität.

III. Die Behandlung ökologischer Schäden

Für Schäden am Naturhaushalt bestehen weder im deutschen noch im englischen Recht vom Individualrecht losgelöste Ansprüche. Insbesondere ist eine dem Art. 18 des italienischen Umweltgesetzes von 1986 vergleichbare Norm, welche eine privatrechtlich ausgestaltete Treuhandposition des Staates schuf, beiden Jurisdiktionen unbekannt. Das UmweltHG sieht aber immerhin in § 16 Abs. 1 für eine „Beeinträchtigung der Natur oder Landschaft“ eine Modifikation des Schadenersatzrechts vor, wonach Aufwendungen für die Wiederherstellung des vorherigen Zustands nicht allein deshalb unverhältnismäßig sind, weil sie den Wert der Sache übersteigen. Ziel ist der vermehrte Einsatz der Naturalrestitution bei Beschädigung geringwertiger Sachen von großer ökologischer Bedeutung. Eine solche Regelung findet sich auch in § 32 Abs. 7 S. 1 GenTG, doch ist die praktische Bedeutung beider Gesetze aufgrund des engen Anwendungsbereichs bislang gering geblieben.

Dieser Befund lässt aber nicht darauf schließen, dass ökologische Schäden im weiteren Sinne vom bestehenden Haftungsrecht selten oder nie erfasst werden und ökologisch wertvolle Güter privatrechtlich schutzlos gestellt seien. Der Grund für eine gegenteilige Bewertung ist darin zu finden, dass die meisten ökologischen Güter im Eigentum eines Privatrechtssubjekts stehen und so als Individualrecht haftungsrechtliche Anerkennung erfahren. Insbesondere eine Erfassung der ökologischen Grundlage eines Grundstücks unter den Eigentumsbegriff ermöglicht die Subsumtion vieler Schäden an ökologisch wertvollen Lebensräumen unter den Schutzbereich von §§ 823 Abs. 1, 1004 BGB oder § 1

[904] BGH LM § 22WHG Nr. 8; BGH NJW 1981, 2416.

UmweltHG. Die englischen Gerichte haben – soweit ersichtlich – zu diesen Fragestellungen bislang ebenso wenig Stellung genommen wie die Literatur. Allerdings erkennt das Common Law den Anrainern eines Gewässers mit den *riparian rights* Ersatzansprüche für jede Veränderung der Gewässerqualität – inklusive des Lebens darin – zu; die Einbeziehung der ökologischen Grundlage eines Grundstücks im Eigentumsbegriff wäre damit leicht in Einklang zu bringen.

Schließlich stehen beide Rechtsordnungen hinsichtlich der ökologischen Schäden vor einem völkerrechtlich induzierten Dogmenwechsel. Das Protokoll von 2004 zum Pariser Atomhaftungsübereinkommen sieht in Art. 1 a) vii) Nr. 4 die Ersatzfähigkeit von „Kosten von Maßnahmen zur Wiederherstellung geschädigter Umwelt" vor, sofern diese Schädigung nicht unbeträchtlich ist und wenn solche Maßnahmen tatsächlich ergriffen werden sollen. Träte dieses Protokoll in Kraft, würde in Deutschland wie im Vereinigten Königreich erstmals eine selbständige Haftungsnorm für die Schädigung der Umwelt an sich existieren.

B. Das Verhalten des Schädigers

Die bisherige Darstellung hat sich an der am Haftungsgrund orientierten Unterscheidung des Haftungsrechts in Verschuldens- und Gefährdungshaftung orientiert. In Deutschland werden Gefährdungstatbestände allein vom Gesetzgeber aufgestellt und von den Gerichten grundsätzlich eng ausgelegt. Eine analoge Anwendung der Vorschriften wurde stets abgelehnt.[905] Hier erwies sich das englische Recht trotz der Bindung an den Präzedenzfall als wendiger. Die *Rylands*-Regel ist im Gegensatz zu den Anlagenkatalogen deutscher Gesetze nicht auf bestimmte Betriebe oder Industriezweige beschränkt. Allerdings schreitet im Common Law die Entwicklung zu einem von Verhaltensmaßregeln dominierten Haftungsrecht weiter voran, wie der Fall der *Cambridge Water Company* zeigt – deren Schädiger übrigens nicht dem Anlagenkatalog des UmweltHG unterfallen wäre. Die ablehnende Haltung gegenüber der strikten oder Gefährdungshaftung wurde bereits 1947 von Lordrichter SIMONDS formuliert. Seiner Meinung nach ist eine Differenzierung zwischen „besonders gefährlichen Handlungen", für die eine verschuldensunabhängige Haftung gelten soll, und „weniger gefährlichen Aktivitäten", die nur zur Einhaltung bestimmter Sorgfaltsstandards Anlass geben, willkürlich und daher unangebracht.[906] Die Anordnung von „strict liability" wird also voraussichtlich immer mehr die Domäne des Gesetzgebers werden. Dem entspricht im deutschen Recht der Grundsatz des *numerus clausus* der Gefährdungshaftungstatbestände und die Weigerung der Gerichte, Normen der Gefährdungshaftung über deren Wortlaut

---

905 RGZ 78, 171, 172; BGHZ 55, 229.
906 *Read v. J. Lyons & Co.* [1947] AC 156.

und gesetzlichen Anwendungsbereich hinaus auch auf vergleichbare Fälle anzuwenden.

C. Die privatrechtsgestaltende Wirkung von Rechtsakten des öffentlichen Rechts

Die Baugenehmigung hat in beiden Rechtsordnungen keine unmittelbar privatrechtsgestaltende Wirkung. Jedoch können auch die englischen Gerichte im Einzelfall Planungsentscheidungen als Anhaltspunkte zur Bestimmung des Gebietscharakters nehmen, soweit sie im öffentlichen Interesse ergingen. Übereinstimmung besteht ferner darin, dass nur ein formelles Gesetz Abwehransprüche präkludieren kann. Während diese Gesetze in Deutschland zumeist eigene Entschädigungsformen in Gestalt von Ansprüchen aus Aufopferung kennen, sind gesetzliche Ausgleichsregeln in England und Wales die Ausnahme und im Umwelthaftungsrecht nicht vorhanden. *Negligence* kann mit ihrem Verschuldenserfordernis diese Funktion nicht in gleicher Weise übernehmen. Lediglich die im *Dennis*-Fall aufgeführten Grundsätze bieten einen gewissen Schutz, sollte der Abwehranspruch versagen.

Dem Common Law eigen ist die ermessensabhängige Erteilung von Unterlassungsanordnungen. Auch wenn der Einfluss öffentlich-rechtlicher Genehmigungen auf den Ermessensvorgang unklar ist, so muss vermutet werden, dass eine *injunction* gegen den Inhaber einer behördlichen Erlaubnis schwerer zu erlangen sein wird. Anders als die immissionsschutzrechtliche Genehmigung nach § 4 BImSchG sind die „IPPC permits“ nicht in der Lage, einen Unterlassungsanspruch eines beeinträchtigten Bürgers vollständig zu präkludieren; einer Entschädigungsregel bedarf es insofern nicht. Die Einhaltung allgemeiner Richtwerte und Standards bilden in beiden Jurisdiktionen regelmäßig einen Rechtfertigungsgrund für anderenfalls deliktisches Verhalten. Hinsichtlich der Störungsabwehr markieren sie Anhaltspunkte, die jedoch die Beweislast stark zuungunsten des Klägers verschieben können. Anders als nach der Regelvermutung des § 906 Abs. 1 S. 2 BGB können im Common Law nach der „*Budden*-defence“ aber keine über die gesetzlichen Richtwerte hinausgehenden privatrechtlichen Pflichten aufgestellt werden. In dogmatischer Hinsicht ist auffallend, dass eine Diskussion über Kollisionen und die mögliche Angleichung von öffentlichem und privatem Recht für das Common Law kaum geführt wird. Die begriffliche Angleichung, wie sie die deutsche Jurisprudenz betreibt, ist der Arbeits- und Denkweise englischer Juristen fremd.

D. Die Durchsetzung von Schutzrechten

I. Die Durchsetzung durch Einzelne

Die vorstehend beschriebenen Schutzrechte können ihren über die generalpräventiven mittelbaren Effekte hinausgehenden Einfluss auf umweltrelevantes Verhalten nur entfalten, wenn sie im Falle ihres Bestehens auch aktiviert werden. Grundsätzlich wird der einzelne Betroffene ein Interesse daran haben, Gebrauch von einem ihm zustehenden Schutz- oder Abwehrrecht zu machen. Dies kann durch außergerichtliche und gerichtliche Geltendmachung geschehen, mit der Möglichkeit anschließender Durchsetzung durch staatliche Stellen. Aufgrund der der Privatautonomie entspringenden Dispositionsfreiheit über Ansprüche steht es dem Anspruchsberechtigten weiter offen, den Anspruch an den Verursacher oder Dritte zu veräußern und abzutreten oder – bei Entgeltlichkeit in den noch aufzuzeigenden[907] Grenzen – den Verzicht der Geltendmachung zu erklären.

In der Praxis bestehen aber beträchtliche Hürden, die skizzierten Wege zu beschreiten. So muss zunächst eine Verletzung eines Individualrechts bestehen oder drohen. Der Schutzumfang der Schutzrechte ist in Einzelfragen weiter ungeklärt, so dass bereits Unsicherheit über die rechtliche Ausgangslage herrschen kann. Selbst bei eindeutiger Anspruchsberechtigung ist die Prozessschwelle unter Privatpersonen aber grundsätzlich hoch. So fällt dem Geschädigten zunächst ein individuell zu tragendes Kostenrisiko zu, während die „Organisationskosten" einer Inanspruchnahme für ein Unternehmen mit Rechtsabteilung oder Verbands-Rechtsschutz Fixkosten darstellen.[908] Nach empirischen Daten hat eine Privatperson gegen Großemittenten statistisch nur geringe Erfolgschancen.[909] Sodann stellen sich im Gerichtssaal Beweisfragen; die Schwierigkeiten des Kausalitätsnachweises wurden beschrieben. Für den privaten Kläger, der einer von vielen Betroffenen ist, bedeutet dies, dass er die Voraussetzungen für die ihn vorteilhaften Normen selbst nachweisen muss, und zwar unabhängig von anderen, ähnlichen Verfahren. Im Common Law stellt sich die Lage nur wenig anders dar. Aufgrund der *doctrine of precedence*, die sich auf Fragen des Rechts, nicht aber auf Tatsachenfragen erstreckt, bleiben rechtliche Unsicherheiten einem gleichfalls Betroffenen und nachfolgend Klagenden erspart; lediglich die Vergleichbarkeit des Sachverhalts muss er noch belegen. Allerdings bestehen auch dabei Hürden des Verursachungsnachweises.

---

[907] S. § 4, A. II. 2.

[908] STEGER, in: Wiebecke (Hrsg.), S. 62; ROTH NJW 1972, 925.

[909] BENDER/SCHUMACHER, Erfolgsbarrieren vor Gericht, S. 73.

II. Interessenbündelungen

Das entstehende Risiko unterschiedlicher Prozessergebnisse und andere Nachteile vermag nur die kollektive Geltendmachung und Bündelung der Klagen zu vermeiden.[910] In Deutschland sind die prozessualen Möglichkeiten indes begrenzt. Eine Klageverbindung nach § 147 ZPO oder die Bildung einer einfachen Streitgenossenschaft nach §§ 59 ff. ZPO setzt voraus, dass für jede der zu verbindenden Einzelklagen dasselbe Gericht – und möglicherweise auch derselbe Richter – zuständig ist, mit der Folge, dass eine vollständige Verbindung einer Vielzahl von Einzelklagen unmöglich sein kann.[911] Die Opfer können zu diesem Zweck Interessengemeinschaften oder Interessenverbände gründen, um Kenntnisse, Beweismittel und finanzielle Mittel zusammen zu führen. Auch eine nachtatliche, vorprozessuale Musterprozessvereinbarung zwischen dem Schädiger und den Geschädigten dient der Bündelung, soweit ihr Gegenstand die Herbeiführung einer externen Wirkung der im Musterprozess entschiedenen Rechts- oder Sachfragen auf vergleichbare Fälle ist.[912] Erreicht wird dieses Ziel in der Regel aber durch außergerichtliche Einigungen.[913] Die Einführung einer allgemeinen Gruppenklage wird in der Literatur ganz überwiegend abgelehnt.[914]

Im englischen Recht bietet der *Joinder of Parties* nach Order 15, rule 4 der „Rules of the Supreme Court“ (R.S.C.) die Möglichkeit, bei gleichliegenden Sach- und Rechtsfragen und Ansprüchen aus einer einheitlichen Transaktion oder Reihe von Transaktionen mehrere Personen auf Kläger- oder Beklagtenseite zusammenzufassen. Die Gewährung der Bündelung steht allerdings im Ermessen des Gerichts.[915] Wie auch bei der *consolidation of causes* – eine Verbindung von beim High Court bereits anhängigen Klagen nach Order 4 rule 9 R.S.C. – sind aber alle Beteiligten Parteien des Verfahrens. Die *representative action* im Recht von England und Wales (Order 15, rule 12 R.S.C.) wiederum basiert darauf, dass eine oder mehrere Personen für sich selbst und eine Gruppe weiterer Personen Klage erheben können. Für eine hinreichende Verbindung der einzelnen Mitglieder zu einer Gruppe muss ein gemeinsames Interesse bestehen. Die repräsentierten Personen müssen von der Allgemeinheit mit ausreichender Bestimmtheit abgegrenzt werden können, zumeist durch genaue Beschreibung

---

[910] V. BAR, Gutachten 62. DJT (1998), A 81.

[911] EBBING, ZVglRWiss 103 (2004), 49; V. BAR, Gutachten 62. DJT (1998), A 89, 95 f.; STADLER, in: Brönneke (Hrsg.), S. 5.

[912] V. BAR, Gutachten 62. DJT (1998), A 81 m.w.N.

[913] S. STADLER, in: Brönneke (Hrsg.), Kollektiver Rechtsschutz, S. 7.

[914] DJT 1998, Bd II/1, I, S. 88; STADLER, in: Brönneke (Hrsg.), S. 16 m.w.N.; a.A. EBBING, ZVglRWiss 103 (2004), 51.

[915] S. ELLGER, Die Bündelung gleichgerichteter Interessen im englischen Zivilprozess, in: Basedow/Hopt/Kötz/Baetge (Hrsg.), S. 105.

des schadenstiftenden Ereignisses.[916] Eine Class action US-amerikanischer Prägung, wonach ein oder mehrere namentlich bezeichnete Kläger eine Gruppe gleichartig betroffener Personen vertreten,[917] hat sich im englischen Recht nicht durchgesetzt.[918] Seit Mai 2000 gewähren aber rules 19.10 bis 19.15 der Civil Procedure Rules den Gerichten weites Ermessen, auf Antrag oder von Amts wegen Group Litigation Orders zu erlassen, wenn gemeinsame oder verwandte Sach- oder Rechtsfragen dies tunlich erscheinen lassen.[919]

III. Rechte von Verbänden

Anders als bei der Gruppenklage, wo es um ein Bündnis vieler Betroffene gegen einen oder mehrere Schädiger geht, wird die Überlegung der Schaffung von Verbandsklagen einerseits ausgelöst durch Fälle, in denen ein individuelles Schutzrecht gar nicht erst besteht. Es sind dies diejenigen ökologischen Schäden, die von der Privatrechtsordnung bislang nicht oder unvollständig erfasst werden. Andererseits könnten Interessengruppen durch bessere finanzielle Ausstattung Umweltbeeinträchtigungen besser aufspüren und nachweisen und anschließend gerichtlich dagegen vorgehen als ein Individuum, sei es aus abgetretenem oder eigenem Recht. Eine derartige Sachwalterstellung mit aktiven Klagemöglichkeiten räumen derzeit auf dem Gebiet des Umweltrechts[920] nur öffentlich-rechtliche Vorschriften ein, so nach den meisten Landesnaturgesetzen.[921] Auch das englische Prozessrecht kennt umweltprivatrechtliche Verbandsklagen – soweit ersichtlich – bislang nicht.[922]

Eine zivilrechtliche Verbandsklage auf Ersatz ökologischer Schäden, wie von KADNER und WAGNER vorgeschlagen,[923] wird derzeit weder politisch noch rechtswissenschaftlich diskutiert und hat wohl auf lange Zeit keine Aussicht auf eine parlamentarische Mehrheit. Neben verfassungsrechtlichen Problemen würde die weitgehende materielle und prozessuelle Ausweitung von Verbandsrechten auch in der Sache keine Lösung für summierte Immissionen bieten, da die hohe Stufe naturwissenschaftlicher Unzuordenbarkeit zu einzelnen Verursachern auch sie nicht zu überwinden vermögen. Hier würde nur die Schaffung

---

[916] Einzelheiten bei ELLGER, in: Basedow/Hopt/Kötz/Baetge (Hrsg.), S. 107 ff.; V. BAR, Gutachten 62. DJT (1998), A 99.

[917] Ein Urteil wirkt für und gegen alle Gruppenmitglieder, sofern diese nicht ausdrücklich ihre Nichtzugehörigkeit erklärt haben, s. HAGER, UPR 1995, 405; BAETGE/EICHHOLTZ, Die class action in den USA, in: Basedow/Hopt/Kötz/Baetge (Hrsg.), S. 303 ff.

[918] Übersicht bei ELLGER, in: Basedow/Hopt/Kötz/Baetge (Hrsg.), S. 118.

[919] S. dazu STADLER, in: Brönneke (Hrsg.), S. 22.

[920] S. aber §§ 3 ff. UnterlassungsklageG, § 8 Abs. 3 Nr. 2-4 UWG; aus umweltprivatrechtlicher Sicht dazu SEIBT, Ausgleich ökologischer Schäden, S. 171.

[921] S. Nachweise und Kritik bei CALLIESS, NJW 2003, 98; WOLF, ZUR 1994, 1.

[922] Vgl. ELLGER, in: Basedow/Hopt/Kötz/Baetge (Hrsg.), S. 120 ff.

[923] KADNER, Ersatz ökologischer Schäden, S. 207 ff.; WAGNER, NuR 1992, S. 209.

eines Haftungsfonds, in den gesetzlich zu bestimmende Emittenten einzahlen,[924] oder eine Kollektivhaftung auf genossenschaftlicher Grundlage[925] Opfern eine Haftungsgrundlage bieten.

E. Umweltrelevante Schaltstellen der Schutzrechte

Nach der Darstellung von Bestand, Umfang und typischen Problemen der umweltrelevanten Schutzrechte ist es nun möglich, diejenigen Kriterien unter Gesichtspunkten der ökologischen Wirksamkeit zu analysieren, an denen umweltpolitische Zielsetzungen berücksichtigt werden kann. Einbruchstellen für ökologische Wertungen sind nach der bisherigen Untersuchung die Bestimmung des Schutzbereichs, der Verhaltenspflichten im Rahmen des Verschuldens, des Umfangs der Duldungspflichten sowie die privatrechtsgestaltende Wirkung öffentlichen Rechts. Die Rolle des Schadenersatzrechts konnte bereits an vorgezogener Stelle bewertet werden.[926]

I. Der Schutzbereich

Privatrechtliche Schutz- und Abwehrrechte sichern die Integrität des Individuums. Schäden an Umweltgütern können daher nur dort zu einer Haftung des Verursachers führen, wo gleichzeitig ein Individualschaden eingetreten ist, sei dieser mit dem Umweltschaden kongruent oder als Parallelschaden entstanden. Deshalb hat eine Erweiterung des objektiven Schutzbereichs die verbesserte Klagbarkeit von individualbezogenen Umweltschäden zur Folge. Weil die Beschränkung der einzelnen Tatbestände auf den Schutz bestimmter Rechtsgüter im geltenden Recht die Regel ist und eine Ausdehnung auf weitere Individualrechte ausscheidet, verbleibt die Inhaltsbestimmung der geschützten Rechtsgüter als einzig verbleibende Schaltstelle, die ökologische Wertungen in diesem Bereich zulässt. Hier hat sich die Einbeziehung eines „Rechts an der Umwelt“ als ebenso verfehlt erwiesen wie die von „Umweltgütern als Recht“. Vielversprechender ist neben der Anwendung des weiten Gesundheitsbegriffs vor allem die Einbeziehung der ökologischen Grundlage in den Eigentumsbegriff. Damit kann das haftungsrechtliche Instrumentarium bruchlos auf vorher nicht erfasste Schäden und Beeinträchtigungen an ökologisch wertvollen Gütern erweitert werden, ohne damit dem „Kollektivgut Umwelt“ eigene Rechte zuzuerkennen oder eine allgemeine Klagbarkeit für Umweltschäden einzuführen. Den Verfechtern solcher Rechte ist entgegenzuhalten, dass es letztendlich Zufall ist, ob ein Emissionsereignis – sei es im Normalbetrieb, sei es bei einem Störfall – Individual- oder Kollektivgüter schädigt. Entsprechend wird die Handlungssteuerung über den Anreiz der Schadensvermeidung bereits durch ein effektives

---

[924] Vgl. oben § 3, D. I. 2.; LADEUR, NEURLR 1994, 1, 9 f.
[925] S. dazu WAGNER, Kollektives Umwelthaftungsrecht, S. 104 ff.
[926] S. § 3, B. IV. 3.

Haftungssystem für Individualschäden erreicht. Unter diesem Gesichtspunkt werden die Schwierigkeiten, die im Einzelfall der Ersatz ökologischer Schäden aufwirft, relativiert. Eine anderweitige Grenze der Reichweite auch und gerade dieses Ansatzes hat indes die Analyse des subjektiven Schutzbereichs offenbart.[927] Aus der faktischen Beschränkung der privatrechtlichen Justiziabilität von Umweltereignissen auf Eigentümer, Besitzer und dinglich Berechtigte folgt ein Ausschluss von weiten Teilen der Bevölkerung, welcher den die natürliche Lebensgrundlage bildenden Gemeingütern nicht gerecht wird.

II. Verschuldenselemente

Viele Tatbestände des Umwelthaftungsrechts verlangen zur Haftungsbegründung ein für den Schaden kausales, vorwerfbares menschliches Verhalten. Dies erfordert die Abgrenzung von „technischem Versagen", welchem die meisten Umweltkatastrophen *prima facie* zugeschrieben werden. Indes liegt jedem Fehler technischer Einrichtungen ein menschliches Verhalten zugrunde, weil er durch andersartige Planung oder Ausführung (bis hin zur Nichtdurchführung), durch vermehrte Forschung oder gesteigerte Wartung hätte vermieden werden können. Dies verdeutlicht, dass über die Trennung von Verschuldens- und Gefährdungshaftung nicht allein das „Ob" eines tatbestandlichen Verschuldenskriteriums entscheidet, sondern ebenso dessen Inhaltsbestimmung.

Zur Festlegung des Verhaltensmaßstabs haben sich sowohl das Common Law als auch das deutsche Recht für eine objektivierte Pflichtenbestimmung entschieden; dafür sind „vernünftigerweise zu erwartendes Verhalten" oder „im Verkehr erforderliche Sorgfalt" die Umschreibungen. Damit orientiert sich die Bestimmung der *duty of care* beziehungsweise der Verkehrspflichten aber auch erkennbar an normativen Wertungen.[928] Somit stellt sich für die Gerichte die Aufgabe, zwischen der Anerkennung neuartiger Pflichten und deren Antizipationsfähigkeit ein Gleichgewicht zu finden. Das Ergebnis ist eine Formalisierung des Pflichteninhalts. So wird trotz der Typisierung von Gefahrabläufen bei der Aufstellung von Verkehrspflichten kaum je haften, wer den Stand der Technik eingehalten hat. Eine andersartige Bestimmung der Fahrlässigkeitsschwelle – etwa aus der posterioren Warte eines Betrachters des Schadens – ist wegen der darin nicht enthaltenen Verhaltensanordnung nicht mit dem Prinzip der Rechtssicherheit vereinbar, auch wenn die einhergehende Haftungserweiterung ökologisch wünschenswert sein kann.

So stellt sich das Verschuldenskriterium als tiefer Einschnitt in die umweltpolitische Reichweite des Umwelthaftungsrechts dar, weil es sämtliche Schäden,

---

[927] S. o. § 3, J. I. 1.
[928] MARKESINIS/ DEAKIN, Tort Law, S. 72.

die aus dem genehmigtem Normalbetrieb einer Anlage resultieren, von der Haftung ausnimmt. Hinzu tritt, dass die Geltung der allgemeinen Grundsätze zur Beweislastverteilung bei derartigen Störfallschäden dem Geschädigten erhebliche faktische Hürden setzen würde. Im Zusammenspiel mit dem schwachen Opferschutz bei ungeklärten Verursachungsverhältnissen ergibt sich damit ein Bild von sehr lückenhaftem Schutz vor Schädigungen auf dem Umweltpfad und von Umweltgütern durch die Tatbestände der Verschuldenshaftung.

Die Gefährdungshaftungstatbestände könnten diese Lücken teilweise schließen. Doch hat das Fehlen des Verschuldensmerkmals den Gesetzgeber beziehungsweise die Gerichte dazu veranlasst, den Anwendungsbereich durch andere Kriterien zu begrenzen. So ist der Schutzbereich strikter Haftungstatbestände – mit Ausnahme des § 22 WHG – in Deutschland auf bestimmte Rechtsgüter, der Anwendungsbereich auf bestimmte Anlagen beschränkt; in England wird *nuisance* durch das Vorhersehbarkeitserfordernis zusehends der *negligence*-Haftung angenähert, der Schutzbereich von *Rylands* eingeengt. Schließlich bedarf auch die Gefährdungshaftung der Zurechnung des Schadens zu einer bestimmten Anlage, so dass sie ebenfalls den Problemen der Kausalitätsbestimmung ausgesetzt ist.

III. Kausalitätsbestimmung und Zurechnung

Ein Vorsorgeeffekt für den Umweltschutz entsteht nur, wenn das Unternehmen den Haftungsfall durch geeignete Maßnahmen tatsächlich vermeiden oder verringern kann. Dies ist nur gegeben, wenn der Zusammenhang zwischen Schaden und Haftung hinreichend zugerechnet werden kann und dies auch in den Haftungsnormen berücksichtigt wird.[929] Bei den meisten Arten multikausaler Verursachung kann das Privatrecht die Situation des Geschädigten berücksichtigen und ihm mit der Anordnung gesamtschuldnerischer Haftung und Beweiserleichterungen helfen. Aus ökonomischer Sicht ist insbesondere die Beweislastumkehr im Umwelthaftungsrecht zu begrüßen, stellen sich die Schwierigkeiten des Nachweises von Kausalität doch in erster Linie als Informationsbeschaffungsprobleme dar.[930] Die zur Erreichung des optimalen Wohlfahrtsniveaus notwendige Erkenntnis über Emissionswirkungen kann allein der Betreiber erreichen. Eine Beweislastumkehr für die Kausalität reizt dazu an, entsprechende Forschung zu betreiben, da ihm die vollumfängliche Haftung droht, solange er sich nicht – gestützt auf seine Erkenntnisse – entlasten kann. Dies ist wiederum auch im Interesse des ökologischen Vorsorgeprinzips. Doch gerät das privatrechtliche Haftungsregime bei Schäden durch additiv oder syner-

---

[929] Vgl. STEGER, Ökonomische Analyse der Umwelhaftung, in: Wiebecke (Hrsg.), S. 57.

[930] PANTHER, in: Schäfer/Ott, Ökonomische Probleme, S. 267 ff.; BRÜGGEMEIER, KritV 1991, 305.

getisch zusammenwirkende Immissionen an seine Grenzen, wenn mangels der Möglichkeit naturwissenschaftlicher Zuordnung der einzelnen Verursachungsbeiträge eine nachvollziehbare rechtliche Zuordnung scheitern muss. Dies zeigt sich, wenn ein oder mehrere Verursacher eine festzustellende Bedingung für den Schadenseintritt setzt, die aber nur in Verbindung mit der allgemeinen Luftverschmutzung ihre schädigende Wirkung entfaltet. Mangels Identifizierbarkeit der übrigen Verursacher haftet dann der Inanspruchgenommene über seinen anteiligen Beitrag hinaus, oder der Geschädigte muss den Schaden hinnehmen – bei anteiliger Kompensation ist zu allseitiger Unzufriedenheit gar beides möglich. Diese Ergebnisse tragen weder präventiv noch restitutiv zu gesteigertem umweltschützenden Verhalten bei. Solches können auf diesem Gebiet nur die universal geltenden Normen des öffentlichen Emissionsrechts bewirken.

IV. Ökologische Analyse der Duldungspflichten

Das Bestehen einer Duldungspflicht bedeutet für den Beeinträchtigten stets, dass er einen Abwehranspruch gegen eine Immission verliert, dem Emittenten ermöglicht sie einen unveränderten Fortgang seiner Aktivität. Die Pflichten blicken dabei lediglich auf das für den Einzelnen sozial Hinnehmbare, ohne die summierten Effekte von Immissionen eines bestimmten Typs zu berücksichtigen.[931] Die angesprochenen Unsicherheiten der Reichweite der Duldungspflichten sind dabei ihrer Funktion als flexible Ausgleichsinstrumente geschuldet. So befand bereits das Reichsgericht, § 906 BGB sei „keine starre Norm, sondern in seiner die Lebensverhältnisse regelnden Bedeutung wandelbar".[932] Das OLG Schleswig machte sich diese Wandlungsfähigkeit zunutze, indem es in einem Urteil aus dem Jahre 1986[933] über den Streit um Froschquaken dem geänderten Bewusstsein für Fragen des Umweltschutzes im Rahmen der Bestimmung der Ortsüblichkeit Rechnung trug. Auch bei der Abwägung der Zumutbarkeit von Gegenmaßnahmen räumt das Gericht dem Naturschutz ein erhöhtes Gewicht ein.[934]

Diese Beispiele veranschaulichen, wie sogenannte *policy values*, also einem sozialpolitischen Verständnis unterworfene normative Wertungen die Bestimmung der Duldungspflichten beeinflussen können und müssen. Ökolo-

---

[931] So kann eine minimale Bodenverunreinigung mit einer Chemikalie für den Einzelnen ebenso unwesentlich sein wie die dadurch verursachte Abwanderung einer Insektenart; die weiträumige Intoxikation in für den Menschen unwesentlicher Höhe kann sich aber gravierend auf deren Bestand auswirken.

[932] RG JW 1936, 3154, zitiert bei U. Diederichsen, FS R. Schmidt S.5.

[933] Urteil vom 12.05.1986, VersR 1986, 978.

[934] Weitere Beispiele aus der Rechtsprechung: BGHZ 120, 239, 255, ohne besondere Berücksichtigung neuartiger Wertungen; kritisch LARENZ/CANARIS, SR II, 2, § 86 IV 2 a (S. 693); OLG Stuttgart, NJW-RR 1988, 204; OLG Schleswig, NJW-RR 1996, 399.

gische Aspekte werden dabei nicht zuletzt unter der Ägide der verfassungsrechtlich verankerten Staatszielbestimmung des Schutzes der Lebensgrundlagen zunehmend Berücksichtigung finden. Ob die gesetzliche Einbindung öffentlichrechtlicher Standards in § 906 Abs. 1 S. 2 BGB die Gerichte bei der Findung dieser Wertungen erheblich einschränken wird, bleibt angesichts der Ausgestaltung als Regelvermutung abzuwarten. Problematisch erscheint die Orientierung der „Ortsüblichkeit" anhand des Kriteriums, ob die Mehrheit der Vergleichsgrundstücke nach Art und Maß in ähnlicher Weise stören. Damit droht eine Verfestigung eines (privatrechtlichen) Emissionsstandards, welche aufgrund der Ausblendung des Prioritätsprinzips in Fällen veränderter Bebauungs- und Nutzungsart eines Gebiets bereits überwunden schien. Allerdings setzt bereits der Wortlaut der „Ortsüblichkeit" der Einführung absoluter (Mindest-)Standards Grenzen. Hier ist eine Veränderung schneller und sicherer über die Setzung öffentlich-rechtlicher Grenzwerte zu erreichen. Gleiches gilt für die Führung von gemeinwichtigen Betrieben, zu deren Kontrolle Einzelnen aufgrund ihrer Bedeutung für das Gemeinwesen zurecht keine gesonderten privatrechtlichen Befugnisse zustehen; das dem Beeinträchtigten zustehende Kompensationsrecht sorgt hier für einen ausreichenden Interessenausgleich und gleichzeitig für ökonomisch sinnvolle Planungsentscheidungen.

Der Vorrang der Vornahme von Verhinderungsmaßnahmen vor ausbezahlter Duldung schließlich entspricht vollauf dem umweltpolitischen Präventionsprinzip. Es obliegt wiederum den Gerichten, die Anforderungen an die wirtschaftliche Zumutbarkeit der Vermeidungsmaßnahmen nicht nur unter ökonomischen, sondern auch unter ökologischen Gesichtspunkten zu bestimmen. Dies lässt sich mit dem überkommenen gemischt objektiv-subjektiven Verständnis der Zumutbarkeit ohne Bruch in Einklang bringen und kann wegen des Präventionseffekts die Wirkmächtigkeit des Privatrechts für den Umweltschutz in besonderem Maße erhöhen.

V. Der Einfluss öffentlichen Rechts

Dort wo öffentliches Recht privatrechtsgestaltend wirkt, besteht dieser Einfluss einerseits in einer Präklusionswirkung: So bedeutet die Anerkennung einer privatrechtlich wirkenden Duldungspflicht aus öffentlichem Recht grundsätzlich den Verlust eines Schutzrechts. Steht dem Beeinträchtigten anschließend auf der Sekundärebene ein Ausgleichsanspruch zu, wirkt dieser ebenso internalisierend wie ein Schadenersatzanspruch und setzt derart das Verursacherprinzip um, ohne wie jener aber je eine ökologisch-restitutive Wirkung zu haben.

Andererseits erkennt das Privatrecht öffentlichen Rechtsnormen und Richtwerten eine Vermutungswirkung zu, die Verschuldens- oder Rechtwidrigkeitsbestimmung beeinflusst. LUHMANN sieht in der Festlegung von derartigen

„künstlichen Schwellen" eine „Einstellung zu Risiken [...], für die es keine Berechnungssicherheiten und auch keine sozial konsentierte Risikotoleranz gibt" und deshalb eine Zunahme der Willkürkomponente im Recht.[935] Folge wäre, dass an mehr oder weniger willkürlichen Grenzwerten orientierte (Haftungs-)Entscheidungen nicht die ökonomischen und ökologischen Zusammenhänge von Verhalten, Haftung und Rechtsfolge zu berücksichtigen vermögen. Diese Kritik ist aber nur dort gerechtfertigt, wo den Zivilrichtern durch die Anerkennung absoluter Standards die Hände gebunden sind.[936] Die Zuerkennung von Ermessensspielräumen hingegen, wie sie § 906 Abs. 1 S. 2 BGB schafft, ermöglicht bei ausgewogenem Gebrauchmachen die Berücksichtigung neuer Erkenntnisse oder neuartiger Umweltrisiken. Überdies bedeutet die Konformität einer Tätigkeit mit öffentlich-rechtlichen Vorschriften zur Haftungsvermeidung in der Sache den Vollzug dieser Regeln, während ein Vollzug der privatrechtlichen Schutzrechte *per se* nicht existiert und frühestens nach Eintritt einer konkreten Gefahr, zumeist aber erst nach dem Schadensfall von ihnen Gebrauch gemacht wird. Somit mindert die Einbindung teilweise das „Vollzugsdefizit des öffentlichen Umweltrechts"[937] und sorgt durch seine Objektivierungs- und Formalisierungsfunktion für weitgehende Vorhersehbarkeit privatrechtlicher Verhaltenspflichten. Die Berücksichtigung ökologischer Prinzipien lässt sich aber nur durch die Möglichkeit punktueller Auflösung des Gleichlaufs von Verhaltensanforderungen nach beiden Rechtsgebieten erreichen.

F. Zusammenfassende Analyse der Umweltschutzwirksamkeit der Schutzrechte

I. Umsetzung der umweltpolitischen Prinzipien

Aus der Gesamtheit der privatrechtlichen Schutzrechte können nur die negatorischen Ansprüche aktiv und unmittelbar umweltschützend im Sinne des Vermeidungsprinzips wirken. Die übrigen Tatbestände des Umwelthaftungsrechts haben als faktische Regelrechtsfolge den Schadenersatz in Geld und vermögen daher mittelbar Verhaltensänderungen zu induzieren, weil die bloße Haftungsandrohung bereits einen Anreiz bietet, Prinzipien des Risk Management auf allen Entscheidungsebenen unternehmerischen Handelns einfließen zu lassen. Dies wirkt sich in Form der negativen Generalprävention und über spezialpräventive Effekte aus, und zwar auch bei der Gefährdungshaftung und unabhängig von Verfügbarkeit und Einsatz von Haftpflichtversicherungen. Die Nichtvornahme von mit Umweltrisiken behafteten Aktivitäten im Sinne des Vorsorgeprinzips

---

[935] LUHMANN, Protest, S. 58 f.

[936] So nach der „*Budden*-defence", s.o. § 3, H. I. 3.

[937] S. zu diesem Begriff das Umweltgutachten 1978 des Rats von Sachverständigen für Umweltfragen„ BT-Drs. 8/1938, Tz. 1521 ff.; GERLACH, JZ 1988, 165; MEDICUS, NuR 1990, 145 f.; WAGNER, NuR 1992, 201, 202.

kann Folge des ebenfalls enthaltenen (mittelbaren) Prohibitiveffekts sein. Wo die Geltendmachung der Ansprüche des Beeinträchtigten schließlich die Verschmutzungskosten beim Urheber internalisiert, findet das Verursacherprinzip seine Umsetzung.

II. Gegenständliche Reichweite

Die umfassende, privatrechtlich gesicherte Befugnis des Eigentümers, mit seinem Eigentum nach Belieben zu verfahren, umfasst auch die Inanspruchnahme ökologischer Güter bis hin zu ihrer Zerstörung. Mangels einer Berührung von Individualrechtspositionen Dritter bietet das Haftungsrecht gegen derartiges Handeln keine Handhabe. Allein hoheitliche Eingriffe auf öffentlich-rechtlicher Rechtsgrundlage vermögen in derartigen Fällen ökologische Belange durchzusetzen. Auch Rechte an der Umwelt oder auf ungestörten Naturgenuss vermag das Privatrecht nicht zu begründen. Daher können Verschmutzungen der Luft, des Bodens oder des Wassers[938] als solches nicht ohne Bezug auf ein Individualrecht mittels des Haftungsrechts geahndet werden.

Doch auch ohne Anteilhabe an Rechten an Gemeingütern erfasst das Privatrecht die allermeisten Schäden am Naturhaushalt. Dazu bedarf es nicht erst einer Verletzung der hohen Güter des Lebens oder der Gesundheit, und auch die äußerst lückenhafte Anerkennung von Vermögensschäden als haftungsbegründend ändert daran nichts. Denn ökologische Schäden im engeren Sinne – also nicht von der Rechtsordnung erfasste Beeinträchtigungen an ökologisch bedeutsamen Gütern – sind bei Akzeptanz der ökologischen Grundlage eines Grundstücks als Bestandteil des Eigentums nur für nicht jagdbares, höheres tierisches Leben denkbar. Auch dessen Beeinträchtigung wird aber zumeist mit einer Schädigung von eigentumsfähigem Grund und Boden einhergehen. Wenn jemand allerdings so nachträglich Kiebitzeier sammelt, dass die Population in einem bestimmten Gebiet ausstirbt, so ist dies ein Fall, dessen sich das Privatrecht nicht mehr annehmen kann.[939] Dieses partielle Erfassungsdefizit kann aber nicht die grundsätzliche Ungeeignetheit des Privatrechts für die vielseitigen Probleme des Umweltschutzes in Frage stellen. Schwerer mag wiegen, dass die Erfassung eines ökologischen Schadens (im weiteren Sinne) wegen der im Privatrecht geltenden Dispositionsmaxime noch keine Durchsetzung des Schutzrechts bedeutet.

---

[938] Mit der Ausnahme der *riparian rights* des Common Law, s. § 3, D. II. 4.
[939] Beispiel bei SCHULTE, JZ 1988, 279.

III. Abhängigkeiten und Schwächen der Schutzrechte

Die Kritik an der Wirkmächtigkeit des Privatrechts für den Umweltschutz erfolgt oft ohne Differenzierung von Bestand und Inhalt des Rechts einer- und der Notwendigkeit der Durchsetzung durch Einzelne andererseits. Die Unterscheidung von „private actor“[940] als dem real Handelnden und „private law“ als normative Grundlage hat den Vorteil, dass die ökonomischen, sozialen und moralischen Handlungsgründe von konzeptuell-dogmatischen Schwächen des materiellen Rechts abgegrenzt werden können.

1. Die Abhängigkeit vom „Private Actor“

In der Abhängigkeit von der Klagebereitschaft des Anspruchinhabers liegt die erste Schwachstelle der ökologischen Wirksamkeit des Haftungsrechts. Erschwerend tritt hinzu, dass dort, wo Sach- und Vermögensschaden auseinanderfallen, der finanziell erheblicher Betroffene nach den meisten Tatbeständen nicht aktivlegitimiert ist. Im Falle einer zulässigen Klage trägt der Einzelne stets ein hohes Beweis- und Prozessrisiko, welches durch die nur eingeschränkt mögliche prozessuale Interessenbündelung kaum verringert werden kann. Die privatautonome Entscheidung der Durchsetzung, so befand KLOEPFER, sei die Ursache eines Vollzugsdefizits, welches als „schwere Hypothek“ auf dem Umweltzivilrecht laste.[941] Gemildert wird dieses Manko aber durch den Umstand, dass bereits geringe Haftungsrisiken Einfluss auf Entscheidungen in der Industrie haben können, sei es aus Rechtstreue oder Image- und PR-Gründen. Damit stellt sich das Umwelthaftungsrecht als im Vergleich zu öffentlich-rechtlichen Ge- und Verboten milderer Freiheitseingriff dar, weil es nur fallweise rechtstatsächlich zur Anwendung kommt. Im Übrigen wird das gleiche Zeugnis hinsichtlich des Vollzugsdefizits an anderer Stelle auch dem der Offizialmaxime unterstehenden öffentlichen Umweltrecht ausgestellt.[942]

Die erwähnten Risiken tragen zur Utilisierung der Dispositionsfreiheit über den Anspruch bei: Die Abwicklung von Schadenersatzansprüchen gegen Unternehmen kann außerhalb des Rechtswegs geregelt werden, weil vielen Firmen daran gelegen ist, aus Imagegründen einen öffentlichen Prozess zu vermeiden. Für eine lautlose Beilegung werden dann großzügigere Entschädigungen gezahlt. Aus ökonomischer Sicht ist der eingeschlagene Weg der Rechtsdurchsetzung unschädlich, da die Kosteninternalisierung jedenfalls stattfindet. Es droht jedoch ein „Abkaufen“ von privaten Umweltinteressen, wie dies auf dem Gebiet der Bergbauschäden seit langem zu beobachten ist. So könnten Anlieger eines stark emittierenden Betriebs die Verschmutzung gegen laufende

---

940 Begriff bei FISHER, Unpacking the toolbox, S. 3.
941 KLOEPFER, UTR 11 (1990), S. 40.
942 WAGNER, NuR 1992, 202; MEDICUS, UTR 11, S. 5, 7; DERS. NuR 1990, 145; KIMMINICH, Umweltschutz - Prüfstein der Rechtsstaatlichkeit, S. 150 ff.; GERLACH, JZ 1988, 165.

oder einmalige Entschädigungszahlungen hinnehmen und umsiedeln. Überdies steht auch der Einsatz der gezahlten Schadenersatzsumme grundsätzlich zur Disposition des Gläubigers. Daher steht selbst bei erfolgreich geltend gemachter Schadenersatzforderung der Einsatz der gewonnenen Mittel für Renaturierungsmaßnahmen im Belieben des Geschädigten; ausgenommen ist der Aufwendungsersatzanspruch nach §§ 16 UmweltHG, 32 Abs. 7 S. 1 GenTG.

Zuguterletzt besteht mit der Beschränkung der Geltendmachung von ökologisch bedeutsamen Schäden auf die Inhaber bestimmter Rechtspositionen ein Widerspruch zum Postulat der Teilhabe aller an gesunden und natürlichen Lebensgrundlagen. So sind die meisten umweltrelevanten Schutzrechte an Eigentum oder Besitz gebunden. Diese Selektion der Aktivlegitimierung kann sich für den Einzelnen bisweilen als soziale Diskriminierung darstellen; die Wirkung des Privatrechts zur Umsetzung öffentlicher Ziele im Allgemeinen vermag sie zu mindern, wenn sauberere Gegenden teurer und deshalb Ärmere stärker betroffen sind.[943]

2. Die materiellen Abhängigkeiten der Schutzrechte

Inhaltlich hängt die Effizienz der privaten Schutzrechte von den Entscheidungen an den oben aufgeführten Schaltstellen ab. Dies bedeutet, dass das Privatrecht völlig versagen muss, wo kein individualisierbarer Umweltstörer vorhanden ist – so bei summierten Effekten wie „saurem Regen". Beim Kausalitätsnachweis ist der Geschädigte ebenso wie das Recht *de facto* von naturwissenschaftlichen Erkenntnissen abhängig. Eingeschränkt werden die Schutzrechte ferner durch vielfältige Duldungspflichten, deren Umfang von dem für den Einzelnen noch Erträglichen bestimmt wird, ohne die summierten Effekte von Immissionen eines bestimmten Typs einzubeziehen.

Eine gewisse Abhilfe wird für den Geltungsbereich des UmweltHG durch die Nichtanwendbarkeit des § 906 BGB erreicht. Auch Regeln des öffentlichen Rechts können privatrechtliche Ansprüche präkludieren. Die Ausgleichsansprüche bilden dann lediglich die Kehrseite der öffentlich-rechtlichen Duldungspflicht. Über ihre ökonomischen Implikationen auf Schädigerseite können sie aber dennoch verhaltenssteuernde Wirkung haben. In vielen Schadensfällen mit Umweltbezug stehen nur verschuldensabhängige Haftungstatbestände zur Verfügung. Dies führt für den Beeinträchtigten zunächst zu Nachweisproblemen; aber auch wo diese überwunden werden führt aus ökologischer Sicht die Ausrichtung des Verhaltensmaßstabs an den bereits bekannten Risiken zu signifikanten Haftungslücken. Als Kehrseite der sozialen Diskriminierung stellt sich schließlich die oft nur unvollständige ökonomische Umverteilung durch Haf-

[943] Diese Beobachtung macht GESSNER, RabelsZ 40 (1976), 430, 441.

tungsnormen und die lediglich anteilige Kosteninternalisierung dar. Sie rühren aus der Inkongruenz von Reichweite der privaten Schutzrechten einer- und des Bestands der „Umwelt aller“ andererseits.

§ 8: Privatautonomie und ihre Begrenzungen im Lichte des Umweltschutzes

Bislang wurde die Aufgabe des Privatrechts im Rahmen des Umweltschutzes überwiegend in der Bereitstellung von Haftungstatbeständen für bereits eingetretene oder unmittelbar drohende Umweltschäden gesehen.[944] Damit werden die Möglichkeiten des Privatrechts zur Verhaltenssteuerung der Bürger aber nur unzureichend erfasst. Denn das Institut der Privatautonomie ermöglicht zum einen, selbstbestimmte Handlungen rechtlich verbindlich zu fassen; zum anderen kann der Gesetzgeber durch die Beschneidung der Vertragsfreiheit[945] auf viele Gebiete privatrechtlicher Betätigung Einfluss nehmen. Drei Formen der Einschränkung lassen sich unterscheiden: Solche der Formfreiheit, der Abschlussfreiheit sowie der Inhaltsfreiheit.[946] Während die Beschneidung der Formfreiheit keine Bezüge zum Umweltrecht aufweist, können die anderen unmittelbar oder mittelbar dem Kollektivziel „Umweltschutz" dienlich sein.

Zur Erläuterung und Veranschaulichung sollen gemäß der Aufgabenstellung folgend nur typisch privatrechtliche Verträge, das heißt Verträge zwischen zwei Privatrechtssubjekten ohne Bezug zu öffentlich-rechtlichen Rechten oder Pflichten thematisiert werden.[947] Die Darstellung folgt den anerkannten Funktionen des Vertragsrechts.[948] Dieses klärt zunächst, welche Vereinbarungen rechtsverbindlich geschlossen werden können oder müssen, so dass Beschneidungen der Abschlussfreiheit den Anfang der Untersuchung machen. Dann bietet es Anhaltspunkte zur Ausgestaltung von Rechten und Pflichten in lückenhaften Verträgen, um schließlich als Konsequenz von Leistungsstörungen gesetzliche Rechtsfolgen auf Grund privatautonomer Gestaltung zu setzen. Letztere Funktionen sind grundsätzlich dispositives Recht, doch wird von der Dispositionsfreiheit zunehmend mit dem Ziel gesteigerten Verbraucherschutzes abgewichen. Eine Untersuchung des Vertragsinhalts kann daher diese eher ergänzenden als beschränkenden Komponenten nicht getrennt voneinander oder separiert von der ständigen Übung der Kautelarjurisprudenz darstellen; sie

---

[944] Vgl. HELM, S. 96 f.; MEDICUS, JZ 1988, 778 ff.

[945] Rechtliche Privatautonomie drückt sich in erster Linie in der Vertragsfreiheit aus. Daneben steht die Freiheit, staatliche Insitutionen zur Rechtsdurchsetzung in Anspruch zu nehmen. Grundlegend FLUME, AT Bd. II, § 1; ENNECERUS-LEHMANN, BR Bd. II, § 27.

[946] HÖNN, Jura 1984, 70.

[947] Die viel diskutierte, oftmals schwierige bis unmögliche Abgrenzung von privatem und öffentlich-rechtlichem Vertrag kann daher an dieser Stelle unterbleiben, s. bspw. LARENZ/WOLF, BR AT, 9. Auflage 2004, § 1 Rn. 18 ff.; MAURER, Allg VwR, § 3 Rn. 14 ff.; U. STELKENS, Verwaltungsprivatrecht, S. 330 ff.; GERN, VerwArch 70 (1979), 219 ff.; SCHMIDT, Die Unterscheidung von privatem und öffentlichem Recht.

[948] Vgl. statt vieler SCHMIDTCHEN/KIRSTEIN, Störung der Vertragsparität, in: Ott/Schäfer, Sozialschutzprinzip, S. 1.

erfolgt im Anschluss. Zuguterletzt wird das Phänomen der Schaffung neuartiger Rechtspositionen und deren Handel auf dem Gebiet des Emissionsschutzrechts unter privatrechtlich-ökologischen Gesichtspunkten analysiert.

A. Beschneidungen der Privatautonomie – hier: der Abschlussfreiheit – aus Gründen des Umweltschutzes

Die Abschlussfreiheit ist als unverbrüchlicher Baustein der Privatautonomie verfassungsrechtlich in den Art. 1, 2, 9, sowie 14 GG verankert.[949] Zur allseitigen Gewährung der Privatautonomie sind Beschränkungen derselben notwendig, soweit sie sachlich gerechtfertigt sind. Indes gehen über den Inhalt dieser Rechtfertigungssätze die Meinungen weit auseinander. Von den miteinander streitenden Modellen zeigen insbesondere die Theorie von der Sozialpflichtigkeit des Zivilrechts, die „Rollentheorie" RAISERS sowie die auf Situationen sozialen oder wirtschaftlichen Ungleichgewichts zugeschnittene Lehre der Sonderprivatrechte,[950] dass die intersubjektiven Beziehungen – beziehungsweise ihre Berücksichtigung im Recht – im Mittelpunkt des Disputs standen. Die ökologische Analyse des Rechts seinerseits muss sich mit diesen Ansätzen nicht auseinandersetzen: Der im Kern politische Streit um den Einfluss sozialer Beziehungen auf das Privatrecht gründet auf dem Vermögenstransfer, den derart motivierte Normen in der Regel zwischen den betroffenen Personenkreisen zeitigt; es geht also um Interessen klar abzugrenzender gesellschaftlicher Gruppen. Der Schutz der menschlichen Umwelt derweil liegt im Interesse aller. Daher kann die Rechtfertigung von Eingriffen in die Privatautonomie unter Umweltschutzgesichtspunkten dem Grunde nach nicht ernsthaft bezweifelt werden. Auch wenn die Wirksamkeit eines Eingriffs oder das öffentliche Interesse[951] an einem Begrenzen der Vertragsfreiheit im Einzelfall streitig sein kann, so ist stets zu bedenken, dass Art. 20a GG den Schutz der natürlichen Lebensgrundlagen und der Tiere durch alle staatlichen Gewalten mittlerweile grundgesetzlich absichert. Damit steht fest, dass die Umweltnützigkeit einer zwingenden Norm die ihr entspringende Beschränkung der Vertragsfreiheit grundsätzlich zu rechtfertigen vermag.

I. Umweltnützige Kontrahierungszwänge

Unter Kontrahierungszwang wird die aufgrund einer Norm der Rechtsordnung einem Rechtssubjekt ohne seine Willensbildung im Interesse eines Begünstigten auferlegte Verpflichtung verstanden, mit diesem einen Vertrag bestimmten oder

---

[949] S. zur verfassungsrechtlichen Einordnung BVerfGE 89, 214, 232; 103, 89, 100 f.; zuletzt BVerfG, Beschluss vom 25.07.2005, Az 1 BvR 2501/04.

[950] S. dazu bereits oben § 2, B. II. Zu letzterem s. Übersicht bei ZÖLLNER, JuS 1988, 334 f.

[951] Zur Rechtfertigung durch sonstige öffentliche Interessen PAULUS/ZENKER, JuS 2001, 1, 4.

von unparteiischer Seite zu bestimmenden Inhalts abzuschließen.[952] Die Auswahl des Vertragspartners wie auch des Vertragsinhalts ist also kraft Gesetzes beschnitten. Gesetzliche Normen, die einen Kontrahierungszwang anordnen, beinhalten damit einerseits ein hoheitliches Verhaltensgebot, gerichtet an den pflichtigen Bürger; andererseits wirkt sich dieses Verhalten auf die rechtlichen Beziehungen zwischen Privatpersonen aus. Trotz dieses janusköpfigen Charakters werden aufgrund von Kontrahierungszwängen geschlossene Verträge dem Privatrecht zugeordnet, solange das durch sie begründete Rechtsverhältnis dem Privatrecht untersteht.[953]

1. Direkte Kontrahierungszwänge und gesetzliche Schuldverhältnisse

Ein unmittelbarer Kontrahierungszwang aus Umweltschutzgründen findet sich im Abfallrecht. Die sogenannte „Dosenpfand-Regelung" nach §§ 8 ff. VerpackV[954] zwingt die Vertreiber bestimmter Einweggetränkeverpackungen, von jedem Abnehmer ein „Pfand" für die Verpackung zu erheben, welches bei Rückgabe der Verpackung zu erstatten ist. Ziel ist in erster Linie, den Verbraucher zu einer Rückführung der Verpackung zu bewegen und so eine sachgerechte Entsorgung zu gewährleisten. Die Pfanderhebungs- und Pfanderstattungspflicht gilt im vertikalen Verhältnis zwischen Vertreibern und Abnehmern aller Handelsstufen; im horizontalen Verhältnis sind zumindest die Hersteller untereinander hinsichtlich der Fremdverpackungen, die mangels vorgeschalteten Sortiersystemen den Weg in ihre Rücknahme gefunden haben, zur Auszahlung des „Pfandbetrags" verpflichtet.[955]

Trotz des zwingenden Charakters ergeben sich für die rechtsdogmatische Einordnung des „Pfandvertrags" im Vergleich zu den freiwillig betriebenen Pfandsystemen keine Besonderheiten. Tatsächlich unterscheiden sich Einwegverpackungen von den Mehrwegflaschen vor allem in ihrer mangelnden Eignung zur Wiederverwendung sowie der extrem niedrigen Herstellungskosten, so dass die Getränkehersteller weder an einem Rückkauf der eigenen Flaschen noch an denen anderer Hersteller ein Interesse haben. Daher wollen die Hersteller und Vertriebsstellen trotz der verbreiteten Vornahme von Individualisierungen auch weiterhin das Eigentum an der Einwegverpackung übertragen.[956] Der Einordnung des „Pfands" als Pfand im Sinne der §§ 1204 ff. BGB begegnet ebenso durchgreifenden Bedenken wie die als Miete oder Darlehen. Es handelt sich dabei vielmehr wie bei dem „Flaschenpfand" für Einheitsflaschen um den

[952] NIPPERDEY, Kontrahierungszwang und diktierter Vertrag, S. 7.
[953] S. FLUME, AT Bd. II, § 33 6d.
[954] Verpackungsverordnung v. 21.08.1998, BGBl. I 2379, zul. geä. d. Art. 1 Vierte ÄndVO, BGBl. I S. 2 v. 06.01.2006.
[955] KLINGER, AbfallR 2004, 155.
[956] KLINGER, AbfallR 2003, 245.

Kaufpreis zur Erfüllung eines Kaufvertrags, bei dem der Verkäufer eine konkludente Rückkaufverpflichtung zugunsten desjenigen eingeht, der die Verpackung zurückgibt.[957] Der Abschluss eines Kaufvertrags erfolgt – anders als beim Mehrwegpfand – jedoch nicht aufgrund einer konkludenten Nebenabrede zum eigentlichen Warenkauf, sondern aufgrund des Kontrahierungszwangs aus § 8 VerpackV. Die Vorschrift gehört damit ob ihrer unmittelbaren Gestaltung der Verhältnisse zwischen Angehörigen der verschiedenen Vertriebsstufen eines Bereichs der Privatwirtschaft eindeutig dem Privatrecht an.[958]

Eine weitere vertragsrechtliche Zwangsnorm besteht im Energiesektor. § 4 Abs. 1 EEG[959], wonach Elektrizitätsversorgungsunternehmen zur Abnahme und Vergütung des aus erneuerbaren Energien gewonnenen Stroms verpflichtet sind, ist als privatrechtlich zu qualifizieren, da er die Rechtsbeziehung zwischen Netz- und Anlagenbetreiber als Privatrechtssubjekten regelt.[960] Ob dieser Zwang eine vertragliche Abschlusspflicht enthielt oder aber selbst ein gesetzliches Schuldverhältnis begründete, war für den gleichgerichteten § 3 Abs. 1 EEG a.F.[961] äußerst umstritten.[962] Nach Ansicht des BGH wirkte sich der Zwang wegen der gesetzlichen Konkretisierung der Hauptleistungspflichten jedenfalls in der Rechtspraxis derart aus, dass der gesonderte Abschluss eines Stromeinspeisungsvertrags nicht erforderlich war. Statt also zunächst den Netzbetreiber auf die Abgabe einer entsprechenden Willenserklärung verklagen zu müssen, konnte der Anlagenbetreiber ihn unmittelbar auf Abnahme und Vergütung des Stroms in Anspruch nehmen.[963] Der Gesetzgeber untersagt es den Netzbetreibern mit der Neufassung des § 12 Abs. 1 im EEG von 2004, die Erfüllung ihrer Abnahme- und Vergütungsverpflichtungen von einem Vertragsschluss abhängig zu machen. Die Begründung zu diesem Kopplungsverbot[964] stellt unter Bezugnahme auf die BGH-Entscheidung ausdrücklich fest, dass damit ein gesetzliches Schuldverhältnis geschaffen werden sollte.[965] Der Abnahmeanspruch wird in § 4 EEG näher nach dem Vorrangprinzip ausgestaltet, welches den Netzbetreiber zur bevorzugten Verwendung von „EE-Strom“ verpflichtet. Hinsichtlich Vergütungspflicht und -höhe behandeln §§ 5, 6 EEG den Anlagenbetreiber wie einen Geschäftsführer ohne Auftrag, der im öffentlichen Interesse und ohne vom

---

[957] MARTINEK, JuS 1987, 514, 520; MünchKomm/DAMRAU, § 1204 Rn. 8; Staudinger/WIEGAND (2002) § 1204 Rn. 59.

[958] So im Ergebnis auch HENDLER, NVwZ 2003, 1168, 1172; trotz anderer Bezeichnung wohl nicht a.A. KLINGER, AbfallR 2004, 155 (s. DERS. AbfallR 2003, 245).

[959] Gesetz für den Vorrang Erneuerbarer Energien, BGBl I 2004, 1918, zuletzt geä. d. G. v. 7.7.2005. Zur Verfassungsmäßigkeit s. BGH NVwZ 2003, 1143.

[960] Vgl. zu § 10 EnWG a.F. (§ 17 EnWG 2005) TÜNGLER, JuS 2001, 739, 740.

[961] EEG vom 29.3.2000, BGBl. I S. 305, zul. geä. d. G. v. 20.12.2003, BGBl. I S. 3074.

[962] Übersicht bei Säcker/BÖWING, EEG § 3, Rn. 28 ff.

[963] BGH NVwZ 2003, 1143; s.a. Anmerkung SALJE, LMK 2004, 23.

[964] SALJE, RdE 2005, 61.

[965] BT-Drs. 15/2864, S. 77; s.a. SALJE, EEG § 4 Rn. 88 ff.

Netzbetreiber „konsensual beauftragt" worden zu sein Strom erzeugt und dafür einen Aufwendungsersatzanspruch hat.[966] Dieser Vergleich verdeutlicht, dass Kontrahierungszwänge und gesetzliche vertragsähnliche Schuldverhältnisse ihren Geltungsgrund in der Durchsetzung eines öffentlichen Interesses haben und sich zur Umsetzung lediglich privatrechtlicher Instrumente bedient.[967]

2. Mittelbare Kontrahierungszwänge

Auch ein mittelbarer Abschlusszwang aus Umweltschutzgründen ist denkbar, so aus § 826 BGB, soweit der Nichtabschluss gegen die guten Sitten verstieße. Ein Unternehmer, der öffentlich Güter zur Deckung des Lebensbedarfs anbietet, darf einen Vertragsschluss nur aus sachlichen Gründen ablehnen – vorausgesetzt, dass für den Verbraucher keine zumutbare Möglichkeit besteht, seinen Bedarf anderweitig zu decken.[968] Gleiches muss für Dienstleistungen gelten. Damit sind jedenfalls diejenigen Abfallentsorger dem Kontrahierungszwang unterworfen, die eine monopolähnliche Stellung innehaben,[969] gleichermaßen Anbieter neuartiger Umwelttechnik. Das Privatrecht kann auf diesem Weg subsidiär zu spezialgesetzlichen Regelungen den gleichberechtigten Zugang zu umweltnützigen Technologien und Dienstleistungen sichern. Eine Sonderform des Kontrahierungszwangs stellen schließlich gesetzlich eingeräumte Vorkaufsrechte dar, weil der Verpflichtete durch seine Angebotserteilung selbst die Möglichkeit der Ausübung auslöst und derart am Zustandekommen des Vertrags mitwirkt. Allerdings sind die in Naturschutzgesetzen eingeräumten Vorkaufsrechte nach der Änderung des § 24 BauGB, der das dort verankerte Vorkaufsrecht einer Gemeinde nunmehr eindeutig als öffentlich-rechtlich qualifiziert, auch als diesem Rechtsgebiet angehörig anzusehen.[970]

II. „Kontrahierungsverbote" aus Gründen des Umweltschutzes

Kontrahierungsverbote wirken sich rechtstechnisch derart aus, dass die Rechtsordnung dem Rechtsgeschäft die Anerkennung verweigert. Damit können grundsätzlich sowohl vertragsinterne (Gefahr für die Integrität zumindest einer der Parteien) als auch vertragsexterne Risiken (Gefahr für Allgemeininteressen) gesteuert werden.[971] Gegen einen auf beiderseitigem Parteiwillen beruhenden

---

[966] SALJE, RdE 2005, 63.
[967] SALJE, RdE 2005, 60 ff., spricht von der „Instrumentalisierung des Zivilrechts für umweltpolitische Zielsetzungen".
[968] LARENZ/CANARIS, SR II/2 § 78 I 1 c; PAULUS/ZENKER, JuS 2001, 5; Staudinger/OECHSLER (2003), § 826 Rn. 429 ff.
[969] S. aber §§ 15 ff. KrW/AbfG, BGBl I 1994, 2705, zul. Geä. d.G. v. 1. 9.2005 BGBl. I 2618.
[970] MAURER, Allg VerwR, S. 58, unter Hinweis auf BadWürttVGH VBlBW 1983, 77 und NVwZ 1992, 898, sowie BayVGH BayVBl. 1994, 657.
[971] HART, KritV 1991, 363, 365.

Vollzug des Rechtsgeschäfts kann von dritter Seite indes nicht vorgegangen werden, solange nicht durch das Geschäft oder seinen Vollzug ein Straf- oder Ordnungswidrigkeitentatbestand erfüllt wird. Beim eingängigen Begriff des „Kontrahierungsverbots" handelt es sich also in der Sache um einen rechtlichen Wirkungsentzug. Soweit dieser darüber hinaus als „zivilistisches Verkehrsverbot"[972] verbrämt wird, ist dies demnach nur insofern richtig, als die mangelnde Anerkennung den Verkehr unter Umständen faktisch erschwert. Diese Klarstellung liefert über eine begriffliche Präzisierung auch Antworten auf die im Umweltrecht allgegenwärtigen Durchsetzungs- und Wirkungsfragen, da die Abhängigkeit der Relevanz der Verbotsnormen im interprivaten Verhältnis von Willen und Initiative der Betroffenen erneut offensichtlich wird. Da die eigentlichen Verbotsnormen nicht dem privatrechtlichen Normenbestand angehören – und mangels spezialgesetzlicher umweltrechtlicher Kontrahierungsverbote – sind für die vorliegende Arbeit nur die im Allgemeinen Teil des BGB angesiedelten Kontrahierungsverbote der §§ 134, 138 BGB von Interesse. Ihre dogmatische Verankerung muss hier nicht erneut in aller Breite dargestellt werden.[973] Diese Untersuchung beschränkt sich auf die Untersuchung der grundlegenden Bedeutung der Normen für den privatrechtlichen Umweltschutz anhand ausgewählter Beispiele.

1. Verstoß gegen umweltschützende Gesetze

a) Die Sanktionswirkung des § 134 BGB

§ 134 BGB ordnet die Nichtigkeit eines Rechtsgeschäfts an, welches gegen ein gesetzliches Verbot verstößt, soweit nicht sich aus dem Gesetz die vollständige oder teilweise Aufrechterhaltung der Wirksamkeit ergibt. Ziel der Norm ist damit, widersprüchliche Ergebnisse innerhalb der Rechtsordnung zu vermeiden: Was objektiv verboten ist, soll nicht intersubjektiv durchgesetzt werden können. Folglich transferiert die Norm „staatsinterventionistische"[974] Gesetze im materiellen Sinne (Art. 2 EGBGB) in den Bereich der Privatautonomie. Einschränkend erfolgt die Sanktionierung eines Verbotsverstoßes mit der Nichtigkeit des Rechtsgeschäft jedoch nur dort, wo im konkreten Fall der Verbotszweck auf diesem Weg überhaupt gefördert werden kann.[975] Worin liegt aber nun der sanktionierende, lenkende Charakter der Norm? Wie ausgeführt kommt bei einvernehmlichem Vollzug der Vereinbarung die Norm überhaupt nicht zum Tragen, selbst wenn ein Vertrag im Rechtssinn nicht besteht. Erfüllt aber eine Partei ihre Primär- oder Sekundärpflichten nicht, müssen[976] Gerichte die

---

[972] S. MEIER, Ökologische Aspekte des Schuldvertragsrechts, S. 41.
[973] S. dazu FRITZ, Umweltschutz als Inhalts- und Schrankenbestimmung, S. 233, 264 ff.; WESTPHAL, Zivilrechtliche Vertragsnichtigkeit, S. 18 ff; MEIER, a.a.O., 2. und 3. Teil.
[974] MEIER, a.a.O., S. 51.
[975] MEDICUS, AT BGB, § 43 II 2.; Staudinger/SACK (2003), § 134 Rn. 64.
[976] § 134 BGB ist eine von Amts wegen zu berücksichtigende Einwendung.

Nichtigkeit des Vertrags bei Verstoß gegen ein die Nichtigkeit anordnendes Verbotsgesetz zugrundelegen. In der Folge kann der Kläger zum Beispiel seinen Gegenleistungsanspruch nicht durchsetzen; die Rückabwicklung ist auf das Kondiktionsrecht beschränkt (mit eventuellem Verlust des Rückgewähranspruchs nach § 817 S. 2 BGB). Die Sanktion des § 134 BGB ist also darauf begrenzt, den Parteien das Risiko mangelnder Durchsetzbarkeit ihrer Ansprüche aufzubürden.[977]

b) Verbotsgesetze im Umweltrecht

Die Zahl der ge- und verbietenden Gesetze gerade auf dem Gebiet des Umweltrechts ist Legion. Sie untersagen beispielsweise die Herstellung bestimmter Stoffe oder deren Verwendung für bestimmte Zwecke, verbieten die Entsorgung verschiedenster Produkte und Materialien auf bestimmten Wegen oder postulieren gezielte Verhaltensweisen an ausgewiesenen Orten. Ob ein Gesetz Verbotsgesetz im Sinne des § 134 BGB ist und ob bei einem Verstoß die Nichtigkeit des Rechtsgeschäfts angezeigt ist, kann nur einzelnormbezogen im Wege einer doppelten teleologischen Auslegung bestimmt werden.[978] Insofern bestehen für das Umweltrecht keinerlei Abweichungen von den allgemeinen Regeln.[979] Allerdings zielen umweltrechtliche Verbotsnormen ganz überwiegend auf die Regelung von Risiken ab, die außerhalb des üblicherweise angestrebten Vertragszwecks liegen. Daher mangelt es vielen dieser Verbotsgesetze bereits an einem Rechtsgeschäftsbezug. Eine Ausnahme gilt für solche Verträge, die gerade auf den Verstoß oder die Umgehung eines Verbots gerichtet sind. Sie sind in vielfältiger Form und gerade als Werk- oder Dienstverträge denkbar, und weil darin die Verpflichtungen unmittelbar auf eine unzulässige zukünftige Handlung gerichtet sind, verstoßen sie unabhängig vom Erfüllungsgeschäft gegen das Verbot.[980] Aufgrund besonderer Produktnähe ist ein mittelbarer Rechtsgeschäftsbezug ferner insbesondere im Gefahrstoffrecht sowie im Artenschutz vorhanden. So verbietet beispielsweise § 42 Abs.2 Nr. 2 BNatSchG ausdrücklich den Kauf und Verkauf besonders geschützter Arten.[981] Hier offenbart der Wortlaut, dass das Verpflichtungsgeschäft die Nichtigkeit erfahren soll.[982]

---

977 Dieses Risiko kann überdies wirtschaftlich vorab auf die erhobenen Preise umgelegt werden, WESTPHAL, S. 104; MEIER, Ökologische Aspekte, S.83.

978 MünchKomm/MAYER-MALY/ARMBRÜSTER, § 134 Rn. 41 f.; Palandt/HEINRICHS, § 134 Rn. 6.

979 WESTPHAL, Vertragsnichtigkeit, S. 18; FRITZ, Umweltschutz als Inhalts- und Schrankenbestimmung, S. 239 ff.

980 Meier, Ökologische Aspekte, S. 67; OLG Oldenburg, NuR 1996, 320.

981 Das Washingtoner Artenschutzabkommen (CITES) und seine Implementation auf EU-Ebene verbieten in erster Linie den Import bestimmter Tier- und Pflanzenprodukte.

982 Eigentum kann wegen der allgemeinen bußgeldbewehrten Aneignungs- und Besitzverbote für diese Arten (§ 42 Abs. 1, 2 i.V.m. § 65 BNaturSchG) nicht - auch nicht gutgläubig - erworben werden.

Im Gefahrstoffrecht hingegen stellen sich die bekannten Anwendungsprobleme der Bestimmung des Verbotsgesetzcharakters sowie der Rechtsfolgenfindung. Auch die Abschaffung des § 306 a.F. BGB durch die Schuldrechtsreform erfordert hier eine Neubewertung. In einem fiktiven Fall 1 mögen die Parteien den Kauf eines Kühlschranks verabreden. Ist eine Gattungsschuld vereinbart und die Erfüllung mit einem FCKW-freien Gerät[983] möglich, so liegt im Falle der Lieferung eines FCKW-haltigen Geräts lediglich ein Mangel vor.[984] Wenn aber in einem Fall 2 nur noch FCKW-haltige Kühlaggregate auf dem Markt sind oder – naheliegender – Stückkauf über einen bestimmten, günstigeren FCKW-Kühlschrank vereinbart wurde (Fall 3), ist der Vertrag auf Erbringung einer unerlaubten Leistung gerichtet, und zwar unabhängig davon, dass sich das Verbot nur an den Verkäufer richtet („herstellen und in den Verkehr bringen")[985] und von Kenntnis oder Unkenntnis der Parteien.[986] In den Fällen 2 und 3 kann dem Verkehrsverbot am effektivsten zur Geltung verholfen werden, wenn bereits die Verpflichtung nichtig ist und die verbotswidrige Erfüllung nicht erst abzuwarten ist.

Das Erfüllungsgeschäft verstößt im Übrigen bei Verletzung von Verkehrsverboten stets gegen das Verbotsgesetz, fraglich ist lediglich die Rechtsfolge. Nach erfolgtem Vollzug würde das Geschäft durch die Anordnung der fortdauernden Nichtigkeit aufgrund der möglichen Rückabwicklung nach Kondiktionsrecht für den Verkäufer wirtschaftlich uninteressant. Nichtigkeit kann danach in der Regel durch eine spezialpräventive Wirkung den Verbotszweck des Gesetzes fördern. Im Einzelfall können dem aber überwiegende Parteiinteressen entgegenstehen oder auch rein partielle Nichtigkeitsfolgen zweckdienlicher sein.[987] Weder Rechtsprechung noch Wissenschaft ist es bislang gelungen, zu diesen Fragen allgemeingültige Antworten zu liefern.[988]

In den bislang bekannt gewordenen umweltrelevanten Rechtsprechungsfällen kam es derweil überhaupt nicht zu Nichtigkeitserklärungen. Bei einem Verstoß gegen die ChemVerbotsVO,[989] die das Inverkehrbringen von Werkstoffen oder Möbeln, die eine Formaldehyd-Ausgasung von mehr als 0,1 ml/m^3 ausweisen

---

[983] Ein Verstoß gegen § 3 FCKW-Halon-VerbotsV v. 6.5.1991, BGBl I 1090, zul. geä. am 29.10.2001, BGBl I 2785 wird anderenfalls unterstellt.

[984] Dazu sogleich unter § 4, B. I. 3.

[985] S. zu dieser Kategorie CANARIS, Gesetzliches Verbot, S. 23.

[986] MünchKomm/MAYER-MALY/ARMBRÜSTER, § 134 Rn. 110.

[987] S. MEIER, Ökologische Aspekte, S. 96; Staudinger/SACK (2003), § 134 Rn.86 ff.

[988] Vgl. Staudinger/SACK (2003), § 134 Rn. 57, 61; MünchKomm/MAYER-MALY/ ARMBRÜSTER, § 134 Rn. 103 ff.; RIEDL, Rechtsfolgen des Verstoßes gegen Verbotsgesetze, S. 16 ff.; MEIER, Ökologische Aspekte, S. 76 ff.

[989] Verordnung über Verbote und Beschränkungen des Inverkehrbringens gefährlicher Stoffe, Zubereitungen und Erzeugnisse nach dem Chemikaliengesetz v. 13. Juni 2003, BGBl. I 867, zul. geä. d. G. v. 21. Juni 2005 BGBL. I 1666.

untersagt, wandte das OLG Köln § 134 BGB nicht an: Weil eine Erfüllung mit gesetzeskonformen Möbelstücken möglich war, bilde der Grenzwert lediglich im Gewährleistungsrecht einen Beurteilungsmaßstab.[990] Die mangelnde Existenz eines entsprechenden Verbotsgesetzes schlechthin ließ den BGH den vertraglichen Verzicht auf Abwehransprüche gegen Immissionen aufrechterhalten.[991] Somit zeigt sich, dass § 134 BGB insbesondere bei gezielten rechtsgeschäftlichen Verstößen gegen Verbote des Umweltrechts eine generalpräventive Wirkung entfalten mag, in der Praxis anderweitig aber kaum eine Rolle spielen wird. Die Gerichte haben es jedoch in der Hand, bei der Abwägung der Aufrechterhaltung der Privatautonomie gegen die Nichtigkeitserklärung aus Gründen des Allgemeininteresses „Umweltschutz" ihre Abwägungsfreiheit zugunsten eines effektiveren Vollzugs der umweltnützigen Verbote einzusetzen.

2. Nichtigkeit umweltrelevanter Verträge wegen Verstoßes gegen die guten Sitten

Mit § 138 bietet das BGB einen weiteren Eingriffstatbestand zur Kontrolle und Begrenzung privatrechtlicher Verträge. Die Norm vernichtet die Wirksamkeit solcher Rechtsgeschäfte, die gegen die guten Sitten verstoßen. Die Rechtsordnung soll nicht dazu missbraucht werden können, moralisch verwerfliche Ziele zu Lasten des Vertragspartners, Dritter oder der Allgemeinheit mit rechtlichen Mitteln zu verfolgen. Der Begriff der „guten Sitten" ist ausfüllungsbedürftig, und so gehen in der pluralistischen Gesellschaft über seine abstrakte Bedeutung ebenso wie über seine Konsequenzen im Anwendungsfall die Meinungen teilweise weit auseinander. Die Rechtsprechung beruft sich auf das „Anstandsgefühl aller billig und gerecht Denkenden", wobei aber nur das Durchschnittsmaß anzulegen sei.[992] Soweit sich dies nicht bereits aus den Wertmaßstäben der Rechtsordnung, insbesondere in Form der dergestalt auf private Rechtsverhältnisse einwirkenden Grundrechte ableiten lässt, sei auf die „herrschende Rechts- und Sozialmoral"[993] abzustellen. Die Grundrechte stellen mit ihrer objektiven Werteordnung vorrangig das rechtliche Instrumentarium zur Bestimmung der Grundinhalte der Rechtsordnung.[994] So postuliert die in Art. 2 Abs. 1, 14 Abs. 2 GG angelegte Sozialbindung des Eigentums neben der „Privatnützigkeit" einen Gemeinwohlzweck des Eigentums.[995] Obwohl sich aus dieser "sozialgebundenen und sozialbereiten Freiheit"[996] eine die Privatautonomie beschränkende mittelbare „Umweltpflichtigkeit" ableiten lässt, ist diese

---

[990] NJW-RR 1991, 1077; ähnlich OLG Nürnberg, NJW-RR 1993, 1300.
[991] BGHZ 79, 131, 135 f.; dazu sogleich.
[992] BGHZ 10, 228, 232.
[993] LARENZ/WOLF § 41 Rn 12ff.; zu weiteren Ansätzen s. MEDICUS, AT BGB, § 46 II 3.
[994] S. HESSE, Grundzüge des Verfassungsrechts, § 9 II. 3. (Rn. 290 ff.).
[995] ESSER/SCHMIDT, SchuldR Bd.I, Tb.I § 1 II 2; SCHMIDT-BLEIBTREU/KLEIN (9.A.), Art. 14 Rn. 7a.
[996] So DÜRIG, zitiert bei Esser/Schmidt, a.a.O.

doch immer noch zu abstrakt, um Anwendungsvoraussetzungen des Gute-Sitten-Begriffs zu konkretisieren.[997] Das Gebot des Schutzes der natürlichen Lebensgrundlagen und der Tiere in Art. 20a GG hat als Staatszielbestimmung nur objektiv-rechtlichen Charakter[998] und wirkt daher nicht etwa wie die Grundrechte mittelbar im Privatrechtsverhältnis. Dennoch wird der Einsatz von § 138 BGB zu umweltnützigen Zwecken diskutiert. Neben der Frage, ob die vertragliche Umgehung einer naturschutzbehördlichen Genehmigung unter § 134 oder § 138 BGB fällt,[999] sind dabei vor allem zwei Fallgruppen zu unterscheiden. Einmal geht es um die Frage, ob ein „Abkaufen" der Rechtsbehelfe gegen –auch drohende– Immissionen, ein andermal ob der entgeltliche Verzicht auf die Naturalrestitution bei ökologischen Schäden sittenwidrig sein kann. Der Schluss eines Vergleichs[1000] über zivilrechtliche Abwehransprüche hingegen ist wegen der ausschließlichen Betroffenheit von Partikularinteressen fraglos zulässig,[1001] weil die fraglichen Schutzrechte zum Schutz der Umwelt nur mittelbar-reflektorisch beitragen.

A) Entgeltlicher Verzicht auf Rechtsbehelfe

Mit der ersten Fallgruppe musste sich bereits der BGH auseinandersetzen. Eine Bürgerinitiative hatte gegen Zahlung einer siebenstelligen Summe auf Ausübung ihrer Rechtsbehelfe gegen die Genehmigung eines Kohlekraftwerks verzichtet. Allerdings wurde die Summe abredegemäß an die in die Verhandlungen einbezogene Stadt überwiesen, die nach Rücknahme der Widersprüche die Geldsumme dem Kraftwerksbetreiber zurückerstattete, statt sie wie vorgesehen an die Bürger auszuschütten. Bei der Klage der (übriggebliebenen) Mitglieder der Initiative gegen die Stadt hielt der BGH die Vereinbarung aufrecht.[1002] Bei Annahme der Sittenwidrigkeit[1003] wären die Kläger leer ausgegangen, hätten aber ihre Rechtsschutzmöglichkeiten eingebußt. In seiner Begründung bescheinigt der Senat dem BImSchG als Grundlage des Rechtsbehelfs, dass Umweltbelange im Vordergrund seines Regelungszwecks stehen, geht aber sofort zugunsten der individuellen Gesundheit darüber hinweg.[1004] Dabei stand in der *ex post*-Betrachtung des Gerichts der Schutz der bereits vom Baubeginn beeinträchtigten Bürger vermutlich im Vordergrund der Überlegungen. Denn eine abstrakte Nachprüfung des Vertragsinhalts kann zu einem anderen Ergebnis gelangen: Wo

---

[997] Meier, Ökologische Aspekte, S. 104. S. aber OLG Oldenburg, NuR 1996, 320; Palandt/Heinrichs, § 138 Rn. 45.
[998] Schmidt-Bleibtreu/Klein, Art. 20a GG, Rn. 5.
[999] Wohl fälschliche Ansiedlung bei § 138 BGB durch OLG Oldenburg, NuR 1996, 320.
[1000] Auch in den beiden anderen Fallgruppen geht es in der Regel um einen Vergleich i.S.v. § 779 BGB, s. Marburger, in: FS Steffen, S. 325; Knothe, JuS 1983, 18, 19.
[1001] Vgl. Fritz, Umweltschutz als Inhalts- und Schrankenbestimmung, S. 290.
[1002] BGHZ 79, 131, 141; kritisch Medicus, AT § 46 IV 4. c) (Rn. 705) m.w.N.
[1003] Affirmativ wegen Wuchers noch LG Dortmund (Az. 3 O 191/77, Urt.v. 7.10.1977).
[1004] BGHZ 79, 131, 141, 142.

ursprünglich eine Vielzahl von Menschen ihren Lebensraum vor Immissionen schützen möchte und am Ende eine überschaubare Gruppe die rechtliche Macht der Initiative in Geld „ummünzt", liegt die Erfüllung zumindest einer der für § 138 BGB anerkannten Fallgruppen „Missbrauch einer formalen Rechtsposition", „gemeinschaftswidrige Rechtsgeschäfte" oder „missbilligte Kommerzialisierung"[1005] nahe.[1006] Auch sollte das Gesetzgebungsziel bei der Auslegung einer Norm, deren Inhalt vertraglich zur Disposition gestellt werden soll, nie ohne nachvollziehbare Begründung beiseite geschoben werden. Aufgrund dieser Defizite müssen Gerichte – auch und gerade unter Berücksichtigung von Art. 20a GG – zukünftig Umweltschutzbelangen bei der Prüfung der Sittenwidrigkeit einen höheren Stellenwert einräumen und können nicht ohne weiteres auf diese höchstrichterliche Entscheidung verweisen.

b) Entgeltlicher Verzicht auf Naturalrestitution

Die zweite Fallgruppe betrifft den Anspruchsumfang, den Normen wie § 16 UmweltHG oder § 32 Abs. 7 S. 1 GenTG gewähren.[1007] Verträge, nach denen auf den Ersatz von Rekultivierungsaufwendungen gegen Geldleistung verzichtet wird, verstoßen trotz allseitiger Anerkennung als „missbräuchliches Verhalten"[1008] nicht gegen ein umweltrechtliches Verbotsgesetz,[1009] weil eine Rekultivierungspflicht gerade nicht besteht. Dem Zivilrecht allein verbleibende Sanktion ist, die Vereinbarung für sittenwidrig zu erklären. Doch selbst wenn daraus die Nichtigkeit folgen sollte, besteht für den Schädiger in der Tat nur das Risiko der erneuten Inanspruchnahme auf Naturalrestitution nach erfolgter – der *causa* beraubter – Geldleistung. Die betroffenen Beträge können aber dann miteinander verrechnet werden, so dass sich die Abrede wirtschaftlich als risikofrei darstellt.[1010]

Aber bereits an der Sittenwidrigkeit bestehen Zweifel. Wie MARBURGER darlegt, haben über § 16 UmweltHG Gemeinwohlinteressen Einzug in das Umwelthaftungsrecht gehalten. Ebenfalls ist ihm darin zuzustimmen, dass für die Anordnung der Sittenwidrigkeit genannter Vergleiche zusätzlich die Haltung des Gesetzgebers zu berücksichtigen ist.[1011] Dieser hat die Missbrauchsmöglichkeit

---

1005 S. MünchKomm/MAYER-MALY/ARMBRÜSTER, § 138 Rn. 127; Staudinger/SACK (2003), § 138 Rn. 463; SIMITIS, Gute Sitten, S. 60 ff.; FRITZ, a.a.O., S. 269 ff.

1006 Ähnlich MEDICUS, AT BGB, § 46 IV 4. c); zweifelnd auch MEIER, Ökologische Aspekte, S. 139; nicht weiterführend die Differenzierung bei KNOTHE, JuS 1983, 21.

1007 S. oben.

1008 LANDSBERG/LÜLLING, § 16 UmweltHG Rn. 20; PASCHKE, § 16 Rn. 11; MARBURGER, in: FS Steffen, S. 320.

1009 MARBURGER, in: FS Steffen, S. 327.

1010 S. MARBURGER, in: FS Steffen, S. 329; FRITZ, Umweltschutz als Inhalts- und Schrankenbestimmung, S. 325; allgemeiner MEDICUS, NuR 1990, 150.

1011 MARBURGER, in: FS Steffen, S. 330 f.

durchaus gesehen, im Ergebnis aber die Schadensregulierung den allgemeinen Haftungsprinzipien mit der Korrektur nach § 16 UmweltHG unterstellt. Ob darin eine „ganz bewusste" gesetzgeberische Entscheidung zugunsten uneingeschränkter privatautonomer Gestaltung gesehen werden kann, lässt sich anhand der Materialien nicht beantworten.[1012] § 16 UmweltHG kann daher nicht mit guten Gründen als *lex specialis* qualifiziert werden, welches § 138 BGB für Rekultivierungsansprüche verdrängen würde.

Damit ist aber für die materielle Frage nach der Sittenwidrigkeit derartiger Verträge noch nichts gewonnen. Stattdessen muss geprüft werden, ob sich der entgeltliche Verzicht als gemeinschaftswidriger Missbrauch einer Rechtsposition darstellt. Begründen ließe sich diese Fallgruppenzuordnung mit dem Charakter der Rekultivierungsmaßnahme als im Allgemeininteresse stehende Aufgabe, die im Sinne des Verursacherprinzips wegen der damit verbundenen Präventiv- und Erziehungswirkungen idealerweise vom Verursacher vorgenommen oder wenigstens wirtschaftlich getragen werden soll. FRITZ weist zurecht darauf hin, dass „für die Abfindungszahlung keine echte Gegenleistung erbracht wird und ihr kein Äquivalent an Aufgabe eigener Rechte gegenüber steht".[1013] Damit kann sich der Rechtsmissbrauch als übermäßig sozialwidrig präsentieren. In der Folge würde die Sittenwidrigkeit des entgeltlichen Verzichts nicht indirekt eine Rekultivierungspflicht begründen, sondern lediglich dem Verzichtsvertrag die Rechtswirksamkeit aberkennen. Eine „Pflicht zur Unterlassung eines gemeinschaftsschädlichen Verzichts" [1014] reicht daher nur so weit wie der Arm der Zivilgerichte.[1015] Dennoch bleibt festzustellen, dass die „Veräußerung" eines Rekultivierungsanspruchs gegen die guten Sitten im Sinne von § 138 BGB verstoßen kann. Zu erwarten steht, dass die Rechtsprechung am Merkmal des betroffenen Allgemeininteresses gegebenenfalls *de-minimis*-Schwellen einziehen könnte, um die Sozialwidrigkeit des Vertragsinhalts im Einzelfall differenzierend bewerten zu können.

B. Umweltschutz als Inhalt privatrechtlicher Verträge

Die Möglichkeiten der Berücksichtigung von Umweltschutzgesichtspunkten im Schuldrecht sind mannigfaltig und zu vielfältig um sie an dieser Stelle geschlossen darzustellen. Die Vertragsfreiheit ermöglicht die Vereinbarung besonderer ökologischer Merkmale oder umweltnützigen Verhaltens im Grunde für jeden

---

1012 Überzeugend FRITZ, a.a.O., S. 321; a.A. MARBURGER, in: FS Steffen, S. 331.

1013 Auch wird die Maßnahme nur ausnahmsweise von anderer Seite angeordnet oder wahrgenommen, s. FRITZ, a.a.O., S. 323.

1014 FRITZ, a.a.O., S. 325.

1015 Zur Beschränkung der verhaltenssteuernden Wirkung von Kontrahierungsverboten s.o. II.

Vertragstyp, mit der Haftungskonsequenz im Verletzungsfall.[1016] Auswirkungen kann die erhöhte Sensibilisierung für Umweltproblematiken in der Bevölkerung auch auf die Auslegung von Verträgen und Willenserklärungen haben, wo Umweltgesichtpunkte zunehmend Berücksichtigung finden.[1017] Folgend sollen daher nur zu ausgewählten Vertragstypen Beispiele aus jüngerer Zeit und moderne Entwicklungen aufgegriffen und untersucht werden.

I. Kaufrecht und Umweltschutz

1. Kaufvertragliche Pflichten

Der Kaufvertrag als rechtlicher Grundtypus des Waren- und Güteraustausches enthält inhaltlich oft und in Geschäften des täglichen Lebens ganz überwiegend Vereinbarungen, die Bezüge zu Umweltproblematiken aufweisen. Exemplarisch seien hier die Herausforderungen erwähnt, welche die Masse der verwendeten Produktumverpackungen an die Endlagerung oder das Recycling stellen. Eine angemessene Verpackung des Kaufgegenstands ist eine vertragliche (Neben-) Pflicht des Verkäufers[1018]; sie kann jedoch abbedungen werden. Um eine verbesserte Ressourcenschonung zu erreichen und einer zunehmenden „Vermüllung" des Lebensraums entgegenzutreten, hat der Gesetzgeber diverse Ge- und Verbote erlassen, die dem öffentlich-rechtlichen Abfallrecht zuzuordnen sind. Die Einwegverpackung selbst ist aber in der Regel kaufvertragliches Zubehör im Sinne von §§ 311c, 97 Abs. 1 BGB.[1019] Besteht aufgrund von § 14 AbfG erlassenen Verordnungen[1020] eine Rücknahme- und Verwertungspflicht des Verkäufers für Einwegverpackungen, so ist die Verpackung zunächst mitverkauft und auflösend bedingt übereignet worden, der Verkäufer muss aber an der Rückgabe mitwirken.[1021] Die Parteien könnten über Rückgabe und Weiterverwendung der Verpackung aber privatrechtliche Absprachen treffen, die mit den abfallrechtlichen Vorschriften kollidieren, zum Beispiel den Ausschluss der Rücknahme. Dann aber verdrängt die öffentlich-rechtliche Vorschrift als Verbotsgesetz nach § 134 BGB diese Einigung.[1022]

[1016] So geschehen bei der Gewärleistungshaftung eines Reiseveranstalters, der mit umweltverträglichem Tourismus warb, die angekündigte ökologische Abfallbeseitigung auf den Malediven aber nicht einhalten konnte, AG Bad Homburg, NJW-RR 1997, 1139.

[1017] KLOEPFER, UmweltR, § 1 Rn. 2; § 6 Rn. 238 ff.; FRITZ, Umweltschutz als Inhalts- und Schrankenbestimmung, S. 223 m.w.N.

[1018] LG Frankfurt, NJW-RR 1986, 967.

[1019] FRITZ, a.a.O., S. 64.

[1020] Verpackungsverordnung v. 21.08.1998, BGBl. I 2379, zul. geä. 24.5.2005, BGBl. I 1407.

[1021] Erman/GRUNEWALD, § 433 Rn. 30; MünchKomm/H.P.WESTERMANN, § 433 Rn. 66.

[1022] FLANDERKA/WINTER, BB 1992, 149, 153; a.A. FLUCK, DB 1992, 193, 196.

Die vertraglichen Beziehungen über wiederverwertbare Mehrweg- und sogenannte „Pfand"-Verpackungen unterliegen nicht dem Kaufrecht;[1023] hier werden teils stark differenzierende Ansichten vertreten, und im Einzelnen ist vieles strittig.[1024] Auffallend ist jedoch, dass die Vertragsmodelle sowohl für Ein- als auch für Mehrwegverpackungen von staatlicher Seite durch Schaffung entsprechender Gebote initiiert wurden. Anders wäre ein einheitliches Rücknahme- und Recyclingsystem nur auf Grundlage einer umfassenden Selbstverpflichtungserklärung von Industrie, Groß- und Einzelhandel zu erreichen gewesen, was angesichts der Vielzahl der Beteiligten, der Unterschiedlichkeit der betroffenen Gewerbezweige und den Erfahrungen mit dem „Dualen System Deutschland/ Grüner Punkt" eine kaum zu realisierende Aufgabe ist.

Eine kaufvertragliche (Haupt-)Pflicht kann sich schließlich auch aus der Vereinbarung einer bestimmten Verwendung der Kaufsache ergeben. So ist der schuldvertragliche Ausschluss der Bebauung eines Grundstücks ebenso denkbar wie die Zusicherung der Verwendung „ökologisch einwandfreier" Baumaterialien oder das Versprechen einer autofreien Lebensführung in Haus- oder Wohnungseigentum.[1025] Von besonderer praktischer Bedeutung ist schließlich beim Kauf einer Immobilie die vertragliche Zuweisung der Risiken, die sogenannte „Altlasten" hervorrufen können.[1026]

2. Insbesondere: Auskunftspflichten und -rechte

Produktbezogene Umweltinformationen ermöglichen dem Verbraucher, eigene Entscheidungen über Erwerb und Verwendung eines Produkts zu treffen. Das Vertragsrecht begründet eine Vielzahl von Aufklärungs- und Informationspflichten gegenüber dem Käufer oder, nach den Grundsätzen des Vertrags mit Schutzwirkung für Dritte, gegenüber Dritten. Diese Pflichten – heute dogmatisch teils einem „Umweltproduktrecht" zugeordnet[1027] – finden in § 241 Abs. 2 BGB ihren Anknüpfungspunkt,[1028] und § 311 Abs. 2 BGB erstreckt sie auch auf das vorvertragliche Schuldverhältnis. Folge ist eine effektive „Vormarktkontrolle", die der Verbraucher mit seinen Präferenzen vornehmen kann. Damit kann eine umweltfreundliche Produktsteuerung über den Markt erzielt werden,[1029] soweit die Aufklärung umfassend und inhaltlich richtig erfolgt. Eine

[1023] Zum „Einwegzwangspfand" und „Pfand für Einheitsflaschen" aber s. oben § 4, A. I. 1.
[1024] S. dazu bspw. MünchKomm/K.P.BERGER, § 607 Rn. 11 ff; AULEHNER, BB 1995, Beil. 3 zu Heft 12, S.1.
[1025] S. FRITZ, a.a.O., S. 71 f.; Grenzen setzen die allgemeinen Vorschriften der §§ 134, 138, 242 BGB, s.o. § 4, A. II.
[1026] Vgl. Walters, 6(7) ICCLR [1995], 232.
[1027] KLOEPFER, UmweltR, § 6 Rn. 213 ff.
[1028] Palandt/HEINRICHS, § 241 Rn. 7.
[1029] HAGER, UPR 1995, 401; KLOEPFER, UmweltR, § 6 Rn. 234.

schuldhafte Verletzung der Informationspflicht kann gem. §§ 280 ff. BGB Schadenersatzpflichten begründen oder einen Rücktritt oder eine Arglistanfechtung ermöglichen. Diese Rechtsfolgen wirken direkt auf die wirtschaftliche Lage des Aufklärungspflichtigen und haben daher „Sanktionscharakter“.[1030] Inhalt und Umfang der Aufklärungspflichten hängt vom Wissen bzw. Wissenmüssen des Vertragspartners ab. Maßgebend für die Begründung von Aufklärungs- bis hin zu Warnpflichten ist das Informationsgefälle zwischen den Parteien und die involvierten Risiken für den Vertragspartner.[1031] Der Informationsvorsprung ist bei einem Produkt innewohnenden Gefahren aufgrund der Produktnähe des Herstellers und des Verkäufers besonders groß. Auch das Risiko intensiver und dauerhafter Schädigung dürfte bei umweltrelevanten Gefahren regelmäßig als erheblich einzustufen sein. Daher nehmen auch öffentliche Warnungen und Empfehlungen eine zunehmende Bedeutung für die normative Bestimmung der vertraglichen Informationspflichten ein.[1032] So kann nach dem LG Berlin das Verschweigen einer öffentlichen Produktkritik eine Täuschung durch Unterlassen sein, die zur Arglistanfechtung berechtigt.[1033] Auch der Gesetzgeber hat vielfältige Kennzeichnungspflichten angeordnet,[1034] partiell wird ihnen Schutzgesetzcharakter zuerkannt. Damit wirken Auskunftspflichten umfassend auf alle Stagen der Entwicklung eines Vertragsverhältnisses zwischen Verkäufer und Verbraucher und wirkt über die autonome Präferenzentscheidung der Käufer mittelbar auch auf das Herstellerverhalten.

3. Das neue Mängelgewährleistungsrecht in ökologischer Analyse

Nach den §§ 459 ff. BGB a. F. existierte kein Erfüllungsanspruch auf Nachbesserung. Seit der Schuldrechtsreform hingegen ist der Verkäufer zu mangelfreier Lieferung verpflichtet, der Käufer kann und muss bei Mangelhaftigkeit der Kaufsache zunächst Nachbesserung verlangen (§§ 433 Abs. 1 S. 2, 439 BGB). Diese kann in der Beseitigung des Mangels, aber auch in der Lieferung einer mangelfreien Sache liegen, wobei das Wahlrecht beim Käufer liegt. Während eindeutig ist, dass die Reparatur einer mangelhaften Sache im Vergleich zu ihrer Aufgabe in mehrfacher Hinsicht ressourcenschonender ist, können über die Neulieferung keine allgemeinen Aussagen getroffen werden. Die Entscheidung über die weitere Verwendung hängt nämlich zumeist von den Vertrags- und Versicherungsbedingungen verschiedener Zwischenhändler und schließlich des Herstellers ab. Auch die Höhe der Reparaturkosten ist entscheidungsrelevant,

[1030] Vgl. KLOEPFER, UmweltR, § 6 Rn. 233.
[1031] Erman/H.P.WESTERMANN, § 241 Rn. 14; BGH NJW 1992, 2146.
[1032] KLOEPFER, UmweltR, § 6 Rn. 233.
[1033] NJW-RR 1989, 504.
[1034] §§ 16, 19 LMBG; §§ 10 ff. AMG; § 7 WRMG; § 4 ff GefStoffVO iVm §§ 13, 14 ChemG; § 30 II Nr. 14 GenTG.

doch wird oftmals auch hier die ökologisch vorzugswürdige Instandsetzung der Entsorgung vorgezogen werden.

Ein Mangel liegt nach dem subjektiven Mangelbegriff des § 434 Abs. 1 S. 1 BGB dann vor, wenn von der vereinbarten Beschaffenheit abgewichen wird. Angesichts gesteigerter Verbrauchersensibilität gegenüber gesundheits- oder umweltgefährdenden Wirkungsweise oder Inhaltsstoffen von Produkten und einem darauf gründenden geänderten Kauf- und Reklamationsverhalten kommt der Vereinbarung einer bestimmten umweltrelevanten Beschaffenheit in der Praxis immer größere Bedeutung zu. Die Beschaffenheit umfasst dabei Qualitäts- und Umstandsmängel; im Einzelnen ist jedoch vieles umstritten.[1035] So kann die Schadstofffreiheit oder die Recyclingfähigkeit eines Produkts, seine Herkunft aus ökologischer Landwirtschaft[1036] oder ein Maximum an Öl- und Treibstoffverbrauch beim KFZ-Kauf vereinbart sein. Wurden solche Beschaffenheitsmerkmale weder ausdrücklich noch konkludent vereinbart, kann eine der weiteren Qualifikationen des Mängelbegriffs greifen.

Liegt nämlich eine Beschaffenheitsvereinbarung nicht vor, so bestimmt die Eignung für die nach dem Vertrag vorausgesetzte Verwendung (§ 434 Abs. 1 S. 2 Nr. 1.) oder für die gewöhnliche Verwendung bei Üblichkeit der Beschaffenheit (§ 434 Abs. 1 S. 2 Nr. 2 BGB) über die Mangelhaftigkeit der Kaufsache. Letztgenannte Formulierung enthält trotz des Bezugs zur Üblichkeit Spielraum für normative Wertungen, bei denen auch der Umweltschutz eine Rolle spielen kann und muss. Auch wenn die Regel nur einen Auffangtatbestand darstellt,[1037] kann etwa die Schadstoffhaltigkeit von Haushaltsgegenständen oder eine unverhältnismäßig hohe Energieaufnahme von Elektrogeräten über § 434 Abs. 1 S. 2 Nr. 2 BGB Mängelgewährleistungsansprüche auslösen. Dabei bedient sich das Zivilrecht eines autonomen Fehlerbegriffs, so dass die Einhaltung öffentlich-rechtlicher Grenzwerte die Annahme eines Fehlers nicht ausschließt.[1038] Hinzuweisen ist in diesem Zusammenhang ferner auf die ebenfalls neugeschaffene Vorschrift zur Einstandspflicht des Verkäufers für Herstellerangaben. Öffentlich abgegebene Werbeerklärungen über Umwelteigenschaften und Umweltverträglichkeit werden damit ebenso eigenschaftsbestimmend wie Kennzeichen über bestimmte Eigenschaften, z. B. Güte- oder Ökosiegel. Der Käufer erhält über diese Erweiterung des Mängelbegriffs einen Nacherfüllungsanspruch über den angepriesenen Inhalt und Schadenersatz, wenn dieser nach Fristsetzung nicht erfüllt wird (§§ 437 Nr. 2 und 3, 440 BGB).

[1035] S. nur Erman/GRUNEWALD, § 434, Rn. 2 ff.; MünchKomm/H.P.WESTERMANN, § 434 Rn. 8 ff., m.w.N.
[1036] Erman/GRUNEWALD, § 434, Rn. 6.
[1037] MünchKomm/H.P.WESTERMANN, § 433 Rn. 18.
[1038] OLG Nürnberg NJW-RR 1993, 1301; HAGER, UPR 1995, 403.

Schließlich können Mängelgewährleistungsfristen Auswirkungen auf umweltrelevantes Verhalten haben. Eine lange Lebensdauer von Gebrauchsgütern zeitigt einen geringeren Ressourcenverbrauch sowie niedrigere Müllquoten und ist damit ganz im Sinne des Nachhaltigkeits- und insbesondere des Vermeidungsprinzips. Ob längere Gewährleistungsfristen den Hersteller dazu anleiten, widerstandsfähigere Produkte zu erzeugen, ist hinsichtlich der Abwägung von erhöhten R&D- und Herstellungskosten gegen die Kosten der zu erwartenden Rückläuferquote nicht global zu beantworten, sondern eine betriebswirtschaftliche Einzelfallentscheidung.[1039] Das Verbraucherverhalten des *homo oeconomicus* hingegen ist im Querschnitt vorhersehbar: Er wird durch die Zuweisung der Nacherfüllungskosten an den Verkäufer[1040] den Ersatz oder die Reparatur gegenüber der Aufgabe des Produkts vorziehen. Längere Gewährleistungsfristen lassen also für die Wahlmöglichkeit „Beseitigung des Mangels" eine durchschnittliche Erhöhung der Reparaturquote, bei „Lieferung einer mangelfreien Sache" verstärkte Anstrengungen zur Produktverbesserung erwarten. Insoweit lässt die mit der Schuldrechtsreform 2002 erfolgte Ausdehnung von einem halben Jahr auf zwei Jahre[1041] zumindest in der Theorie Kaufrecht als umweltpolitisches Instrument mittelbarer Verhaltenssteuerung erscheinen.

II. Wohnraummietrecht

Der Anteil aller vorhandenen Gebäude am Gesamtenergiebedarf beträgt circa 30 Prozent, der Anteil an CO_2-Emissionen ist ebenso hoch.[1042] Das Wohnraummietrecht erhält durch die weite Verbreitung von Mietverhältnissen, deren Dauerschuldcharakter und den zur Deckung menschlicher Wohnbedürfnisse aufgewandten intensiven Einsatz von Heizenergie, Strom, Wasser (und gegebenenfalls Gas) daher eine besondere ökologische Bedeutung.[1043] Unter dem Aspekt der Energieeinsparung sind Rechte und Pflichten der Mieter und Vermieter hinsichtlich der Modernisierung der Wohnung sowie die Abrechnungsmodalitäten von Interesse. Schließlich ist der Mangelbegriff in seinen Auswirkungen auf die Schadstoffsenkung zu untersuchen.

[1039] S. dazu SCHÄFER/OTT, Ökonomische Analyse, S. 492 ff.

[1040] Durch die Rückgriffsmöglichkeiten in der Lieferkette (s. § 478 Abs. 1, 5 BGB) trifft der wirtschaftliche Schaden letztendlich den Hersteller.

[1041] Vgl. § 477 Abs.1 S. 1 BGB a.F. und § 438 Abs. 1 Nr. 3 BGB n.F.

[1042] SCHLÄGER, Wohnraummietrecht und Umweltschutz, ZMR 2002, 85; RIPS, Die ökologische Kompetenz der Mietrechtsreform, WuM 2001, 419; BEAUCAMP/BEAUCAMP, NZM 2002, 323.

[1043] S. Begründung zum Gesetzesentwurf der Bundesregierung für die Mietrechtsreform, BT-Drs. 14/4553, S. 2, 36.

1. Ressourceneinsparung durch Modernisierung

Zu den Hauptpflichten des Vermieters gehört die Überlassung der Mietsache in einem Zustand, der den „vertragsgemäßen Gebrauch" ermöglicht (§ 535 Abs. 1 S. 2 BGB). Bei Mietverträgen über Wohnraum bestimmt dabei in der Regel der Ist-Zustand der Wohnung den vertragsgemäßen Standard, soweit nicht ein anderes vereinbart wurde. Der Mieter kann daher grundsätzlich nicht erwarten, dass eine Wohnung vor der Vermietung den neuesten Standards der Umwelttechnik angepasst wird.[1044] Soweit die Wohnung modernen Verhältnissen nicht entspricht, ergeben sich Fragen nach einer Modernisierung während der Vertragslaufzeit: Wann darf der Vermieter, wann der Mieter Erneuerungen vornehmen? Und auf der Kehrseite: Wann hat die andere Partei dies zu dulden?

Der Gesetzgeber der Mietrechtsreform 2001[1045] ist erklärtermaßen mit dem Ziel angetreten, Anreize zur Energieeinsparung zu liefern.[1046] So wurde die Duldungspflicht des Mieters in § 554 Abs. 2 BGB ausgeweitet auf alle Maßnahmen zur Energieeinsparung, also über die bisherigen die Heizenergie betreffenden Veränderungen auch die für Strom und Wasser.[1047] Als weiterer Modernisierungsanreiz erlauben derartige Modernisierungen nun umfassend Mieterhöhungen nach § 559 Abs. 1 BGB, und zwar selbst dort, wo ein über die Einsparung hinausgehender Nutzen für den Mieter nicht mit der Umstellung verbunden ist.[1048] Aus der Duldungspflicht allein lässt sich noch keine Verpflichtung des Vermieters ableiten, die zulässigen Modernisierungsmaßnahmen auch tatsächlich vorzunehmen.[1049] Keine Duldungspflicht besteht für Mieter, in deren Fall die Modernisierung eine Härte für seinen Haushalt bedeuten würde. Wird durch die Umbaumaßnahmen lediglich ein allgemein üblicher Standard erreicht werden, vermag die Mieterhöhung allein jedoch keine Härte zu begründen. Qualitativ ist dies aus ökologischer Warte ausreichend, da heute ein hoher technischer Stand (Zentralheizung, Mehrfachverglasung, wirkungsvolle Dämmtechnik) bereits den Maßstab für die Üblichkeit bildet.[1050] Doch hätte die Duldungspflicht zugunsten umweltnützigerUmbauten weiter eingeschränkt werden können, denn die Abs. 3, 4 und 5 des § 554 BGB gewährleisten einen

[1044] Vgl. MünchKomm/SCHILLING, § 535 Rn. 89; SCHLÄGER, ZMR 2002, 89.
[1045] Mietrechtsreformgesetz vom 19.6.2001, BGBl. I 1149.
[1046] BT-Drs. 14/4553, S. 2, 36. Weitergehende Reformvorschläge bei DERLEDER, NZM 2001, 170.
[1047] Vgl. RIPS, WuM 2001, 420; STERNEL, NZM 2001, 1058; SCHLÄGER, ZMR 2002, 85.
[1048] LAMMEL, Wohnraummietrecht, § 554 BGB Rn. 48; Staudinger/EMMERICH (2003) § 554 Rn. 18.
[1049] Staudinger/EMMERICH (2003) § 554 Rn. 13.
[1050] Vgl. LG Berlin, Urt. v. 10.06.2004, Az. 67 S 212/02.

hinreichenden Schutz des Mieters trotz Erleichterungen in den Mitteilungserfordernissen gegenüber denen nach § 541b BGB a.F.[1051]

Auch der Vermieter kann sich dem Wandel der technischen Entwicklung und dem Fortschritt von Wohn- und Umweltstandards nicht verschließen. Will der Mieter auf eigene Kosten eine Modernisierung vornehmen und ist diese möglich und auch bauordnungsrechtlich zulässig, muss der Vermieter dem zustimmen.[1052] Der Einwilligung des Vermieters bedarf der Mieter jedenfalls dort, wo für die Modernisierung Eingriffe in die Bausubstanz notwendig sind.[1053] Konsequenterweise muss auch bei vertraglicher Vereinbarung der Zulässigkeit einer bestimmten Maßnahme der Mieter in spiegelbildlicher Anwendung des BGB § 554 Abs. 2 - 5 die Maßnahme vorher ankündigen.[1054]

Ausdrückliche Pflichten zur Umrüstung veralteter Wohnungstechnik kennt das Privatrecht nicht. Der auf die Beseitigung von Mängeln gerichtete Nachbesserungsanspruch zielt nämlich nur auf die Instandhaltung der Wohnung (§ 535 Abs. 1 S. 2 BGB). Die Sanktionen der Mietminderung oder des Schadenersatzverlangens (§§ 536, 536a BGB) vermögen daher nicht einmal mittelbar eine Modernisierung zu erzwingen, auch wenn eine solche dem Vermieter zur Mängelbeseitigung fakultativ möglich ist. Entsprechendes gilt für die Selbstvornahme des Mieters für zum Erhalt erforderliche Aufwendungen nach § 536a Abs. 2.[1055] Darüber hinausgehende Aufwendungen des Mieters sind nur in den engen Schranken der Geschäftsführung ohne Auftrag ersatzfähig (§§ 539 Abs. 1, 677, 683 S. 1, 670 BGB). Aus diesen Gründen ist die Frage interessant, ob ein Verstoß gegen die Energiesparverordnung[1056] einen Mangel darstellt. Gegebenenfalls könnte dann der Mieter mithilfe des Nacherfüllungsanspruchs Modernisierungsmaßnahmen des Vermieters herbeiführen. Die Energiesparverordnung enthält hoheitliche, also öffentlich-rechtliche Gebote an die Beschaffenheit von Heizungs- und Warmwasseranlagen. Jedoch kann die Nichtbeachtung für den Mieter im Einzelfall Nachteile in Form von höheren Heizkosten mit sich bringen, so dass Verstöße gegen die Verordnung grundsätzlich die Mangelhaftigkeit des Mietobjekts begründen können.[1057] Beschränkt sind diese Fälle aber wiederum auf bereits begonnene oder abgeschlossene Maßnahmen; die Vornahme der Modernisierung selbst kann auch auf diesem Wege nicht erzwungen

---

[1051] Geringe Anforderungen an die Modernisierungsankündigung stellt LG Berlin, Urt. v. 03.12.2004, Az. 63 S 273/04.

[1052] So für eine Heizungsanlage BGH NJW 1963, 1539.

[1053] LG Berlin GrundE 2003, 1429.

[1054] LG Berlin, Urt. v. 11.01.2002, Az. 63 S 119/01.

[1055] S. dazu Staudinger/EMMERICH (2003), § 536 Rn. 32.

[1056] Verordnung über energiesparenden Wärmeschutz und energiesparende Anlagentechnik bei Gebäuden v. 16.11.2001, BGBl. I 3085. S. dazu BEAUCAMP/BEAUCAMP, NZM 2002, 323.

[1057] S. MünchKomm/SCHILLING, § 536 Rn. 8.

werden. Außerhalb des Anwendungsbereichs der Energiesparverordnung allerdings ist ein Mangel anzunehmen, wenn die Anlage ausgesprochen unwirtschaftlich arbeitet oder die Wärmedämmung zur Zeit der Errichtung bereits nicht mehr dem Stand der technischen Vorschriften entsprach.[1058] Die Unwirtschaftlichkeit bildet auch die Grenze der Modernisierungsmöglichkeiten durch Auslagerung der Versorgungsaufgaben auf Dritte, das sich zunehmender Beliebtheit erfreuende „Contracting".[1059]

2. Ressourceneinsparung durch Verhaltensänderung

Die Auswirkungen internalisierter Kosten auf den Verursacher waren bereits verschiedentlich Thema dieser Arbeit. Nach den dort erarbeiteten Verhaltensgrundsätzen ist klar, dass sich Abrechnungsmodalitäten hinsichtlich der Betriebskosten auf den Verbrauch auswirken können: Eine verbrauchsabhängige Umlage der Energiekosten lässt gegenüber einer pauschalen Erhebung merkliche Einsparungen erwarten. Daher erstaunt zunächst, dass der Gesetzgeber der Mietrechtsreform in § 556a Abs. 1 S. 1 BGB die Betriebskostenumlage nach der Quadratmeterfläche anordnet. Doch auch derart pauschale Berechnungsmethoden können sich dem Verursacherprinzip annähern, indem zum Beispiel Wohnungsleerstand in einem Mehrfamilienhaus bei der Umlage nach Wohnfläche unberücksichtigt bleibt.[1060] Besagte Vorschrift hat überdies nur subsidiären Charakter: Wo verbrauchsabhängig erfasst wird, muss auch entsprechend abgerechnet werden (§ 556a Abs. 1 S. 2 BGB). In der Praxis schließlich werden beide Regeln aufgrund ihrer Dispositivität wenig zur Geltung kommen. Deshalb liegt die Umsetzung der Forderung nach einer möglichst verbrauchsorientierten Abrechnung in den Händen der Kautelarjurisprudenz. So ist die bislang herrschende Übung kritisch zu beurteilen, bei Mietobjekten mit einer vom Vermieter betriebenen Zentralheizung eine Heizperiode zu vereinbaren, in welcher die Zentralheizung – unabhängig vom tatsächlichen Bedarf – in Betrieb sein muss.[1061] Die Verwendung eines Schwellenwertes der Außentemperatur könnte Abhilfe schaffen. Allerdings gilt für diese Gebäude zumeist die Heizkostenverordnung,[1062] die als *ius cogens* die anteilige Verbrauchserfassung von Wärme und Warmwasser anordnet (§§ 2, 4 Abs. 1 HeizkostenV). Defizite der Umsetzung kann der Mieter privatrechtlich

---

[1058] Staudinger/EMMERICH (2003), § 536 Rn. 15; LAMMEL, WohnraummietR, § 536 Rn. 46.

[1059] Dieses wirft viele neue Rechtsfragen auf, die jedoch keinen Bezug zu Umweltnützigkeit erkennen lassen. S. dazu allgemein BGH WuM 2005, 387 mit Anmerkung DERLEDER; ders., NZM 2003, 737; SCHREIBER, NZM 2002, 320.

[1060] Ebenso AG Charlottenburg, GrundE 2005, 623.

[1061] Gewöhnlich vom 15. September bis 15. Mai oder 1. Oktober bis 30. April, s. MünchKomm/SCHILLING, § 535 Rn. 144.

[1062] Verordnung über die verbrauchsabhängige Abrechnung der Heiz- und Warmwasserkosten idF der Bekanntmachung v. 20.01.1989, BGBl. I 115.

durchsetzen; dies ist mangels anderweitiger Zwangsmittel auch die einzige Vollzugsmöglichkeit der Verordnung.[1063]

3. Mietrecht und die Senkung von Schadstoffen

Das öffentliche Recht ermöglicht ein generelles oder zweckbezogenes Verbot des Einsatzes bestimmter umwelt- oder gesundheitsgefährdender Stoffe. Ein bürgerliches „Verbietungsrecht" kann sich einesteils aus dem deliktsrechtlichen Verbot der Schädigung anderer herleiten; dort begrenzt jedoch die Bindung an Individualrechte die Verbotsreichweite. Zum anderen kann vertraglich die Verwendung derartiger Stoffe im Wohnbereich ausdrücklich ausgeschlossen werden, oder die Jurisprudenz nimmt sie in den Mangelbegriff auf. In letzteren Fällen stünden dem Mieter bei Nachweis gesundheitsgefährdender Baustoffe die Behelfe der Mietminderung[1064] sowie nach den Voraussetzungen des § 536a BGB ein Beseitigungsanspruch zur Seite. Ergänzend bestehen Schadenersatzansprüche und ein außerordentliches Kündigungsrecht nach § 543 BGB.

Problematisch ist aber bereits die Bestimmung des Bezugsmediums. So stellt das OLG Düsseldorf für die Bestimmung der Gefährlichkeit der Holzschutzmittel PCP und Lindan nur auf die Schadstoffkonzentration in der Raumluft ab, die Werte in Hausstaub oder Holz seien irrelevant.[1065] Dagegen sieht das LG Lübeck den PCP-Gehalt des Holzwerks bereits als ausreichend für eine fristlose Kündigung.[1066] Die Erklärung für die augenscheinliche Widersprüchlichkeit der Urteile liegt in der Vielfalt denkbarer Fallkonstellationen, die eine differenzierende Betrachtung auch zukünftig notwendig erscheinen lassen. Während Schadstoffe in der Luft aufgrund ihrer Ubiquität und solche in hölzernen Handläufen wegen des direkten Hautkontakts meist mangelbegründend sein werden, sollte für unzugänglichere Schadstoffquellen die konkrete Nutzung, beispielsweise mit Kindern, ausschlaggebend sein. Dies gilt aber nur, soweit die Kontaminationen erwiesenermaßen der Bausubstanz entspringen. Schadstoffe im Trinkwasser, soweit sie nicht aus dem Hausnetz stammen, und allgemeine Luftbelastungen liegen nicht im Risikobereich des Vermieters sondern sind dem allgemeinen Lebensrisiko zuzurechnen. Eindeutige Abgrenzungskriterien sind jedoch nicht entwickelt worden,[1067] geklärt ist lediglich die Beweislast des Mieters für den Zusammenhang von Schadstoffbelastung und Zustand der Mietsache.[1068]

[1063] Vgl. Staudinger/WEITEMEYER (2003), Anh. zu §§ 556, 556a Rn. 4.
[1064] Bereits bei einer geringen Belsatung z.B. mit Lösungsmitteln, vgl. AG Torgau, WuM 2003, 316.
[1065] NJW-RR 2000, 610; Berücksichtigung der Staubwerte nach Hausneubau bei OLG Nürnberg NJW-RR 1993, 1300.
[1066] NJW-RR 1998, 441.
[1067] SCHLÄGER, ZMR 2002, 92, 94 f.
[1068] LG Berlin, GrundE 2003, 955.

Noch schwieriger zu beurteilen ist die Verwendung von Baustoffen, die über lange Zeit den allgemeinen Baustandard bildeten: Nach überwiegender Auffassung liegt darin nur dann ein Mangel, wenn nach heutigen Anschauungen eine Gesundheitsgefahr konkret droht.[1069] Da das Gesetz auf die Frage nach dem anzulegenden Standard keine Antwort gibt, ist hier vieles umstritten.[1070] Die Gerichte ziehen zumeist die aktuellen Grenz- und Vorsorgewerte heran.[1071] Dies mag Bedenken hinsichtlich der Gerechtigkeit der Risikoverteilung heraufbeschwören, konnte doch der Vermieter zur Zeit der Schaffung des Wohnraums derartige Entwicklungen oftmals nicht vorhersehen. Doch sind die Folgen einer Ausrichtung an überholten Standards für den Mieter und seine Angehörigen unter Umständen gravierend und unumkehrbar, so dass diese Rechtsprechungspraxis zu begrüßen ist. Einen wirksamen Schutz auch gegen Kleinstmengen von Umweltgiften bietet nur die ausdrückliche Vereinbarung der Schadstofffreiheit im Vertrag: Das Fehlen einer zugesicherten Eigenschaft führt nach § 536 Abs. 2 BGB, der sich nicht auf § 536 Abs. 1 S. 3 BGB bezieht[1072], auch bei einer unerheblichen Einschränkung der Tauglichkeit zur Mangelhaftigkeit und ermöglicht so eine Mietminderung.

4. Zwischenergebnis

Für das soziale Mietrecht ist umstritten, inwieweit seine Auswirkungen sich im Investitionsverhalten der Wohnungswirtschaft niederschlagen. Vorrangige Kriterien seien außerrechtliche Faktoren, wie die Lage an den Immobilien- und Kapitalmärkten, die politischen – gemeint sind wohl: steuerlichen – Rahmenbedingungen für Investitionen und die demografische Entwicklung.[1073] Andererseits ist aber sicher, dass das Fehlen entsprechender Duldungspflichten und von Rechten zur Mieterhöhung nach erfolgter Modernisierung diese von Anbeginn unterbinden würden. Der Mieter indes kann den Vermieter nur zur Zustimmung zu von ihm selbst vorgenommenen Modernisierungsmaßnahmen, nicht aber zur Tätigung eigener Investitionen zwingen. Dazu bedurfte es der öffentlichrechtlichen Energiesparverordnung.

Auch muss statuiert werden, dass das Mängelrecht im Mietverhältnis nur wenig Anreiz zu baulichen Veränderungen bietet; so kann die Energiesparverordnung auf privatrechtlichem Wege nicht zur Durchsetzung einheitlicher Standards beitragen. Die Senkung von Schadstoffen im Wohnbereich wiederum kann einerseits über eine Erfassung im Mangelbegriff nach den gezeigten Differenzie-

---

[1069] Staudinger/EMMERICH (2003), § 536 Rn. 13; LAMMEL, § 536 BGB Rn. 42 f.

[1070] LAMMEL, § 536 BGB Rn. 43; Staudinger/EMMERICH (2003), § 536 Rn. 13; SCHLÄGER, ZMR 2002, 89.

[1071] S. AG Königsstein NZM 2000, 822.

[1072] DERLEDER, NZM 2002, 677.

[1073] So STERNEL, ZMR 2001, 1069.

rungen von Ort und Weise des Einsatzes sowie einer Orientierung am aktuellen Stand der Technik erzielt werden. Andererseits kann eine „ökologische Bauweise" wirksam vertraglich vereinbart werden. Die rechtlich geregelte Abrechnung der Verbrauchskosten zuguterletzt kann unmittelbar verhaltenssteuernd wirken und damit dem Verursacherprinzip zur Geltung verhelfen.

In der Zusammenschau lässt sich resümieren, dass im Hinblick auf den hohen Bestand von Mietverhältnissen und der resultierenden hohen gesellschaftlichen und wirtschaftlichen Bedeutung dem Mietrecht auch eine hohe ökologische Bedeutung zukommt. Gesetzgeber und Rechtsprechung sind aufgrund der sich in der Rechtswirklichkeit stellenden Probleme dabei, neben dem bekannten sozialen Mietrecht schrittweise ein echtes „Umweltmietrecht" auszubilden.

III. Privatrechtliche Zusammenschlüsse

1. Privatrecht als Rahmen für umweltnützige Zusammenschlüsse mehrerer

Umweltprobleme in ihrer heutigen Gestalt können durch den einzelnen Menschen nicht gelöst werden. Vielmehr ist ein Zusammenwirken notwendig, welches im Wege der Arbeitsteilung zu höherer Effizienz bei der Umsetzung konkreter Ziele führt. Dazu bieten sich neben losen, unverbindlichen Zusammenschlüssen die Institute des Privatrechts an, weil erst die Einbettung in rechtliche Formen den Vereinigungen eine über moralische Verpflichtungen hinausgehende Verbindlichkeit verleiht. Diese kann sich positiv auf Bestand und Wirkungsgrad der Organisation auswirken, ohne notwendigerweise erhebliche Flexibilitätseinbußen hinnehmen zu müssen: Die Wahl- und Organisationsfreiheit erlaubt in großem Umfang die Auswahl der Rechtsform sowie – im Maße davon abhängig – eine Anpassung der Vereinigung an die jeweiligen Bedürfnisse.

Gemeinnützige Zwecke werden zumeist in Vereinen verfolgt, von denen eine große Zahl mit dem allgemeinen Ziel des Tier- oder Naturschutzes ebenso existiert wie Vereine, deren satzungsgemäßer Zweck sich auf geographisch oder ökologisch sehr eng bestimmte Sachverhalte beschränkt. Doch auch die GmbH stellt unter Umständen eine geeignete Rechtsform für gemeinnützige Tätigkeiten dar.[1074] Dominanter treten jedoch diejenigen Gesellschaften in Erscheinung, die in vorteilhafter Weise wirtschaftliche mit umweltschützenden Zielen kombinieren. Zu nennen sei hier die Zusammenführung von Know-how und finanziellen Mitteln auf dem Gebiet der Umwelttechnik, wie für die Erschließung alternativer Energien, die Müll- und Abwasserentsorgung oder das schon angesprochene Wärmecontracting. Oft zu beobachten ist in den letzten Jahren die

---

[1074] So in Form der gGmbH, vgl. § 52 AO 1997.

Beteiligung der öffentlichen Hand an derartigen, zumeist privatrechtlich organisierten Projekten (sog. Private-Public-Partnership).[1075] Kurzum: Den umweltnützigen Zwecken sind im Gesellschaftsrecht kaum Grenzen gesetzt. Dabei stellt es mit den verschiedenen Arten der Personen- und Kapitalgesellschaften erprobte Modelle zur Verfügung, die eine beständige weil rechtlich gesicherte Arbeit ermöglichen. Das Umweltgesellschaftsrecht schließlich „vereinigt die (umweltrechtlichen) Rahmenbedingungen für eine verbesserte Betriebsorganisation" und versucht gleichzeitig, „drohenden (gesellschaftsrechtlichen) Verantwortungs- und Haftungsdefiziten entgegenzuwirken".[1076]

2. „Gentechnikfreie Regionen" als Beispiel einer Verhandlungslösung

Verhandlungslösungen[1077] zeichnen sich dadurch aus, dass ein ökologisches Problem nicht einseitig-staatlich oder, wie im Haftungsrecht, kontrovers-privat angegangen wird, sondern ein gangbarer Weg auf Gegenseitigkeit gesucht und gefunden wird. Anders noch als bei dem in den 1990er Jahren diskutierten „Vertragsnaturschutz", der ein vertragliches Zusammenwirken von Behörde und Eigentümer oder Nutzungsberechtigtem im Blick hatte,[1078] besteht heute für die Verhandlungslösungen mit der Schaffung sogenannter „Gentechnikfreier Regionen" ein Beispiel für echte Privatkooperationen. Wie bereits beschrieben, sind für Rechtsfragen hinsichtlich gentechnisch veränderter Organismen drei Problemkreise streng zu unterscheiden: erstens die Frage, ob die GVO ein Gesundheitsrisiko darstellen, sei es unmittelbar oder durch Vermischung bzw. Einkreuzung; zweitens, ob ein finanzieller Schaden durch tatsächliche oder potentielle Vermischung mit oder Einkreuzung in herkömmliche Produkte durch evasorisches Verbraucherverhalten entstanden ist; und abschließend, wer haftungsrechtlich für diese Schäden verantwortlich zeichnet. Um diese Gefahren sowie eine resultierende Haftung abzuwenden, besteht in Kreisen von Verbraucher- und Umweltschützern, aber auch verbreitet in Landwirtschaft und Politik ein Interesse, den Anbau von GVO zu unterbinden.

Das Gericht erster Instanz der Europäischen Gemeinschaften hat im Oktober 2005 entschieden, dass die Weigerung der Kommission, dem Land Oberösterreich eine Ausnahmegenehmigung für die Abweichung vom europäischen Gentechnikrecht zuzulassen, rechtens sei.[1079] Das Land wollte ein gesetzliches Verbot des Anbaus von Saat- und Pflanzgut, das aus GVO besteht oder GVO

[1075] Zu Begriff und Modellen s. TETTINGER, NWVBl. 2005, 1, 8 f; zur Rspr. s. BYOK/OTT, NVwZ 2005, 763.
[1076] KLOEPFER, UmweltR, § 6 Rn. 266.
[1077] Begriff bei KLOEPFER, UmweltR, § 6 Rn. 7.
[1078] S. dazu EBERSBACH, AgrarR 1991, S. 63; GELLERMANN/MIDDEKE, NuR 1991, 457.
[1079] Republik Österreich/ Land Oberösterreich gegen Kommission, (T-366/03, T-235/04), Urteil v. 5. Oktober 2005.

enthält, sowie der Zucht und des Freilassens von transgenen Tieren zu Zwecken der Jagd und der Fischerei einführen und hatte dazu erfolglos eine Genehmigung nach Art. 95 Abs. 4-6 EG beantragt. Das Gericht schloss sich der Meinung der Kommission an, dass neue, eine Ausnahme rechtfertigende wissenschaftliche Erkenntnisse nicht vorliegen und auch kleinbetrieblich strukturierte Landwirtschaft kein hinreichender Grund für ein flächendeckendes Verbot des Anbaus von GVO ist. Damit ist der obrigkeitlichen Schaffung von gentechnikfreien Zonen auf regionaler und nationaler Ebene der Weg versperrt, solange nicht eine wissenschaftliche Neubewertung der Gentechnik Platz greift oder der Nachweis darüber geführt werden kann, dass ein Gebiet über ein ungewöhnliches oder einzigartiges Ökosystem verfügt, das eine andere Umweltverträglichkeitsprüfung erforderlich machen würde. Anders als in Österreich bestehen in Deutschland aber weiterhin über 70 Gebiete, die frei von gentechnisch veränderten Nutzpflanzen sind.[1080] Ihre Gründung war nicht gesetzlich angeordnet, sondern beruhte auf freiwilligen Zusammenschlüssen der Landwirte. Diese Vereinbarungen, die zumeist über einen ähnlichen Wortlaut verfügen, sind in der rechtswissenschaftlichen Literatur bislang nicht dokumentiert.[1081]

aa) Inhalt der Vereinbarungen

In den zumeist mit „Selbstverpflichtungserklärung" überschriebenen Dokumenten sichern sich die Landwirte gegenseitig zu, keine GVO anzubauen. Die Umsetzung durch Einflussnahme auf die Zulieferer von Saatgut und Futtermitteln, der Nachweis von relativer Freiheit von GVO in Saatgut und Produkten sowie die Verpflichtung von bei der Ernte eingesetzten Subunternehmern zur Reinigung der Fahrzeuge ist teils verbindlicher Inhalt, teils als Empfehlung im Anhang enthalten. Auch die Überwachung der Einhaltung öffentlich-rechtlicher Standards bei nicht teilnehmenden Gentechnikverwendern und die Ziehung von Rückstellproben der eingesetzten sowie selbstgezogenen Erzeugnisse ist vereinzelt vereinbart.[1082] Die Laufzeit der Erklärungen beträgt in der Regel ein Jahr mit automatischer Verlängerung, aber auch eine Geltungsdauer von vier Jahren kann vorgefunden werden.[1083]

[1080] S. http://www.gentechnikfreie-regionen.de/regionen/regionen_11/regionen_63.htm (letzter Zugriff 23.10.2005).

[1081] S. aber zu gentechnikfreien Gebieten aus öffentlich-rechtlicher Sicht ROLLER, ZUR 2005, 113, und GREINER, KommunalPraxis BY 2004, 376.

[1082] S. „Selbstverpflichtungserklärung zur Schaffung einer gentechnikfreien Region im Biosphärenreservat Schaalsee " v. 21.07.2004, verfügbar unter http://www.gentechnikfreie-regionen.de (letzter Zugriff 23.10.2005).

[1083] S. „Aktionsbündnis der Baumbacher Bauern für einen befristeten freiwilligen Verzicht zur Ausbringung von gentechnisch verändertem Saatgut", verfügbar a.a.O.

bb) Rechtliche Einordnung

Ob die „Selbstverpflichtungserklärungen" auf einen Vertragsschluss gerichtete, mit Rechtsbindungswillen abgegebene Willenserklärungen sind, ist nach den §§ 133, 157 BGB aus Sicht eines objektivierten Empfängerhorizonts auszulegen.[1084] Als Empfänger der Willenserklärung und Vertragspartner kommen die anderen Unterzeichner in Betracht, weil deren Unterschrift teils auf derselben Urkunde zu finden ist. Dabei lässt die Verwendung des Begriffs der Selbstverpflichtung keinerlei Schlüsse auf die gewünschte Verbindlichkeit zu, da jede auf einen Vertragsschluss gerichtete Willenserklärung der Sache nach eine Entäußerung der Bereitschaft ist, eigene Verpflichtungen einzugehen und einzuhalten. Einige Erklärungen enthalten aber eine ausdrückliche Klausel des Inhalts, dass Rechtsfolgen sich nicht ergeben sollen.[1085] Die Befragung von beteiligten Landwirten und Projektbüros durch den Verfasser ergab aber auch für diejenigen Erklärungen ohne einen expliziten Ausschluss von Rechtsbindungswillen, dass eine rechtliche Durchsetzbarkeit nicht erwünscht war. Dies wurde, teils unter Beiziehung von Rechtsrat, allseits als Voraussetzung für eine Unterschrift bezeichnet. Mangels Rechtsbindungswillens der Beteiligten erübrigt sich auch die Frage nach der weiteren rechtlichen Qualifikation der Zusammenschlüsse.

cc) Zwischenergebnis

Die Zusammenschlüsse benachbarter Landwirte zu „gentechnikfreien Regionen" erfolgt derzeit, soweit ersichtlich, noch ohne einen Rechtsbindungswillen. Ziel der schriftlichen Vereinbarungen ist lediglich die Schaffung einer sozialen Verbindlichkeit ohne die Absicht rechtlicher Durchsetzung bei abweichendem Verhalten einzelner Mitglieder. Die Tauglichkeit der Initiativen als Beispiel einer dezentralen Verhandlungslösung von drängenden Problemen wird dadurch aber nicht gemindert. Damit könnte das Projekt Modellcharakter haben, da die Bildung autonomer Schutzgebiete auch für den Einsatz von Kunstdünger, Herbiziden, Fungiziden oder Insektiziden denkbar ist. Überdies steht zu erwarten, dass mit fortschreitender Verbreitung und Anerkennung die Akzeptanz der Landwirte steigt, sich mit Rechtswirkung in die Projekte einzubringen. Da auch die Außentätigkeit der Initiativen aus Gründen der Politik, des Marketings oder der Einwerbung von Drittmitteln steigen wird, ist eine zunehmende Formalisierung und eine damit einhergehende Verrechtlichung wahrscheinlich. Weil auch das reformierte GWB[1086] kein Kartellprivileg aus Gründen des Umweltschutzes bietet, könnte die fortschreitende Vereinbarung von Bezugssperren von gentech-

---

[1084] Vgl. nur Palandt/HEINRICHS, § 133 Rn. 9.

[1085] S. „Selbstvereinbarung zur Schaffung einer gentechnikfreien Region im Landkreis Kassel/ Kaufungen" v. November 2004, erhältlich a.a.O.: „ Zusicherung auf die Ehre der Beteiligten".

[1086] Gesetz gegen Wettbewerbsbeschränkungen, neugefasst durch Bek. v. 15.7.2005, BGBl. I 2114.

nisch verändertem Saatgut aber bereits ohne innere Rechtsverbindlichkeit rechtlich relevant werden.

IV. Neue Rechte, neue Märkte

1. Die Schaffung von Emissionsrechten und ihr Handel

Eine Neuheit im Bereich des Umweltschutzrechts schuf das erste originär auf den Klimaschutz gerichtete Rechtsinstrument, die Rechte zum Ausstoß von Treibhausgasen. Ihre Einführung wurde auf breiter internationaler Basis beschlossen und zuletzt durch das Kyoto-Protokoll vom 11.12.1997 konkretisiert.[1087] Die Emissionsrechte basieren auf der staatlichen Festlegung einer maximalen quantitativen Belastung der Umwelt mit Schadstoffen in einem bestimmten Belastungszeitraum und Belastungsgebiet. Diese Gesamtbelastungsmenge wird in Bruchteile geteilt, welche nach einem nationalen Zuteilungsplan als Berechtigungen oder Zertifikate an die Emittenten ausgegeben werden.[1088] Somit werden Nutzungsrechte an der Luft geschaffen. Zum ökonomischen Instrument zur Verringerung des Gesamtausstoßes von Treibhausgasen werden die Emissionsberechtigungen aber erst durch Verknappung und Handel. Zur Verringerung des Gesamtausstoßes macht sich das System zunutze, dass zwischen verschiedenen Emissionsquellen von CO_2 unterschiedlich hohe Vermeidungskosten bestehen. Die Investitionskosten, die zur Reduktion aufgebracht werden mussten, können dann über den Verkauf freigewordener Emissionsrechte rückfinanziert werden. Andererseits können Betriebe, deren Verminderungskosten über dem Marktpreis der Emissionsrechte liegen, Berechtigungen zukaufen. Folge dieser Überantwortung an den Marktmechanismus ist, dass dem Zertifikatmodell große Innovationsanreize und höchste Effizienz zugesprochen wird.[1089]

2. Der rechtliche Rahmen des Emissionshandels

Rechtsgrundlage für den Emissionsrechtehandel ist in der Europäischen Gemeinschaft die Richtlinie 2003/87/EG vom 13.10.2003.[1090] Zur Umsetzung verabschiedete der deutsche Gesetzgeber am 8. Juli 2004 das Gesetz über den

---

[1087] BGBl. II 2002, 966. Es wurde von 160 Staaten ratifiziert (Stand 23.08.2005, Quelle: http://unfccc.int/files/ essential_background/kyoto_protocol/application/pdf/kpstats.pdf). Zu Entwicklung und völkerrechtlichem Hintergrund s. KÖRNER/Vierhaus, Einl TEHG Rn. 3.
[1088] Art. 9 der Richtlinie 2003/87/EG.
[1089] Vgl. FRENZ, § 1 TEHG, Rn. 8 ff., m.w.N.
[1090] ABl. L 275/32 vom 25.10.2003.

Handel mit Berechtigungen zur Emission von Treibhausgasen (TEHG)[1091] sowie das Zuteilungsgesetz 2007 (ZuG 2007).[1092]

Aufgrund ihrer Eigenschaft als hoheitlich geschaffene Nutzungsrechte bereitet die Zuordnung der für den Emissionsrechtehandel erforderlichen Rechtsgeschäfte zu Privatrecht oder öffentlichem Recht Probleme. Neben der für den Rahmen dieser Arbeit notwendigen dogmatischen Qualifizierung spielt die Bestimmung auch für die kollisionsrechtliche Anknüpfung, die Wahl des Rechtswegs und die Frage nach der direkten oder analogen Anwendung der entsprechenden Vorschriften des BGB eine Rolle.[1093] Die fehlende Beteiligung eines Trägers der öffentlichen Hand an Verpflichtungs- oder Übertragungsgeschäft sagt anerkanntermaßen noch nichts über die Rechtsnatur der Verträge aus.[1094] Weil die Richtlinie 2003/87/EG sich zur rechtlichen Ausgestaltung des Handels nicht verhielt, wurde früh an den deutschen Gesetzgeber appelliert, bei der Umsetzung Klarheit zu schaffen;[1095] dies geschah jedoch nicht.

Damit gelten die zu § 40 Abs. 1 S. 1 VwGO entwickelten Grundsätze, wonach es für die Einordnung des Vertrags in öffentliches oder privates Recht entscheidend auf den Vertragsgegenstand ankommt, also auf die objektive Rechtsnatur des Rechtsverhältnisses, welches durch den Vertrag begründet, aufgehoben oder verändert wird.[1096] Die Emissionsberechtigung als Handelsobjekt muss aufgrund des in ihr von staatlicher Seite verliehenen Rechts zur Emission als öffentlich-rechtliche Befugnis verstanden werden.[1097] Das Emissionsrecht ist somit Teil einer öffentlich-rechtlichen Benutzungsordnung,[1098] rechtsgeschäftliche Verfügungen darüber könnten somit ebenfalls als öffentlich-rechtlich eingeordnet werden.[1099] Doch ist zu bedenken, dass Nutzungsrechte an der Luft gleichzeitig als Ausfluss des Eigentumsrechts aus Art. 14 GG dem privatrechtlichen Regime unterstehen (s. § 905 ff BGB)[1100] und der Gesetzgeber die Veräußerung von subjektiv-öffentlichen Rechten den Regeln des Privat-

---

[1091] BGBl. I S. 1578, zul. geä. d. G. v. 21.7.2004 (BGBl. I S. 1756).

[1092] Vom 20.08. 2004, BGBl. I 2211. S. ferner ZuteilungsVO 2007, BGBl. I 2255 sowie EmissionshandelskostenVO 2007, BGBl. I 2273.

[1093] Vgl. WAGNER, Handel mit Emissionsrechten: Die privatrechtliche Dimension, ZBB 2003, 409, 410; FRENZ, § 16 TEHG Rn. 3 f.

[1094] BVerwG NJW 1992, 2908; Stelkens/BONK/Sachs, VwVfG, § 54 Rn. 65; Kopp/RAMSAUER, VwVfG, § 54 Rn. 7, 9.

[1095] WAGNER, ZBB 2003, 414, 424; FRENZ, § 16 TEHG Rn. 6.

[1096] GemS-OGB BGHZ 97, 312, 313 f.; MünchKomm/KRAMER vor § 145 Rn. 30.

[1097] WERTENBRUCH, ZIP 2005, 516, 517; KÖRNER/Vierhaus, § 16 TEHG, Rn. 29; WAGNER, ZBB 2003, 411.

[1098] WAGNER, ZBB 2003, 411.

[1099] So FRENZ, § 16 TEHG Rn. 6; wohl auch WERTENBRUCH, ZIP 2005, 517.

[1100] KÖRNER/Vierhaus, § 16 TEHG, Rn. 30; WAGNER, ZBB 2003, 412.

rechts unterstellen kann.[1101] Daher – sowie nach ihrer wirtschaftlichen Funktion und Stellung – kommt den Emissionsberechtigungen auch die Eigenschaft eines neuen privaten Vermögensrechts zu, welches den *numerus clausus* der Sachenrechte erweitert.[1102] Emissionsrechten wohnt deshalb eine Doppelnatur inne. So veranschaulichen sie erneut das Zusammenspiel von öffentlichem und privatem Recht und folglich die Fragwürdigkeit einer strikten Trennung der Gebiete. Während die Fragen der Rechtswegzuständigkeit an anderer Stelle gelöst werden müssen,[1103] bleibt für die Rolle des Privatrechts für das umweltpolitische Instrument des Emissionshandels festzuhalten, dass sich das Transaktionsrecht ausweislich der §§ 15, 16 TEHG ausdrücklich bekannter privatrechtlicher Rechtsinstitute bedient:[1104]

Für den Zertifikatshandel bedarf es zunächst eines schuldrechtlichen Vertrags, in welchem sich die Parteien zur Übertragung von Berechtigungen und entsprechender Vergütung verpflichten. Das davon zu trennende Vollzugsgeschäft ist in seiner Ausgestaltung – mit Abstrichen beispielsweise bei der Formgebundenheit – denen des Immobiliarsachenrechts ähnlich. Wie dort ist Voraussetzung für Rechtsklarheit und -sicherheit ein Register[1105], welches in Form von Berechtigungskonten der Nutzer bei der Deutschen Emissionshandelsstelle (DEHSt) elektronisch geführt wird. Das europäische Zentralregister CITL (Community Independent Transaction Log) in Brüssel ermöglicht Transaktionen zwischen den europäischen Mitgliedsstaaten.[1106] Für den deutschen Rechtsraum erfolgt die Übertragung von Berechtigungen gemäß § 14 Abs. 1 TEHG durch Einigung[1107] und Eintragung auf dem Konto des Erwerbers. Die Übertragung im Register erfolgt erst auf Anweisung des Veräußerers gegenüber der DEHSt. § 16 Abs. 2 TEHG sieht einen über den § 892 BGB hinausgehenden Gutglaubensschutz des Erwerbers vor, weil für den Rechtserwerb nur die Eintragung, nicht aber die Wirksamkeit des Verfügungsgeschäfts im Übrigen eine Rolle spielt und ein guter Glaube des Erwerbers nicht erforderlich ist.[1108]

[1101] MünchKomm/WESTERMANN, § 453 Rn.5; Staudinger/BECKMANN (2004) § 453 Rn. 2.
[1102] S. WAGNER, ZBB 2003, 412.
[1103] Für Zuordnung von Streitigkeiten über die Übertragung zu den ordentlichen Gerichten KÖRNER/Vierhaus, § 16 Rn. 30; a.A. FRENZ, § 16 TEHG Rn. 38. WAGNER, ZBB 2003, 413, verweist angesichts der Unsicherheiten auf die Möglichkeit des Ausschlusses staatlicher Gerichtsbarkeit zugunsten privater Schiedsgerichtsbarkeit. Einhellig werden Streitigkeiten im Zusammenhang mit dem Rechtskauf den Zivilgerichten zugewiesen, s. FRENZ, § 16 TEHG Rn. 40.
[1104] Auf eine behördliche Zustimmung und auf die Aufsicht der Bundesanstalt für Finanzdienstleistung verzichtet, s. a. Begründung zum Regierungsentwurf, BT-Drs. 15/2328 S. 14.
[1105] Art. 19 der Richtlinie 2003/87/EG; § 14 TEHG.
[1106] Zur Verknüpfung mit nationalen Handelssystemen von Nicht-EU-Staaten s. Art. 25 der Richtlinie 2003/87/EG.
[1107] Nach §§ 413, 398, 145 BGB, s. FRENZ, § 16 TEHG Rn. 10.
[1108] WERTENBRUCH, ZIP 2005, 518; FRENZ, § 16 TEHG Rn. 18 ff.

3. Die Ökonomisierung von Umweltgütern im rechtlichen Gefüge

Der Emissionshandel ist bei näherer Betrachtung ein Mengen- und Preissystem nach dem Grundsatz des „cap and trade“, welches hoheitlich geschaffen wurde und sich zur effektiveren Umsetzung privatrechtlicher Mittel bedient. Systematisch erfolgt eine Ökonomisierung der natürlichen Ressourcen, indem sie dem Marktmechanismus unterworfen und die Nutzung individuellen Entscheidungen überlassen werden. Dies geschieht aber nicht unkontrolliert, sondern auf Grundlage der nationalen Allokationspläne und mit dem politischen Ziel des graduellen Rückbaus von CO_2-Emissionen. Anders als bei den „echten“ Verhandlungslösungen konnte der Emissionshandel nicht privater Initiative entspringen. Zwar sind Selbstverpflichtungen zu quotenmäßig vermindertem Ausstoß auch von anderen Stoffen als CO_2 sowie als privatrechtlich verbindliche Verträge denkbar. Eine allgemeine Handelbarkeit scheitert aber an der Relativität der Vertragsbindung, weil Betriebe, die außerhalb des Vertragsgefüges stehen, nicht zur Teilnahme gezwungen werden können. Der „Marktpreis“ wäre folglich nur symbolisch. Faktisch bestünde für die Teilnehmer ein Wettbewerbsnachteil, der die Umsetzung einer Verhandlungslösung schwierig, wenn nicht unmöglich macht.

C. Resümee

I. Fazit der Umweltschutzwirksamkeit von Eingriffen in die Privatautonomie

Kontrahierungszwänge und gesetzliche vertragsähnliche Schuldverhältnisse sind in der Lage, umweltpolitische Zielsetzungen mit Mitteln des Zivilrechts zu verfolgen. Dabei wird das privatrechtliche Rechtsverhältnis aber hinsichtlich seines Zustandekommens der herkömmlichen Rechtsgeschäftslehre enthoben. Folge ist, dass der Verpflichtete auch gesonderte Rechte der Ablehnung und der Bestimmung einzelner Vertragsmodalitäten erhalten muss. Dieser Einsatz privatrechtlicher Rechtsverhältnisse lässt sich gedanklich über die beschriebenen Gebiete der Abfallentsorgung und des Energierechts hinaus einsetzen. So könnten auch andere Bereiche der Energieversorgung (z.B. Biogas) einem Rechtsregime unterstellt werden, in dem ein Vertragsschluss nicht mehr notwendig ist oder aber der Dispositionsbefugnis zumindest einer der Parteien entzogen ist.

Die Wirkung der Kontrahierungsverbote ist differenzierend zu betrachten. § 134 BGB vermag nur sehr begrenzt als Annexregelung zu öffentlich-rechtlichen Verboten die Nichtigkeit eines Vertrags anzuordnen. Dort, wo dies geschieht, vollzieht er die Verbotsnorm allerdings recht wirksam, weil das Geschäft rechtlich unsicher wird. In Fällen kollusiven Zusammenwirkens aber ist das Privatrecht machtlos. Mögliche Wege der Rechtsfortbildung und Rechtsschöpfung liegen vor allem in der Auslegung der Rechtsfolge, die Verbotsgesetzen innewohnen mag. Insbesondere scheint aufgrund des großen Gewichts der im Umweltrecht geschützten Allgemeininteressen diejenige Regel zur Ausnahme zu werden, dass Verbote, welche sich nur an eine Vertragspartei richten, zumeist keine Gesamtnichtigkeit zur Folge haben. Ökologisch fragwürdiges rechtsgeschäftliches Verhalten lässt sich unter die anerkannten Fallgruppen der Sittenwidrigkeit im Bereich des § 138 BGB subsumieren. So kann der entgeltliche Verzicht auf Rechtsbehelfe sich als gemeinschaftswidriges Rechtsgeschäft und missbilligenswerte Kommerzialisierung darstellen, und auch die „Veräußerung" eines Rekultivierungsanspruchs kann gegen die guten Sitten im Sinne von § 138 BGB verstoßen. In beiden Fällen wird der Zahlungsanspruch vernichtet, bei letzterer Fallgruppe aber allein dadurch noch keine Rekultivierungspflicht begründet.

Privatrecht kann also den einvernehmlichen Vollzug einer verbots- oder sittenwidrigen Handlung nicht verhindern. Dazu ist allein das öffentliche Recht berufen.[1109] Dennoch ist die Aberkennung der Ansprüche nicht wirkungslos. Weitreichender noch als das Risiko rechtlicher Undurchsetzbarkeit eines Vertragsziels dürfte jedenfalls für gewerblich Tätige der Gesichts- und Imageverlust sein, den das Verdikt der Sittenwidrigkeit erzielen kann. Aus ökonomischer Sicht ist durch Kontrahierungszwänge und -verbote der Verhandlungsweg nach COASE, auf dem sich die wirtschaftlich effizienteste Inanspruchnahme der Ressourcen selbst durchsetzt[1110], versperrt. Allerdings ist Grundlage dieser Effizienzanalyse die gesellschaftliche Wohlfahrt ohne die Berücksichtigung der Aufrechterhaltung der Lebensgrundlagen. Diese ökonomische Bewertung vermag die erläuterten Normen aus umwelt- und rechtspolitischer Sicht daher nicht in Frage zu stellen.

II. Fazit der Umweltschutzwirksamkeit von vertraglichen Lösungen

Ist von „vertraglichen Lösungen" von Umweltproblemen die Rede, so fasziniert im Vergleich zum Haftungsrecht zunächst die Entmaterialisierung der Materie, weil anders als dort nicht Rechtsgüter, sondern der Wille des Rechtssubjekts Gegenstand der Betrachtung ist. Dieser kann, so eine mögliche Hypothese, im Gegensatz zu den zufälligen oder doch zumindest ungewollten Schadensereignissen des Haftungsrechts final eingesetzt werden. Doch hat der vorangegangene Abschnitt gezeigt, dass in der Vertragswirklichkeit der Einsatz der Willensfreiheit zu Umweltschutzzwecken nur sehr begrenzt ist.

Die weitestgehenden Einsatzmöglichkeiten findet dabei noch das Gesellschaftsrecht, weil an den Gesellschaftszweck von Rechts wegen nur geringe Anforderungen geknüpft sind. Auch außerhalb dieser tradierten Rechts-

---

[1109] MEDICUS, UTR 11, S. 19; DERS. NuR 1990, 150; WAGNER, NuR 1992, 209; MARBURGER, in: FS Steffen, S. 321.
[1110] COASE, in: Assmann/Kirchner/Schanze, S. 137 ff.

institute wäre ein rechtswirksamer Zusammenschluss zur Erreichung kollektiver Umweltschutzziele grundsätzlich möglich. In der Praxis stößt aber die Verrechtlichung der „gentechnikfreien Regionen“ bislang auf Ablehnung – einem breiten Konsens in der Sache zum Trotz. Auf dem Gebiet der Privatinitiativen im Allgemeinen ist aber zukünftig der Einzug des Rechts zu erwarten. Im bilateralen Vertragsrecht zeigt sich der verhaltene Einsatz zu Umweltschutzzwecken daran, dass die Zusicherung einer ökologisch sinnvollen Verwendung einer Kaufsache zwar möglich und in Beispielen dokumentiert ist; doch stellen sich diese bislang als punktuelle Ausnahmen dar und sind nicht auf die Masse der Alltagsgeschäfte übertragbar.

Für eine rechtliche Lösung der mit dem Kauf zumeist verbundenen Verpackungsproblematik dann bildeten erst staatliche Gebote die Grundlage. Auch die umweltrelevanten Normen des Wohnraummietrechts sind verbreitet als *ius cogens* ausgestaltet. Gleiches gilt für die ökologisch motivierten Auskunftspflichten und -rechte, mögen sie dem privaten oder dem öffentlichen Recht entspringen. Allerdings sind die Auswirkungen insbesondere der Informationsgebote von extraordinärer Breitenwirkung für den Handel mit gefährlichen Produkten und dem Streben der Wirtschaft nach entsprechend verträglicheren Ersatzprodukten. Gleiches kann vom Mängelgewährleistungsrecht mit seinen alltäglichen Auswirkungen auf Investitionsentscheidungen – beim Verbraucher wie in der Industrie – gesagt werden. Hier wurde deutlich, dass mit gesteigertem Verbraucherschutz im Hinblick auf den Umgang mit Sachen ein gesteigertes Umweltschutzpotential einhergeht. Der Emissionshandel schließlich präsentiert sich als marktwirtschaftliches Instrument zum Handel mit subjektiv-öffentlichen Rechten. Seine immensen wirtschaftlichen Auswirkungen auf die Industrie sowie die spiegelbildliche, starke Reduktion der Treibhausgasemissionen ist dabei in erster Linie auf die hoheitliche Beschränkung der Rechte („cap“) und erst mittelbar auf den privatrechtlich vollzogenen Handel („trade“) zurückzuführen.

Unabhängig vom Zustandekommen aus privatautonomer Entscheidung oder aufgrund gesetzlicher Anordnung fällt indes auf, dass ökologisch relevante Vertragsinhalte präventiv wirken und sich damit als Gegenstück des primär reaktiv eingreifenden und nur mittelbar vorbeugend wirkenden Haftungsrechts präsentieren. Ungeachtet eben genannter Defizite trägt damit das Vertragsrecht zur Umsetzung des Vermeidungs- und Vorsorgeprinzips bei. Darüber hinaus ermöglicht das Vertragsrecht die Verwirklichung des Kooperations- und mit dem Vertragshaftungsrecht auch die des Verursacherprinzips. Überdies stellen sich die privatautonom geschlossenen Verträge als einziges rechtliches Mittel dar, umweltrelevante Ziele kraft eigenen Willens zu erreichen. Darin liegt für die Bewertung als Umweltschutzinstrument wie bei allen freiheitlichen Betätigungen zugleich Chance und Gefahr, hängt doch die Entscheidung über den Einsatz dieses Mittels von vielfältigen, interdependierenden sozialen, psychologischen und ökonomischen Faktoren ab.

Die Verwendung von Privatrechtsnormen für theoretische Zielperspektiven, quasi eine „Ökologisierung des Vertragsrechts" durch den Gesetzgeber, schreitet weiter voran, wie unter anderem der Einsatz von unabdingbaren Vertragsnormen zeigt. Ob darin auch eine Zweckentfremdung gesehen werden kann oder muss[1111] ist eine Frage, die mit derjenigen nach der grundsätzlichen ordnungspolitischen Aufgabe des Vertragsrechts einhergeht. Seine Eignung und sein Einsatz für bestimmte ökologische Zielsetzungen muss nach den hier getroffenen Feststellungen differenziert betrachtet werden; das Potential des Vertragsrechts im Umweltschutz ist jedoch noch keineswegs ausgeschöpft.

1111 Vgl. KLOEPFER, in: Rengeling (Hrsg.), EUDUR I, S. 102 Rn. 23.

§ 9: Schlussbemerkung

Die vorliegende Studie hat zu Tage gefördert, in welcher Vielfalt vom Privatrecht erfasste Aktivitäten Einfluss auf umweltrelevantes Verhalten haben. Ihrer umweltpolitischen Funktion entsprechend bestehen in den Tatbeständen des geltenden Rechts Wertungsspielräume, die als „Schaltstellen" des Umweltprivatrechts identifiziert und ausgeleuchtet wurden. Sie erlauben es dem Rechtsanwender, die verhaltensbezogenen und sich damit zumindest mittelbar entfaltenden ökologischen Auswirkungen einer Entscheidung zu berücksichtigen. In seiner Steuerungsfunktion ist das Umweltprivatrecht aufgrund seiner Allgemeingüterbezogenheit stark von privater Initiative abhängig;[1112] darin liegen gleichzeitig seine Vor- und seine Nachteile als umweltpolitisches Instrument.

Im Einzelnen haben sich die Schutzrechtstatbestände überwiegend als „Aufräum-Recht" präsentiert, welches keinen unmittelbaren Beitrag zur Vermeidung von Umweltschäden leisten kann. Mit ihrer verhaltenssteuernden Funktion übernehmen sie aber mittelbar bedeutsame Präventivaufgaben, die sich in ökologisch wünschenswerten Verhaltensänderungen niederschlagen. Die Studie hat überdies dargelegt, dass, wo und warum die Reichweite der subjektiven Rechte *de lege lata* zugunsten einer punktuellen Verstärkung der umweltschützenden Wirkung veränderlich ist. Umgekehrt ist herausgearbeitet worden, dass nicht an allen wertenden Stellen ein Vorrang ökologischen Gedankenguts angezeigt sein kann. Die rechtsvergleichende Sicht hat offenbart, dass in England und Wales bei Anerkennung der umweltpolitischen Signifikanz bestimmter Entscheidungen eine judizielle Zurückhaltung herrscht, welche die Verantwortung für Haftungserweiterungen auf den Gesetzgeber zu verlagern sucht. Deutsche Gerichte hingegen haben vor dem Hintergrund starker gesetzgeberischer Aktivität im Umweltrecht wiederholt umweltschützende Zielsetzungen für wertende Begriffsausfüllungen und Änderungen in der prozessualen Ausgangslage herangezogen. In weiten Teilen war jedoch ein Wertungsgleichlauf oder gar eine Wertungsanpassung der beiden Jurisdiktionen zu festzustellen.

Präventive Auswirkungen auf umweltrelevante Tätigkeiten konnten bei Eingrifen in die Privatautonomie ebenso gefunden werden wie bei privatrechtlichen Verträgen, die umweltschützende Abreden zum Gegenstand haben. Die Studie hat aber eine Zurückhaltung offengelegt, diejenigen Möglichkeiten, welche die Privatautonomie den Bürgern für eigeninitiierten Umweltschutz bietet, ohne hoheitliche Anleitung tatsächlich einzusetzen. Hingegen macht der Staat von Kontrahierungszwängen für ökologische Zwecke zunehmend finaler Gebrauch. Kontrahierungsverbote andererseits sind von geringer umweltschüt-

---

[1112] Für das Haftungsrecht spricht KLOEPFER, in: Rengeling (Hrsg.), EUDUR I, S. 102 Rn.22, von Privaten als „Tatmittler".

zender Effizienz. Da sie auf dem Gebiet des bestehenden Vertragsrechts aber einzig echten Raum für rein umweltpolitisch motivierte Wertungen eröffnen und diese auch erfordern, könnte ihre Wirksamkeit *de lege lata* noch gesteigert werden. Doch bereits jetzt leistet das Privatrecht mit seiner Ubiquität und Flexibilität eine verhältnismäßige Verhaltenssteuerung im Umgang mit den natürlichen Ressourcen. „Umweltschutz durch Privatrecht“ ist demnach möglich und überdies nötig, um umweltpolitische Zwecke durch erschöpfende Nutzung des rechtlichen Arsenals optimal zu fördern.

§ 10: Thesenartige Zusammenfassung der Ergebnisse

1. Das Umweltprivatrecht setzt sich aus der Gesamtheit der privatrechtlichen Normen zusammen, die bei Umweltproblemen zur Anwendung kommen. Darunter fallen neben dem Umwelthaftungsrecht auch die Verträge mit Umweltbezug und die diese regelnden Normen. Die Unterscheidung eines Umweltprivatrechts im engeren von dem im weiteren Sinne sollte anhand des Gesetzgebungszwecks erfolgen.

2. Privatrecht kann, unabhängig von der dogmatischen Begründung, ein öffentliches Interesse transportieren und fördern. Dieses kann auch im Ziel gesteigerten Umweltschutzes bestehen. Maßstab der instrumentellen Wirkmächtigkeit sind die das Postulat der Nachhaltigkeit konkretisierenden umweltpolitischen Maximen und Prinzipien.

3. Umweltfreundliches Verhalten kann ohne staatlichen Zwang mit rechtlichen Mitteln nur durch die Internalisierung von Kosten beziehungsweise die Vermeidung der Externalisierung von Kosten bewirkt werden.

4. Aus Sicht der ökonomischen Analyse des Rechts ist Haftungsrecht eine Internalisierungsstrategie mit Anreizpotential zur Schadensvermeidung. Es wirkt in Form der negativen Generalprävention ebenso wie über spezialpräventive Effekte. Dies gilt auch für die Gefährdungshaftung und unabhängig von Verfügbarkeit und Einsatz von Haftpflichtversicherungen.

5. Für alle privatrechtlichen Schutzrechte stellt sich der Kausalitätsnachweis in Fällen multikausaler Verursachung als schwer zu überwindende Hürde des Haftungsrechts dar. Ein spezifisch ökologischer Kausalitätsbegriff ist dennoch abzulehnen. Das Privatrecht kann dem Geschädigten aber mit Beweiserleichterungen beziehungsweise mit der Anordnung von Gesamtschuld helfen. Eine dem § 830 Abs. 1 BGB entsprechende Verschiebung der Beweislast bei alternativer Kausalität besteht im englischen Recht nicht.

6. Bei bestimmten Arten multikausaler Verursachung kann das Privatrecht die Situation des Geschädigten berücksichtigen. Die denkbaren Lösungen bei additiv oder synergetisch zusammenwirkenden Immissionen aber sind ungeeignet, zu gesteigertem umweltschützendem Verhalten beizutragen.

7. Die Adäquanztheorie ist am Maßstab eines optimalen Beobachters auszurichten, um stets den aktuellen Stand von Wissenschaft und Technik berücksichtigen zu können.

8. Die Naturalrestitution tritt sowohl im deutschen Recht als auch im Common Law trotz des unterschiedlichen Regel-Ausnahme-Verhältnisses nur als Aus-

nahme auf. In welcher Weise von der Verfügungsbefugnis über den stattdessen dem Geschädigten gewährten Geldersatz Gebrauch gemacht wird, ist eine ökonomische und sozial-edukative Frage.

9. Obwohl das englische Common Law – anders als das deutsche Recht – die Duldungspflicht nicht an der physischen Beschaffenheit der Immission anknüpft, sondern an der des Schadens, bestehen im Ergebnis für den Beeinträchtigten keine Unterschiede.

10. Das Umwelthaftungsrecht für schuldhaftes Verhalten setzt sich im englischen Common Law aus den Torts *negligence*, *trespass to land*, *trespass to the person* und einer speziellen Haftung für Verschmutzungen durch Abfall (s. 73(6) EPA 1990) zusammen. Besondere umweltprivatrechtliche Bedeutung erhält wegen der Unterschiede bei den Haftungsvoraussetzungen und den Rechtsfolgen die Abgrenzung der *negligence* zur *private nuisance.*

11. Im deutschen Privatrecht sind die §§ 823 Abs. 1 und 2 BGB, § 826 BGB und § 3 HaftPflG von umweltprivatrechtlicher Relevanz. Im Rahmen von § 823 Abs. 1 BGB ist ein weiter Gesundheitsbegriff vorzugswürdig. Schäden an der ökologischen Grundlage eines Grundstücks können zu weiten Teilen über den deliktischen Eigentumsschutz kompensiert werden. Das Recht am eingerichteten und ausgeübten Gewerbebetrieb hingegen vermag den umwelthaftungsrechtlichen Schutzumfang der Haftungstatbestände nicht zu erweitern. Gleiches gilt für das allgemeine Persönlichkeitsrecht. Auch eine Teilhabe an Umweltgütern als absolutes Recht des Einzelnen ist nicht haltbar.

12. Völkervertragliche Gefährdungshaftungsnormen bestehen im Pariser und Brüsseler Atomhaftungsübereinkommen sowie im Internationalen Übereinkommen für die zivilrechtliche Haftung für Ölverschmutzungsschäden. Für das Pariser Übereinkommen ist eine Änderung angestrebt, deren Umsetzung in vielen Jurisdiktionen erstmals eine Schadenersatznorm für ökologische Schäden einführen würde.

13. Die verschiedenen Formen der *nuisance*, die *riparian rights*, die *Rylands-v-Fletcher*-Regel, *breach of statutory duty* sowie die Haftung nach dem Gas Act 1965 und dem Water Industry Act 1991 formen das Haftungsregime der verschuldensunabängigen Umwelthaftung in England und Wales. Das House of Lords hat die Fortbildung des Tatbestands der *private nuisance,* der Rechte der Landnutzung schützt, zu einem allgemeinen Gefährdungshaftungstatbestand abgelehnt. Die erfolgte Ausdehnung des Vorhersehbarkeitserfordernisses auf die *Rylands*-Regel mindert dessen Bedeutung für das Umwelthaftungsrecht.

14. Gefährdungshaftungstatbestände bestehen im deutschen Umwelthaftungsrecht in §§ 1 bis 3 UmweltHG, in § 22 Abs. 1 und 2 WHG, § 32 GenTG, § 2 Abs. 1 S. 1 HaftPflG, §§ 7, 12 StVG. Entgegen der herrschenden Meinung ist § 906 BGB für den Geltungsbereich des UmweltHG nicht anzuwenden, da die Analogievoraussetzungen nicht gegeben sind.

15. Den Ausgleichsansprüchen aus § 906 Abs. 2 S. 2 BGB und § 14 S. 2 BImSchG entsprechende Regelungen waren im Common Law bislang nicht notwendig. Mit der *Dennis*-Entscheidung wurde indes erstmals ein als Ausgleichsanspruch aufgrund zu duldender Beeinträchtigung nach dem Common Law gewährt.

16. Die Beseitigungs- und Unterlassungsansprüche der § 1004 Abs. 1 S. 1 und 2 BGB – auch in analoger Anwendung –, §§ 862 und 907 BGB beziehungsweise der *injunction* des *law of equity* ermöglichen eine unmittelbare Schadensvermeidung und wirken nicht erst über den Umweg der Schaffung einer ökonomischen Anreizstruktur.

17. Die Baugenehmigung hat in beiden Rechtsordnungen keine unmittelbar privatrechtsgestaltende Wirkung. Planungsentscheidungen können jedoch als Anhaltspunkte zur Bestimmung des Gebietscharakters dienen. Abwehransprüche können übereinstimmend nur durch formelles Gesetz präkludiert werden; anders als im deutschen Recht sind gesetzliche Entschädigungsregeln im Umwelthaftungsrecht nicht vorhanden.

18. Im englischen Umwelthaftungsrecht bestehen mehr und umfassendere „Jedermann"-Rechte als im deutschen, weil dort nur § 22 WHG den umfassenden Ersatz von Individualschäden vorsieht. Ein allgemeiner privatrechtlicher Schutz des ungestörten Naturgenusses besteht nach beiden Rechtsordnungen nicht; ebensowenig existieren für Schäden am Naturhaushalt vom Individualrecht losgelöste Ansprüche. Lediglich die *riparian rights* gewähren dem Ufereigentümer ein echtes Schutzrecht für unverminderte Gewässerqualität inklusive des Lebens darin.

19. Der gerichtlichen Durchsetzung der Schutzrechte kommt überragende Bedeutung zu. Hier können Interessenbündelungen in Form von Klageverbindungen (§§ 59 ff., 147 ZPO) oder *Joinder of Parties* (Order 15, rule 4 R.S.C.) ebenso helfen wie umweltprivatrechtliche Verbandsklagen, die aber in beiden Jurisdiktionen bislang nicht möglich sind.

20. Eine Handlungssteuerung über den Anreiz der Schadensvermeidung wird bereits durch ein effektives Haftungssystem für Individualschäden erreicht, ohne dass ein „Kollektivgut Umwelt" privatrechtlich anzuerkennen wäre. Die

Begrenzung des subjektiven Schutzbereichs schließt aber bestimmte Bevölkerungsgruppen von der Geltendmachung privater Haftungsansprüche aus.

21. Die Aufgabe, bei der Festlegung des Verhaltensmaßstabs zwischen der Anerkennung neuartiger Pflichten und deren Antizipationsfähigkeit ein Gleichgewicht zu finden, führt zu einer Formalisierung des Pflichteninhalts durch die Gerichte. Das Verschuldenskriterium stellt sich daher als Einschnitt in die umweltpolitische Reichweite des Umwelthaftungsrechts dar. Diese Lücke wurde durch die bestehenden Gefährdungshaftungstatbestände nicht vollständig geschlossen.

22. Privatrechtliche Duldungspflichten sind in Bestand und Reichweite von einem sozialpolitischen Verständnis unterworfenen, normativen Wertungen abhängig. Der Vorrang von Verhinderungsmaßnahmen vor ausbezahlter Duldung verwirklicht das Präventionsprinzip.

23. Das öffentliche Recht wirkt auf das Umwelthaftungsrecht durch eine begrenzte Präklusions- und Vermutungswirkung. Letztere mindert graduell das Vollzugsdefizit öffentlichen Umweltrechts.

24. Obwohl die Anwendbarkeit des Umwelthaftungsrechts stets eine Verletzung einer Individualrechtsposition eines Dritten voraussetzt, werden die meisten Schäden am Naturhaushalt dennoch erfasst.

25. Die Durchsetzung eines bestehenden Schutzrechts ist abhängig von der Klagebereitschaft des „private actor". Die mögliche Utilisierung der Dispositionsfreiheit über den Anspruch mündet in einem Vollzugsdefizit. Kehrseite ist ein milderer Freiheitseingriff als bei öffentlich-rechtlichen Ge- und Verboten. Die bestehende Anknüpfung der Aktivlegitimierung an Eigentum oder Besitz kann sozial diskriminierend wirken.

26. Materiell sind die Schutzrechte abhängig von der Individualisierbarkeit eines Umweltstörers, den Duldungspflichten und Präklusionsnormen; die verschuldensabhänigen Tatbestände vermögen überdies keine neuartigen, bislang unbekannten Risiken zu erfassen.

27. Das Umweltvertragsrecht wirkt außerhalb der Vertragsbeziehung durch erwünschte pekuniäre und grundsätzlich unerwünschte technische externe Effekte. Kontrahierungsverbote können letztere nur beschränkt eindämmen. Kontrahierungszwänge hingegen können selbst technische externe Effekte auslösen. Kontrahierungszwänge und gesetzliche vertragsähnliche Schuldverhältnisse sind daher grundsätzlich geeignet, umweltpolitische Zielsetzungen zu verfolgen.

28. Umweltnützige Handlungen können in vielfältiger Form Gegenstand privatrechtlicher Verträge sein. Während es zur Lösung der dringlichsten Probleme im Kauf- und Mietrecht des Anstoßes durch öffentlich-rechtliche Normen bedurfte, versprechen privatrechtliche Zusammenschlüsse zukünftig an Bedeutung für den Umweltschutz zu gewinnen. Dies gilt auch für die „gentechnikfreien Regionen", die sich bislang noch nicht der Institute des Gesellschaftsrechts bedienen.

29. Der Emissionshandel ist ein marktwirtschaftliches Instrument zum Handel mit subjektiv-öffentlichen Rechten. Die wirtschaftlichen Auswirkungen und die Reduktion der Treibhausgasemissionen sind in erster Linie auf die hoheitliche Beschränkung der Emissionsrechte zurückzuführen.

Bibliographie

Abecassis, David W. The Law and Practice relating to Oil Pollution from Ships, London 1978

Adams, Michael Ökonomische Analyse der Gefährdungs- und Verschuldenshaftung, Heidelberg 1985

Armbrüster, Christian Eigentumsschutz durch den Beseitigungsanspruch nach § 1004 I 1 BGB und durch Deliktsrecht, NJW 2003, 3087

Arndt, Matthias Haftung für Umweltschäden - Die Bedeutung des UmweltHG für die Schadenszurechnung in typischen Fallkonstellationen, Leipzig 1996

Arnold, Sylvia Die Haftung von Landwirten bei Auskreuzungen von gentechnisch veränderten Organismen im Nachbarrecht, NuR 2006, 15

Assmann, Heinz-Dieter/ Kirchner, Christian/ Schanze, Erich Ökonomische Analyse des Rechts, mit Beiträgen von Calabresi, Coase, Posner und anderen, Neubearbeitung 1992, Tübingen 1993

Bagshaw, Roderick Private Nuisance and the Defence of the Realm, Law Quarterly Review 120 [2004], 37

Bar, Christian von Empfehlen sich gesetzgeberische Maßnahmen zur rechtlichen Bewältigung der Haftung für Massenschäden?, in: Deutscher Juristentag 62 (1998), Gutachten A, München 1998

Ders. Gemeineuropäisches Deliktsrecht, Band II: Schaden und Schadenersatz, Haftung für und ohne eigenes Fehlverhalten, Kausalität und Verteidigungsgründe, München 1999

Basedow, Jürgen/ Hopt, Klaus J./ Kötz, Hein/ Baetge, Dietmar (Hrsg.) Die Bündelung gleichgerichteter Interessen im Prozess, Tübingen 1999

Baudisch, Birgit Die gesetzgeberischen Gründe der Gefährdungshaftung, Aachen 1998 (zugl. Diss. Univ. Augsburg 1998)

Baur, Jürgen F./ Stürner, Rolff Sachenrecht, 17. A., München 1999

Bell, Stuart/ McGillivray, Donald Environmental Law, 5th Ed., London 2000

Bender, Bernd/ Sparwasser, Reinhard/ Engel, Rüdiger Umweltrecht: Grundzüge des öffentlichen Umweltschutzrechtes, 3. A., Heidelberg 1995

Bender, Rolf/ Schumacher, Rolf Erfolgsbarrieren vor Gericht - eine empirische Untersuchung zur Chancengleichheit im Zivilprozeß des Instituts für Rechtstatsachenforschung Stuttgart e.V., Tübingen 1980

Bensching, Claudia Nachbarrechtliche Ausgleichsansprüche - zulässige Rechtsfortbildung oder Rechtsprechung contra legem?, Tübingen 2002

Bergkamp, Lucas — Liability and environment: private and public law aspects of civil liability for environmental harm in an international context, The Hague u.a. 2001

Betlem, Gerrit/ Faure, Michael — Environmental Toxic Torts in Europe: Some Trends in Recovery of Soil Clean-Up Costs and Damages for Personal Injury in the Netherlands, Belgium, England and Germany, [1998] (1) Georgetown International Environmental Law Review, 855

Bitzer, Peter — Grenz- und Richtwerte im Anwendungsbereich des § 906 BGB, Frankfurt/M. 2001 (zugl. Diss. Univ. Köln 2000)

BMU (1988) — Interministerielle Arbeitsgruppe Umwelthaftungs- und Umweltstrafrecht, Bundesministerium für Umwelt, Naturschutz und Reaktorsicherheit, Stand 30.09.1988

Bohne, Eberhard (Hrsg.) — Erfahrungen mit dem Umweltauditgesetz, Baden-Baden 1998

Bornheim, Gaby — Haftung für grenzüberschreitende Umweltbeeinträchtigungen im Völkerrecht und im internationalen Privatrecht, Frankfurt a. M. u.a. 1995 (zugl. Diss. Univ. Münster 1994)

Brazier, Margaret/ Murphy, John — Street on Torts, 10. A., London u.a. 1999

Breuer, Rüdiger — Öffentliches und privates Wasserrecht, 3. A., München 2004

Ders. — Wasserrechtliche Gefährdungshaftung und Aufwendungen der Gefahrenerforschung, NVwZ 1988, 992

Ders. — Umweltschutzrecht, in: Schmidt-Aßmann (Hrsg.), Besonderes Verwaltungsrecht, 11. A., Berlin New York 1999

Brönneke, Tobias (Hrsg.) — Kollektiver Rechtsschutz im Zivilprozessrecht – Gruppenklagen, Verbandsmusterklagen, Verbandsklagebefugnis und Kosten des kollektiven Rechtsschutzes, Baden-Baden 2001

Brüggemeier, Gert — Jenseits des Verursacherprinzips? - Zur Diskussion um den Kausalitätsnachweis im Umwelthaftungsrecht, KritV 1991, 297

Ders. — Die Haftung mehrerer im Umweltrecht: Multikausalität - Nebentäterschaft - „Teilkausalität“, in: UTR 12 (1990), 261

Ders. — Umwelthaftungsrecht - Ein Beitrag zum Recht der „Risikogesellschaft“?, KJ 1989, 209

Bryce, Andrew/ Hall, Catharine — Strict Liability for Environmental Pollution, [1993] 1(1) International Insurance Law Review 17

Buckley, R.A. — The law of nuisance, London 1981

Burr, Andrew — Environmental Protection for Neighbours - Legal Liability for Tree Root Damage, [1997] 13(3) Construction Law Journal, 143

Calliess, Christian — Die umweltrechtliche Verbandsklage nach der Novellierung des Bundesnaturschutzgesetzes - Tendenzen zu einer „Privatisierung des Gemeinwohls“ im Verwaltungsrecht?, NJW 2003, 97

Ders. — Öffentliches und privates Nachbarrecht als wechselseitige Auffangordnungen, Verw 34 (2001), 169

Canaris, Claus-Wilhelm	Gesetzliches Verbot und Rechtsgeschäft, Heidelberg 1983
Ders.	Die Feststellung von Lücken im Gesetz, 2. A., Berlin 1983
Coing, Helmut/ Kronstein, Heinrich/ Mestmäcker, Ernst-Joachim (Hrsg.)	Wirtschaftsordnung und Rechtsordnung, FS zum 70. Geburtstag von Franz Böhm, Karlsruhe 1965
Cross, Gerry	Does only the careless polluter pay? A fresh examination of the nature of private nuisance, [1995] 111 Law Quarterly Review 445
Czychowski, Manfred/ Reinhardt, Michael	Wasserhaushaltsgesetz WHG - Kommentar, 8. A., München 2003
Damm, Reinhard	Das Beweisrecht des Gentechnikrechts, NuR 1992, 1
Davey, Martin	Neighbours in Law, Conveyancer and Property Lawyer 2001, Jan/Feb, 31
Derleder, Peter	Vertragspflichten als Sozialpflichten, KJ 1986, 263
Ders.	Mängelrechte des Wohnraummieters nach Miet- und Schuldrechtsreform, NZM 2002, 677
Ders.	Mietrechtsreform im Rechtsausschuss, NZM 2001, 171
Deutsch, Erwin	Gefährdungshaftung: Tatbestand und Schutzbereich, JuS 1981, 317
Ders.	Unerlaubte Handlung, Schadenersatz und Schmerzensgeld, 3. A., Köln u.a. 1995
Ders.	Zivilrechtliche Haftung aus Aufopferung, in: Deutsch/Klingmüller/Kullmann (Hrsg.), FS E. Steffen 1995, Berlin, New York 1995
Ders.	Begrenzung der Haftung aus abstrakter Gefährdung wegen fehlender adäquater Kausalität?, JZ 1966, 556
Ders.	Allgemeines Haftungsrecht, 2. A., Köln u.a. 1995
Diederichsen, Uwe	Ausbau des Individualschutzes gegen Umweltbelastungen als Aufgabe des bürgerlichen und des öffentlichen Rechts, in: 56. Deutscher Juristentag (1986), Bd. 2: Sitzungsberichte, Referat L, München 1986
Ders.	Umwelthaftung – zwischen gestern und morgen, in: FS Lukes (Hrsg.: Leßmann, H./Großfeldt, B./Vollmer, L.), Köln u.a. 1989, S. 41
Ders.	Die Haftung für Umweltschäden, BB 1973, 485
Ders.	Zivilrechliche Probleme des Umweltschutzes, in: FS Reimer Schmidt, Karlsruhe 1976, S. 1- 19
Dolderer, Michael	Das Verhältnis des öffentlichen zum privaten Nachbarrecht, DVBl. 1998, 19
Döring, Patricia	Haftung und Haftpflichtversicherung als Instrumente einer präventiven Umweltpolitik, Berlin 1999

Dörnberg, Hans Friedrich Freiherr v. Die Kausalitätsvermutung im deutschen Umwelthaftungsrecht – juristische und ökonomische Analyse, Frankfurt am Main 2002

Ebbing, Frank Class Action – Die Gruppenklage: Ein Vorbild für das deutsche Recht?, ZVglRWiss 103 (2004)

Ebersbach, Harry Möglichkeiten und Grenzen des Vertragsnaturschutzes unter besonderer Berücksichtigung des Waldes, AgrarR 1991, 63

Ehrhardt-Rauch, Andrea Gefährdungshaftung im privaten Umwelthaftungsrecht, JA 2005, 463

Elder, P.S. Environmental Protection through the Common Law, (1973) 12 Western Ontario Law Review 107

Endemann, Friedrich Lehrbuch des Bürgerlichen Rechts, Band 2, 8./9.A., Berlin 1905

Enders, Christoph Privatrechtsgestaltung durch Bebauungsplan und Baugenehmigung?, SächsVBl. 2002, 289

Enders, Rainald Die öffentlich-rechtliche und zivilrechtliche Verantwortlichkeit des Abfallerzeugers, NVwZ 2005, 381

Endres, Alfred. Ökonomische Aspekte des Haftungsrechts (Vortrag vor dem Europa-Institut der Universität des Saarlandes am 8. Juni 1993), Saarbrücken 1993

Endres, Alfred/ Marburger, Peter Umweltschutz durch gesellschaftliche Selbststeuerung: gesellschaftliche Umweltnormierungen und Umweltgenossenschaften, Bonn 1993

Endres, Alfred/ Rehbinder, Eckard/ Schwarze, Reimund Haftung und Versicherung für Umweltschäden aus ökonomischer und juristischer Sicht, Berlin u.a. 1992

Engelhard, Wolfgang Die deliktsrechtliche Haftung für Umweltschäden, Hamburg 1992

Engelhardt, Hanns/ Schlicht, Johannes Bundesimmissionsschutzgesetz - Kommentar, 4. A., Köln u.a. 1997

Enneccerus, Ludwig/Lehmann, Heinrich Lehrbuch des Bürgerlichen Rechts, Zweiter Band, 15. Bearb., Tübingen 1958

Erichsen, Sven Der ökologische Schaden im internationalen Haftungsrecht, Frankfurt a. M. u.a. 1993

Erl, Michael Einführung in das Umwelthaftungsrecht - Anspruchsgrundlagen, Probleme, Rechtsprechung, 1998

Erman s. Westermann, H.P. (Hrsg.)

Esser, Josef Grundlagen und Entwicklung der Gefährdungshaftung, München 1969

Esser, Josef/ Schmidt, Eike Schuldrecht, Band I, Allgemeiner Teil, Teilbände 1 und 2, 8. A., Heidelberg 1995

Esser, Josef/ Weyers, Hans-Leo Schuldrecht, Besonderer Teil, Band II, 7. A., München 1991

Eucken, Walter Grundsätze der Wirtschaftspolitik, 7. A., Heidelberg 2004

Evans, Andrew — Due Diligence: The English Way, [1995] 6(6) International Company and Commercial Law Review, 195

Ewer, Wolfgang/ Lechelt, Rainer/ Theuer, Andreas (Hrsg.) — Handbuch Umweltaudit, München 1998

Fabricius, Fritz — Zur Dogmatik des „sonstigen Rechts" gemäß § 823 Abs. 1 BGB, AcP 160 (1961), 273

Feess-Dörr, Eberhard/ Prätorius, Gerhard/ Steger, Ulrich — Umwelthaftungsrecht - Bestandsaufnahme, Probleme, Perspektiven, 2. A., Wiesbaden 1992

Feldhaus, Gerhard — Umwelthaftungsgesetz und Bundes-Immissionsschutzgesetz, UPR 1992, 161

Filthaut, Werner — Zur Wirkungshaftung nach § 2 I HPflG, NJW 1983, 2687

Ders. — Kommentar zum Haftpflichtgesetz und zu den konkurrierenden Vorschriften des Delikts- und vertraglichen Haftungsrechts, 6. A., München 2003

Fischerhof, Hans — Deutsches Atomgesetz und Strahlenschutzrecht – Kommentar, Band I, 2. A., Baden-Baden 1978

Fisher, Elizabeth — Unpacking the toolbox: Or why the public/private divide is important in EC environmental law, Working Paper No. 35 der Florida State University, College of Law (Public Law and Legal Theory), 2001

Flanderka, Fritz/ Winter, Bernhard — Die Rücknahmepflicht von Transportverpackungen nach der Verpackungsverordnung, BB 1992, 149

Fliegauf, Harald — Rechtsmißbrauch durch „Sperrgrundstücke"? – Zugleich eine rechtspolitische Anmerkung, NVwZ 1991, 748

Fluck, Jürgen — Ausgewählte Rechtsfragen der Verpackungsordnung, Der Betrieb 1992, 193

Flume, Werner — Allgemeiner Teil des Bürgerlichen Rechts, Band II: Das Rechtsgeschäft, 3. A., Berlin 1979

Ders. — Rechtsgeschäft und Privatautonomie, Karlsruhe 1960

Forkel, Hans — Immissionschutzrecht und Persönlichkeitsrecht – Eine privatrechtliche Untersuchung, Köln 1968

Frenz, Walter — Emissionshandelsrecht – Kommentar zum TEHG und ZuG, Berlin u.a. 2004

Fritz, Klaus — Umweltschutz als Inhalts- und Schrankenbestimmung in privatrechtlichen Verträgen, Frankfurt a.M. u.a., (zugl. Diss. Univ. Trier 1997)

Fritzsche, Jörg — Die Durchsetzung nachbarschützender Auflagen über zivilrechtliche Abwehransprüche, NJW 1995, 1121

Gaentzsch, Günter — Sportanlagen im Wohnbereich, UPR 1985, 201

Gassner, Erich — Der Ersatz des ökologischen Schadens nach geltendem Recht, UPR 1987, 370

Gearty, Conor — The place of nuisance in a modern law of torts, (1989) 48 Cambridge Law Journal 214

Geisendörfer, Ulrich — Das Zivilrecht als Instrument der Umweltpolitik, VersR 1989, 433

Gellermann, Martin/ Middeke, Andreas — Der Vertragsnaturschutz – Tatsächliche Gestaltung und rechtliche Grenzen, NuR 1991, 457

Gergaut, Stephan — Der ökologische Schaden im System des Privatrechts, Diss. Univ. Freiburg 1997

Gerlach, Johann W. — Die Grundstrukturen des privaten Umweltrechts im Spannungsverhältnis zum öffentlichen Recht, JZ 1988, 161

Ders. — Privatrecht und Umweltschutz im System des Umweltrechts, 1989

Gern, Alfons — Neue Aspekte der Abgrenzung des öffentlich-rechtlichen vom privatrechtlichen Vertrag, VerwArch 70 (1979), 219

Gessner, Volkmar — Soziale Voraussetzungen des Selbstschutzes gegen Umweltschäden, RabelsZ 40 (1976), 430

Gnaub, Joseph — Umwelthaftungsrecht in rechtsvergleichender Darstellung, Diss. Univ. Münster 1998

Godt, Christine — Haftung für ökologische Schäden - Verantwortung für Beeinträchtigungen des Allgemeingutes Umwelt durch individualisierbare Verletzungshandlungen, Berlin 1997

Gottwald, Peter — Die Schadenszurechnung nach dem Umwelthaftungsgesetz, in: FS Hermann Lange zum 70. Geburtstag, Stuttgart u.a. 1992, S. 447 ff.

Grekos, Martha — Fairchild v Glenhaven Funeral Services Ltd – Causation and the Environment, [2003] JPL 519

Grigo, Frank T. — Die Haftung für Emissionen im deutschen und europäischen Recht, Hamburg 2002 (zugl. Diss. Univ. Frankfurt/O. 1999)

Günther, Gerrit — Umweltvorsorge und Umwelthaftung, UTR Band 70, Berlin 2003

Haedrich, Heinz — Atomgesetz mit Pariser Atomhaftungs-Übereinkommen, Baden-Baden 1986

Hager, Günter — Das neue Umwelthaftungsgesetz, NJW 1991, 134

Ders. — Ökologisierung des Verbraucherschutzrechts, UPR 1995, 401

Ders. — „Wende in der Umwelthaftung? UK“, in FS für Hyung-Bae Kim, (Hrsg. Hans G. Leser), S. 195

Ders. — Umwelthaftung und Produkthaftung, JZ 1990, 397

Halsbury's Statutes — Halsbury's Statutes of England & Wales: Public Health and Environmental Protection, 2002

Hansmann, Klaus (Hrsg.) — Landmann/Rohmer, Umweltrecht, Kommentar, Stand April 2005, München 2005

Harris, Russell	The Environmental Protection Act 1990 - Penalising the Polluter, [1992] JPL, 515
Hart, Dieter	Sozialschutzbezogene Normbildungsprozesse bei Risikoentscheidungen im Vertragsrecht, KritV 1991, 363
Hartshorne, John	Case Comment: Public Interest in Private Nuisance, Conveyancer and Property Lawyer 2003, Nov/Dec, 526
Hedley, Steve	Tort, 2. A., London, Edinburgh, Dublin 2000
Helm, Johann Georg	Individuum und Umweltproblem aus der Sicht des Privatrechts, in: Recktenwald, H. C. (Hrsg.), Das Umweltproblem aus ökonomischer und juristischer Sicht, Göttingen 1975
Hendler, Reinhard	Zur Steuerungsmethodik der Verpackungsverordnung, NVwZ 2003, 1168
Hentschel, Peter	Straßenverkehrsrecht, 37. A., München 2003
Herberger, Maximilian/ Martinek, Michael/ Rüßmann, Helmut/ Weth, Stephan (Hrsg.)	juris Praxiskommentar zum BGB, 2. Auflage, Saarbrücken 2004
Hesse, Konrad	Grundzüge des Verfassungsrechts der Bundesrepublik Deutschland, Neudruck der 20. A., Heidelberg 1999
Heyn, Wolfgang	Chancen und Risiken alternativer Haftungsansätze zur Allokation von Umweltgütern - eine ökonomische Analyse, Frankfurt a.M. 1993 (zugl. Diss. Univ. Kiel 1993)
Hoffmann, Leonard	Causation, LQR 121 [2005], 592
Hönn, Günther	Zur Problematik der Privatautonomie, Jura 1984, 57
Honoré, A. M.	Causation and Remoteness of Damage, in: International Encyclopedia of Comparative Law, Vol. XI, Chapter 7 (Stand: September 1969)
Hoppe, Werner/ Beckmann, Martin/ Kauch, Petra	Umweltrecht, 2. A., München 2000
Howarth, David	Muddying the Waters: Tort Law and the Environment from an English Perspective, Washburn Law Journal, Spring 2002, 469
Hufen, Friedhelm	Verwaltungsprozessrecht, 5. A., München 2003
Hutter, Bridget M. (Hrsg.)	A Reader in Environmental Law, Oxford University Press 1999, zitiert: BEARBEITER in: Hutter (Hrsg.)
Jaffey, A.J.E.	The Duty of Care, Aldershot 1992
Jansen, Nils	Die Struktur des Haftungsrechts – Geschichte, Theorie und Dogmatik außervertraglicher Ansprüche auf Schadenersatz, Tübingen 2003
Jarass, Hans D.	Bundesimmissionsschutzgesetz - Kommentar, 6. A., München 2005
Jewkes, Penny	Light Pollution: A Review of the Law, [1998] Journal of Planning & Environment Law 10

Jones, Brian/ Parpworth, Neil — Environmental Liabilities, Crayford 2004

Kadner, Thomas — Der Ersatz ökologischer Schäden - Ansprüche von Umweltverbänden, Berlin 1995 (zugl. Diss. Frankfurt/M. 1993)

Kimblin, Richard — Risk, Jurisprudence and the Environment, [2000] Journal of Planning & Environment Law 359

Kimminich, Otto — Umweltschutz - Prüfstein der Rechtsstaatlichkeit, Soziale Perspektiven Band 2, Linz 1987

Klass, Jürgen — Ökologische Analyse des zivilen Schadensrechts, Hamburg 2003 (zugl. Diss. Univ. Leipzip 2002)

Klimeck, Birgit — Beweiserleichterungen im Umwelthaftungsrecht, Frankfurt am Main 1998 (zugl. Diss. Univ. Bochum 1997)

Klinger, Remo — Leergut im Rücklauf – Zu den Rechtsansprüchen des Getränke- und Flaschenhandels bei der Rückführung von Pfandflaschen, AbfallR 2004, 153

Ders. — Was ist das Pfand am Dosenpfand? – Zum schuld- und sachenrechtlichen Charakter des Pflichtpfands auf Einweg-Getraänkeverpackungen, AbfallR 2003, 244

Kloepfer, Michael — Umweltrecht, 3. A., München 2004

Ders. — Umweltrecht, in: Achterberg/Püttner/Würtenberger (Hrsg.), Besonderes Verwaltungsrecht, Band I, 2. A., Heidelberg 2000

Knödler, Christoph — Sperrgrundstücksklagen als Rechtsmißbrauch?, NuR 2001, 194

Knopp, Günther-Michael — Wiedergutmachung ökologischer Schäden nach § 22 WHG, ZfW 1988, 261

Koch, Hans-Joachim/ Rüßmann, Helmut — Juristische Begründungslehre, München 1982

Koch, Werner — Aktualisierte Gehölzwerttabellen - Bäume und Sträucher als Grundstücksbestandteile an Straßen, in Parks und Gärten sowie in der freien Landschaft, einschließlich Obstgehölze, 3. A., bearb. von Helge Breloer, Karlsruhe 1997

Kohler, Jürgen — Schadensausgleich in den Fällen des § 36a Gentechnikgesetz, NuR 2005, 566

Köndgen, Johannes — Überlegungen zur Fortbildung des Umwelthaftpflichtrechts, UPR 1983, 345

Kopp, Ferdinand O./ Ramsauer, Ulrich — Verwaltungsverfahrensgesetz – Kommentar, 9.A., München 2005

Kopp, Ferdinand O./ Schenke, Wolf-Rüdiger — Verwaltungsgerichtsordnung – Kommentar, 13. A., München 2003

Körner, Raimund/ Vierhaus, Hans-Peter — Treibhausgas-Emissionshandelsgesetz, Zuteilungsgesetz 2007 – Kommentar, München 2005

Kötz, Hein/ Wagner, Gerhard — Deliktsrecht, 9.A., Neuwied 2001

Ladeur, Karl-Heinz — Schadensersatzansprüche des Bundes für die durch den Sandoz-Unfall entstandenen „ökologischen Schäden"?, NJW 1987, 1236

Ders. — The Environmental Liability Fund under the Hamburg Model - A False Step Towards Flexibilization of Environmental Law?, New Europe Law Review 1994, 1

Lammel, Siegbert — Wohnraummietrecht, 2. A., Heidelberg 2002

Landmann/Rohmer — s. Hansmann, Klaus (Hrsg.)

Landsberg, Gerd/ Lülling, Wilhelm — Umwelthaftungsrecht - Kommentar, Köln 1991

Lang, Eberhard — Grundfragen des privatrechtlichen Immissionsschutzes im rechtsvergleichenden Sinn, AcP 174 (1974), 381

Lang, Rolf — Normzweck und Duty of Care – Eine Untersuchung über die Grenzen der Zurechnung im deutschen und anglo-amerikanischen Deliktsrecht, München 1983

Lange, Hermann/ Schiemann, Gottfried — Schadensersatz, in: Handbuch des Schuldrechts in Einzeldarstellungen, (Hrsg. J. Gernhuber), Bd.1, 3.A. Tübingen 2003.

Larenz, Karl — Die Schadenshaftung nach dem Wasserhaushaltsgesetz im System der zivilrechtlichen Haftungsgründe, VersR 1963, 593

Larenz, Karl/ Canaris, Claus-Wilhelm — Lehrbuch des Schuldrechts, Band II, Halbband 2, 13. A., München 1994

Larenz, Karl/ Wolf, Manfred — Allgemeiner Teil des Bürgerlichen Rechts, 9. A., München 2004

Law Commission — Aggravated, Exemplary and Restitutionary Damages, Report No. 247 (1997)

Lee, Robert G. — EU Proposals On Environmental Liability: From A Private To A Public Law Framework, [2003] Journal of Business Law 180

Lege, Joachim — Eigentumsdogmatik und Umweltrecht (unter besonderer Berücksichtigung des Grundeigentums und des Staatshaftunsrechts), in: UTR 83 (2005), Berlin 2005

Leifer, Christoph — Der Richtlinienentwurf zur Umwelthaftung, NuR 2003, 598

Leisner, Walter — Umweltschutz durch Eigentümer unter besonderer Berücksichtigung des Agrarrechts – Zur Lehre von der Eigentümerverantwortung, Berlin 1987

Leonhard, Marc — Der ökologische Schaden - eine rechtsvergleichende Untersuchung, Baden-Baden 1996 (zugl. Diss. Univ. Jena 1995)

Lorz, Albert/ Metzger, Ernst/ Stöckel, Heinz — Jagdrecht, Fischereirecht – Kommentar, 3. A., München 1998

Lowry, John/ Edmunds, Rod (Hrsg.) — Environmental protection and the Common law, Oxford 2000, zitiert: AUTOR, Titel in: Lowry/Edmunds

Luhmann, Niklas — Protest - Systemtheorie und soziale Bewegungen, Herausgegeben und eingeleitet von Kai-Uwe Hellmann, Frankfurt a.M. 1996

Lytras, Theodor — Zivilrechtliche Haftung für Umweltschäden, Berlin 1995 (zugl. Diss. Univ. Regensburg 1991)

Malcolm, Rosalind — Statutory Nuisance: the Validity of Abatement Notices, [2000] Journal of Planning & Environmental Law, 894

Marburger, Peter — Vereinbarungen über den Ersatz ökologischer Schäden nach § 16 UmweltHG, in: FS für Erich Steffen zum 65. Geburtstag (Hrsg. E. Deutsch), Berlin 1995

Ders. — Ausbau des Individualschutzes gegen Umweltbelastungen als Aufgabe des bürgerlichen und des öffentlichen Rechts, in: 56. Deutschen Juristentag, Bd.I, Gutachten C, München 1986

Marburger, Peter/ Stuckert, Alexander — Der vorläufige Rechtsschutz im Umweltprivatrecht, in: Hendler/Marburger/Reinhardt/Schröder (Hrsg.), UTR 78 (2004), S. 377

Markesinis, Basil S./ Deakin, Simon F. — Tort Law, 5. A., Oxford 2003

Markesinis, Basil S./ Tettenborn, Andrew M. — Cricket, Power Boat Racing and the Law of Nuisance, (1981) 131 New Law Journal 108

Martinek, Michael — Das Flaschenpfand als Rechtsproblem, JuS 1987, 514

Ders. — Wissenschaftsgeschichte der Rechtsvergleichung und des Internationalen Privatrechts in der Bundesrepublik Deutschland, in: Simon (Hrsg.), Rechtswissenschaft in der Bonner Republik, Studien zur Wissenschaftsgeschichte der Jurisprudenz, Frankfurt a.M. 1994, S. 529

Maurer, Hartmut — Allgemeines Verwaltungsrecht, 15. A., München 2004

McLaren, John P.S. — The Common Law Nuisance Actions and the Environmental Battle - Well-tempered swords or or Broken Reeds?, (1972) 10 Osgoode Hall LJ 505

Medicus, Dieter — Zivilrecht und Umweltschutz, JZ 1986, 778

Ders. — Umweltschutz als Aufgabe des Zivilrechts - aus zivilrechtlicher Sicht, NuR 1990, 145

Ders. — Zum Schutzbereich des Umwelthaftungsgesetzes, in: FS Joachim Gernhuber, Hrsg. H. Lange, Tübingen 1993, S. 299

Ders. — Allgemeiner Teil des BGB, 8. A., Heidelberg 2002

Ders. — Bürgerliches Recht, 19.A., Köln u.a. 2002

Ders. — Schuldrecht II, Besonderer Teil, 12. A., München 2004

Meier, Klaus — Ökologische Aspekte des Schuldvertragsrechts, Berlin 1995 (zugl. Diss. Univ. Bremen 1995)

Mestmäcker, Ernst-Joachim — Recht und ökonomisches Gesetz - Über die Grenzen von Staat, Gesellschaft und Privatautonomie, Baden-Baden 1978

Mestmäcker, Ernst-Joachim (Hrsg.) — Franz Böhm: Freiheit und Ordnung in der Marktwirtschaft, Baden-Baden 1980

Möllers, Thomas M.J. — Rechtsgüterschutz im Umwelt- und Haftungsrecht, Tübingen 1996

Mugdan, Benno	Die gesammten Materialien zum Bürgerlichen Gesetzbuch für das Deutsche Reich, III. Band: Sachenrecht, Berlin 1899
Müggenborg, Hans-Jürgen	Formen des Kooperationsprinzips im Umweltrecht der Bundesrepublik Deutschland, NVwZ 1990, 909
Müller, Klaus	Sachenrecht, Köln u.a., 4. A. 1997
Münchener Kommentar	Münchener Kommentar zum Bürgerlichen Gesetzbuch, Band 5, Schuldrecht, Besonderer Teil III, 4. A., München 2004
Nawrath, Axel	Haftung für Schäden durch Umweltchemikalien – Eine Untersuchung über die Strukturen und die Leistungsfähigkeit des bestehenden Schadensrechts, Frankfurt am Main 1982
Nicklisch, Fritz	Umweltrisiken und Umweltprivatrecht, Heidelberger Kolloquium Technologie und Recht 1994, Heidelberg 1995
Nipperdey, Hans	Kontrahierungszwang und diktierter Vertrag, Jena 1920
Ogus, A.I.	The Law of Damages, London 1973
Ogus, A.I./ Richardson, M.	The Role of the Private Law in the Protection of the Pollution Victim, (1976) 40 RabelsZ, 449
Ott, Claus	Die Relevanz der Rechtsökonomie für die Anwendung und Fortbildung des Zivilrechts, in: FS Kübler 1997, S. 21 ff.
Ott, Claus/ Schäfer, Hans-Bernd	Ökonomische Analyse des Sozialschutzprinzips im Zivilrecht, Tübingen 2004
Palandt, Otto (Begründer)	Bürgerliches Gesetzbuch, Kommentar, 64. A., München 2005
Paschke, Marian	Kommentar zum Umwelthaftungsgesetz, Berlin New York 1993
Paulus, Christoph G./ Zenker, Wolfgang	Grenzen der Privatautonomie, JuS 2001, 1
Pawlowski, Hans-Martin	Allgemeiner Teil des BGB – Grundlehren des Bürgerlichen Rechts, 7. A., Heidelberg 2003
Peine, Franz-Joseph	Öffentliches und privates Nachbarrecht, JuS 1987, 169
Ders.	Privatrechtsgestaltung durch Anlagengenehmigung, NJW 1990, 2442
Petersen, Jens	Duldungspflicht und Umwelthaftung – Zum Verhältnis von § 906 zum Umwelthaftungsgesetz, München 1996 (zugl. Diss. Univ. München)
Ders.	Beweislast bei Gesundheitsbeeinträchtigungen durch Emmissionen und nachbarliche Duldungspflicht – Besprechung von BGH NJW 1997, 2748, NJW 1998, 2099
Pfeiffer, Thomas	Die Bedeutung des privatrechlichen Immissionsschutzes, Frankfurt a. M./Bern/New York, 1987 (zugl. Diss. Univ. Frankfurt 1986)
Picker, Eduard	Der negatorische Beseitigungsanspruch, Bonn 1972
Pikart, Heinz/ Gelzer, Konrad/ Papier, Hans-Jürgen	Umwelteinwirkungen durch Sportanlagen – Rechtsgutachten, Düsseldorf 1984

Pill, Bernd W. Der Schutz gegen industrielle Immissionen im englischen Recht, Diss. Univ. Münster 1988

Posser, Herbert/ Schmans, Malte/ Müller-Dehn, Christian Atomgesetz – Kommentar zur Novelle 2002, Köln [u.a.] 2002

Pugh, Charles/ Criddle, Betsan Environmental Claims and Personal Injury – An Overview, [2004] JPIL 111

Ranieri, Filippo Europäisches Obligationenrecht, 2. A., Wien New York 2003

Rehbinder, Eckard Umweltrecht – Rechtsvergleichendes Generalreferat, RabelsZ 40 (1976), 363, 405

Ders. Ersatz ökologischer Schäden – Begriff, Anspruchsberechtigung und Umfang des Ersatzes unter Berücksichtigung rechtsvergleichender Erfahrungen, NuR 1988, 105

Ders. Fortentwicklung des Umwelthaftungsrechts in der Bundesrepublik Deutschland, NuR 1989, 146

Rehbinder, Eckhart/ Burgbacher, Hans-Gerwin/ Knieper, Rolf Bürgerklage im Umweltrecht, Berlin 1972

Rengeling, Hans-Werner Das Kooperationsprinzip im Umweltrecht, Köln [u.a.] 1988

Rengeling, Hans-Werner (Hrsg.) Handbuch zum europäischen und deutschen Umweltrecht (EUDUR), Band I: Allgemeines Umweltrecht, Köln [u.a.] 1998

Reynolds, Michael P. The Rise and Fall of the Atkin Doctrine: Searching for a Will-O-The-Wisp, Construction Law Journal 2004, 20(3), 105 - 114

Riedl, Martin Die Rechtsfolgen des Verstoßes gegen Verbotsgesetze, bei denen der Gesetzeszweck nicht die Nichtigkeit des Rechtsgeschäfts nach § 134 BGB erfordert, Aachen 2002 (zugl. Diss. Univ. Hamburg 2001)

Rips, Franz-Georg Die ökologische Kompetenz der Mietrechtsreform, Wohnungswirtschaft und Mietrecht 2001, 419

Rittner, Fritz Zum gegenwärtigen Stand neoliberaler Rechtstheorie, AcP 180 (1980), 392.

Röckrath, Luidger Kausalität, Wahrscheinlichkeit und Haftung: Rechtliche und ökonomische Analyse

Röthel, Anne Der Gedanke der Priorität im privaten Nachbarrecht: prior tempore, potior usu?, in: Hendler/Marburger/Reinhardt/Schröder (Hrsg.), Jahrbuch des Umwelt- und Technikrechts 2006 (UTR 90), S. 207

Rogers, W.V.H. Winfield and Jolowicz on Tort, 16. A., London 2002

Rohde, Hans-Günther Rechtsfragen zum Wasserhaushaltsgesetz und die Auswirkung einer Haftung nach diesem Gesetz auf bestehende und zukünftige KFZ-Haftpflicht- und Haftpflicht-Versicherungsverträge, VersR 1962, 103

Roth, Günter H. Materiellrechtliche und prozessuale Aspekte eines privatrechtlichen Umweltschutzes, NJW 1972, 921

Säcker, Franz Jürgen (Hrsg.) Berliner Kommentar zum Energierecht – Energiewettbewerbsrecht, Energieregulierungsrecht und Energieumweltschutzrecht, München 2004

Salje, Peter Kontrahierungszwang Stromabnahme, LMK 2004, 23

Ders. Umwelthaftung beim Betrieb von Windkraftanlagen, in: Hendler/Marburger/Reinhardt/Schröder (Hrsg.), UTR 78 (2004), S. 325

Ders. Reform des Umwelthaftungsrechts, ZRP 1988, 153

Ders. Die Instrumentalisierung des Zivilrechts für umweltpolitische Zielsetzungen - dargestellt am Beispiel des Erneuerbare-Energien-Gesetzes, RdE 2005, 60

Ders. Erneuerbare-Energien-Gesetz, Kommentar, 3.A., München 2005

Salje, Peter/ Peter, Jörg Umwelthaftungsgesetz - Kommentar, 2. A. München 2005

Salzwedel, Jürgen (Hrsg.) Grundzüge des Umweltrechts, Berlin 1982

Salzwedel, Jürgen/ Reinhardt, Michael Neuere Tendenzen im Wasserrecht, NVwZ 1991, 946

Samuels, Alec Developments that cause a nuisance: The legal significance of the grant of planning permission, [2004] Journal of Planning & Environmental Law, 394

Sander, Horst P. Zivilrechtliche Haftung für Abwassereinleitungen, NuR 1984, 181

Schacht, Jürgen Die Problematik der Gewässerschadenshaftpflicht nach § 22 WHG in der Kommunalversicherung, VersR 1986, 1043

Schäfer, Hans-Bernd/ Ott, Claus Lehrbuch der ökonomischen Analyse des Zivilrechts,, 3. A., Berlin u.a. 2000

Schäfer, Hans-Bernd/ Ott, Claus (Hrsg.) Ökonomische Probleme des Zivilrechts, Berlin, Heidelberg, New York 1991

Schäfers, Bernhard/ Zapf, Wolfgang (Hrsg.) Handwörterbuch zur Gesellschaft Deutschlands, Opladen 1998

Schellhammer, Kurt Sachenrecht nach Anspruchsgrundlagen, 2. A., Heidelberg 2001

Schimikowski, Peter Umwelthaftungsrecht und Umwelthaftpflichtversicherung, 6.A., Karlsruhe 2002

Schläger, Edwin Wohnraummietrecht und Umweltschutz, ZMR 2002, 85

Schlobach, Klaus Das Präventionsprinzip im Recht des Schadenersatzes, Baden-Baden 2004 (zugl. Diss. Univ. Augsburg 2003)

Schlosser, Peter (Hrsg.) Die Informationsbeschaffung für den Zivilprozeß – Die verfahrensmäßige Behandlung von Nachlässen, Ausländisches Recht und Internationales Zivilprozeßrecht, Band 8 der Veröffentlichungen der Wissenschaftlichen Vereinigung für Internationales Verfahrensrecht, Bielefeld 1997

Schmidt, Axel	Der nachbarliche Ausgleichanspruch, Köln 2000 (zugl. Diss. Greifswald 1999)
Schmidt, Detlef	Die Unterscheidung von privatem und öffentlichem Recht, Baden-Baden 1985 (zugl. Diss. Univ. Göttingen 1983)
Schmidt, Holger	Die Umwelthaftung der Organmitglieder von Kapitalgesellschaften, UTR 34, Heidelberg 1996
Schmidt-Bleibtreu, Bruno/ Klein, Franz	Kommentar zum Grundgesetz, 9. A., Neuwied 1999
Schmidt-Rimpler, Walter	Grundfragen einer Erneuerung des Vertragsrechts, AcP 147 (1941), 130 ff
Schmidt-Salzer, Joachim	Individueller und kollektiver Schadensausgleich, in: Bar, Christian von (Hrsg.), Internationales Umwelthaftungsrecht II, Köln u.a. 1995
Ders.	Verbraucherschutz, Produkthaftung, Umwelthaftung, Unternehmensverantwortung, NJW 1994, 1305
Ders.	Kommentar zum Umwelthaftungsrecht – Betriebliche Risiken und innerbetriebliche Verantwortung, Heidelberg 1992
Schreiber, Klaus	Sachenrecht, 3. Auflage, Stuttgart u.a. 2000
Schulte, Hans	Zivilrechtsdogmatische Probleme im Hinblick auf den Ersatz „ökologischer Schäden“, JZ 1988, 278
Ders.	Ausgleich ökologischer Schäden und Duldungspflicht geschädigter Grundeigentümer, Berlin 1990
Seibt, Christoph H.	Zivilrechtlicher Ausgleich ökologischer Schäden, Tübingen 1994 (zugl. Diss. Univ. Bielefeld 1994)
Simitis, Konstantin	Gute Sitten und ordre public – Ein kritischer Beitrag zur Anwendung des § 138 Abs. 1 BGB, Marburg 1960
Simitis, Spiros	Haftungsprobleme beim Umweltschutz, VersR 1972, 1087
Soergel, H.T.	Bürgerliches Gesetzbuch, Band 14 – Sachenrecht, 13. A., Stuttgart 2002
Sparwasser, Reinhard/ Bender, Bernd/ Engel, Rüdiger	Umweltrecht – Grundzüge des öffentlichen Umweltschutzrechts, 5. A., Heidelberg 2003
Spindler, Gerald/ Härtel, Ines	Der Richtlinienvorschlag über Umwelthaftung, UPR 2002, 241
Stallworthy, Mark	Civil Liability: Environmental Damage - Case Comment: Blue Circle Industries Plc v Ministry of Defence Times, International Company and Commercial Law Review 1997, C71
Staudinger, Julius von	Kommentar zum Bürgerlichen Gesetzbuch, zitiert: Staudinger/BEARBEITER (Erscheinungsjahr), § Rn.
Steele, Jenny	Private Rights and Planning Consent, [1995] 2 Web JCLI
Stelkens, Ulrich	Verwaltungsprivatrecht – Zur Privatrechtsbindung der Verwaltung, deren Reichweite und Konsequenzen, Berlin 2005

Sternel, Friedemann — Wohnraummodernisierung nach der Mietrechtsreform, NZM 2001, 1058

Strasser, Rudolf/ Jabornegg, Peter — Privatrecht und Umweltschutz, Wien 1976

Taupitz, Jochen — Das Umwelthaftungsgesetz als Zwischenschritt auf dem Weg zu einem effektiven Umwelthaftungsrecht, Jura 1992, 113

Tettinger, Peter J. — Public Private Partnership, Möglichkeiten und Grenzen – ein Sachstandsbericht, NWVBl. 2005, 1

Uerpmann, Robert — Privatrechtlicher Abwehranspruch und naturschutzrechtliche Duldungspflicht im Nachbarverhältnis, NuR 1994, 386

van Veldhuizen, Gijsbert Onno — Die privatrechtsgestaltende Wirkung des öffentlichen Rechts im Umwelthaftungsrecht, 1994 (zugl. Diss. Univ. Osnabrück 1993)

Vieweg, Klaus/ Röthel, Anne — Der verständige Durchschnittsmensch im privaten Nachbarrecht - Zur Wesentlichkeit i.S. des § 906 BGB, NJW 1999, 969

Wagner, Gerhard — Öffentlich-rechtliche Genehmigung und zivilrechtliche Rechtswidrigkeit, Köln 1989 (zugl. Diss. Univ. Göttingen 1989)

Ders. — Kollektives Umwelthaftungsrecht auf genossenschaftlicher Grundlage, Berlin 1990

Ders. — Umweltschutz mit zivilrechtlichen Mitteln, NuR 1992, 201

Ders. — Handel mit Emissionsrechten - die privatrechtliche Dimension, ZBB 2003, 409

Waldron, A.J. — Transgenic Torts, Journal of Business Law 1999, 395

Walters, Jayne — Avoiding Environmental Liability: Property and Environmental Issues, International Company and Commercial Law Review 1995, 6(7), 232-236

Wang, Chien-Wei — Die deliktsrechtliche Verantwortlichkeit mehrerer unter besonderer Berücksichtigung des Umwelthaftungsgesetzes, Diss. Univ. Tübingen 1998

Wank, Rolf — Die Auslegung von Gesetzen – Eine Einführung, Köln u.a. 1997

Wassermann, Rudolf (Hrsg.) — Kommentar zum Bürgerlichen Gesetzbuch, Reihe Alternativkommentare, Darmstadt 1980, zitiert: AK-BGB/BEARBEITER, § Rn.

Wehrstedt, Stefan — Die haftungsrechtliche Stellung der Umweltschutzbeauftragten, Diss. Köln 1999

Weir, Tony — Casebook on Tort, 9. A., London 2000

Wellkamp, Ludger — Haftung in der Gentechnologie, NuR 2001,188

Westermann, Harm Peter (Hrsg.) — Erman - Bürgerliches Gesetzbuch, 11. A., Köln 2004

Westphal, Thomas — Zivilrechtliche Vertragsnichtigkeit wegen Verstoßes gegen gewerberechtliche Verbotsgesetze, Berlin 1985 (zugl. Diss. Univ. Hannover 1984)

Wieacker, Franz Das Sozialmodell der klassischen Privatrechtsgesetzbücher und die Entwicklung der modernen Gesellschaft, Karlsruhe 1953

Wiebecke, Ferdinand (Hrsg.) Umwelthaftung und Umwelthaftungsrecht, Wiesbaden 1990

Wieling, Hans-Josef Sachenrecht, 4. A., Berlin u.a. 2001

Wightman, John Nuisance - The Environmental Tort?, (1998) 61 Modern Law Review 870

Wilhelm, Jan Sachenrecht, 2. A., Berlin, New York 2002

Wilkinson, David Environment and Law, London 2001

Winter, Ralph/ Trebilcock, Michael Economics of Liability for Nuclear Accidents, Int'l. Rev. of Law & Economics 17 (1997), 215

Wolf, Joachim Umweltrecht, München 2002

Wolf, Manfred Privatisierung oder Sozialisierung von Umweltgütern, in: UTR 12 (1990), 243

Wolf, Rainer Zur Entwicklung der Verbandsklage im Umweltrecht, ZUR 1994, 1

Wolf, Susan/ Stanley, Neil Wolf and Stanley on Environmental Law, 4. A., London 2003

Wolff, Martin/ Raiser, Ludwig Sachenrecht, 10. Bearbeitung, Tübingen 1957

Zippelius, Reinhold Juristische Methodenlehre, 8. A., München 2003

Zöllner, Wolfgang Die politische Rolle des Privatrechts, JuS 1988, 329

Zweigert, Konrad Zur Methode der Rechtsvergleichung, Studium Generale 13 (1960) 4, 193

Zweigert, Konrad/ Kötz, Hein Einführung in die Rechtsvergleichung auf dem Gebiete des Privatrechts, 3.A., Tübingen 1996

Nicht angeführt sind kurze Urteilsanmerkungen und Rechtsprechungsübersichten.

Abkürzungsverzeichnis

A.	Auflage
a.A.	anderer Ansicht
a.a.O.	an angegebenem Ort
A.C.	Appelate Court
abl.	ablehnend
ABl.	Amtsblatt der Europäischen Union
AC	Law Reports, Appeal Cases (3rd Series)
All ER	All England Law Reports
BGH	Bundesgerichtshof
BImSchG	Bundes-Immissionsschutzgesetz
BR-Drs.	Drucksache des Bundesrates
BRÜ	Brüsseler Zusatzübereinkommen über die Haftung der Inhaber von Reaktorschiffen
BT-Drs.	Drucksache des Bundestages
Camp.	Campbell's Nisi Prius Cases
Ch.	Law Reports, Chancery Division (3rd Series)
Ch. App.	Law Reports, Chancery Appeal Cases
CITL	Community Independent Transaction Log
Conv.	Conveyancer and Property Lawyer
CWC	Cambridge Water Company
DEHSt	Deutsche Emissionshandelsstelle
ders.	derselbe
Diss.	Dissertation
DJT	Deutscher Juristentag
EG	Estates Gazette
EGLR	Estates Gazette Law Reports
Einl.	Einleitung
Env. L.R.	Environmental Law Reports
EPA	Environmental Protection Act
ER	English Reports
FCKW	Fluorchlorkohlenwasserstoffe
FS	Festschrift
FStrG	Bundesfernstraßengesetz
GBP	Great Britain Pound
GenTG	Gesetz zur Regelung der Gentechnik
GVO	Gentechnisch veränderte Organismen
GWB	Gesetz gegen Wettbewerbsbeschränkungen
HaftPflG	Haftpflichtgesetz
HL	House of Lords
HL Cas	Clark & Finnelly's House of Lords Reports New Series
Ibid.	ibidem (ebenda)
ICCLR	International Company and Commercial Law Review
Int. ILR	International Insurance Law Review
IPPC	Integrated Pollution Prevention and Control
J	Judge
JBL	Journal of Business Law
JPL	Journal of Planning & Environment Law

KB	Law Report, King's Bench
KJ	Kritische Justiz
LJ	Lord Judge
LRHL	Law Reports, English & Irish Appeals
LT	Law Times Reports
LuftVG	Luftverkehrsgesetz
m.w.N.	mit weiteren Nachweisen
MR	Master of the Rolls and Records of the Chancery of England (Keeper)
ÖAR	Ökonomische Analyse des Rechts
PCP	Pentachlorphenol
PPP	Polluter-Pays-Principle (Verursacherprinzip)
PÜ	Pariser Atomhaftungsübereinkommen
QB	Law Reports, Queen's Bench (3rd Series)
QBD	Law Reports, Queen's Bench Division
R&D	Research and Development
R.S.C.	Rules of the Supreme Court
RG	Reichsgericht
Rn.	Randnummer
S.	Siehe
s., ss.	section, sections
TEHG	Gesetz über den Handel mit Berechtigungen zur Emission von Treibhausgasen
TLR	Times Law Reports
UmweltHG	Umwelthaftungsgesetz
UTR	Schriftenreihe des Instituts für Umwelt- und Technikrecht Trier
v.	versus
Vorb.	Vorbemerkung
Western Ont. L.Rev.	Western Ontario Law Review
WHG	Wasserhaushaltsgesetz
WLR	Weekly Law Reports
WÜ	Wiener Übereinkommen über die zivilrechtliche Haftung für nukleare Schäden
ZuG 2007	Zuteilungsgesetz 2007
zugl.	zugleich

Im Übrigen richten sich die Abkürzungen nach Butz, Cornelie/ Kirchner, Hildebert, Abkürzungsverzeichnis der Recthssprache, 5. Auflage 2002, sowie nach dem Cardiff Legal Index (http://www.legalabbrevs.cardiff.ac.uk/)

Saarbrücker Studien zum Privat- und Wirtschaftsrecht

Herausgeber:
Johann Paul Bauer, Michael Martinek und Helmut Rüßmann

Band 1 Susanne Jaschinski: Die Haftung von Schwestergesellschaften im GmbH-Unterordnungskonzern. Ein Beitrag zum Konzernverfassungsrecht. 1997.

Band 2 Roman Sascha Ahnert: Die *actio individualis*. Ein Beitrag zur verfassungsrechtlichen Fundierung der Aktionärsklage bei sogenannten Aktien-Interessenverbänden. 1997.

Band 3 Torsten Peters: Der Cateringvertrag. Rechtstatsachen, Rechtsnatur und Rechtsprobleme eines modernen Dienstleistungsvertrags. 1998.

Band 4 Michael Meissner: Persönlichkeitsschutz juristischer Personen im deutschen und US-amerikanischen Recht. Eine rechtsvergleichende Untersuchung des allgemeinen Persönlichkeitsrechts juristischer Personen. 1998.

Band 5 Thomas Tegen: Joint Venture-Vertrag und Projektträgergesellschaft im amerikanischen und deutschen Recht. 1998.

Band 6 Gerhard Wolter: Treuhandrecht im Umbruch? Ein Blick nach Frankreich, Luxemburg, in die Schweiz und in den Libanon sowie auf das Haager Trust-Übereinkommen. 1999.

Band 7 Thomas Dehlfing: Das Recht der irreführenden Werbung in Deutschland, Großbritannien und Frankreich. 1999.

Band 8 Hanno Dornseifer: Börsentermingeschäfte und Börsentermingeschäftsfähigkeit. Zur börsengesetzlichen Behandlung von finanzwirtschaftlichen Festgeschäften, Options- und Optionsscheingeschäften. 1999.

Band 9 Patrick Lenz: Absatzförderung durch *zinssubventionierte* Darlehen. Eine wettbewerbs- und kartellrechtliche Studie zur Zulässigkeit von Niedrigzins-Kreditangeboten unter besonderer Berücksichtigung des Automobilmarktes. 1999.

Band 10 Mansur Pour Rafsendjani: Der Goodwill-Ausgleichsanspruch des Franchisenehmers. Ein Vergleich des deutschen, französischen und US-amerikanischen Franchiserechts. 1999.

Band 11 Jörg Hartmann: Juristische und ökonomische Regelungsprobleme des Insiderhandels. Eine rechtsvergleichende Darstellung USA – Deutschland. 1999.

Band 12 David Altmeier: Rückstellungsbilanzierung in Deutschland und Frankreich. Eine vergleichende Untersuchung der französischen Rückstellungsbilanzierung aus der Perspektive des deutschen Bilanzrechts. 1999.

Band 13 Barbara Günther: Aktivische Bilanzierungshilfen im deutschen und französischen Bilanzrecht. 1999.

Band 14 Bernhard Glasow: Vertikale Preisbindung, Wettbewerbstheorie und Wettbewerbsrecht in den USA, Deutschland und Europa. Bestandsaufnahmen, Kritik und Zukunftsperspektiven. 2000.

Band 15 Dorota Nowak-James: Der Börsenzugang für Anleger in Deutschland und Polen. Eine rechtsvergleichende Untersuchung zum deutschen Finanzkommissionsgeschäft und zum polnischen Brokerauftragsvertrag. 2000.

Band 16 Mathias Queck: Der Nießbrauch am Anteil einer offenen Handelsgesellschaft. Eine Form der (un-)mittelbaren Unternehmensbeteiligung. 2000.

Band 17 Ina Roth: Umweltbezogene Unternehmenskommunikation im deutschen und europäischen Wettbewerbsrecht. 2000.

Band 18 Jörg Preiss: Die Anwendung des markenrechtlichen Erschöpfungsgrundsatzes auf Dienstleistungsmarken. 2000.

Band 19 Kevin M. McDonald: Der Begriff der Dienstleistung im europäischen Binnenmarkt und WTO-System (GATS). 2001.

Band 20 Carolin Opgenhoff: Die europäische Fusionskontrolle zwischen Wettbewerbsrecht und Industriepolitik. 2001.

Band 21 Susanne Schäfer: Die Deliktsfähigkeit juristischer Personen. Eine rechtsvergleichende Untersuchung zur Übertragbarkeit des englischen Modells. 2001.

Band 22 Kay Diedrich: Die Interventionswirkung – Ausprägung eines einheitlichen Konzepts zivilprozessualer Bindungswirkung. 2001.

Band 23 Michael Fröhlich: Zentrale Institutionen des deutschen Urheberrechts und des französischen Droit d'auteur auf dem Prüfstand der elektronischen Netzwerke. 2001.

Band 24 Joël Benjamin Münch: Abtretungsverbote im deutschen und französischen Recht. Rechtsvergleichende Untersuchung der Übertragungshindernisse im deutschen und französischen Forderungsverkehr als Beitrag zu einer weiteren Schuldrechtsvereinheitlichung in Europa. 2001.

Band 25 Monika Prieß: Der Begriff des Sachmangels im deutschen und englischen Kaufrecht. Reformbedarf aufgrund der Verbrauchsgüterkauf-Richtlinie 1999/44/EG. 2001.

Band 26 Katharina Siegel: Produkthaftung im polnischen, tschechischen und slowenischen Recht. 2001.

Band 27 Carolin Kühne: Die gesetzliche Form der Rechtsgeschäfte im deutschen und italienischen Recht. Eine rechtsvergleichende Untersuchung. 2002.

Band 28 Nina Scherf: Die Nachschußpflicht im Gesellschaftsrecht. Eine rechtsformübergreifende Bestandsaufnahme, Analyse und Kritik. 2002.

Band 29 Marc Laukemann: Fernsehwerbung im Programm. Die zunehmende Kommerzialisierung des Fernsehprogramms im Zeitalter einer Ökonomisierung der Aufmerksamkeit als verfassungs-, wettbewerbs- und rundfunkrechtliches Problem. 2002.

Band 30 Michael Bo Jaspers: Nachträgliche Rechtswahl im internationalen Schuldvertragsrecht. Unter besonderer Berücksichtigung der Rechtspraxis in England, Frankreich, Dänemark und Deutschland. 2002.

Band 31 Christina Pernice: Die Insolvenzverschleppung durch das Geschäftsführungsorgan der kleinen Kapitalgesellschaft im deutschen, französischen und englischen Recht. Eine rechtsvergleichende Untersuchung zur Entwicklung eines europäischen Lösungsansatzes. 2002.

Band 32 Anne Christine Janert: Der sachliche und persönliche Anwendungsbereich des deutschen Verbraucherkreditrechts und des britischen Consumer Credit Act 1974. Ein Beitrag zu den Möglichkeiten und Grenzen verbraucherrechtlicher Harmonisierung in Europa. 2002.

Band 33 Annette Trost: Faktische Sitzverlegung unter Sitz- und Gründungstheorie im Vergleich. Unter besonderer Berücksichtigung ihrer gesellschafts- und zivilrechtlichen Folgewirkungen. 2003.

Band 34 Esther Cordula Hilpert: Die Gründerhaftung in der Gesellschaft mit beschränkter Haftung in Deutschland, Frankreich und England. 2003.

Band 35 Wei-ming Liao: Die Schiedsgerichtsbarkeit in Taiwan. Unter besonderer Berücksichtigung der internationalen Handelsschiedsgerichtsbarkeit und mit Hinweisen zu der Entwicklung in Deutschland. 2003.

Band 36 Stefan Stork: Sitzverlegung von Kapitalgesellschaften in der Europäischen Union. Zur Reichweite der Niederlassungsfreiheit unter Berücksichtigung der positiven und der negativen Integration. 2003.

Band 37 Marc Pfeffer: Interbrand-Kartellverbot und Intrabrand-Vereinbarungen. Die Ablösung horizontaler und vertikaler Eingriffsmerkmale im GWB zu Gunsten einer Betrachtung produktexterner und -interner Wettbewerbsfaktoren. 2003.

Band 38 Nicole Burkardt: Der arbeitsrechtliche Aufhebungsvertrag. Einvernehmliche Beendigung von Arbeitsverhältnissen unter Berücksichtigung der Rechtslage nach der Schuldrechtsreform. 2004.

Band 39 Christian Schmeling: Die Entlastung von Mitgliedern geschäftsführender Organe im Recht der Kapitalgesellschaften. Eine rechtsvergleichende Studie zum deutschen, schweizerischen und französischen Recht. 2004.

Band 40 Andreas Wolf: Wege zur virtuellen Haupt- und Gesellschafterversammlung. Eine vergleichende Untersuchung über die Einbeziehung elektronischer Medien in die Hauptversammlung einer Aktiengesellschaft und die Gesellschafterversammlung einer GmbH. 2004.

Band 41 Bianca Natalie Baldus: Der elektronisch geschlossene Vertrag mit Schiedsabrede. Zulässigkeit und anwendbares Recht in nationalen und internationalen Schiedsverfahren. 2004.

Band 42 Vania Dilek: Der Wettbewerbsschutz in Bulgarien und in der Russischen Föderation während des Übergangs vom Dirigismus zur Privatautonomie. 2004.

Band 43 Rudolf Lenders: Treuhand am Gesellschaftsanteil. Die Einbindung des Treugebers in das gesellschaftsrechtliche Organisationsgefüge. 2004.

Band 44 Weizuo Chen: Rück- und Weiterverweisung (Renvoi) in staatsvertraglichen Kollisionsnormen. 2004.

Band 45 Stefan Hahn: Neue Ansätze im Anlegerschutz durch die Ad-hoc-Publizität des § 15 WpHG. 2004.

Band 46 Pietro Graf Fringuelli: Internet TV. Filmurheberrecht im Internet. 2004.

Band 47 Caspar Frhr. v. Schnurbein: Missbrauch von Minderheitsrechten im deutschen und italienischen Aktienrecht. 2005.

Band 48 David Kereselidze: Der allgemeine Teil des Georgischen Zivilgesetzbuches von 1997. Eine rechtsvergleichende Untersuchung. 2005.

Band 49 Miguel A. García Mateos: Das neue Recht der Namensaktie. Bestandsaufnahme, Analyse und Kritik. 2005.

Band 50 Christine Eckstein-Puhl: Prozessbetrug im Schiedsverfahren. Eine Studie zu den vom erschlichenen Schiedsspruch aufgeworfenen Fragen des Aufhebungsverfahrens gemäß § 1059 ZPO. 2005.

Band 51 Steffen Paulmann: Wirksamkeit von Haftungsausschlüssen und –begrenzungen im deutsch-französischen Warengeschäftsverkehr. Unter besonderer Berücksichtigung der UNIDROIT-Principles und der Principles of European Contract Law. 2005.

Band 52 Ina Krischek: Wirtschaftsmediation als alternatives Streitbeilegungsverfahren. Gerichtsverfahren, Schiedsverfahren und Mediation im Vergleich. 2005.

Band 53 Olaf Pick: Verkehrspflichten und Handlungsfreiheit des „Schädigers". 2005.

Band 54 Thomas Paul: Die Gesellschafterfähigkeit von Gesamthandsgemeinschaften. 2005.

Band 55 Dieter Friedrich Unger: Das Recht der Kapitalaufbringung und -erhaltung bei der Aktiengesellschaft im Rechtsvergleich Deutschland, Österreich und Schweiz. Eine Analyse des Kapitalsicherungsrechts in Deutschland, Österreich und der Schweiz. 2006.

Band 56 Nicole Schröder: Perspektiven der Europäisierung des GmbH-Rechts und der Europäischen Privatgesellschaft vor dem Hintergrund der Europäischen Aktiengesellschaft. 2007.

Band 57 Ivo du Mont: Die Kombination von Rücktritt und Schadensersatz im neuen Schuldrecht. Eine ökonomische und rechtsvergleichende Analyse am Beispiel des Kaufvertrags. 2007.

Band 58 Matthias Kühn: Umweltschutz durch Privatrecht. Eine Studie zur ökologischen Analyse der privatrechtlichen Schutzrechte und des Vertragsrechts in Deutschland und England. 2007.

Band 59 Komninos Komnios: Die elektronische Signatur im deutschen und griechischen Recht. 2007.

www.peterlang.de

Kolibri 360 GmbH
Ferdinand-Jühlke-Straße 7
99095 Erfurt, Deutschland
produktsicherheit@kolibri360.de

Druck:
CPI Druckdienstleistungen GmbH
im Auftrag der
Kolibri 360 GmbH
Ferdinand-Jühlke-Str. 7
99095 Erfurt